高等职业技术教育精品教材——道路与桥梁工程类

# 结构工程基础

主编 段国胜 仇朝珍 李捷 顾晓燕 李晶
主审 王海春 陈湘青

JIEGOU GONGCHENG JICHU

西南交通大学出版社
成 都

**图书在版编目（CIP）数据**

结构工程基础 / 段国胜等主编. —成都：西南交通大学出版社，2010.3（2024.7 重印）

21 世纪高等职业技术教育规划教材. 道路与桥梁工程类

ISBN 978-7-5643-0598-7

Ⅰ. ①结… Ⅱ. ①段… Ⅲ. ①结构工程－高等学校：技术学校－教材 Ⅳ. ①TU3

中国版本图书馆 CIP 数据核字（2010）第 027506 号

**结构工程基础**

主编　段国胜　仇朝珍　李捷　顾晓燕　李晶

| | |
|---|---|
| **责任编辑** | 高　平 |
| **特邀编辑** | 杨　勇 |
| **封面设计** | 本格设计 |
| **出版发行** | 西南交通大学出版社<br>（四川省成都市二环路北一段 111 号<br>西南交通大学创新大厦 21 楼） |
| **营销部电话** | 028-87600564　028-87600533 |
| **邮政编码** | 610031 |
| **网　址** | http: //www.xnjdcbs.com |
| **印　刷** | 成都蓉军广告印务有限责任公司 |
| **成品尺寸** | 185 mm × 260 mm |
| **印　张** | 17.5 |
| **字　数** | 436 千字 |
| **版　次** | 2010 年 3 月第 1 版 |
| **印　次** | 2024 年 7 月第 6 次 |
| **书　号** | ISBN 978-7-5643-0598-7 |
| **定　价** | 38.00 元 |

# 前　言

随着我国交通事业的蓬勃发展，交通领域的科技进步，市场竞争也日趋激烈，交通行业的技能型人才十分紧缺。为了提高学生的职业素养和职业实践能力，培养学生的操作技能和技术服务能力，适应行业技术的发展，同时为了贯彻教育部2008教育工作会议精神，确立以就业为导向、以服务为宗旨的观念，切实提高职业教育办学质量，故编写本书。

本书将原有的《工程力学》、《结构力学》和《结构设计原理》三本书进行了整合，结合我国职业教育实际情况，突出职业教育，以就业为导向，岗位和学校教育相结合，打破学科体系，缩小知识与工作岗位的距离，考虑学生的自身条件，注重工作岗位技能训练，体现教学组织的科学性和灵活性。

本书采用了以单元为主体的编排形式。在内容上以实用为准、够用为度，突出了操作技能的培训；在风格上力求知识浅显易懂、图文并茂，加强了实践教育。

本书第一部分由青海交通职业技术学院李晶编写，第二部分由青海交通职业技术学院段国胜编写，第三部分由青海交通职业技术学院李捷编写，第四部分由青海交通职业技术学院仇朝珍、顾晓燕编写，最后由青海交通职业技术学院段国胜整理成稿。

在编写本书的过程中，编者参考了相关文献，在此对其作者表示衷心的感谢。

由于时间仓促、水平有限，疏漏不妥之处难免，请读者在使用中将问题及时反馈，以便修改完善。

编　者

2010年1月

# 目　录

## 第一部分　静力学

概　述……1
第一章　静力学基本内容……6
第一节　静力学基本概念……6
第二节　静力学基本公理……7
第三节　力　矩……8
第四节　力　偶……10
第五节　力的平移定理……11
第六节　约束和约束反力……12
第七节　受力图……14

## 第二部分　材料力学

第二章　轴向拉伸与压缩……18
第一节　轴向拉（压）杆的内力与轴力图……19
第二节　轴向拉（压）杆横截面上的正应力……21
第三节　轴向拉（压）杆的强度计算……24
第四节　轴向拉（压）杆的变形计算……27
第五节　材料在拉伸和压缩时的力学性能……30
第三章　连接的实用计算……32
第四章　扭　转……35
第五章　截面的几何性质……38
第六章　弯曲内力……40
第一节　梁的内力及内力方程……40
第二节　剪力、弯矩与分布荷载集度间的微分关系……43
第三节　叠加法画 $Q$、$M$ 图……45
第七章　梁的应力及强度计算……49
第一节　梁的正应力及强度计算……49
第二节　梁的剪应力及强度计算……52
第三节　提高梁弯曲强度的措施……54
第八章　梁的变形……56
第九章　组合变形……60

第十章　压杆稳定……63

## 第三部分　结构力学

第十一章　概　论……66
第一节　结构力学的研究对象、任务和学习方法……66
第二节　结构的计算简图及相关简化……67
第三节　结构的分类……70
第四节　荷载的分类……71
第十二章　平面体系的几何组成分析……72
第一节　概　述……72
第二节　平面体系的计算自由度……74
第三节　几何不变体系的基本组成规则……75
第四节　体系的几何组成分析……77
第五节　体系的几何组成与静力特性的关系……79
第六节　体系几何组成分析练习……80
第十三章　静定梁与静定刚架……83
第一节　单跨静定梁的内力计算……83
第二节　多跨静定梁的内力计算……91
第三节　静定平面刚架的内力计算……93
第十四章　三铰拱……98
第一节　概　述……98
第二节　三铰拱的内力计算……99
第三节　三铰拱的压力线与合理拱轴……103
第十五章　静定桁架和组合结构……106
第一节　桁架的特点、组成及分类……106
第二节　静定平面桁架的计算……107
第三节　静定组合结构的计算……114
第十六章　结构位移的计算……119
第一节　概　述……119
第二节　虚功原理……120
第三节　结构位移计算的一般公式、单位荷载法……122
第四节　荷载作用下静定结构的位移计算……124
第五节　图乘法……127
第六节　静定结构在温度变化时的位移计算……131
第七节　静定结构支座移动时的位移计算……132
第八节　线弹性结构的互等定理……133

第十七章　力　法 ………………………………………………………………………138
第一节　超静定结构的概念和超静定次数的确定 ……………………………………138
第二节　力法原理和力法方程 ………………………………………………………139
第三节　用力法计算超静定梁和刚架…………………………………………………141
第四节　用力法计算超静定桁架和组合结构…………………………………………143
第五节　两铰拱及系杆拱的计算 ……………………………………………………145
第六节　温度变化、支座移动及制造误差时超静定结构的计算……………………146
第七节　对称结构的计算 ……………………………………………………………150
第八节　超静定结构的位移计算及最后内力图的校核 ………………………………152
第十八章　位移法 ………………………………………………………………………154
第一节　位移法的基本概念 …………………………………………………………154
第二节　等截面直杆的转角位移方程…………………………………………………155
第三节　基本未知量数目的确定 ……………………………………………………157
第四节　位移法的典型方程及计算步骤………………………………………………159
第五节　位移法应用举例 ……………………………………………………………160
第六节　直接利用平衡条件建立位移法方程…………………………………………162
第七节　对称性的利用 ………………………………………………………………163
第十九章　用渐进法计算超静定梁和刚架……………………………………………166
第一节　力矩分配法的基本概念 ……………………………………………………166
第二节　用力矩分配法计算连续梁和无侧移刚架 ……………………………………169
第三节　无剪力分配法 ………………………………………………………………172
第二十章　影响线及其应用 ……………………………………………………………174
第一节　概　述………………………………………………………………………174
第二节　用静力法绘制静定结构的影响线……………………………………………174
第三节　用机动法作影响线 …………………………………………………………178
第四节　间接荷载作用下的影响线 …………………………………………………180
第五节　桁架的影响线 ………………………………………………………………181
第六节　三铰拱的影响线 ……………………………………………………………185
第七节　影响线的应用 ………………………………………………………………186
第八节　简支梁的绝对最大弯矩及内力包络图………………………………………191
第九节　用机动法作超静定梁的影响线………………………………………………193
第十节　连续梁的内力包络图 ………………………………………………………195

## 第四部分　结构设计原理

第二十一章　概　述……………………………………………………………………197
第一节　结构与结构设计 ……………………………………………………………197

第二节　钢筋混凝土结构 …… 198
第三节　混凝土的强度 …… 199
**第二十二章　钢筋混凝土结构及其力学性能 …… 202**
第一节　混凝土结构 …… 202
第二节　钢筋的力学性能 …… 203
第三节　混凝土的力学性能 …… 205
第四节　钢筋与混凝土的黏结 …… 208
**第二十三章　钢筋混凝土结构的基本计算原则 …… 211**
第一节　概　述 …… 211
第二节　作用效应组合 …… 215
第三节　极限状态设计原则 …… 216
第四节　材料强度的标准值与设计值 …… 216
**第二十四章　钢筋混凝土受弯构件正截面强度计算 …… 220**
第一节　钢筋混凝土受弯构件的构造 …… 220
第二节　受弯构件的受力分析 …… 227
第三节　单筋矩形截面受弯构件正截面强度计算 …… 227
第四节　双筋矩形梁正截面强度计算 …… 230
第五节　T形截面梁强度计算 …… 232
**第二十五章　钢筋混凝土受弯构件斜截面强度计算 …… 236**
第一节　概　述 …… 236
第二节　受力分析 …… 236
第三节　斜截面抗剪承载力计算 …… 238
**第二十六章　钢筋混凝土受压构件承载能力计算 …… 244**
第一节　轴心受压构件的强度计算 …… 244
第二节　偏心受压构件的构造及受力特点 …… 251
**第二十七章　钢筋混凝土受弯构件裂缝和变形验算 …… 256**
第一节　概　述 …… 256
第二节　换算截面 …… 256
第三节　最大裂缝宽度验算 …… 259
第四节　受弯构件的变形验算 …… 260
**第二十八章　预应力混凝土构件 …… 263**
参考文献 …… 271

# 第一部分
# 静力学

## 概　述

### 一、培养目标

本专业培养德智体美全面发展，掌握本专业必需的文化科学基础知识和专业知识，具有良好的职业道德和综合素质，适应社会主义现代化建设需要的、能应用现代科学技术、具有较强实际动手能力及创新精神，能在桥梁隧道施工第一线从事组织管理和技术管理工作的高等技术应用型专门人才（专业职业岗位能力见表 0.1）。

表 0.1　专业职业岗位能力示意

| | | |
|---|---|---|
| 专业职业岗位能力 | 专门技术能力 | 公路、桥梁测量设计能力 |
| | | 施工能力 |
| | | 工程施工管理能力 |
| | 关键能力 | 学习能力 |
| | | 工作能力 |
| | | 创新思维能力 |
| | 个人能力 | 责任意识、职业道德 |
| | | 就业能力、创业精神 |

### 二、工程力学的教学目标

课程的性质——“工程力学”是桥隧专业必修的一门专业基础课。“工程力学”是运用力学的基本原理，研究构件在荷载作用下的平衡规律及承载能力的一门课程。

课程的作用——通过学习和实验，学生应掌握路桥、隧道施工一线技术人员所必需的力学基础知识和基本技能，学习运用力学方法分析和解决路桥、隧道工程中简单的力学问题，培养力学素质，为学习专业课程和继续深造提供必要的理论基础，同时，注意培养科学的思想方法和工作方法。

## 三、公路、桥梁、隧道与工程力学

1. 大型桥梁与高速公路（图 0.1）

（a）

（b）

（c）

图 0.1

2. 临长路上的路和桥（图 0.2）

（a）

（b）

图 0.2

3. 潭邵高速公路（图 0.3）

（a）

（b）

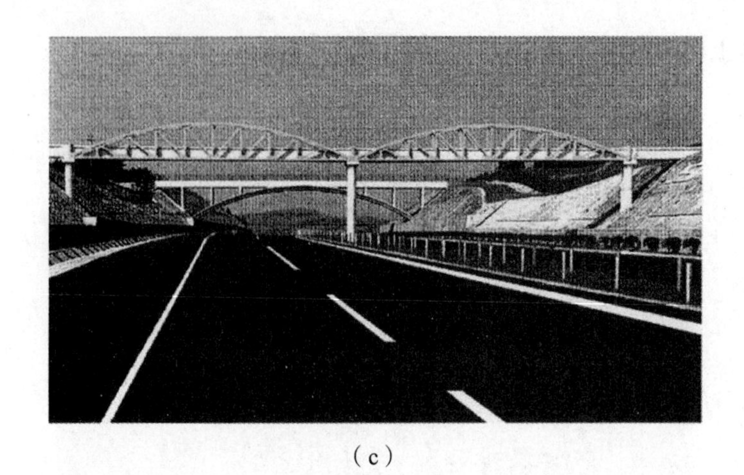

（c）

图 0.3

4. 浏永路蕉溪岭隧道塌方（图 0.4）

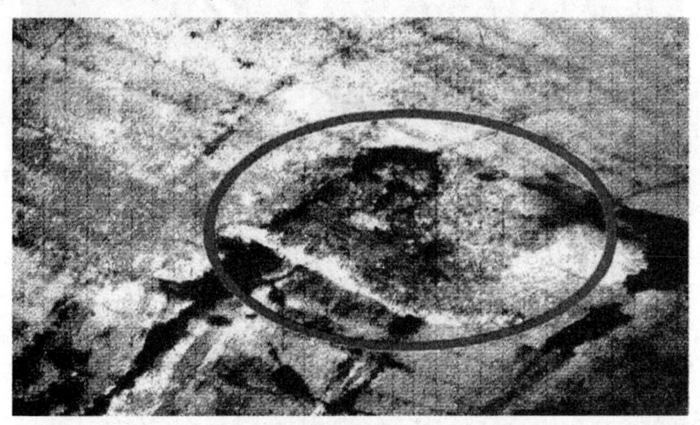

图 0.4

互动问题：

1. 你关注过公路、桥梁、隧道工程建设吗？你知道 G107 这个道路标号里面的 1 代表什么意思吗？你知道桥梁可以分为哪些种类吗？

2. 你通常是从何种渠道获取与所学专业有关的工程建设信息的？（报刊、杂志、电视、教材、专业书籍等。）

## 四、工程力学课程

1. 工程力学的任务

研究工程构件及构件之间的作用力及承载能力，为工程设计提供理论依据和计算方法。承载能力，指强度、刚度、稳定性。

2. 学习要求

(1) 听课：主要是听，注重基本概念和基本方法，掌握解题思路。

(2) 作业：要求按时、独立完成。

(3) 课时安排：静力学 30 学时，材料力学 50 学时。

要求读得懂、记得住、说得清、做得对、算得快、写得好。要在学习中培养自己良好的学习习惯，以及独立分析问题和解决问题的能力。

平时成绩：20%（包括作业、课堂提问、实验报告）。

期中测验：20%（静力学部分）。

期末考试：60%。

### 3. 几个基本概念

(1) 刚体——在外力作用下，其形状和大小保持不变的物体。

这种假设将物体抽象成一个理想模型，使问题的研究大大简化，且在主要方面是符合实际的。忽略了与平衡问题无关或关系较少的因素，使所讨论的问题简化。

(2) 变形固体、弹性变形、塑性变形。

(3) 变形固体的基本假设：均匀连续性假设；各向同性假设；小变形假设。

(4) 平衡——物体处于静止或匀速直线运动的状态。

(5) 强度——构件抵抗破坏的能力。

(6) 刚度——构件抵抗变形的能力。

(7) 稳定性——细长杆件保持其原有直线平衡状态的能力。

(8) 杆件——长度方向尺寸远大于其他两向尺寸的构件。

(9) 杆件变形的基本形式：轴向拉伸与压缩，剪切与挤压，扭转，弯曲。

# 第一章
# 静力学基本内容

## 第一节　静力学基本概念

### 1. 力的概念

(1) 力是物体间的相互机械作用。

力的效应包括：外效应——物体的运动状态变化。

内效应——物体产生变形。

(2) 力的三要素——力的大小、方向、作用点。

力的大小：用线段的长度表示，单位 N、kN。

力的方向：方位及箭头指向表示。

力的作用点：线段的起点或终点。

一般用大写的英文字母表示力：***F***、***P***、***N***、***G***。

### 2. 荷载的概念

荷载——主动作用于结构上的外力的统称。

包括：集中荷载、分布荷载、线荷载（梁的自重）、面荷载（雨、雪、风）、体荷载等。

### 3. 力系的概念

力系——同时作用于物体上的一群力。

### 4. 杆件变形的基本形式

包括轴向拉伸与压缩，剪切与挤压，扭转，弯曲（图 1.1）。

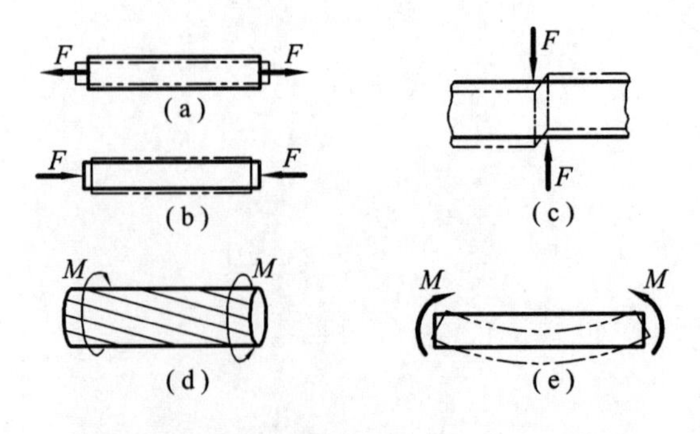


图　1.1

# 第二节　静力学基本公理

## 一、二力平衡条件

作用在一个刚体上的两个力，若使刚体处于平衡，其充分必要条件是：两力等值、反向、共线。

**要点**：① 两力作用在同一刚体上；② 两力能使刚体平衡。

**举例**：物体在地面上受重力及地板支承力（图 1.2）。

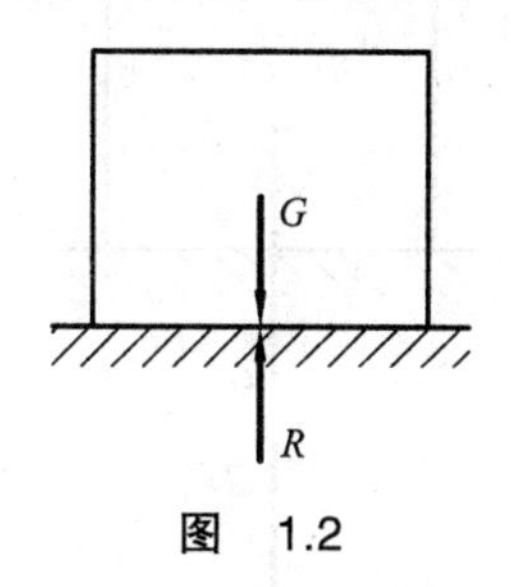


图　1.2

## 二、加减平衡力系公理

在已知力系上再加上或从其中减去任意一个平衡力系，并不改变原来力系对物体的作用效果。

**提问**：坐车时用手推车，对车的前进有无作用？

**推论**：力的可传性原理。

可以将作用在刚体上某点的力沿其作用线移到刚体内任一点，并不改变此力对物体的作用。

**证明**（图 1.3）：

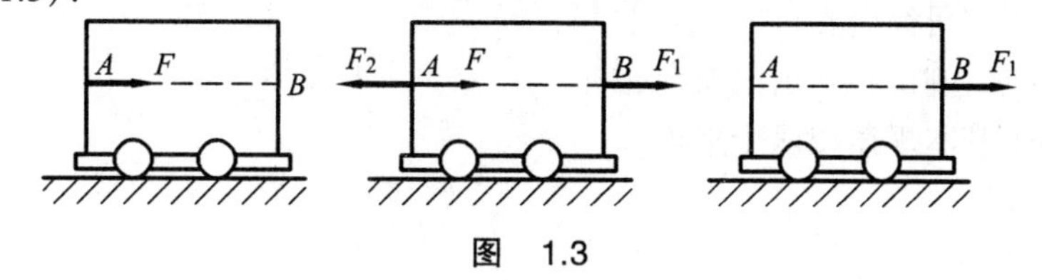


图　1.3

**注意**：只适用于刚体，绳索不适用。

## 三、力的平行四边形法则

作用在物体上同一点的两个力的合力，也作用在该点上，其大小和方向由这两个力为边所构成的平行四边形的对角线来表示（图 1.4）。

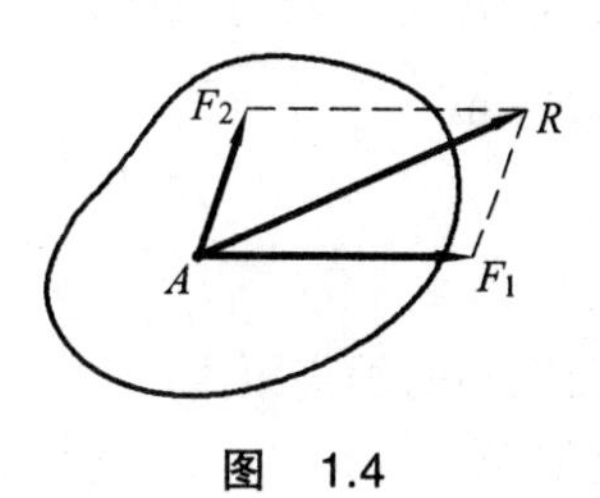


图　1.4

## 四、作用和反作用定律

一物体对另一物体有一作用力时，另一物体对此物体必有一反作用力。这两个力等值、反向、共线。

**要点**：(1) 一切力都成对出现。

(2) 两者分别作用在两个物体上。

(3) 要明确哪个是施力物。

**举例**：物体在地面上受重力作用，物体对地球有一反作用力（图 1.5）。

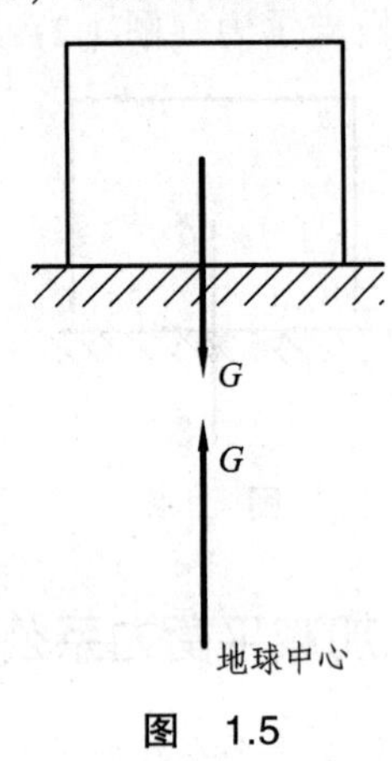


图 1.5

**注意**：与二力平衡的区别。

## 五、小　结

(1) 工程力学的研究内容；

(2) 力、质点、刚体和平衡的概念；

(3) 力的四个基本规律和两个推论。

# 第三节　力　矩

## 一、力对点之矩（以复习为主）

### 1. 力矩的概念

即力与力臂的乘积，数学表达式为：

$$M_O(\boldsymbol{F}) = +\boldsymbol{F}d \quad (\mathrm{N \cdot m}) \tag{1.1}$$

式中 $M$——力矩；

$O$——转动中心（矩心）；

$d$——力臂，即力的作用线到矩心的垂直距离。

方向：逆时针转动取正，反之取负。

2. 力矩的计算

计算时易错在力臂上，应抓住垂直距离（图 1.6）。

计算方法：

(1) 直接找力臂法；

(2) 力分解为一对垂直分力。

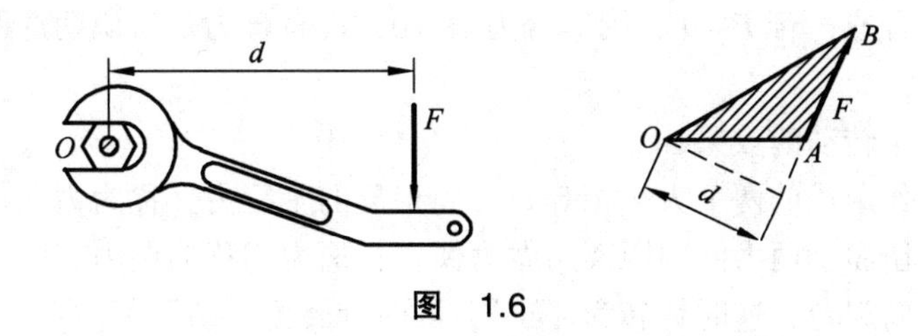


图 1.6

## 二、合力矩定理

合力对任一点的力矩等于各分力对同一点力矩的代数和，即：

$$M_O(\boldsymbol{R})=\sum m_O(\boldsymbol{F}) \tag{1.2}$$

**推论 1**：力的作用线过矩心，则力矩为零。

**推论 2**：两等值、反向、共线的力对任一点力矩的代数和为零。

## 三、力矩平衡条件

合力矩为零，即：

$$\sum m_O(\boldsymbol{F})=0 \tag{1.3}$$

## 四、例题分析

例题分析如图 1.7 所示。

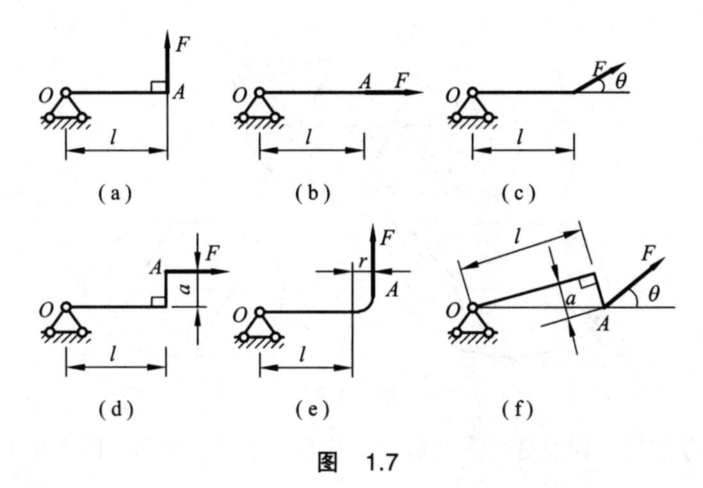


图 1.7

# 第四节　力　　偶

## 一、力偶相关实例与概念

**实例**：司机作用在方向盘上的一对力，攻丝时双手对扳手的一对力。

两反向平行力合成，若 $\boldsymbol{F}=\boldsymbol{F}$，则其合力 $\boldsymbol{R}=0$，没有合力是否说明这两个力对物体的作用为“零”呢？

它们对物体产生转动的效果。

(1) 不在同一作用线的两个大小相等、方向相反的平行力，称为力偶；两平行力所在的平面叫做力偶的作用面；两力间的距离叫做力偶臂；两力均称为偶力。

(2) 力偶的转向规定：逆时针转为“正”；顺时针转为“负”。

(3) 力偶的三要素：力偶矩的大小、力偶的转向、力偶的作用面。

## 二、力偶矩

力偶对物体的转动作用，用力偶矩表示（图 1.8）。

设有力偶作用在物体上，求力偶对其作用面上任意点 $O$ 之矩：

$$\begin{aligned} M_O(\boldsymbol{F},\boldsymbol{F}') &= M_O(\boldsymbol{F})+M_O(\boldsymbol{F}') \\ &= -F(d+x)+F'x=-F\cdot d \end{aligned} \tag{1.4}$$

(1) 力偶对于其作用面内任意一点的矩，恒等于其一个偶力的大小乘以力偶臂，而与矩心的位置无关。

(2) 力偶矩用符号 $M$ 表示。

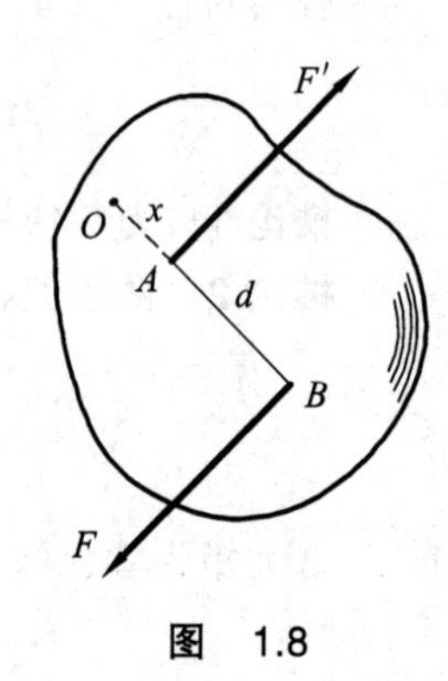


图　1.8

## 三、平面力偶的等效定理（互等定理）

**定理**：两个在同平面内的力偶，如果其力偶矩（包括大小、转向）相等，则两力偶彼此等效（可以互相替代）。

**证明**（图 1.9）：

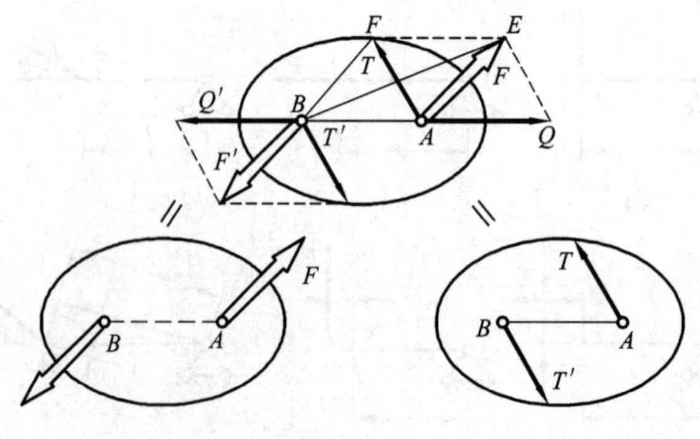


图　1.9

注意到：$\boldsymbol{T}$ 与 $\boldsymbol{T}'$的方向线是任意选定的，若方向不同，其偶力的大小不同，两力距离 $h$

随之不同，但力偶矩相等。

又注意到：两偶力的作用点可以任意移动。

故变换之后的力偶（$\boldsymbol{T}$，$\boldsymbol{T'}$）的位置可有无数个，偶力的大小可以随意变化，相应的力偶臂也可有不同数值，只是保留了力偶矩等值。

**说明**：每个力偶的作用，完全决定于力偶矩的代数量，而与力偶在作用平面内的位置、偶力的大小、力偶臂的长度等单独因素无关。

**推论**：由力偶的上述特性，可以得出下面的重要推论（图 1.10）。

(1) 力偶可以在其作用面内任意移转，而不改变它对物体的作用。

(2) 力偶可以变形。在保持力偶矩的大小和转向不变的条件下，可以同时改变力偶力的大小及力偶臂的长短，而不会改变力偶对物体的作用。

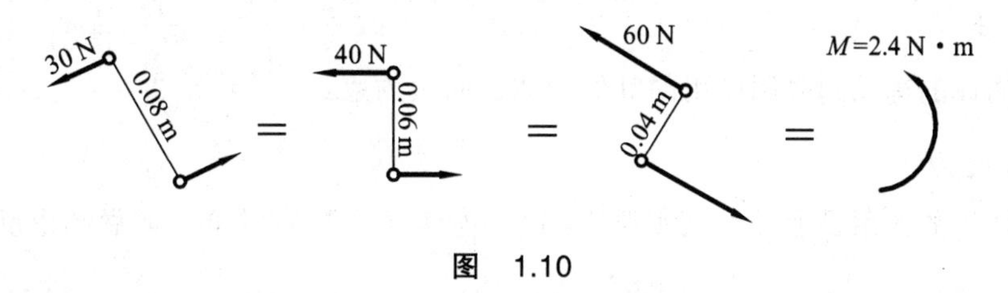


图 1.10

**小结**：力偶的特性如下所述。

(1) 力偶无合力，不能用一个力来代替，也就不能用一个力来平衡。

(2) 力偶对其作用面内任意一点之矩，等于一个常数（自身力偶矩）。

(3) 力偶可以在其作用面内任意移转。

(4) 力偶可以变形。

## 第五节　力的平移定理

**引入**：就力的作用效果（外效应）来看，力沿其作用线移动，不改变力的作用效果——力的可传性。那么，力能否平行移动呢？

**实例**：推动桌面书本，踢足球。

**定理**：可以把作用在刚体上 $A$ 点的力 $\boldsymbol{F}$ 平移到刚体上任一点 $B$，但须附加一个力偶，此附加力偶之矩等于原力 $\boldsymbol{F}$ 对新作用点之矩。

**证明**（图 1.11）：

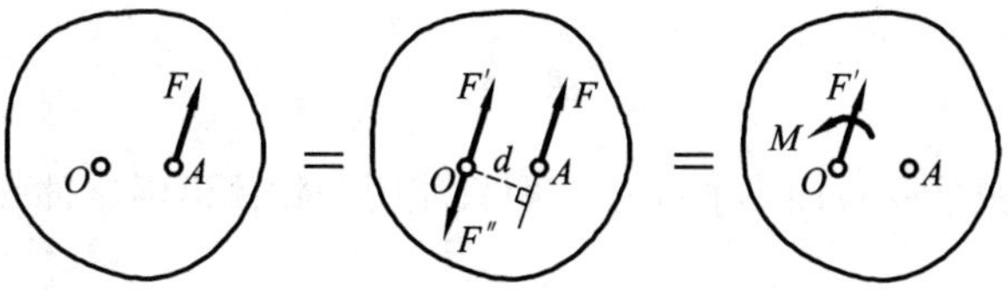

图 1.11

**实例演示**：攻丝扳手。

# 第六节　约束和约束反力

## 一、基本概念

1. 自由体与非自由体（受约束物体）

(1) 自由体——运动不受周围物体的限制，受力后有各种运动的可能。

如飘在空中的气球。

(2) 非自由体——受约束物体。各种机器或结构中的构件，都与周围的其他构件相联系(接触)，某些方向的运动受到限制。

2. 约　束

对某一物体的运动起限制作用的其他物体，叫做约束。

3. 约束反力

约束对物体的作用是通过力来实现的。这些力通常是“被动”的，叫做约束反作用力 (约束反力)。

约束反力的方向，与物体被该物体所限制的运动方向相反。

4. 主动力

使物体产生运动或运动趋势的力叫做主动力。主动力通常是已知的 (即其大小、方向、作用点均为已知，或可先求出)。

## 二、常见的约束类型及其反力的决定

### (一) 柔性约束

如绳索、链条、胶带等，示意如图 1.12。

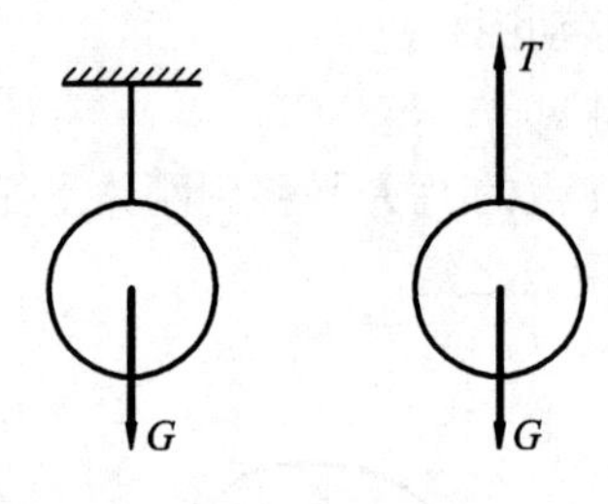


图　1.12

(1) 约束特点：只能受拉而不能受压，即只能限制物体沿绳索伸长方向的运动 (限制离开约束)。

(2) 约束反力：沿着柔性约束本身的方向，背离物体，作用在连接点。

**注意**:

(1) 不计自重;

(2) 对球形物体，单独悬挂，平衡时通过球心（否则不能平衡）。

**举例**（图 1.13）：

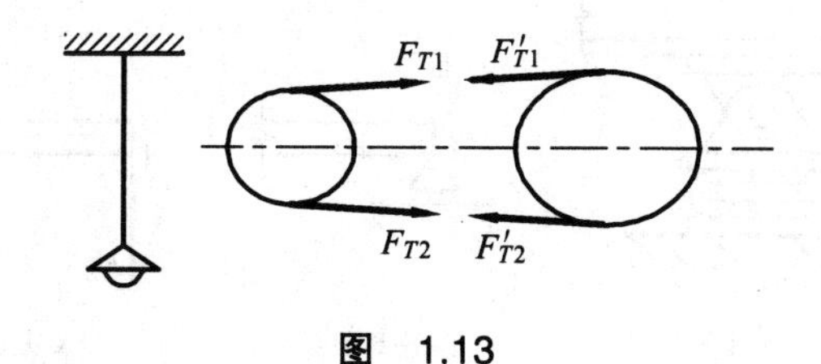


图 1.13

### （二）光滑支承面约束

(1) 约束特点：不能受拉，只能受压。只能限制物体在接触区沿约束被压入方向的运动。约束的接触区又叫做“支承面”。

(2) 约束反力：设支承面摩擦力忽略不计，称为光滑面约束。

**举例**（图 1.14）：

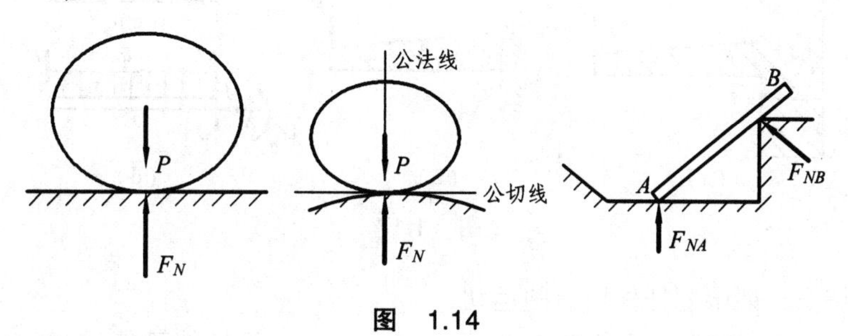


图 1.14

### （三）固定铰链支座约束

结构形式如图 1.15 所示。

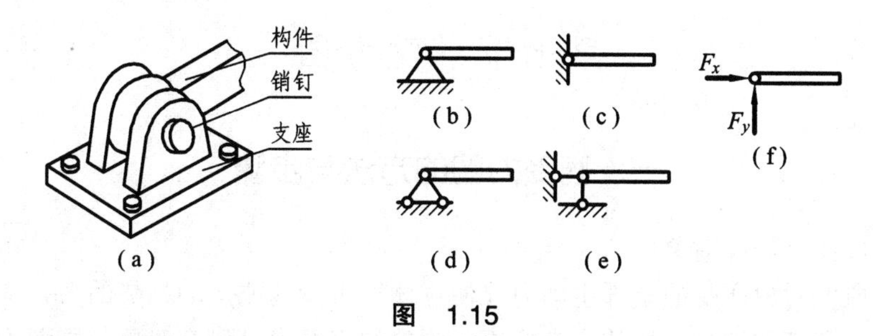


图 1.15

(1) 约束特点：限制杆件在平面内的任何移动，但不限制杆件绕铰链中心转动。

(2) 约束反力：销轴圆柱面上某一点给杆件的反力 $\boldsymbol{R}$，沿圆弧接触面公法线指向杆件（过中心）。因接触点位置不同而使 $\boldsymbol{R}$ 方向不定，通常用分力的形式 $\boldsymbol{F}_x$、$\boldsymbol{F}_y$ 表示。

### （四）可动铰链支座约束

结构形式如图 1.16 所示。

(1) 约束特点：只限制杆件沿支承面垂直方向的运动，不限制沿支承面平行方向的运动，当然也不限制绕中心转动。

(2) 约束反力：垂直支承面，通过铰链中心。至于指向，可向“上”，也可向“下”。

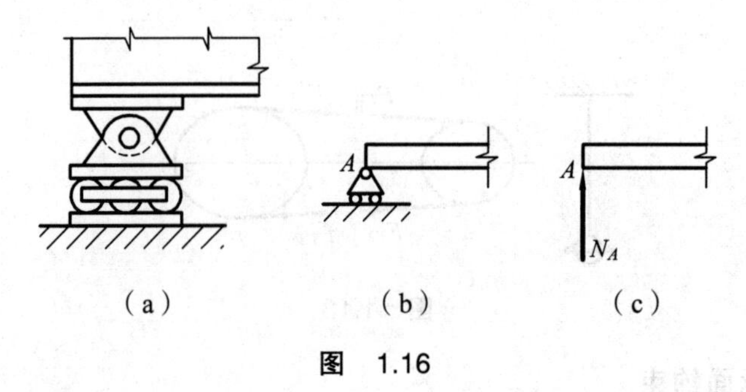


图 1.16

**（五）固定端支座约束**

结构形式与工程实例如图 1.17 所示。

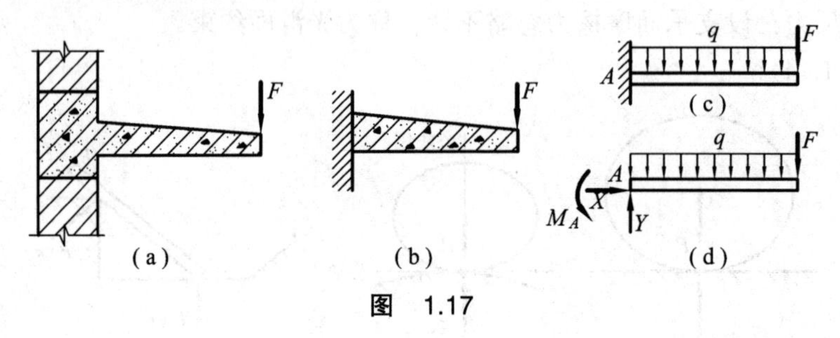


图 1.17

(1) 约束特点：能限制杆件所有的运动。

(2) 约束反力：使杆件不能移动的反力——$X$、$Y$；使杆件不能转动的反力——反力偶 $M_A$。

# 第七节　受力图

## 一、画受力图的方法与步骤

(1) 取分离体（研究对象）；

(2) 画出研究对象所受的全部主动力（使物体产生运动或运动趋势的力）；

(3) 在存在约束的地方，按约束类型逐一画出约束反力（研究对象与周围物体的连接关系）。

## 二、例　题

**【例 1.1】**　画出图 1.18 中圆球的受力图。

**【例 1.2】**　重力为 $G$ 的均质杆 $AB$，其 $B$ 端靠在光滑铅垂墙的顶角处，$A$ 端放在光滑的水平面上，在点 $D$ 处用一水平绳索拉住，试画出杆 $AB$ 的受力图（图 1.19）。

**【例 1.3】**　画 $AB$ 梁的受力图（图 1.20）。

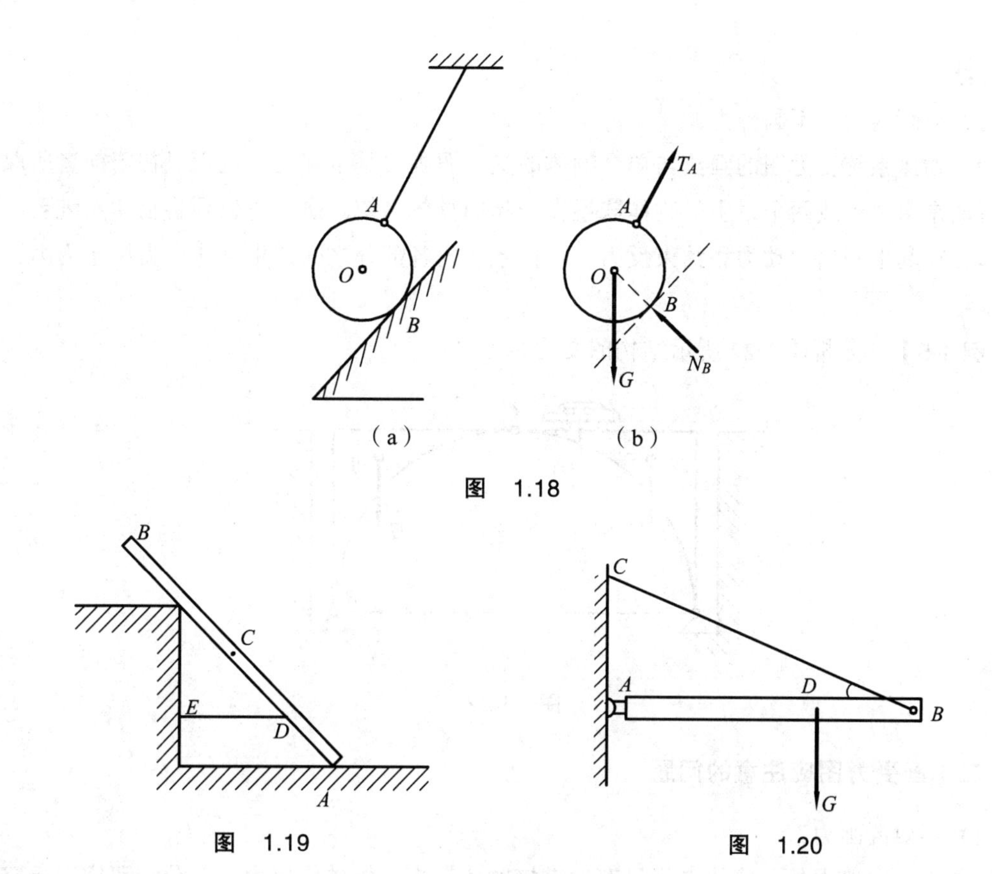


图 1.18

图 1.19

图 1.20

## 三、受力图练习

### （一）作物体系统的受力图

**【例 1.4】** 作图 1.21 所示杆件的受力图。

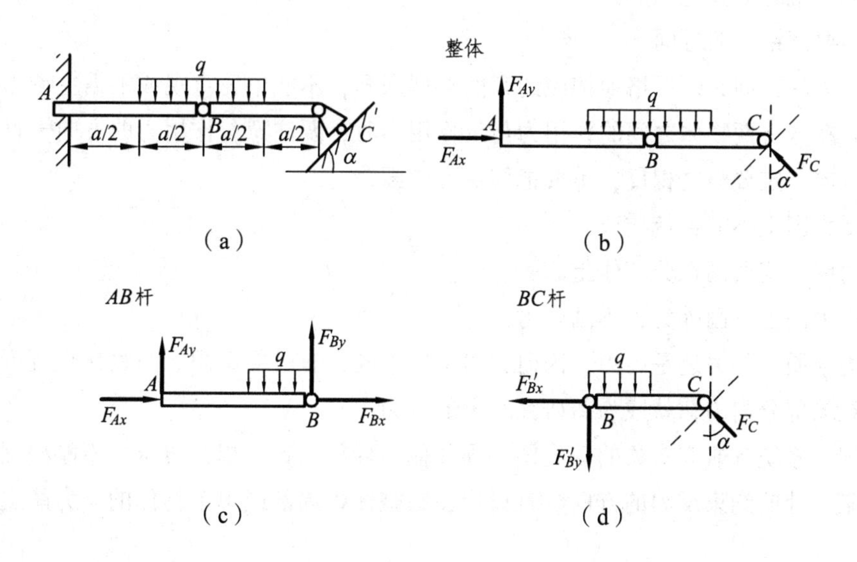


图 1.21

**总结**：

(1) 只画内力，不画外力。

(2) 物体系统受力图的画法与单个物体的受力图画法基本相同，区别只在于前者所取的研究对象是由两个或两个以上的物体联系在一起的物体系统。研究时只须将物体系统看成一个整体，在其上画出主动力和约束反力，物体系统内各部分之间的相互作用力属于内力，不画出来。

**【例 1.5】** 分析图 1.22 所示结构的受力。

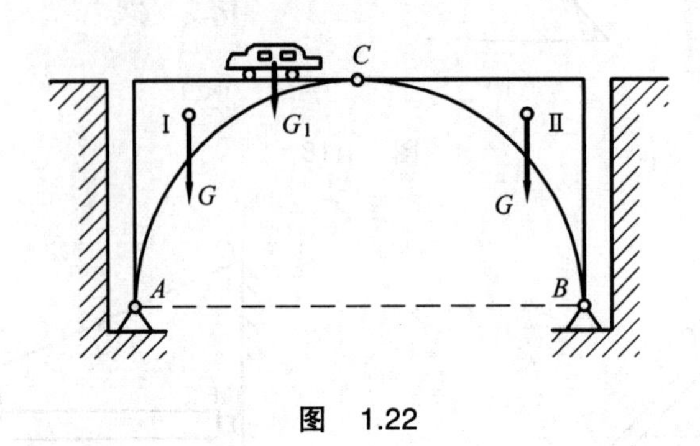


图 1.22

### （二）画受力图应注意的问题

(1) 不要漏画力。

除重力、电磁力外，物体之间只有通过接触才有相互机械作用力，要分清研究对象（受力体）都与周围哪些物体（施力体）相接触，接触处必有力，力的方向由约束类型而定。

(2) 不要多画力。

要注意力是物体之间的相互机械作用。因此对于受力体所受的每一个力，都应能明确地指出它是哪一个施力体施加的。

(3) 不要画错力的方向。

约束反力的方向必须严格地按照约束的类型来画，不能单凭直观或根据主动力的方向来简单推想。在分析两物体之间的作用力与反作用力时，要注意，作用力的方向一旦确定，反作用力的方向一定要与之相反，不要把箭头方向画错。

(4) 受力图上不能再带约束。

即受力图一定要画在分离体上。

(5) 受力图上只画外力，不画内力。

一个力，属于外力还是内力，因研究对象的不同，有可能不同。当物体系统拆开来分析时，原系统的部分内力，就成为新研究对象的外力。

(6) 同一系统各研究对象的受力图必须整体与局部一致，相互协调，不能相互矛盾。

对于某一处的约束反力的方向一旦设定，在整体、局部或单个物体的受力图上要与之保持一致。

(7) 正确判断二力构件。

## （三）练　习

分析图 1.23 所示结构的受力。

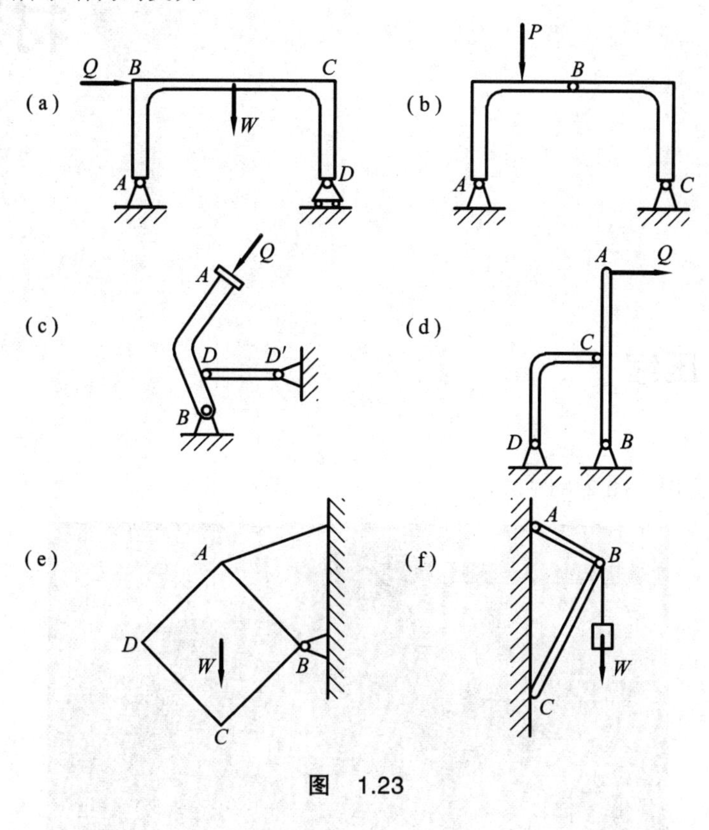


图　1.23

# 第二部分
# 材料力学

## 第二章
## 轴向拉伸与压缩

**引入**：工程实例如图 2.1 所示。

（a）

（b）

图　2.1

**特点**：作用在杆件上的外力合力的作用线与杆件轴线重合，杆件变形是沿轴线方向的伸长或缩短。杆的受力简图如图 2.2 所示。

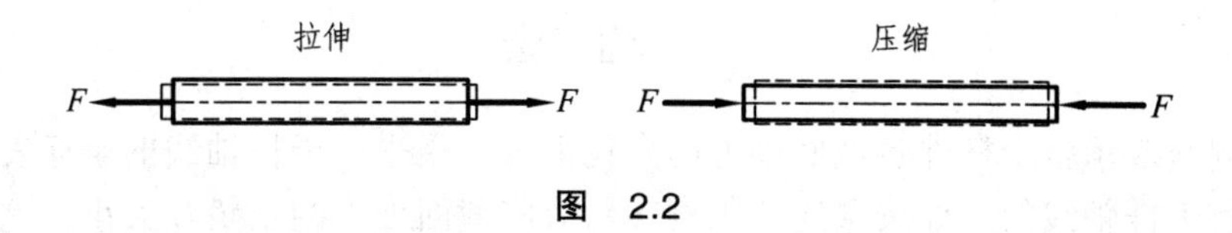


图 2.2

# 第一节　轴向拉（压）杆的内力与轴力图

## 一、用截面法求轴向拉（压）杆的内力

截面法是显示和确定内力的基本方法。

### 1. 内力的概念

由于外力作用而引起的内力的改变量，称为“附加内力”，简称内力。

### 2. 求内力的方法——截面法

如图 2.3 所示，欲求某一截面 $m$—$m$ 上的内力，可假想将杆沿该截面截开，分成左、右两段，任取其中一段为研究对象，将另一段对该段的作用以内力 $N$ 来代替，因为构件整体是平衡的，所以它的任一部分也必须是平衡的。列出平衡方程即可求出截面上内力的大小和方向。

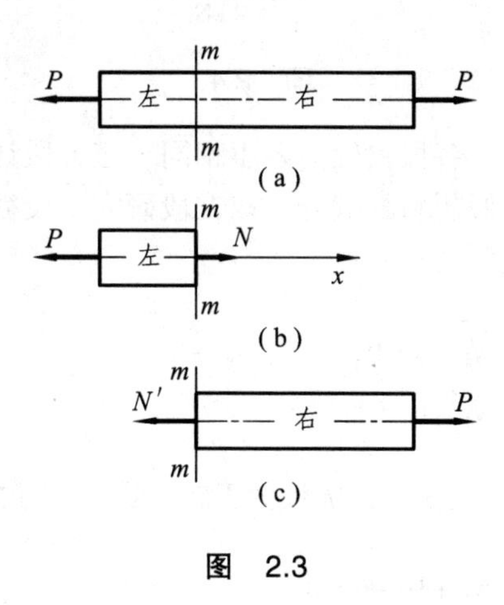


图 2.3

### 3. 轴　力

由于轴向拉压引起的内力与杆的轴线一致，称为轴向内力，简称轴力。

符号约定：拉伸引起的轴力为正值，指向背离横截面；压缩引起的轴力为负值，指向向着横截面。

截面法求内力的总结：

(1) 假截留半（留任一部分）；

(2) 内力代替（以内力代替弃去部分对留下部分的作用）；

(3) 内外平衡（留下部分的内力与外相平衡）。

这种显示并确定内力的方法称为截面法。

## 二、轴力图

为了直观地表示整个杆件各截面轴力的变化情况，用平行于杆轴线的坐标表示横截面的位置，用垂直于杆轴线的坐标按选定的比例表示对应截面轴力的正负及大小，这种表示为轴力图。即轴力沿轴线方向变化的图形。

**【例 2.1】** 一直杆受外力作用如图 2.4（a）所示，求此杆各段的轴力，并作轴力图。

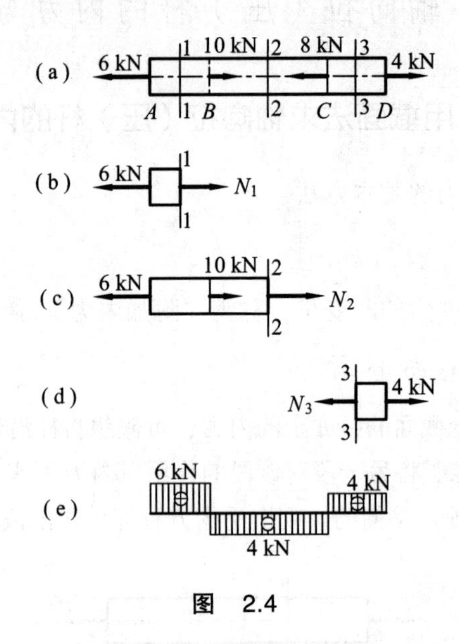


图 2.4

**解**：根据外力的变化情况，各段内轴力各不相同，应分段计算。

（1）*AB* 段：用截面 1—1 假想将杆截开，取左段研究，设截面上的轴力为正方向，受力如图 2.4（b）所示。列平衡方程式：

$$\sum X=0: \ N_1-6=0$$
$$\Rightarrow N_1=6 \ (\text{拉力})$$

（2）*BC* 段，取 2—2 截面左段研究，$N_2$ 设为正向，受力如图 2.4（c）所示，列平衡方程式：

$$\sum X=0: \ N_2+10-6=0$$
$$\Rightarrow N_2=-4 \ (\text{压力})$$

（3）*CD* 段，取 3—3 截面右段研究，$N_3$ 设为正，受力如图 2.4（d）所示，列平衡方程式：

$$\sum X=0: \ 4-N_3=0$$
$$\Rightarrow N_3=4 \ (\text{拉力})$$

最后轴力图如图 2.4（e）所示。

画轴力图的总结：

当自左向右画轴力图时，遇向左的轴向外力向上突变，遇向右的轴向外力向下突变。

# 第二节　轴向拉（压）杆横截面上的正应力

## 一、应力的引入

1. 引入应力的原因

在工程设计中，知道了杆件的内力，还不能解决杆件的强度问题。例如两根材料相同而粗细不同的杆件，承受着相同的轴向压力，随着拉力的增加，细杆将首先被拉断，因为内力在小面积上分布的密集程度大。由此可见，判断杆件的承载能力还需要进一步研究内力在横截面上分布的密集程度。

2. 应力的概念

即内力的密集程度（或单位面积上的内力）。

3. 应力的单位

一般有帕（Pa）、千帕（kPa）、兆帕（MPa）、吉帕（GPa）等。它们的关系为：

$$1\ \text{Pa}=1\ \text{N/m}^2$$
$$1\ \text{kPa}=10^3\ \text{Pa}$$
$$1\ \text{MPa}=1\ \text{N/mm}^2=10^6\ \text{Pa}$$
$$1\ \text{GPa}=10^9\ \text{Pa}$$

## 二、轴向拉（压）杆横截面上的正应力

1. 试验观察

轴向拉（压）杆横截面上的正应力分布如图 2.5 所示。

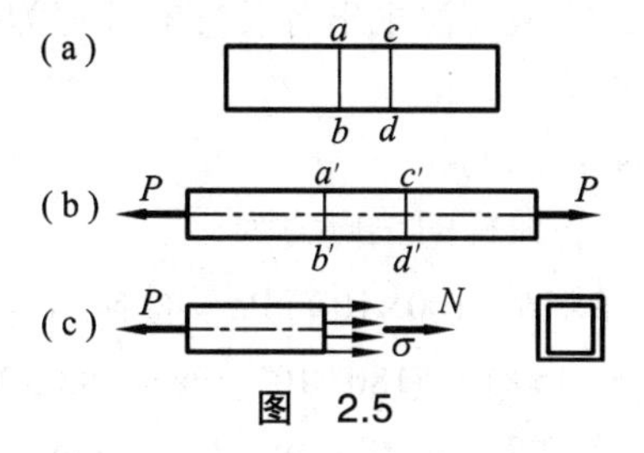


图　2.5

2. 假设与推理

根据上述观察的现象，提出以下假设及推理：变形前原为平面的横截面，变形后仍保持为平面，这就是平面假设。

假设杆件是由无数根纵向纤维组成，由平面假设可知，任意两横截面间各纵向纤维具有相同的变形。

又根据材料的均匀连续性假设，各根纤维的性质相同，因此拉杆横截面上的分布内力是均匀分布的，故各点处的应力大小相等。由于该应力垂直于横截面，故拉杆横截面上产生的应力为均匀分布的正应力。这一结论对于压杆也是成立的。

### 3. 应力计算公式

在横截面上取一微面积 $dA$，作用在微面积上的微内力为 $dN=\sigma dA$，则整个横截面 $A$ 上微内力的总和应为轴力 $N$，积分得拉（压）杆横截面上的正应力计算公式：

$$\sigma=\frac{N}{A} \tag{2.1}$$

式中 $N$——横截面上的轴力；

$A$——横截面面积。

$\sigma$ 的符号：正号表示拉应力；负号表示压应力。

## 三、例题分析

**【例 2.2】** 一阶梯杆如图 2.6 所示，$AB$ 段横截面面积为 $A_1=100\ \text{mm}^2$，$BC$ 段横截面面积为 $A_2=180\ \text{mm}^2$，试求各段杆横截面上的正应力。

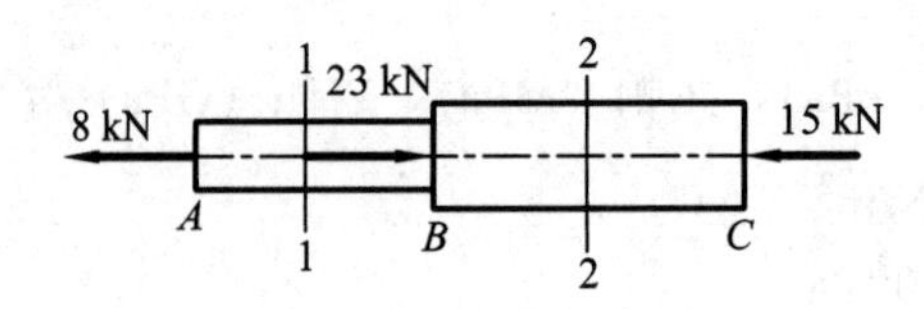


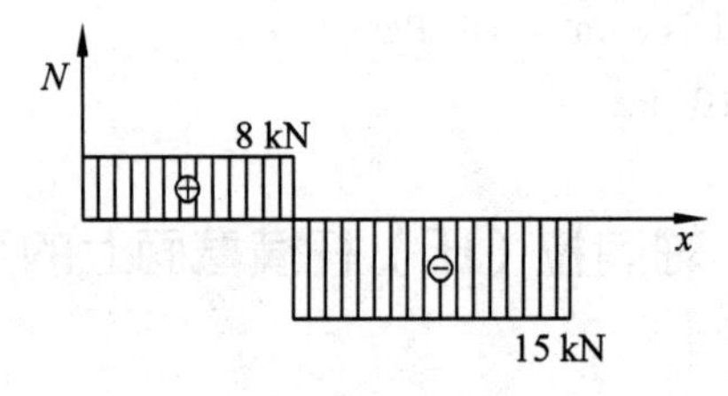


图 2.6

**解**：(1) 计算各段内轴力。由截面法求出各段杆的轴力为：

$AB$ 段　　$N_1=8\ \text{kN}$（拉力）

$BC$ 段　　$N_2=-15\ \text{kN}$（压力）

(2) 确定应力。根据公式，各段杆的正应力为：

$AB$ 段　　$\sigma_1=N_1/A_1=8\times10^3/(100\times10^{-6})\ \text{Pa}=80\ \text{MPa}$（拉应力）

$BC$ 段　　$\sigma_2=N_2/A_2=-15\times10^3/(180\times10^{-6})\ \text{Pa}=-83.3\ \text{MPa}$（压应力）

**【例 2.3】** 已知图示砖柱（图 2.7）：$a=24\ \text{cm}$，$b=37\ \text{cm}$，$l_1=3\ \text{m}$，$l_2=4\ \text{m}$，$P_1=50\ \text{kN}$，$P_2=90\ \text{kN}$。略去砖柱自重。求砖柱各段的轴力及应力，并绘制轴力图。

**解**：砖柱受轴向荷载作用，是轴向压缩。

(1) 计算柱各段轴力。

$AB$ 段：

$$N_1=-P_1=-50\ \text{kN}\ （压力）$$

$BC$ 段：

$$N_2=-P_1-P_2=-50-90=-140\ \text{kN}\ （压力）$$

（2）画柱的轴力图。

（3）计算柱各段的应力。

$AB$ 段：

1－1 横截面上的轴力为压力：$N_1=-50\ \text{kN}$

横截面面积：$A_1=240\times240=5.76\times10^4\ \text{mm}^2$

则
$$\sigma_1=\frac{N_1}{A_1}=-\frac{50\times10^3}{5.76\times10^4}=-0.868\ \text{MPa}\quad（压应力）$$

$BC$ 段：

2－2 横截面上的轴力为压力：

$$N_2=-140\ \text{kN}$$

图 2.7

横截面面积：

$$A_2=370\times370=13.69\times10^4\ \text{mm}^2$$

则
$$\sigma_2=\frac{N_2}{A_2}=-\frac{140\times10^3}{13.69\times10^4}=-1.02\ \text{MPa}\quad（压应力）$$

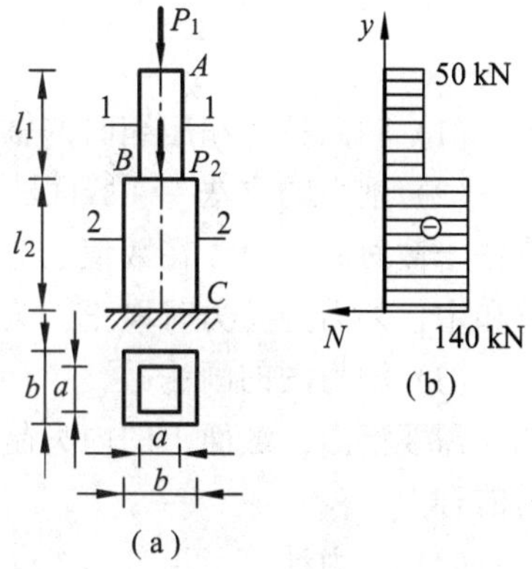

**【例 2.4】** 图 2.8 所示铰结支架，$AB$ 杆为 $d=16$ mm 的圆截面杆，$BC$ 杆为 $a=100$ mm 的正方形截面杆，$P=15$ kN，试计算各杆横截面上的应力。

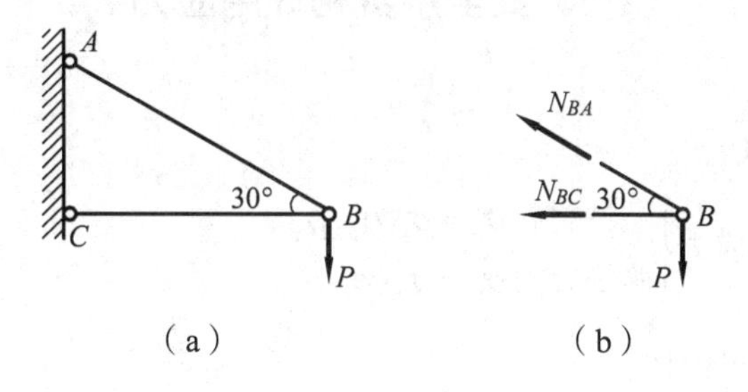


图 2.8

**解**：（1）计算各杆的轴力。

取结点 $B$ 为研究对象，设各杆的轴力为拉力，由平衡条件得：

$$\sum Y=0:\ N_{BA}\sin30^\circ-P=0$$
$$\Rightarrow N_{BA}=\frac{P}{\sin30^\circ}=\frac{15}{0.5}=30\ \text{kN}\quad（拉力）$$
$$\sum X=0:\ N_{BA}\cos30^\circ+N_{BC}=0$$
$$\Rightarrow N_{BC}=-N_{BA}\cos30^\circ=-30\times0.866=-26\ \text{kN}\quad（压力）$$

（2）计算各杆的应力。

$$\sigma_{BA}=\frac{N_{BA}}{A_{BA}}=\frac{4\times N_{BA}}{\pi d^2}=\frac{4\times30\times10^3}{3.14\times16^2}=149.3\ \text{MPa}\quad（拉应力）$$
$$\sigma_{BC}=\frac{N_{BC}}{A_{BC}}=-\frac{26\times10^3}{10^2\times10^2}=-2.6\ \text{MPa}\quad（压应力）$$

## 四、小　结

(1) 轴向拉伸和压缩时的轴力和轴力图的概念。

(2) 轴力的求法——截面法。截面法求内力的步骤可以归纳为：截取、代替、平衡。杆件任一截面的轴力，在数值上等于该截面一侧（左侧或右侧）所有轴向外力的代数和。在代数和中，外力为拉力时取正，为压力时取负。

(3) 轴力图的画法。

需要指出，截面上的内力是分布在整个截面上的，利用截面法求出的内力是这些分布内力的合力。

(4) 应力计算。

# 第三节　轴向拉（压）杆的强度计算

**讨论**：做实验的环境和室外施工环境是肯定不同的，那么怎么来保证实验的结果在工程当中使用呢？

## 一、安全系数和许用应力

工作应力　$\sigma=\frac{F_N}{A}$　(2.2)

$$\text{极限应力}\begin{cases}\text{塑性材料}\sigma_u=\sigma_s(\sigma_{p0.2})\\ \text{脆性材料}\sigma_u=\sigma_{bt}(\sigma_{bc})\end{cases}$$

$$\sigma\leqslant\frac{\sigma_u}{n}=[\sigma]\qquad(2.3)$$

$$\begin{cases}\text{塑性材料的容许应力}[\sigma]=\frac{\sigma_s}{n_s}\quad\left(\frac{\sigma_{p0.2}}{n_s}\right)\\ \text{脆性材料的容许应力}[\sigma]=\frac{\sigma_{bt}}{n_b}\quad\left(\frac{\sigma_{bc}}{n_b}\right)\end{cases}$$

## 二、轴向拉（压）杆的正应力强度条件

为了保证构件安全可靠地工作，必须使构件的最大工作应力不超过材料的许用应力。

拉（压）杆件的强度条件为：

$$\sigma_{max}=\frac{N_{max}}{A}\leqslant[\sigma]\qquad(2.4)$$

式中　$\sigma_{max}$——最大工作应力；

$N_{max}$——构件横截面上的最大轴力；

$A$——构件的横截面面积；

$[\sigma]$——材料的许用应力。

对于变截面直杆，应找出最大应力及其相应的截面位置，进行强度计算。

## 三、强度条件的应用

根据强度条件，可解决工程实际中有关构件强度的三类问题。

1. 强度校核

已知构件的材料、横截面尺寸和所受荷载，校核构件是否安全。即：

$$\sigma_{max}=\frac{N_{max}}{A}\leqslant[\sigma] \tag{2.5}$$

2. 设计截面尺寸

已知构件承受的荷载及所用材料，确定构件横截面尺寸。即：

$$A\geqslant\frac{N_{max}}{[\sigma]} \tag{2.6}$$

由上式可算出横截面面积，再根据截面形状确定其尺寸。

3. 确定许可荷载

已知构件的材料和尺寸，可按强度条件确定构件能承受的最大荷载。即：

$$N_{max}\leqslant A[\sigma] \tag{2.7}$$

由 $N_{max}$ 再根据静力平衡条件，确定构件所能承受的最大荷载。

## 四、例题分析

**【例 2.5】** 如图 2.9 所示为一轴心受压柱的基础。已知轴心压力 $N=490$ kN，基础埋深 $H=1.8$ m，基础和土的平均重度 $\gamma=19.6$ kN/m$^3$，地基土的许用压力 $[R]=196$ kN/m$^2$，试计算基础所需底面积。

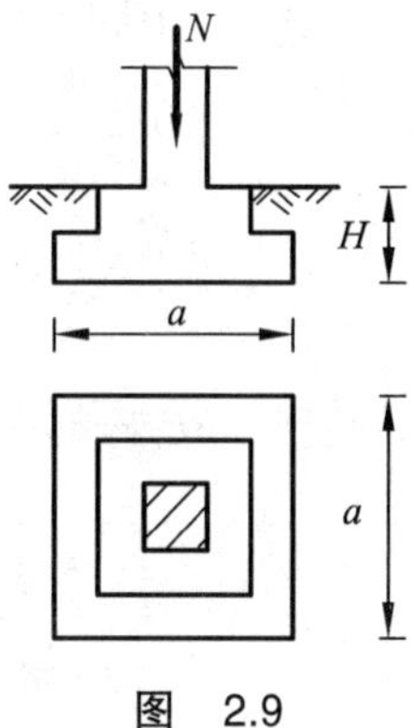

图 2.9

**解**：基础底面积所承受的压力为柱子传来的压力 $N$ 和基础的自重 $G(=\gamma HA)$。

根据强度条件：

$$\sigma=\frac{N+G}{A}\leqslant[R]$$

即：

$$\frac{N}{A}+\gamma H\leqslant[R]$$

求基础所需面积：

$$A\geqslant\frac{N}{[R]-\gamma H}=\frac{490\times10^3}{196\times10^{-3}-19.6\times1.8\times10^{-3}}=3.1\times10^6\ \text{mm}^2$$

若采用正方形基础，则基础的底边长为：

$$a=\sqrt{A}=\sqrt{3.1\times10^{6}}=1\ 760\ \text{mm}$$

取 $$a=180\ \text{cm}$$

**【例 2.6】** 图 2.10 所示三角形托架：$AB$ 为钢杆，其横截面面积为 $A_1=400\ \text{mm}^2$，许用应力为 $[\sigma_l]=170\ \text{MPa}$；$BC$ 杆为木杆，其横截面面积为 $A_2=10\ 000\ \text{mm}^2$，许用应力 $[\sigma_y]=10\ \text{MPa}$。试求荷载 $\boldsymbol{P}$ 的最大值 $P_{\max}$。

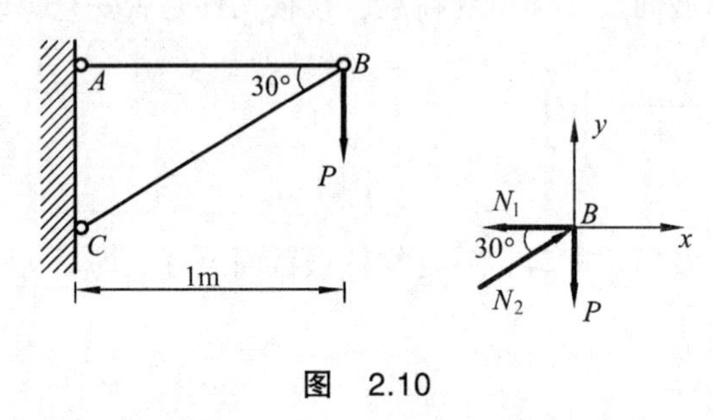


图 2.10

**解**：(1) 求两杆的轴力与荷载的关系。取结点 $B$ 为研究对象，由平衡条件有：

$$\sum Y=0:\quad N_2\sin30°-P=0$$

$$\Rightarrow N_2=\frac{P}{\sin30°}=2P\ \text{（压力）}$$

$$\sum X=0:\quad N_2\cos30°-N_1=0$$

$$\Rightarrow N_1=N_2\cos30°=2P\times\frac{\sqrt{3}}{2}=\sqrt{3}P\ \text{（拉力）}$$

(2) 计算许可荷载。

由 $N_{\max}\leqslant[\sigma_l]A$，$AB$ 杆的许可荷载为：

$$N_1=\sqrt{3}P\leqslant A_1[\sigma_l]$$

$$\Rightarrow P\leqslant\frac{A_1[\sigma_l]}{\sqrt{3}}=\frac{400\times170}{\sqrt{3}}=39\ 300\ \text{N}=39.3\ \text{kN}$$

同理，$BC$ 杆的许可荷载为：

$$N_2=2P\leqslant A_2[\sigma_y]$$

$$\Rightarrow P\leqslant\frac{A_2[\sigma_y]}{2}=\frac{10\ 000\times10}{2}=50\ 000\ \text{N}=50\ \text{kN}$$

为了保证两杆都能安全地工作，荷载 $\boldsymbol{P}$ 的最大值为：

$$P_{\max}=39.3\ \text{kN}$$

## 五、小　结

(1) 许用应力、安全系数的概念；

(2) 强度条件的公式及意义；

(3) 强度条件的应用。

# 第四节　轴向拉（压）杆的变形计算

## 一、轴向伸长（纵向变形）

如图 2.11 所示：

$$\Delta l \propto \frac{Fl}{A}$$

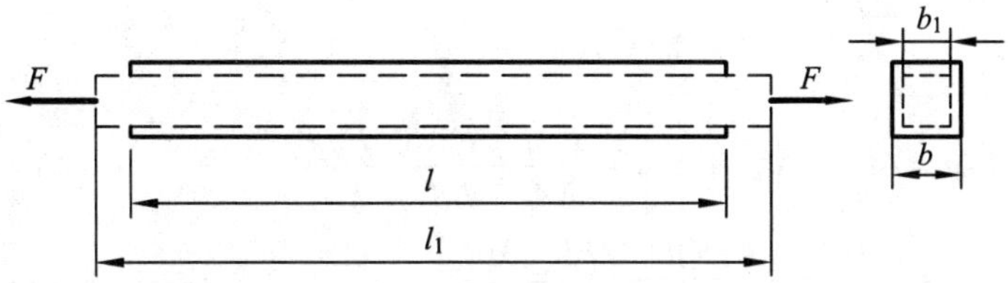

图　2.11

纵向的绝对变形：

$$\Delta l = l_1 - l \tag{2.8}$$

纵向的相对变形（轴向线变形）：

$$\varepsilon = \frac{\Delta l}{l} \tag{2.9}$$

## 二、胡克定律

试验证明：

$$\Delta l \propto \frac{Fl}{A} \tag{2.10}$$

引入比例常数 $E$，则：

$$\Delta l = \frac{Fl}{EA} = \frac{F_N l}{EA} \quad \text{（胡克定律）} \tag{2.11}$$

式中　$E$——表示材料弹性性质的一个常数，称为拉压弹性模量，亦称杨氏模量，其单位常为 MPa、GPa。

$EA$——杆件的抗拉压刚度。

例如一般钢材：$E=200$ GPa。

可以看出，$EA\uparrow, \Delta l\downarrow$。

胡克定律的适用条件：

(1) 材料在线弹性范围内工作，即应力不超过比例极限；

(2) 在计算杆件伸长$\Delta l$时，$l$长度内其均应为常数，否则应分段计算或进行积分。

**【例 2.7】** 如图 2.12 所示杆件，$OB$、$BC$、$CD$段长度均为$l$，$A_1 = A_2 = 2A_3 = 2A$，求总变形。

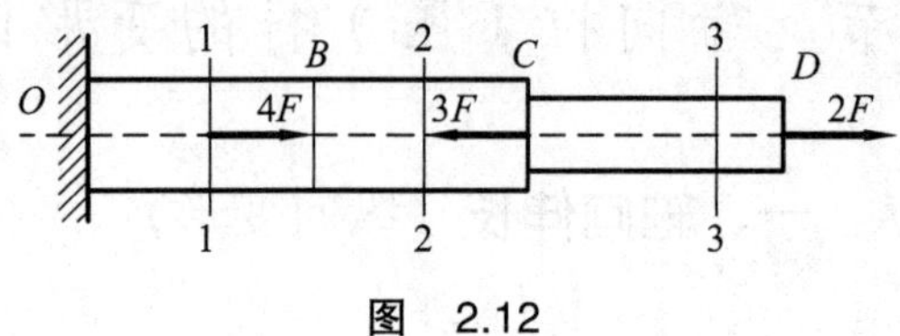


图 2.12

**解**：应分段计算总变形。

$$\Delta l = \sum_{i=1}^{n} \frac{F_{Ni} l_i}{E_i A_i}$$

即：

$$\Delta l = \Delta l_{OB} + \Delta l_{BC} + \Delta l_{CD} = \frac{F_{N1} l}{EA_1} + \frac{F_{N2} l}{EA_2} + \frac{F_{N3} l}{EA_3}$$

$$= \frac{3Fl}{E(2A)} + \frac{(-F)l}{E(2A)} + \frac{2Fl}{EA} = \frac{3Fl}{EA}$$

## 三、横向变形与泊松比

横向的绝对变形（图 2.13）：

$$\Delta b = b_1 - b \tag{2.12}$$

横向的相对变形（横向线变形）：

$$\varepsilon' = \frac{\Delta b}{b} \tag{2.13}$$

试验证明：

$$\left|\frac{\varepsilon'}{\varepsilon}\right| = \mu \quad 或 \quad \varepsilon' = -\mu\varepsilon \tag{2.14}$$

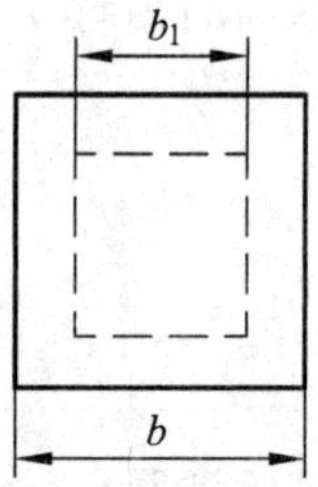

$b_1$

$b$

图 2.13

$\mu$称为泊松比，如一般钢材，$\mu = 0.25 \sim 0.33$。

## 四、刚度条件

刚度条件如下式所示：

$$\Delta l \leqslant [\Delta l] \text{（许用变形）} \tag{2.15}$$

根据刚度条件，可以进行刚度校核、截面设计及确定许可荷载等问题的解决。

## 五、例题分析

**【例 2.8】** 图 2.14 所示为一悬挂的等截面混凝土直杆，求在自重作用下杆的内力、应力与变形。已知杆长 $l$、横截面积 $A$、比重 $\gamma$（$\mathrm{N/m^3}$）、弹性模量 $E$。

**解**：（1）求内力。由平衡条件：

$$\sum F_x = 0:\quad F_N(x) - \gamma A x = 0$$

$$\Rightarrow F_N(x) = \gamma A x$$

$$\Rightarrow x = l \text{ 时},\ F_{N,\max} = \gamma A l$$

图 2.14

（2）求应力。

$$\sigma(x) = \frac{F_N(x)}{A} = \gamma x \Rightarrow \sigma_{\max} = \sigma_{x=l} = \gamma l$$

由强度条件：

$$\sigma_{\max} \leqslant [\sigma] \Rightarrow l \leqslant \frac{[\sigma]}{\gamma}$$

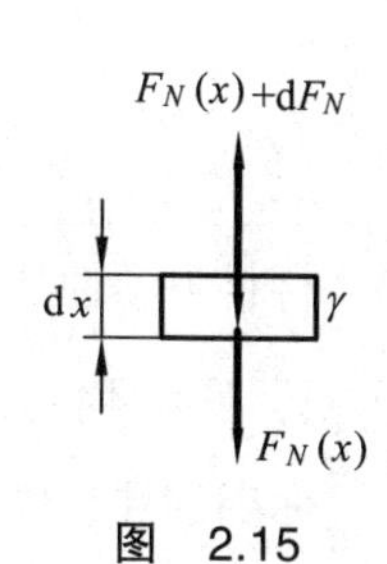

图 2.15

（3）求变形（图 2.15）。

取微段 $\mathrm{d}(\Delta l) = \dfrac{F_N(x)\mathrm{d}x}{EA}$，则截面 $m$—$m$ 处的位移为：

$$\delta = \int_x^l \frac{F_N(x)\mathrm{d}x}{EA} = \int_x^l \frac{\gamma A x \mathrm{d}x}{EA} = \frac{\gamma}{2E}(l^2 - x^2)$$

杆的总伸长，即相当于自由端处的位移：

$$\Delta l = \delta\big|_{x=0} = \frac{\gamma l^2}{2E} = \frac{(\gamma l A)l}{2EA} = \frac{1}{2}\cdot\frac{Wl}{EA}$$

**【例 2.9】** 一钢制阶梯杆如图 2.16 所示，已知轴向外力 $P_1 = 50\ \mathrm{kN}$，$P_2 = 20\ \mathrm{kN}$，各段杆长为 $l_1 = 150\ \mathrm{mm}$，$l_2 = l_3 = 120\ \mathrm{mm}$，横截面面积 $A_1 = A_2 = 600\ \mathrm{mm}^2$，$A_3 = 300\ \mathrm{mm}^2$，钢的弹性模量 $E = 200\ \mathrm{GPa}$，试求各段杆的纵向变形和线应变。

**解**：（1）作轴力图。

$$N_1 = -30\ \mathrm{kN},\quad N_2 = N_3 = 20\ \mathrm{kN}$$

（2）计算各段杆的纵向变形和各段杆的线应变。

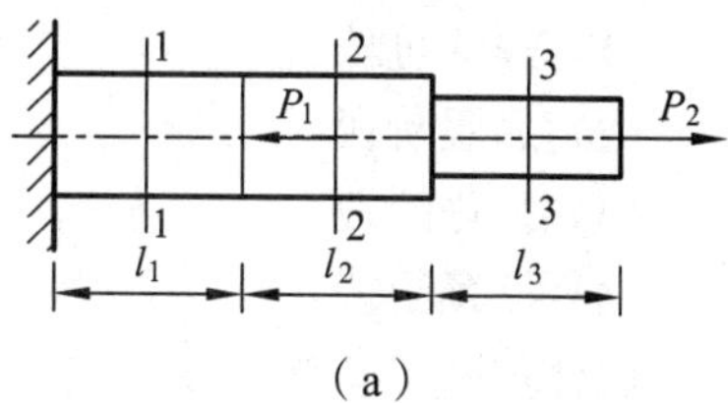

（a）

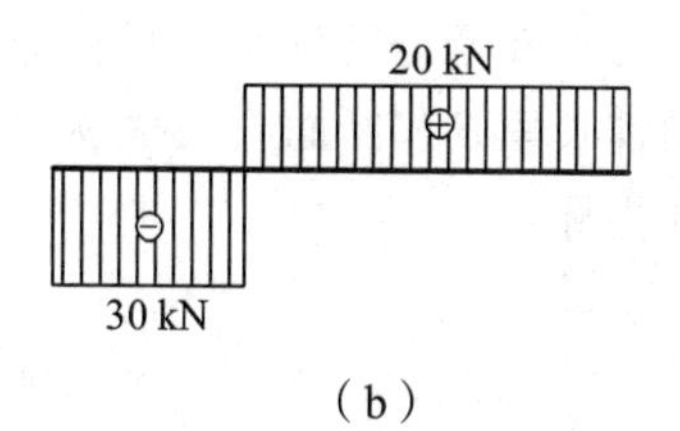

（b）

图 2.16

$$\Delta l_1 = \frac{N_1 l_1}{EA_1} = \frac{-30\times10^3\times150\times10^{-3}}{200\times10^9\times600\times10^{-6}} = -3.75\times10^{-5}\ \mathrm{m}$$

$$\Delta l_2 = \frac{N_2 l_2}{EA_2} = \frac{20\times10^3\times120\times10^{-3}}{200\times10^9\times600\times10^{-6}} = 2\times10^{-5}\ \mathrm{m}$$

$$\Delta l_3 = \frac{N_3 l_3}{EA_3} = \frac{20\times10^3\times120\times10^{-3}}{200\times10^9\times300\times10^{-6}} = 4\times10^{-5}\ \mathrm{m}$$

$$\varepsilon_1 = \frac{\Delta l_1}{l_1} = \frac{-3.75\times10^{-5}}{0.15} = -2.5\times10^{-4}$$

$$\varepsilon_2=\frac{\Delta l_2}{l_2}=\frac{2\times10^{-5}}{0.12}=1.67\times10^{-4}$$

$$\varepsilon_3=\frac{\Delta l_3}{l_3}=\frac{4\times10^{-5}}{0.12}=3.33\times10^{-4}$$

## 六、小　　结

（1）拉压杆应变的求法；

（2）应力与应变之间的关系；

（3）拉压杆变形的计算。

# 第五节　材料在拉伸和压缩时的力学性能

## 一、材料拉伸时的力学性能

材料力学性质：材料在外力作用下，强度和变形方面所表现出的性能。

1. 低碳钢的拉伸试验

标准试件：圆形截面试件或矩形截面试件。

标距 $l_0$：试件的有效工作总长度。对圆形截面试件，$l_0=10d$ 或 $l_0=5d$；对矩形截面试件，$l_0=11.3\sqrt{A_0}$ 或 $l_0=5.65\sqrt{A_0}$。

试验：将低碳钢制成的标准件安装在试验机上，开动机器缓慢加载，直至试件拉断为止。试验机的自动绘图装置会将试验过程中的荷载 $P$ 和对应的伸长量绘成曲线图，称为拉伸图。

为了消除试件原始几何尺寸的影响，常用应力作为纵坐标，应变作为横坐标，得到材料拉伸时的应力-应变曲线图（图 2.17）。

将低碳钢的应力-应变曲线分成四个阶段：

（1）弹性阶段；

（2）屈服阶段；

（3）强化阶段；

（4）缩颈阶段。

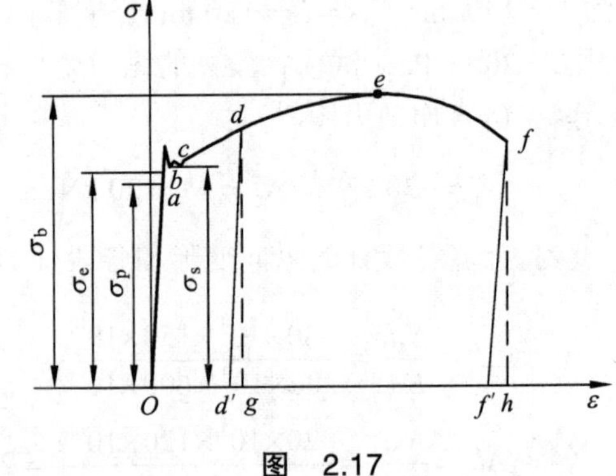

图　2.17

试件拉断后，弹性变形消失了，只剩下残余变形，残余变形标志着材料的塑性。工程中常用伸长率 $\delta$ 和断面收缩率 $\psi$ 作为材料的两个塑性指标：

$$\delta=\frac{l_1-l_0}{l_0}\times100\% \tag{2.16}$$

$$\psi=\frac{A_0-A_1}{A_0}\times100\% \tag{2.17}$$

一般把 $\delta > 5\%$ 的材料称为塑性材料，把 $\delta < 5\%$ 的材料称为脆性材料。低碳钢的伸长率 $\delta = 20\% \sim 30\%$ ，是塑性材料。

2. 铸铁的拉伸试验

铸铁是脆性材料，其拉伸应力-应变曲线如图 2.18 所示，图中无明显的直线部分，但应力较小时接近直线，可近似认为服从胡克定律。工程上有时以曲线的某一割线的斜率作为弹性模量。

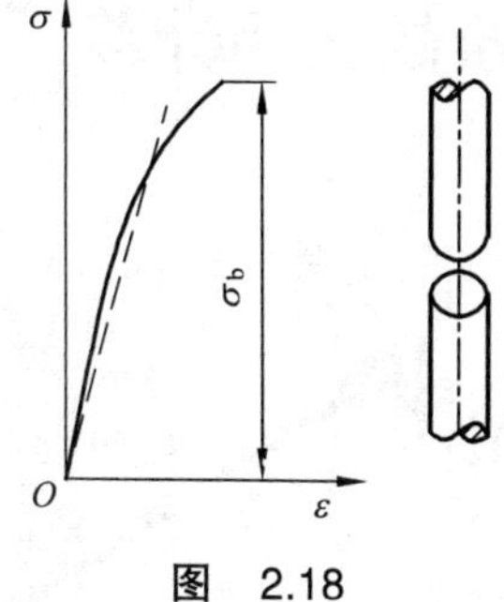

图 2.18

铸铁拉伸时无屈服现象和缩颈现象，断裂是突然发生的，强度极限是衡量铸铁强度的唯一指标。

## 二、材料压缩时的力学性能

一般通过下列试验研究材料压缩时的力学性能：

(1) 低碳钢的压缩试验；

(2) 铸铁的压缩试验。

## 三、小　　结

材料的力学性能是通过试验测定的，它是解决强度问题和刚度问题的重要依据。材料的主要力学性能指标有：

(1) 强度性能指标——材料抵抗破坏能力的指标，如屈服极限 $\sigma_s$、$\sigma_{0.2}$，强度极限 $\sigma_b$。

(2) 弹性变形性能指标——材料抵抗变形能力的指标，如弹性模量 $E$、泊松比 $\mu$。

(3) 塑性变形性能指标——伸长率 $\delta$、断面收缩率 $\psi$。

# 第三章
# 连接的实用计算

工程实例：图 3.1（a）所示两根杆件就是用连接件连接起来的。

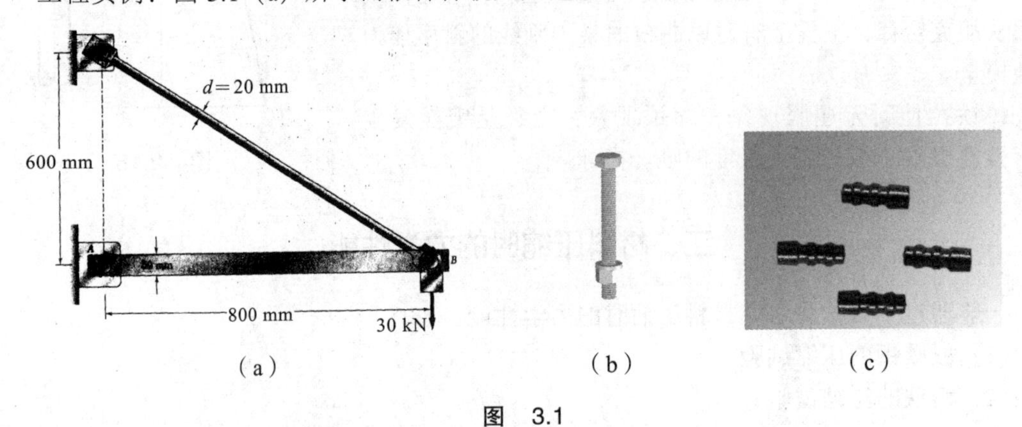


图 3.1

连接件：铆钉、销钉、螺栓、键等（图 3.1（b）、（c））。
连接件受力以后产生的变形主要是剪切变形。

## 一、剪切的概念及其实用计算

### 1. 剪切的受力和变形特点

受力特点：外力作用线垂直于轴线且相距很近。
变形特点：在平行于外力之间的截面发生相对错动。

### 2. 剪切计算的对象

只对连接件进行。

### 3. 名义剪应力

假设剪应力在整个剪切面上均匀分布，如图 3.2 所示。

$$\tau=\frac{Q}{A}=\frac{F}{A} \tag{3.1}$$

图 3.2

### 4. 剪切强度条件

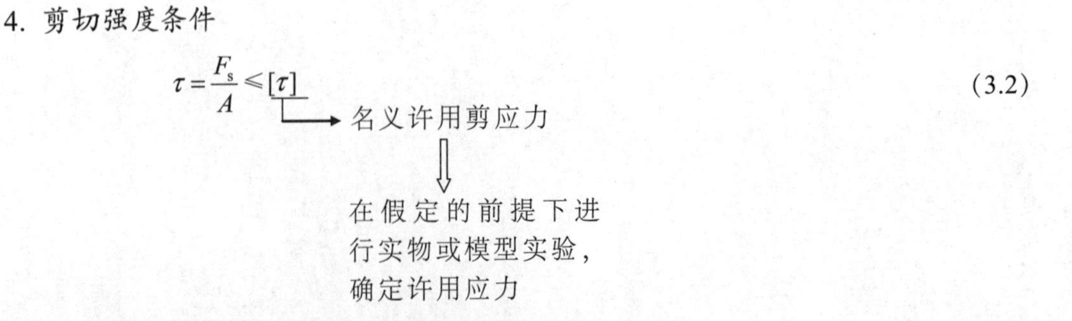

$$\tau=\frac{F_s}{A}\leqslant[\tau] \tag{3.2}$$

可解决三类问题：
(1) 选择截面尺寸；
(2) 确定最大许可荷载；
(3) 强度校核。

5. 许用剪应力

$$[\tau]=\frac{\tau_u}{n}\begin{cases}\tau_u: \text{计算剪切强度极限} \\ n: \text{安全系数}(>1)\end{cases} \tag{3.3}$$

## 二、挤压的概念及其实用计算

1. 挤压的概念

连接件和被连接件在接触面上相互压紧的现象。

2. 挤压引起的可能的破坏

在接触表面产生过大的塑性变形、压碎或连接件(如销钉) 被压扁。

3. 挤压强度问题（以销为例，见图 3.3）

挤压力 (中间部分)：

$$F_b = F \tag{3.4}$$

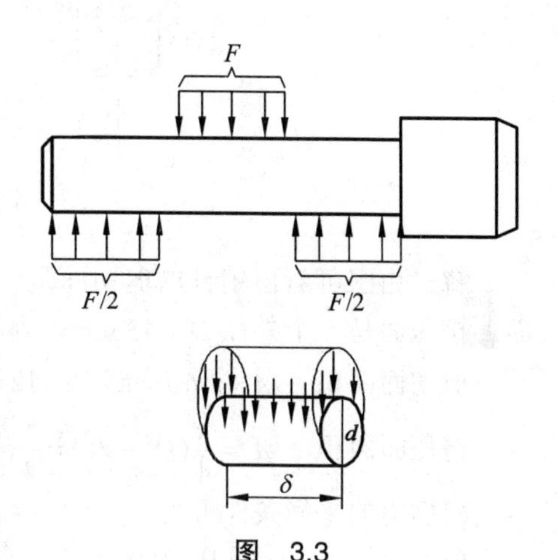

图 3.3

挤压面面积 $A_{bs}$：直径等于 $d$，高度为接触半圆柱表面的高度 (长度) $\delta$。

挤压应力 $\sigma_{bs}$：挤压面上分布的正应力。

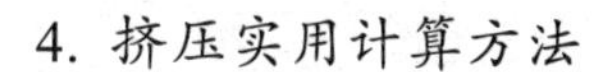
4. 挤压实用计算方法

(1) 假设挤压应力在整个挤压面上均匀分布，则有：

$$\sigma_{bs}=\frac{F_b}{A_{bs}} \tag{3.5}$$

(2) 挤压面面积的计算：

$$A_{bs}=d\delta \tag{3.6}$$

式中　$d$——铆钉或销钉直径；

$\delta$——接触柱面的长度。

① 平面接触 (如平键)：挤压面面积等于实际的承压面积。

② 柱面接触 (如铆钉)：挤压面面积为实际的承压面积在其直径平面上的投影。

(3) 挤压强度条件：

$$\sigma_{bs}=\frac{F_b}{A_{bs}}\leqslant[\sigma_{bs}] \tag{3.7}$$

**注意**：在应用挤压强度条件进行强度计算时，要注意连接件与被连接件的材料是否相同，如不同，应对挤压强度较低的材料进行计算，相应地采用较低的许用挤压应力。

## 三、例题分析

**【例 3.1】** 某接头部分的销钉如图 3.4 所示，已知 $P=100$ kN，$D=45$ mm，$d_1=32$ mm，$d_2=34$ mm，$\delta=12$ mm。试求销钉的剪应力 $\tau$ 和挤压应力 $\sigma_c$。

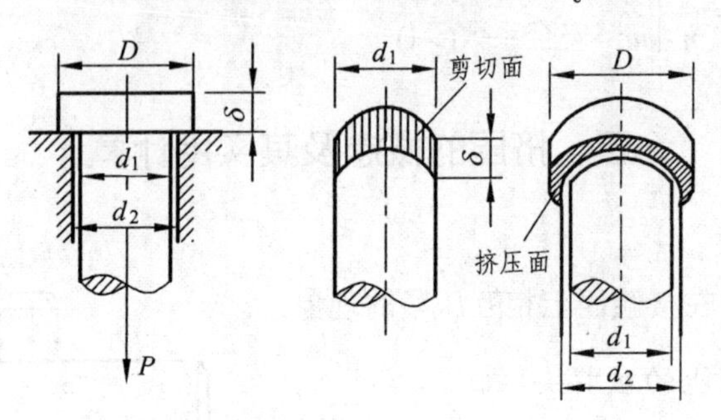


图 3.4

**解**：由图可看出销钉的剪切面是一个高度 $\delta=12$ mm、直径 $d_1=32$ mm 的圆柱体的外表面，挤压面是一个外径 $D=45$ mm、内径 $d_2=34$ mm 的圆环面。

剪切面面积 $A=\pi d_1\delta=\pi\times32\times12=1\ 206\ \text{mm}^2$

挤压面面积 $A_c=\dfrac{\pi}{4}(D^2-d_2^2)=\dfrac{\pi}{4}(45^2-34^2)=683\ \text{mm}^2$

根据力的平衡条件可得：

剪力 $Q=P=100$ kN

挤压力 $P_c=P=100$ kN

于是，根据应力公式可分别求得：

剪应力 $\tau=\dfrac{Q}{A}=\dfrac{100\times10^3}{1\ 206}=82.9$ MPa

挤压应力 $\sigma_c=\dfrac{P_c}{A_c}=\dfrac{100\times10^3}{683}=146.4$ MPa

## 四、小　结

(1) 剪切和挤压的概念与判断；

(2) 剪切和挤压强度计算；

(3) 应用。

# 第四章
# 扭　　转

扭转工程实例，如图 4.1 所示。

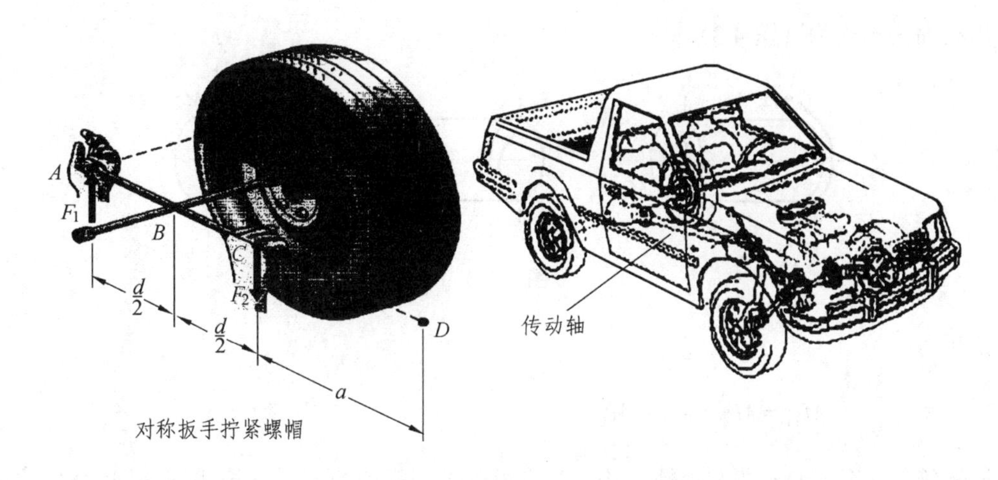


图　4.1

## 一、扭转的概念及外力偶矩的计算

1. 受力特征

外力偶矩的作用面与杆件的轴线相垂直。

2. 变形特征

纵向线倾斜一个角度$\gamma$，称为剪切角（或称剪应变）；两个横截面之间绕杆轴线发生相对转动$\varphi$，称为扭转角。

3. 外加力偶矩与功率和转速的关系

$$P=\frac{W}{t}=\frac{M\cdot s}{t}=M\cdot\omega=M\cdot\frac{2\pi n}{60}$$

$$\Rightarrow M=\frac{60P\ (\mathrm{kW})}{2\pi n\ (\mathrm{r/min})}=9.549\frac{P}{n}\ (\mathrm{kN\cdot m}) \tag{4.1}$$

## 二、杆受扭时的内力计算

已知圆轴受外力偶矩作用，匀速转动（图 4.2），则：

$$-M_A+M_B-M_C=0$$

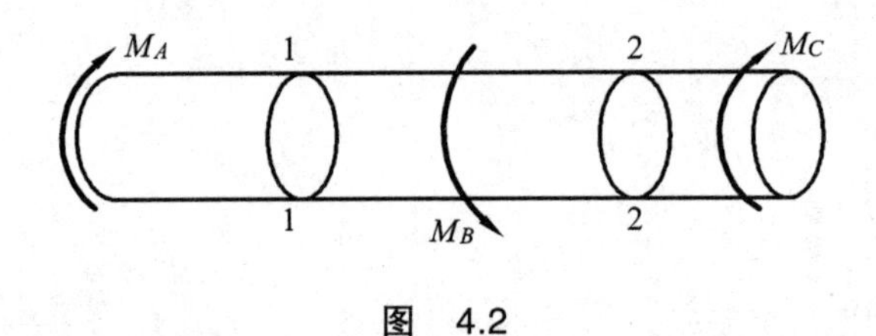


图　4.2

用截面法求内力（图 4.3）。

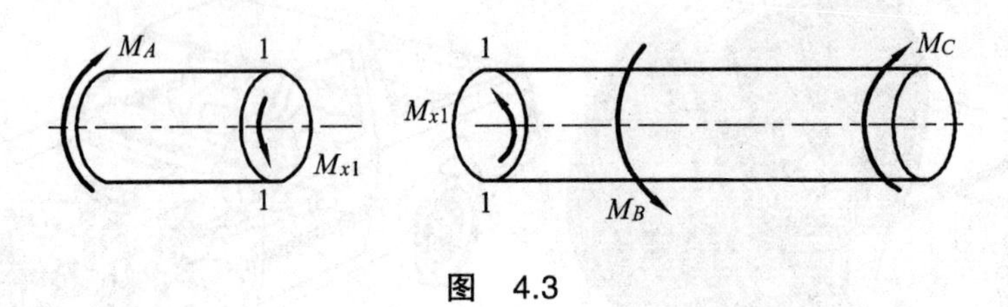


图　4.3

扭矩：

$$M_{x1} = M_A = M_B - M_C$$

扭矩符号（图 4.4）：按右手螺旋法则，扭矩矢量的指向与截面外法线的指向一致，为正；反之为负。

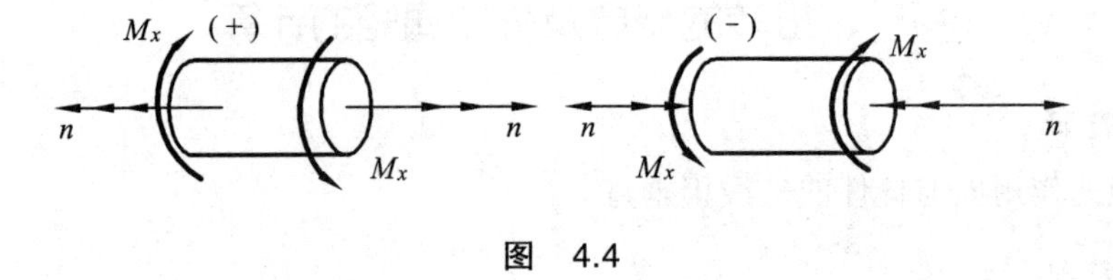


图　4.4

## 三、等直圆杆在扭转时的应力及强度条件

### （一）圆轴扭转时横截面上的应力

$$\tau_\rho = \frac{T}{I_p}\rho \tag{4.2}$$

式中　$I_p$——截面的极惯性矩，单位为 $cm^4$ 或 $mm^4$，它是仅与截面形状和尺寸有关的几何量。

对于直径为 $D$ 的实心圆截面：

$$I_p = \frac{\pi D^4}{32} \approx 0.1D^4 \tag{4.3}$$

对于内外径比 $\frac{d}{D} = \alpha$ 的空心圆截面：

$$I_p = \frac{\pi D^4}{32}(1-\alpha^4) \approx 0.1D^4(1-\alpha^4) \tag{4.4}$$

## （二）最大剪应力与强度条件

### 1. 横截面上的最大剪应力

当 $\rho=\rho_{\max}$（即 $\rho=\frac{D}{2}$）时，圆轴横截面上面的剪应力达到最大值，最大剪应力为：

$$\tau_{\max}=\frac{T}{I_p}R \tag{4.5}$$

若令 $W_\rho=\frac{I_p}{\rho_{\max}}$，则上式可以写成：

$$\tau_{\max}=\frac{T}{W_\rho} \tag{4.6}$$

式中 $W_\rho$——抗扭截面模量，是表示圆轴抵抗扭转破坏能力的几何参数，单位是 $cm^3$ 或 $mm^3$。

对于直径为 $D$ 的实心圆截面：

$$W_\rho=\frac{I_p}{\frac{D}{2}}=\frac{\frac{\pi D^4}{32}}{\frac{D}{2}}=\frac{\pi D^3}{16}\approx 0.2D^3 \tag{4.7}$$

对于内外径比 $\frac{d}{D}=\alpha$ 的空心圆截面：

$$W_\rho=\frac{\pi D^3}{16}(1-\alpha^4)\approx 0.2D^3(1-\alpha^4) \tag{4.8}$$

### 2. 圆轴扭转的强度条件

如下式所示：

$$\tau_{\max}=\frac{T_{\max}}{W_\rho}\leqslant[\tau] \tag{4.9}$$

式中 $T_{\max}$——轴的最大扭矩；

$[\tau]$——材料的许用剪应力。

# 四、小　结

（1）轴向拉压、剪切、扭转时的内力及应力。

（2）强度条件三个方面的计算要点。

# 第五章
# 截面的几何性质

通过例子引入说明截面的重要性。截面尺寸和形状完全相同的杆件，因为放置的方式不同，其承载能力是大不相同的（图 5.1）。

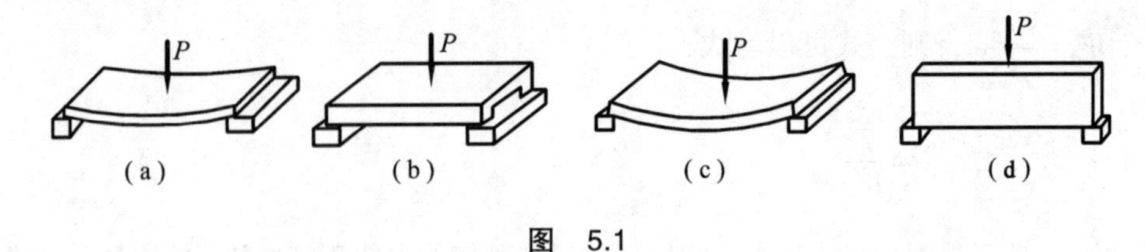


图 5.1

**思考**：抗弯能力与截面形状有何关系？

## 一、静矩与形心

平面图形对某轴的静矩等于其面积与形心坐标(形心到该轴的距离）的乘积（图 5.2）。

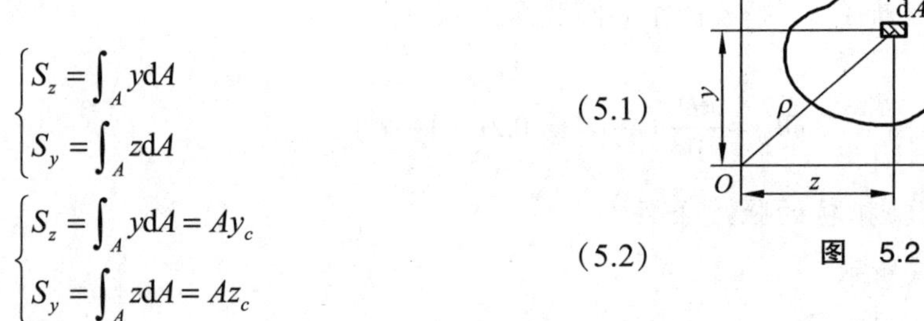

$$\begin{cases} S_z = \int_A y\mathrm{d}A \\ S_y = \int_A z\mathrm{d}A \end{cases} \tag{5.1}$$

$$\begin{cases} S_z = \int_A y\mathrm{d}A = Ay_c \\ S_y = \int_A z\mathrm{d}A = Az_c \end{cases} \tag{5.2}$$

图 5.2

**特性**：当坐标轴通过该平面图形的形心（简称形心轴）时，静矩等于零；反之，若平面图形对某轴的静矩等于零，则该轴必通过形心。

## 二、惯性矩

简单图形对其形心轴的惯性矩（图 5.3）：

$$\begin{cases} I_z = \int_A y^2\mathrm{d}A \\ I_y = \int_A z^2\mathrm{d}A \end{cases} \tag{5.3}$$

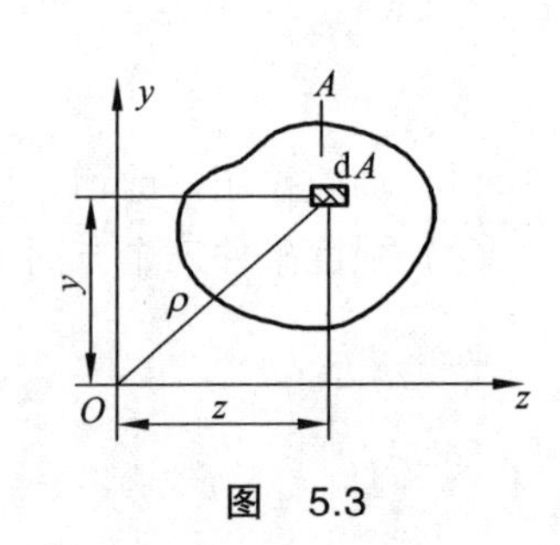


图 5.3

## 三、惯性矩的平行移轴公式

已知 $\begin{cases} y = y_C + a \\ z = z_C + b \end{cases}$（图 5.4），则：

$$I_{z_C}=\int_A y_c^2\mathrm{d}A \tag{5.4}$$

对 $z$ 轴的惯性矩：

$$I_z=\int_A y^2\mathrm{d}A \tag{5.5}$$

$$I_z=\int_A (y_C+a)^2\mathrm{d}A$$

$$=\int_A (y_C^2+2y_Ca+a^2)\mathrm{d}A \tag{5.6}$$

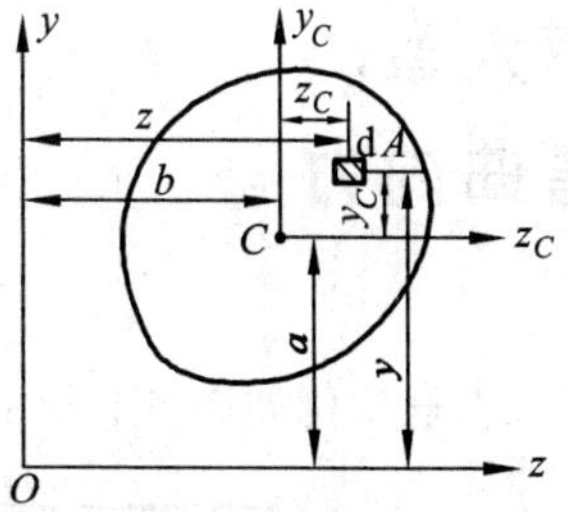

图 5.4

平行移轴定理，或称为平行移轴公式：截面对任意轴的惯性矩，等于截面对与该轴平行的形心轴的惯性矩加上截面面积与两轴间距离平方的乘积。

$$I_z=I_{z_C}+Aa^2 \tag{5.7}$$

## 四、练　　习

T 字形截面尺寸及形心位置如图 5.5 所示，求该截面对其形心轴的惯性矩。

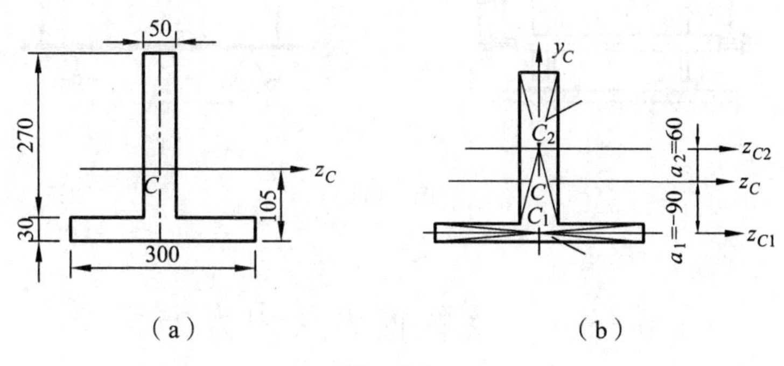


图 5.5

# 第六章
# 弯曲内力

工程实例如图 6.1 所示。

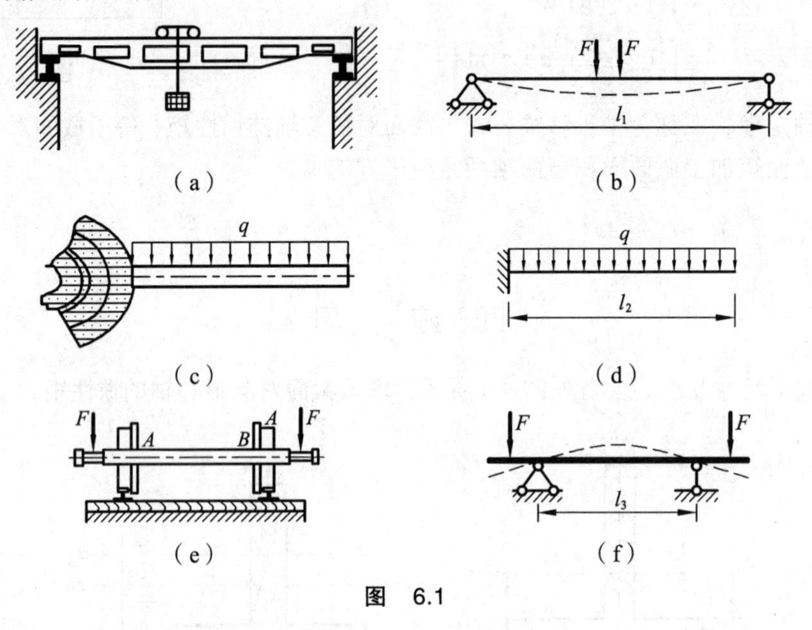


图　6.1

## 第一节　梁的内力及内力方程

### 一、弯曲变形的概念

1. 梁的受力和变形特点

梁：以弯曲为主要变形的杆件（图 6.2）。

(1) 受力特点：杆件在包含其轴线的纵向平面内，承受垂直于轴线的横向外力或外力偶作用。

(2) 变形特点：杆件的轴线在变形后变为曲线。

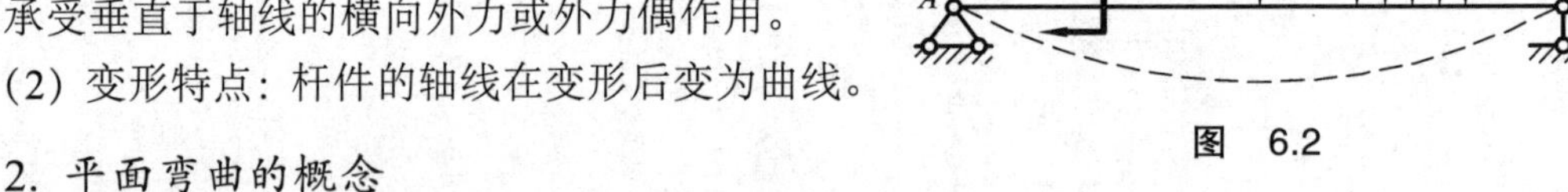


图　6.2

2. 平面弯曲的概念

梁弯曲后，其轴线为一平面曲线，且所在平面与外力作用面重合的变形为平面弯曲。

### 二、梁的剪力和弯矩

1. 求弯曲内力（剪力和弯矩）的基本方法——截面法

根据隔离体的平衡条件（图 6.3）：

$$\sum Y=0: \ R_A-Q=0$$
$$\Rightarrow Q=R_A$$
$$\sum M_O=0: \ M-R_A\cdot a=0$$
$$\Rightarrow M=R_A\cdot a$$

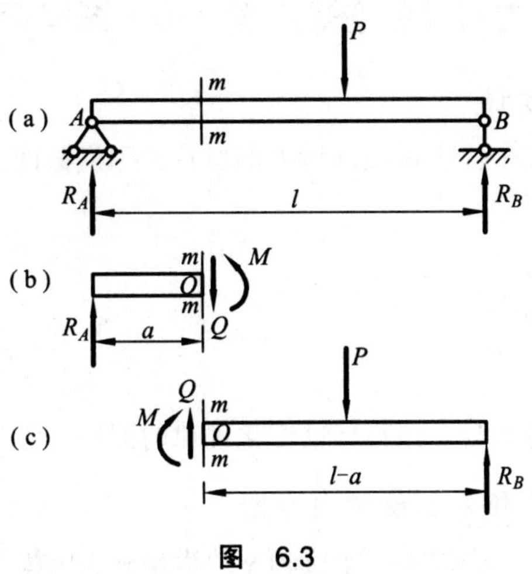


图 6.3

2. 剪力与弯矩的正负号规定（图 6.4）

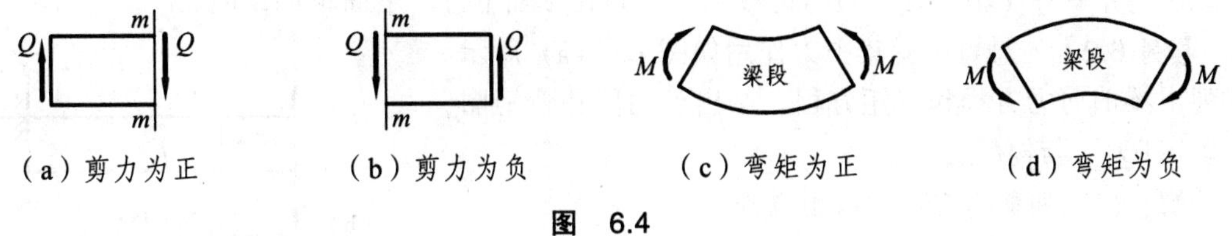


（a）剪力为正　　（b）剪力为负　　（c）弯矩为正　　（d）弯矩为负

图 6.4

**【例 6.1】** 计算图 6.5 所示外伸梁 $C$ 支座稍左的 1—1 截面和稍右的 2—2 截面上的剪力和弯矩。

**解**：(1) 计算支座反力。

$$R_A=-\frac{qa\times\frac{a}{2}}{2a}=-\frac{1}{4}qa \ (\downarrow)$$

$$R_C=\frac{qa\times\frac{5a}{2}}{2a}=\frac{5}{4}qa \ (\uparrow)$$

(2) 计算 1—1 截面上的内力。

$$\sum Y=0: \ Q_1=R_A$$
$$\sum M_1=0: \ R_A\times 2a-M_1=0$$
$$\Rightarrow M_1=R_A\times 2a=-\frac{1}{2}qa^2$$

(3) 计算 2—2 截面上的内力。

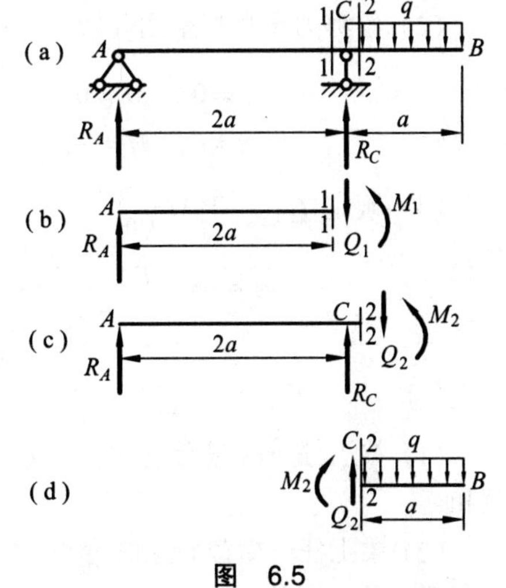


图 6.5

$$\sum Y = 0: \quad R_A + R_C - Q_2 = 0 \Rightarrow Q_2 = R_A + R_C = -\frac{1}{4}qa + \frac{5}{4}qa = qa$$

$$\sum M_2 = 0: \quad R_A \times 2a + R_C \times 0 - M_2 = 0 \Rightarrow M_2 = R_A \times 2a = -\frac{1}{2}qa^2$$

## 三、剪力方程和弯矩方程（剪力图和弯矩图）

### 1. 剪力方程和弯矩方程

沿梁轴取 $x$ 轴，其坐标 $x$ 代表横截面所处的位置，则横截面上的剪力和弯矩可以表示为 $x$ 的函数，即：

$$Q = Q(x)$$
$$M = M(x)$$

### 2. 剪力图和弯矩图

描述梁的各横截面上剪力与弯矩沿杆轴变化规律的图线，称为梁的剪力图与弯矩图。

### 3. 利用剪力方程和弯矩方程绘制内力图

作剪力图和弯矩图时，首先以平行于梁轴 $x$ 的横坐标表示横截面的位置，以纵坐标表示相应截面上的内力，列出梁的剪力和弯矩方程，然后根据方程作出函数图形，并注意将正剪力或正弯矩画在 $x$ 轴上方，负剪力或负弯矩画在 $x$ 轴下方。下面举例说明。

**【例 6.2】** 悬臂梁受集中力作用如图 6.6（a）所示。试列出梁的剪力方程和弯矩方程，画出剪力图和弯矩图，并确定 $|Q|_{max}$ 与 $|M|_{max}$。

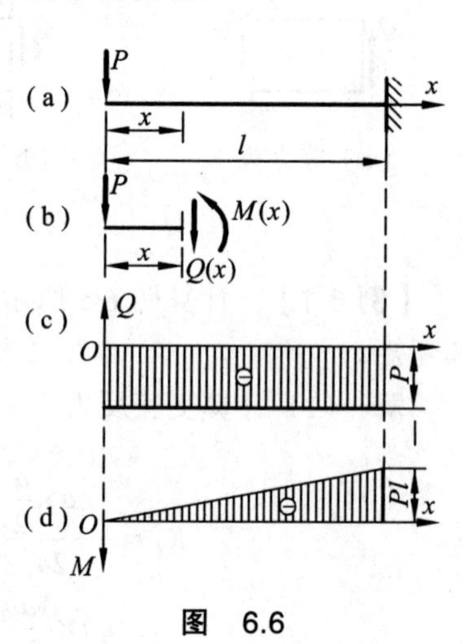


图 6.6

**解**：（1）列剪力方程和弯矩方程。

$$Q(x) = -P \qquad (0 \leqslant x \leqslant l)$$
$$M(x) = -Px \qquad (0 \leqslant x \leqslant l)$$

（2）绘剪力图和弯矩图（图 6.6（c）、（d））。

$$x = 0, \quad M = 0$$
$$x = l, \quad M = -Pl$$

（3）确定 $|Q|_{max}$ 和 $|M|_{max}$。

$$|Q|_{max} = P, \quad |M|_{max} = Pl$$

## 四、小　　结

（1）梁上任一横截面上的剪力 $Q$ 在数值上等于此截面左侧（或右侧）梁上所有外力的代数和。

（2）梁上任一横截面上的弯矩 $M$ 在数值上等于此截面左侧（或右侧）梁上所有外力对该截面形心的力矩的代数和。

（3）梁上荷载不连续时，应分段列内力方程和画内力图。

(4) 从本例的内力图又一次看到，没有荷载的梁段，剪力图是一条水平线，弯矩图是一条斜直线。

# 第二节　剪力、弯矩与分布荷载集度间的微分关系

## 一、荷载、剪力和弯矩之间的微分关系

$\frac{\mathrm{d}Q(x)}{\mathrm{d}x}=q(x)$：剪力图曲线上一点处的斜率等于梁上相应点处的荷载集度 $q$。

$\frac{\mathrm{d}M(x)}{\mathrm{d}x}=Q(x)$：弯矩图曲线上一点的斜率等于梁上相应截面处的剪力。

$\frac{\mathrm{d}^2M(x)}{\mathrm{d}x^2}=q(x)$：弯矩图曲线上某点处的凹凸方向由梁上相应点处的荷载集度 $q$ 的符号决定。

## 二、利用荷载、剪力和弯矩间的关系作梁的内力图

1. 梁段上作用不同荷载时剪力图与弯矩图的特征（表 6.1）

表 6.1　梁段上的外力情况及相应剪力图、弯矩图特征

| 某一梁段上的外力情况 | 均布荷载 | 无荷载 | 集中力 | 集中力偶 |
|---|---|---|---|---|
| 剪力图的特征 | 从左至右斜向下的直线 | 水平直线或与基线重合 | 在集中力处左右截面上剪力有突变 | 在集中力偶处左右截面上剪力无变化 |
| 弯矩图的特征 | 二次抛物线（凸向与分布荷载的指向相同） | 一般为斜直线或为直线 | 在集中力处有尖角（其指向与集中力的方向相同） | 在集中力偶处左右截面上弯矩有突变 |
| 最大弯矩所在截面 | 在 $Q=0$ 的截面 | 梁段的某一端截面 | 在剪力突变的截面 | 在 $C_{左}$ 或 $C_{右}$ 截面 |

2. 绘制剪力图与弯矩图的步骤

利用微分关系可以绘制剪力图和弯矩图，而不必再建立剪力方程和弯矩方程，其步骤如下：

(1) 求支反力。

(2) 依荷载及支座情况将梁划分为若干梁段。

(3) 先利用微分关系判断各梁段的内力图的大致形状，再按内力计算法计算各梁段控制截面上的内力后，逐段画出梁的内力图。

(4) 利用表 6.1 所示的荷载、剪力和弯矩之间的关系及内力图的特征校核内力图。

## 三、例题分析

【例 6.3】 试作出图 6.7～6.9 所示梁的剪力图与弯矩图。

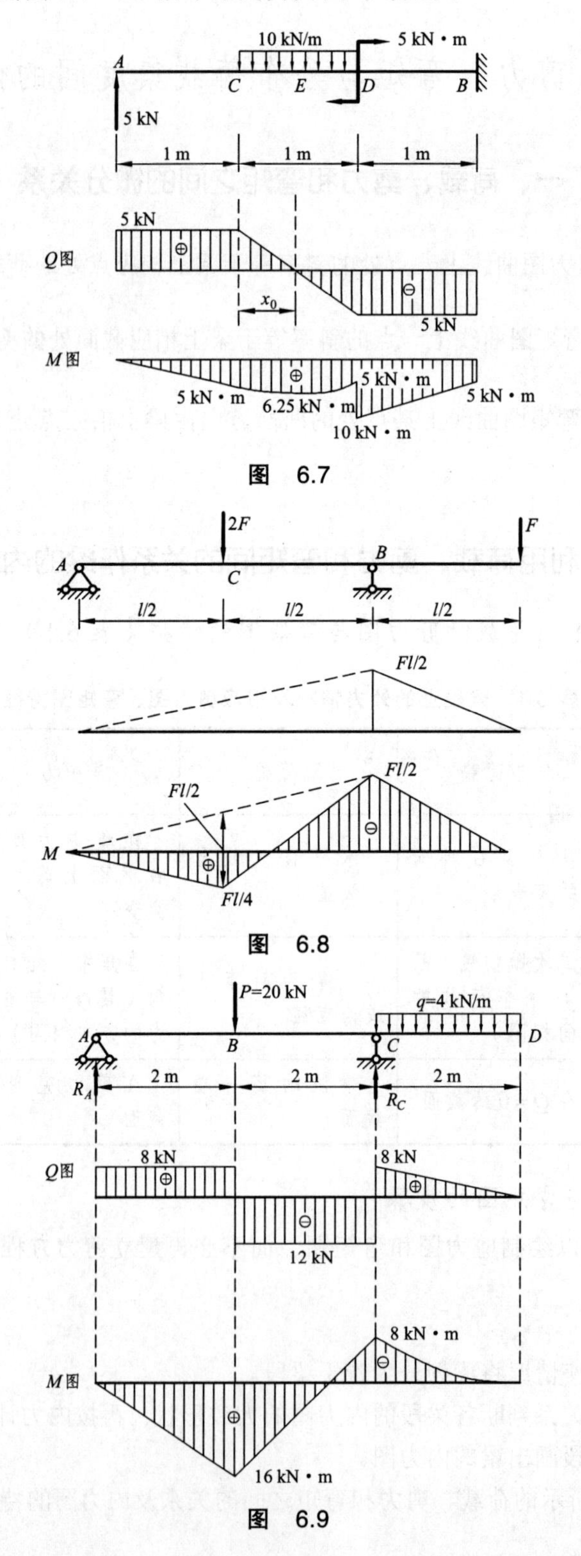


图 6.7



图 6.8



图 6.9

## 四、小　结

(1) 在有均布荷载作用的梁段上（$q=$常量），剪力图为斜直线，弯矩图为二次抛物线。

(2) 在分布荷载的起点与终点处，剪力图在该处的斜率有突变，因而在此有尖角；弯矩图在该处的斜率不变，因而弯矩图在此为抛物线与直线的光滑连接。

(3) 在无荷载作用的梁段上（$q=0$），剪力图为一与 $x$ 轴平行的直线，弯矩图为斜直线。若从左向右看，当 $Q$ 为正时，$M$ 图斜向下，反之当 $Q$ 为负时，$M$ 图斜向上。

(4) 在集中力作用处，剪力图有跳跃即突变，而弯矩值在该处无变化。若从左向右看，剪力图跳跃的方向与外力指向相同，跳跃值等于该集中力的值。虽然弯矩值在该处无变化，但弯矩图在该处的斜率有突变，因而弯矩图在此有尖角，且该尖角的指向（朝上或朝下）与该集中力的方向一致。

(5) 在集中力偶作用处，剪力图无变化，但弯矩图在该处有跳跃即突变。若从左向右看，当集中力偶矩为顺时针转时，弯矩图在该处向下跳跃，其跳跃值等于该集中力偶的值；反之当集中力偶矩为逆时针转时，弯矩图在该处向上跳跃，其跳跃值等于该集中力偶的值。

(6) 在集中力、集中力偶作用处的左、右截面上或剪力为零的截面上可能出现峰值弯矩(即尖角处的弯矩值) 或极值弯矩。

# 第三节　叠加法画 $Q$、$M$ 图

## 一、复习 $Q(x)$、$M(x)$和 $q(x)$之间的微分关系

$$\frac{\mathrm{d}Q(x)}{\mathrm{d}x}=q(x)$$

$$\frac{\mathrm{d}M(x)}{\mathrm{d}x}=Q(x)$$

$$\frac{\mathrm{d}^2M(x)}{\mathrm{d}x^2}=q(x)$$

## 二、各种荷载作用下 $Q$、$M$ 图的基本规律

各种形式荷载作用下的剪力图和弯矩图的基本规律如下：

(1) 梁上某段无分布荷载作用，即 $q(x)=0$ 。

当 $Q(x)=$ 常数且为正值时，$M$ 图为一条下斜直线；

当 $Q(x)=$ 常数且为负值时，$M$ 图为一条上斜直线；

当 $Q(x)=$ 常数且为零时，$M$ 图为一条水平直线。

(2) 梁上某段有均布荷载，即 $q(x)=C$ （常量）。

若 $\dfrac{\mathrm{d}^2M(x)}{\mathrm{d}x^2}=q(x)>0$ , 则 $M$ 图为向上凸的抛物线；若 $q(x)<0$ , 则 $M$ 图为向下凸的抛物线。

(3) 在 $Q=0$ 的截面上（$Q$ 图与 $x$ 轴的交点），弯矩有极值（$M$ 图的抛物线达到顶点）。

(4) 在集中力作用处，剪力图发生突变，突变值等于该集中力的大小。若从左向右作图，则向下的集中力将引起剪力图向下突变，相反则向上突变。弯矩图由于切线斜率突变而发生转折（出现尖角）。

(5) 在集中力偶作用处，剪力图无变化，弯矩图发生突变，突变值等于该集中力偶矩的大小数值。

以上归纳总结的五条内力图规律中，前两条反映了一段梁上内力图的形状，后三条反映了梁上某些特殊截面的内力变化规律。梁的荷载、剪力图、弯矩图之间的相互关系列于表 6.2 及 6.3 中，以便掌握、记忆和应用。

**表 6.2　梁的荷载、剪力图、弯矩图相互间的关系**

| 梁上外力情况 | 剪力图 | 弯矩图 |
|---|---|---|
| 无分布荷载<br>（$q=0$） | $\frac{dQ}{dx}=0$ 剪力图平行于 $x$ 轴<br>$Q=0$<br>$Q>0$ ⊕<br>$Q<0$ ⊖ | $\frac{dM}{dx}=Q=0$　$M<0$，$M=0$，$M>0$<br>$\frac{dM}{dx}=Q>0$　下斜直线<br>$\frac{dM}{dx}=Q<0$　上斜直线 |
| 均匀荷载向上作用<br>$q>0$ | $\frac{dQ}{dx}=q>0$　上斜直线 | $\frac{d^2M}{dx^2}=q>0$　上凸曲线 |
| 均匀荷载向下作用<br>$q<0$ | $\frac{dQ}{dx}=q<0$　下斜直线 | $\frac{d^2M}{dx^2}=q<0$　下凸曲线 |
| 集中力作用<br>$P$ | 在集中力作用截面突变<br>$P$ | 在集中力作用截面出现尖角 |
| 集中力偶作用<br>$M_0$ | 无影响 | 在集中力偶作用截面突变<br>$M_0$ |
|  | $Q=0$ 截面 | 有极值 |

**表 6.3　梁的荷载及弯矩图**

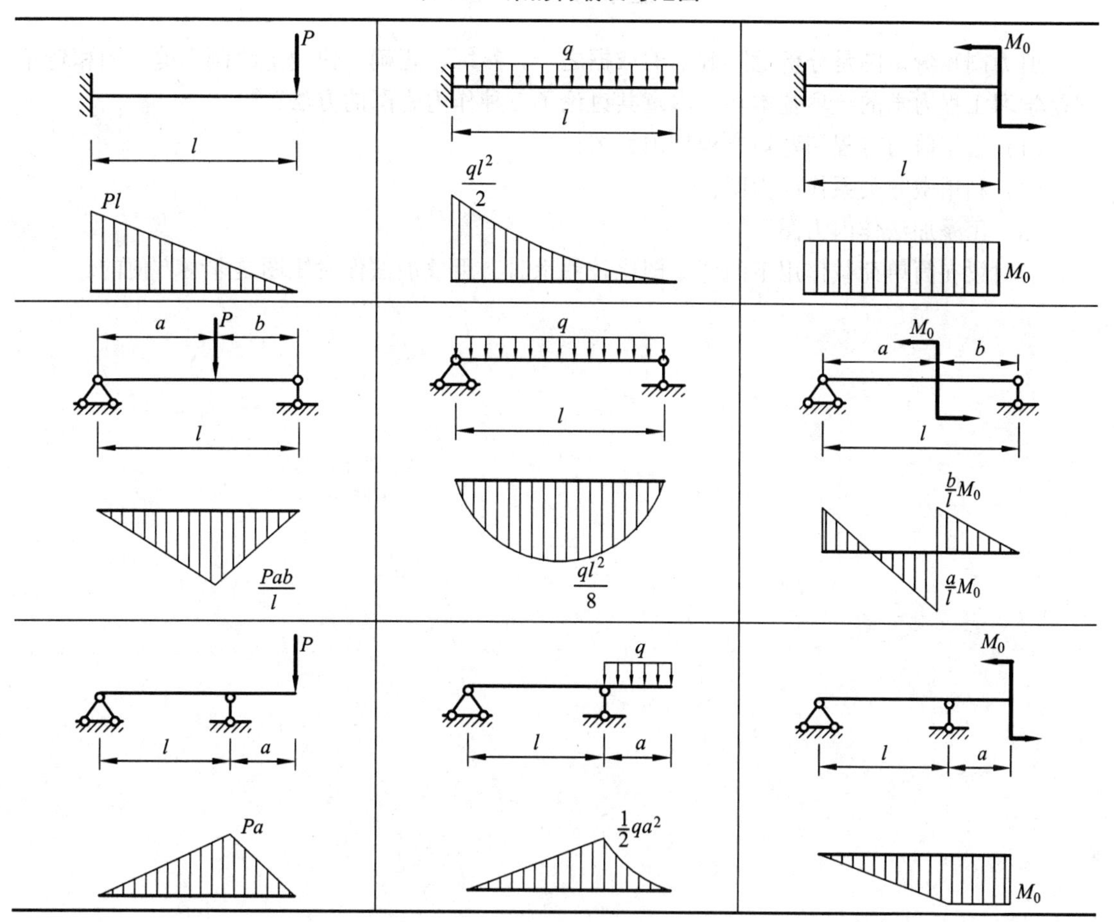


## 三、练　　习

试作图 6.10 所示梁的内力图。

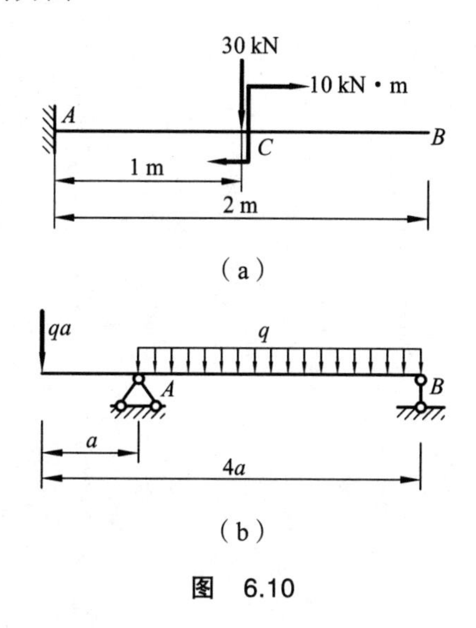


**图　6.10**

## 四、小　结

剪力图和弯矩图是分析危险截面的依据之一。熟练、正确、快速地绘制出剪力图和弯矩图是学习工程力学的一项基本功。本章共讨论了三种作内力图的方法：

(1) 根据剪力方程和弯矩方程作内力图；

(2) 利用微分关系作内力图；

(3) 用叠加法作内力图。

当对梁在简单荷载作用下的弯矩图比较熟悉时，用叠加法作弯矩图是非常方便的。

# 第七章
# 梁的应力及强度计算

**引入**：实例及受力分析见图 7.1、7.2。

图 7.1

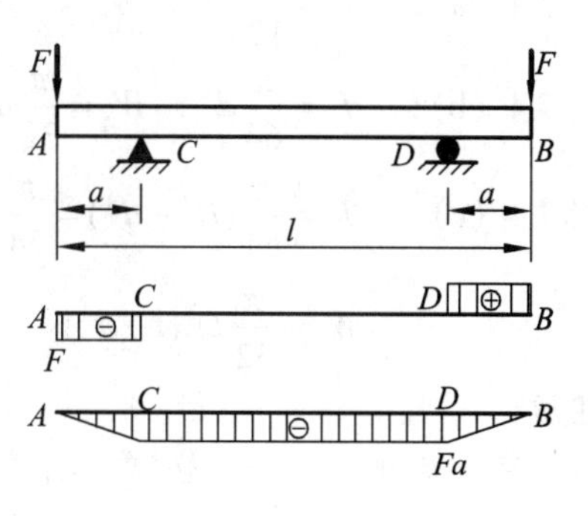


图 7.2

梁段 *CD* 上，只有弯矩，没有剪力——纯弯曲。
梁段 *AC* 和 *BD* 上，既有弯矩，又有剪力——横力弯曲。
中性层——杆件弯曲变形时，其纵向线段既不伸长又不缩短的曲面（图 7.3）。
中性轴——中性层与横截面的交线（图 7.3）。

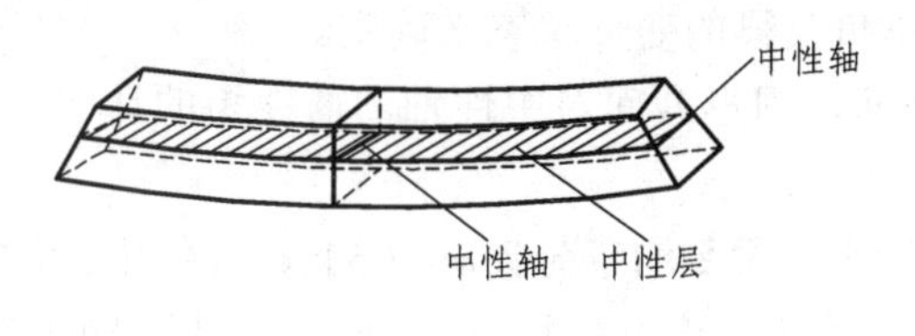


图 7.3

## 第一节　梁的正应力及强度计算

### 一、纯弯曲梁横截面上的正应力

1. 正应力的计算公式

$$\sigma=\frac{My}{I_z} \tag{7.1}$$

2. 横截面上的最大正应力

$$\sigma_{\max}=\frac{My_{\max}}{I_z}=\frac{M}{I_z/y_{\max}}=\frac{M}{W_z} \tag{7.2}$$

式中　$W_z = \dfrac{I_z}{y_{\max}}$——截面的抗弯截面模量，反映了截面的几何形状、尺寸对强度的影响。

## 二、矩形、圆形截面对中性轴的惯性矩及抗弯截面模量

图 7.4（a）：　$I_z = \dfrac{1}{12}bh^3$，$W_z = \dfrac{1}{6}bh^2$

图 7.4（b）：　$I_z = \dfrac{\pi}{64}d^4$，$W_z = \dfrac{\pi}{32}d^3$

图 7.4（c）：　$I_z = \dfrac{\pi}{64}(D^4 - d^4) = \dfrac{\pi}{64}D^4(1-\alpha^4)$　$\left(\alpha = \dfrac{d}{D}\right)$

$$W_z = \frac{\pi}{32}D^3(1-\alpha^4)$$

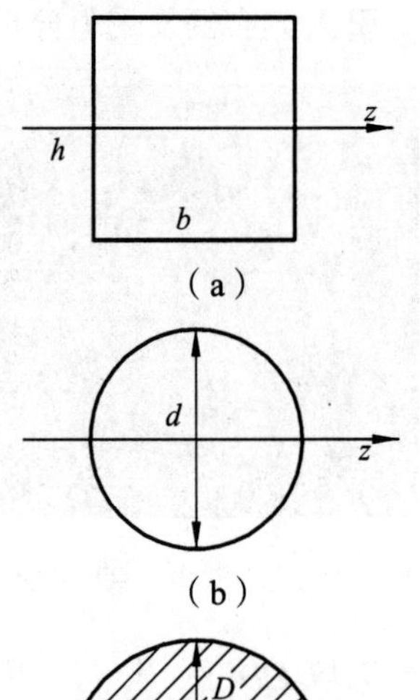


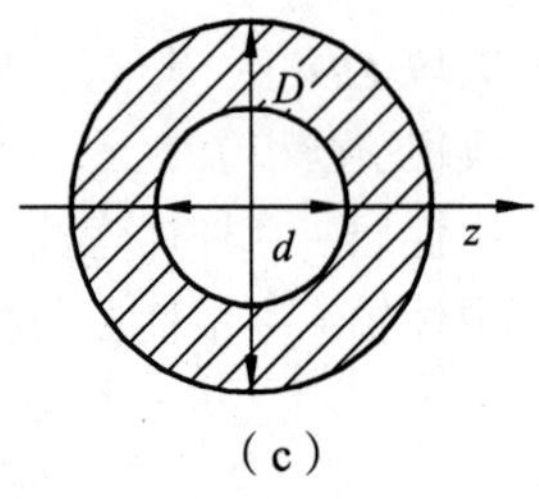


图　7.4

**注意**：

（1）在计算正应力前，必须弄清楚所要求的是哪个截面上的正应力，从而确定该截面上的弯矩及该截面对中性轴的惯性矩，以及所求的是该截面上哪一点的正应力，并确定该点到中性轴的距离。

（2）要特别注意正应力在横截面上沿高度呈线性分布的规律，在中性轴上为零，而在梁的上下边缘处正应力最大。

（3）梁在中性轴的两侧分别受拉或受压，正应力的正负号（拉或压）可根据弯矩的正负及梁的变形状态来确定。

（4）必须熟记矩形截面、圆形截面对中性轴的惯性矩的计算式。

**【例 7.1】**　图 7.5 所示简支梁受均布荷载 $q = 3.5$ kN/m 作用，梁截面为矩形，$b = 120$ mm，$h = 180$ mm，梁跨 $l = 3$ m。试计算跨中截面上 $a$、$b$、$c$ 三点处的正应力。

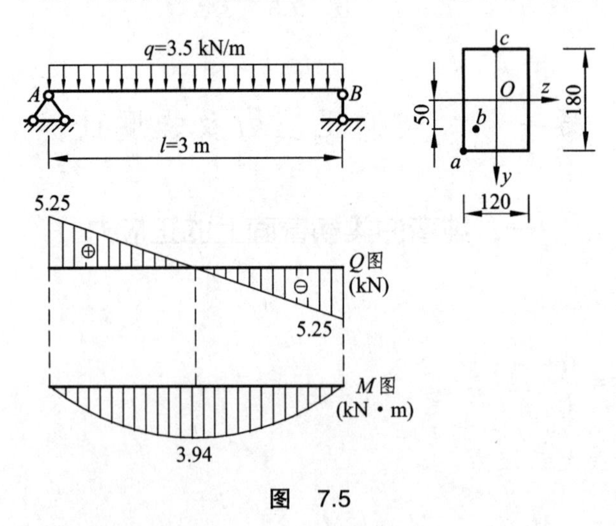


图　7.5

**解**：（1）作梁的剪力图和弯矩图。

跨中截面上弯矩最大：

$$M=\frac{ql^2}{8}=\frac{3.5\times3^2}{8}=3.94\ \text{kN}\cdot\text{m}$$

$$Q=0$$

梁的下侧受拉。跨中截面处于纯弯曲状态。

(2) 计算应力。

截面对中性轴 $z$ 的惯性矩:

$$I_z=\frac{bh^3}{12}=\frac{120\times180^3}{12}=5\ 832\times10^4\ \text{mm}^4$$

跨中截面的弯曲正应力用绝对值计算，表达式为:

$$\sigma=\frac{My}{I_z}=\frac{3.94\times10^6\times y}{5\ 832\times10^4}=0.067\ 56y\ \ \text{MPa}$$

$a$ 点在截面的受拉区，距 $z$ 轴 $y_a=90$ mm，则:

$$\sigma_a=0.067\ 56\times90=6.08\ \text{MPa}\ \text{（拉应力）}$$

$b$ 点在截面的受拉区，距 $z$ 轴 $y_b=50$ mm，则:

$$\sigma_b=0.067\ 56\times50=3.38\ \text{MPa}\ \text{（拉应力）}$$

$c$ 点在截面的受压区，距 $z$ 轴 $y_c=90$ mm，则:

$$\sigma_c=0.067\ 56\times90=6.08\ \text{MPa}\ \text{（压应力）}$$

## 三、弯曲正应力强度条件

弯曲正应力强度条件:

$$\sigma_{\max}=\frac{M_{\max}}{W_z}\leqslant[\sigma] \tag{7.3}$$

可解决三方面问题:

(1) 强度校核，即已知 $M_{\max}$、$[\sigma]$、$W_z$，检验梁是否安全。

(2) 设计截面，即已知 $M_{\max}$、$[\sigma]$，可由 $W_z\geqslant\frac{M_{\max}}{[\sigma]}$ 确定截面的尺寸。

(3) 求许可荷载，即已知 $W_z$、$[\sigma]$，可由 $M_{\max}\leqslant W_z[\sigma]$ 确定。

**【例 7.2】** 一矩形截面的简支木梁如图 7.6 所示，梁上作用有均布荷载，已知 $l=4$ m，$b=140$ mm，$h=210$ mm，$q=2$ kN/m，弯曲时木材的许用正应力 $[\sigma]=10$ MPa，试校核该梁的强度。

**解**: 作梁的弯矩图，梁中的最大正应力发生在跨中弯矩最大的截面上，最大弯矩为:

$$M_{\max}=\frac{ql^2}{8}=\frac{2\times4^2}{8}=4\ \text{kN}\cdot\text{m}$$

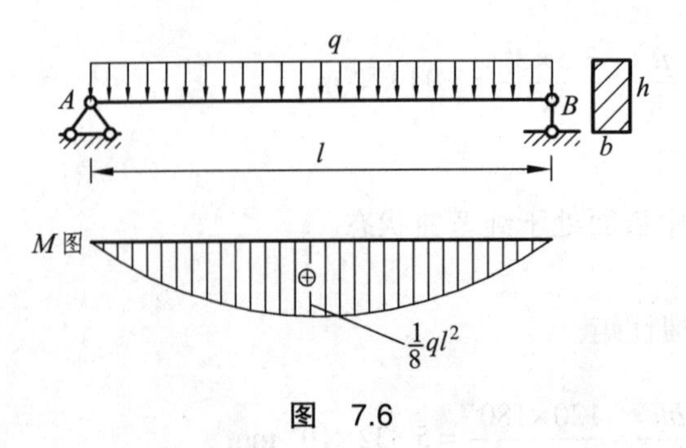


图 7.6

梁的弯曲截面系数为:

$$W_z = \frac{bh^2}{6} = \frac{0.14 \times 0.21^2}{6} = 0.103 \times 10^{-2}\ \mathrm{m}^3$$

最大正应力为:

$$\sigma_{\max} = \frac{M_{\max}}{W_z} = \frac{4 \times 10^6}{0.103 \times 10^{-2} \times 10^9} = 3.88\ \mathrm{MPa} < [\sigma] = 10\ \mathrm{MPa}$$

所以满足强度要求。

### 四、小　结

(1) 了解纯弯曲梁弯曲正应力的推导方法。

(2) 熟练掌握弯曲正应力的计算、弯曲正应力强度条件及其应用。

## 第二节　梁的剪应力及强度计算

工程实例如图 7.7 所示。

(a)

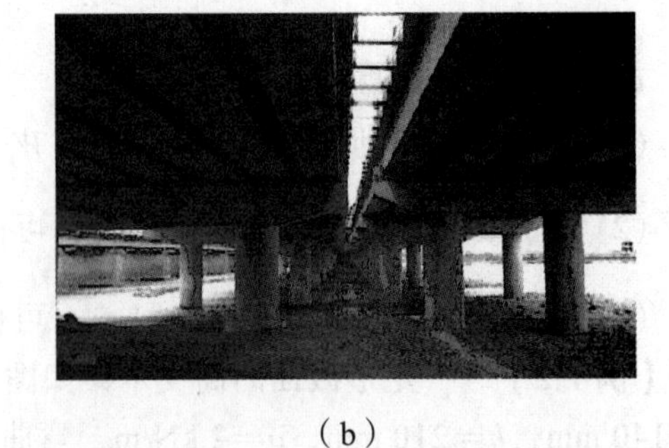

(b)

图 7.7

哈同公路蚂蚁河 2 号桥位于黑龙江省，上部结构为跨径 25 m 的预应力混凝土小箱梁简支梁桥，下部结构为钻孔灌注桩基础，双柱式墩台。桥面宽度为净－10＋2×1.0 m，设计荷载为汽-超 20、挂-120。桥梁横断面由 7 片预应力混凝土小箱梁组成，箱梁的高度为 1 100 mm。

问题：桥梁底板和腹板多条纵向裂缝，最宽缝宽达 10 mm，裂缝进一步扩展，裂缝处渗水（图 7.8）。裂缝主要分布在跨径内 10～20 m 的长度范围内，尚未延伸到梁端预应力锚固区。从结构受力上分析，只要锚固预应力钢筋的梁端锚固区没有破坏，与梁体混凝土仍连一体，预加力就可以作用于梁体混凝土。跨径内出现的纵向裂缝对梁的正截面抗弯承载力影响不大。但是纵向裂缝的存在将改变剪应力的分布情况，使梁端部分的剪应力加大。

图 7.8

## 一、梁的剪应力

矩形梁横截面上的切应力任一点处弯曲剪应力的表达式为：

$$\tau=\tau'=\frac{QS_z^*}{bI_z} \tag{7.4}$$

剪应力呈图 7.9 所示的抛物线分布，在最边缘处为零，在中性轴上最大，其值为：

$$\tau=\tau'=\frac{QS_{z\max}^*}{bI_z} \tag{7.5}$$

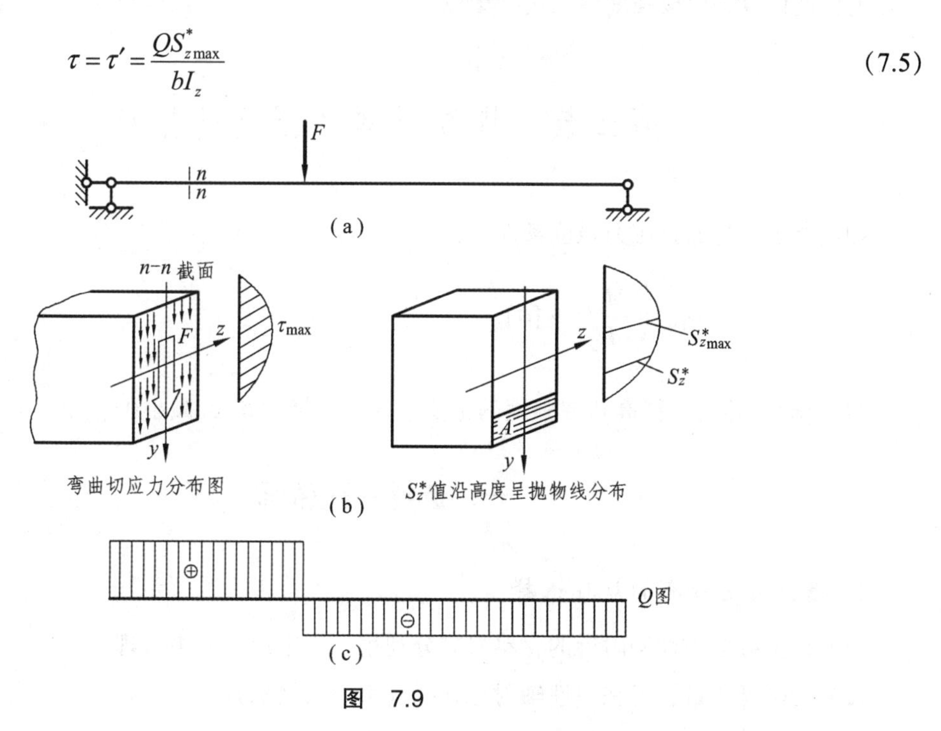


图 7.9

（1）宽 $b$ 高 $h$ 的矩形截面：$\tau_{\max}=\frac{3}{2}\cdot\frac{Q}{bh}$

（2）工字形截面，对于轧制的工字钢：$\tau_{\max}=\frac{Q}{\delta(I_z/S_{z,\max})}$

（3）圆截面：$\tau_{\max}=\frac{4}{3}\cdot\frac{Q}{A}$

## 二、梁的剪切强度条件

梁的剪切强度条件：

$$\tau_{\max}=\left(\frac{QS_{z,\max}}{\delta I_z}\right)_{\max}\leqslant[\tau] \tag{7.6}$$

## 三、注意问题

在进行梁的强度计算时，需注意以下问题：

（1）对于细长梁的弯曲变形，正应力的强度条件是主要的，剪应力的强度条件是次要的。但对于较粗短的梁，当集中力较大时，截面上的剪力较大而弯矩较小，或是薄壁截面梁时，也需要较核剪应力强度。

（2）正应力的最大值发生在横截面的上下边缘，该处的剪应力为零；剪应力的最大值发生在中性轴上，该处的正应力为零。对于横截面上其余各点，同时存在正应力、剪应力，这些点的强度计算，应按强度理论进行计算。

# 第三节　提高梁弯曲强度的措施

如前所述，弯曲正应力强度条件为：

$$\sigma_{\max}=\frac{M_{\max}}{W_z}\leqslant[\sigma]$$

故在 $[\sigma]$ 一定时，提高弯曲强度的主要途径是：增大 $W_z$，减小 $M_{\max}$。

## 一、选择合理截面

### 1. 根据应力分布的规律选择

（1）矩形截面中性轴附近的材料未充分利用，工字形截面更合理。

（2）为降低重量，可在中性轴附近开孔（空心板结构）。

### 2. 根据截面模量选择

为了比较各种截面的合理性，以 $\frac{W_z}{A}$ 来衡量。$\frac{W_z}{A}$ 越大，截面越合理。

### 3. 根据材料特性选择

塑性材料：$[\sigma^+]=[\sigma^-]$，宜采用中性轴为对称轴的截面。
脆性材料：$[\sigma^+]<[\sigma^-]$，宜采用中性轴为非对称轴的截面。

## 二、合理安排荷载和支承的位置

合理安排荷载和支承的位置，以降低 $M_{max}$ 值。具体措施有：
(1) 荷载尽量靠近支座；
(2) 将集中力分解为分力或均布力；
(3) 合理安排支座位置及增加支座——减小跨度，减小 $M_{max}$。

## 三、选用合理结构

### 1. 等强度梁

设计思想：按 $M(x)$ 的变化来设计截面，采用变截面梁——横截面沿着梁轴线变化的梁。

### 2. 桁　架

整体桁架——受弯构件；桁架中单个杆件——受轴向拉压。

### 3. 拱

## 四、小　　结

(1) 梁的剪应力及强度计算；
(2) 理解、把握提高梁弯曲强度的措施。

# 第八章
# 梁的变形

实例如图 8.1 所示。

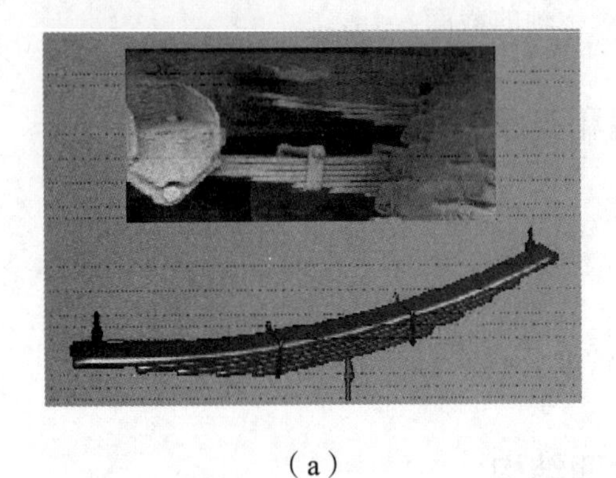

（a）　　　　　　　　　　（b）

图 8.1

从实例中可以看到明显的弯曲变形。

研究梁的变形的目的：

(1) 刚度计算；

(2) 解决其他问题。

## 一、挠度曲线的微分方程

如图 8.2 所示，挠曲线方程为：

$$y = y(x)$$

挠度 $y$：截面形心在 $y$ 方向的位移；$y$ 向上为正。

转角 $\theta$：截面绕中性轴转过的角度。

由于小变形，截面形心在 $x$ 方向的位移忽略不计。

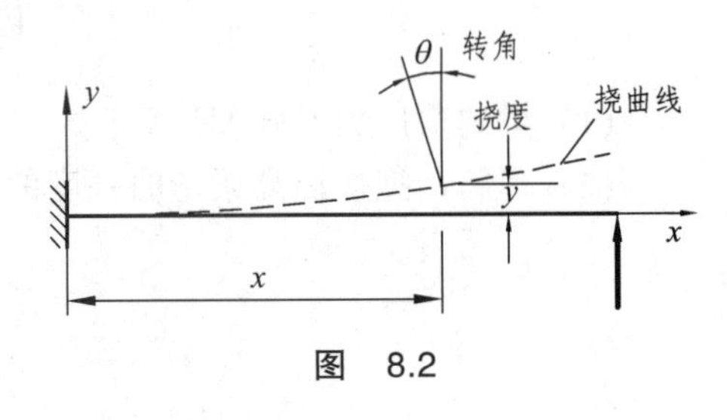


图 8.2

挠曲线的近似微分方程为：

$$EI_z y = \iint M(x)\mathrm{d}x\mathrm{d}x + Cx + D \tag{8.1}$$

积分常数 $C$、$D$ 由梁的位移边界条件和光滑连续条件确定。

**【例 8.1】** 求图 8.3 所示梁的转角方程和挠度方程，并求最大转角和最大挠度，梁的 $EI$ 已知。

**解**：(1) 由梁的整体平衡分析可得：

$$F_{Ax} = 0\text{，}\ F_{Ay} = F(\uparrow)\text{，}\ M_A = Fl$$

（2）写出 $x$ 截面的弯矩方程：

$$M(x) = -F(l-x) = F(x-l)$$

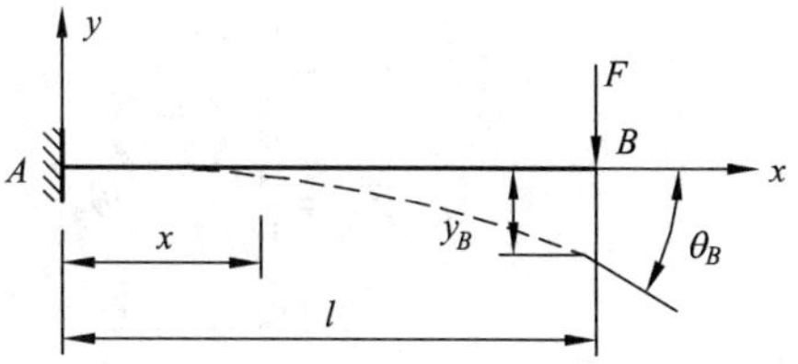

（3）列挠曲线近似微分方程并积分：

$$EI\frac{\mathrm{d}^2 y}{\mathrm{d}x^2} = M(x) = F(x-l)$$

图 8.3

积分一次　　$EI\dfrac{\mathrm{d}y}{\mathrm{d}x} = EI\theta = \dfrac{1}{2}F(x-l)^2 + C$

再积分一次　$EIy = \dfrac{1}{6}F(x-l)^3 + Cx + D$

（4）由位移边界条件确定积分常数：

$$\begin{cases} x=0, & \theta_A = 0 \\ x=0, & y_A = 0 \end{cases}$$

代入求解　　$C = -\dfrac{1}{2}Fl^2$，$D = \dfrac{1}{6}Fl^3$

（5）确定转角方程和挠度方程：

$$EI\theta = \frac{1}{2}F(x-l)^2 - \frac{1}{2}Fl^2$$

$$EIy = \frac{1}{6}F(x-l)^3 - \frac{1}{2}Fl^2 x + \frac{1}{6}Fl^3$$

（6）确定最大转角和最大挠度：

$$x = l \Rightarrow \theta_{\max} = |\theta_B| = \frac{Fl^2}{2EI}，\quad y_{\max} = |y_B| = \frac{Fl^3}{3EI}$$

## 二、用叠加法求梁的变形

**重要结论**：梁在若干个荷载共同作用时的挠度或转角，等于在各个荷载单独作用时的挠度或转角的代数和，这就是计算弯曲变形的叠加原理。

**【例 8.2】**　已知简支梁受力如图 8.4 所示，$q$、$l$、$EI$ 均为已知。求 $C$ 截面的挠度 $y_C$ 及 $B$ 截面的转角 $\theta_B$。

**解**：（1）将梁上的荷载分解：

$$y_C = y_{C1} + y_{C2} + y_{C3}$$

$$\theta_B = \theta_{B1} + \theta_{B2} + \theta_{B3}$$

（2）查表得 3 种情形下 $C$ 截面的挠度和 $B$ 截面的转角：

$$y_{C1} = -\frac{5ql^4}{384EI}，\quad \theta_{B1} = \frac{ql^3}{24EI}$$

$$y_{C2} = -\frac{ql^4}{48EI}, \quad \theta_{B2} = \frac{ql^3}{16EI}$$

$$y_{C3} = \frac{ql^4}{16EI}, \quad \theta_{B3} = -\frac{ql^3}{3EI}$$

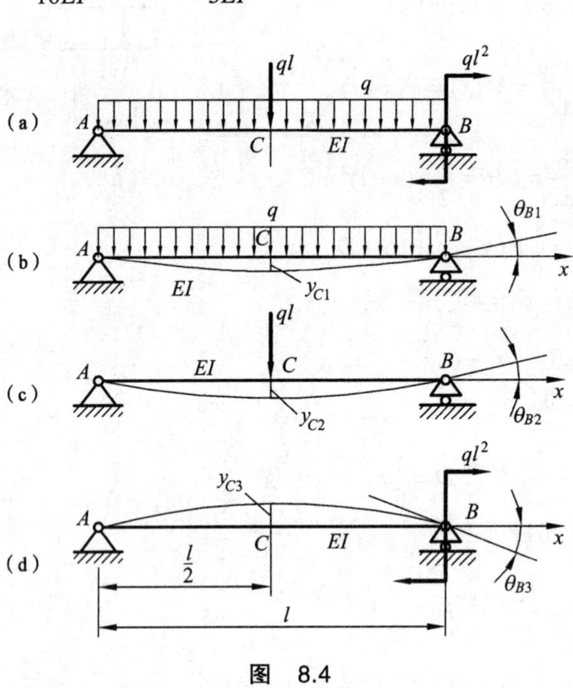


图 8.4

(3) 应用叠加法，将简单荷载作用时的结果求和：

$$y_C = \sum_{i=1}^{3} y_{Ci} = -\frac{5ql^4}{384EI} - \frac{ql^4}{48EI} + \frac{ql^4}{16EI}$$

$$= \frac{11ql^4}{384EI}$$

$$\theta_B = \sum_{i=1}^{3} \theta_{Bi} = \frac{ql^3}{24EI} + \frac{ql^3}{16EI} - \frac{ql^3}{3EI}$$

$$= -\frac{11ql^3}{48EI}$$

## 三、梁的刚度条件

刚度条件：

$$|y|_{\max} \leqslant [y], \quad |\theta|_{\max} \leqslant [\theta] \tag{8.2}$$

建筑钢梁的许可挠度：$\frac{l}{1\,000} \sim \frac{l}{250}$

机械传动轴的许可转角：$\frac{1}{3\,000}$

精密机床的许可转角：$\frac{1}{5\ 000}$

## 四、小　结

(1) 明确挠曲线、挠度和转角的概念。

(2) 掌握计算梁变形的积分法和叠加法。

(3) 明确提高梁刚度的措施：

① 选择合理的截面形状；

② 改善结构形式，减少弯矩数值；

③ 采用超静定结构。

# 第九章
# 组合变形

工程实例如图 9.1、9.2 所示。

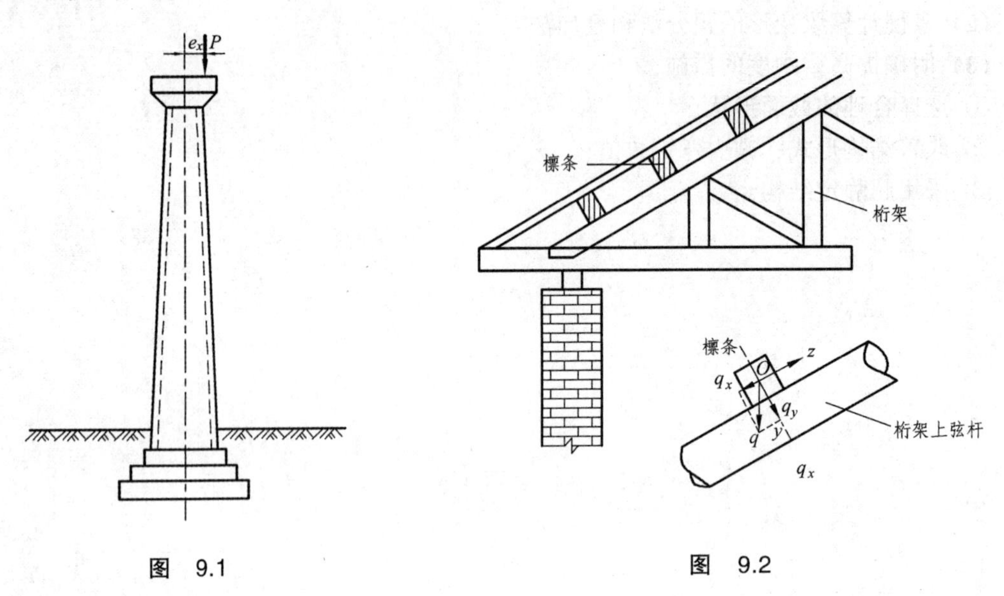


图 9.1　　　　图 9.2

在工程实际中，构件承受的荷载通常比较复杂。它所产生的变形往往包含两种或两种以上的基本变形，这类变形称为组合变形。

## 一、偏心压缩

### 1. 偏心压缩时力的简化和截面内力

将力 $P$ 向端截面形心简化得轴向压力 $P$（图 9.3（b）），对 $z$ 轴的力偶矩 $M_z = Pe_y$（图 9.3（c））及对 $y$ 轴的力偶矩 $M_y = Pe_z$（图 9.3（d））。

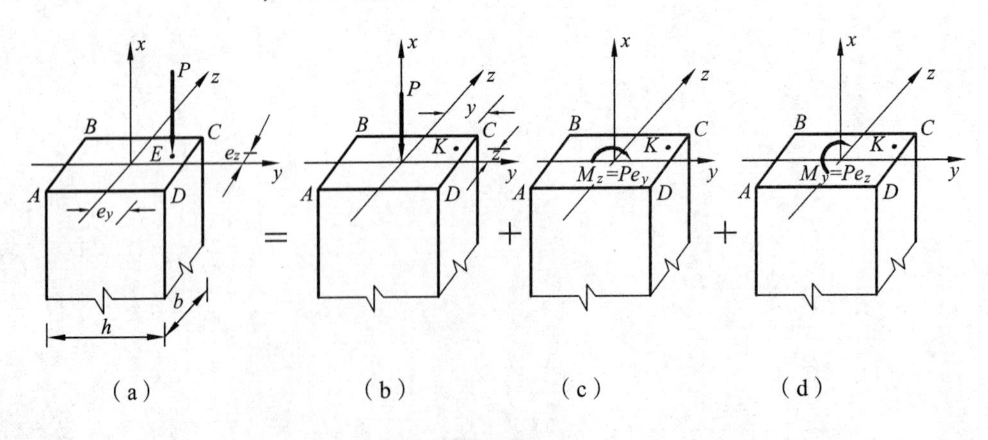


图 9.3

2. 偏心压缩杆截面上的应力及强度条件

截面上任意一点 $K(y,z)$ 处的应力为三部分应力的叠加。

轴向压力 $P$ 在 $K$ 点处引起的应力为：

$$\sigma' = -\frac{P}{A} \tag{9.1}$$

$M_z$ 引起的 $K$ 点处的应力为：

$$\sigma'' = -\frac{M_z y}{I_z} \tag{9.2}$$

$M_y$ 引起的 $K$ 点处的应力为：

$$\sigma''' = -\frac{M_y z}{I_y} \tag{9.3}$$

$K$ 点处的总应力为：

$$\sigma = \sigma' + \sigma'' + \sigma''' = -\frac{P}{A} - \frac{M_z y}{I_z} - \frac{M_y z}{I_y} \tag{9.4}$$

分析可知，最大拉应力产生在 $A$ 点处，最小压应力产生在 $C$ 点处，其值为：

$$\begin{cases} \sigma_{\max} = -\dfrac{P}{A} + \dfrac{M_z}{W_z} + \dfrac{M_y}{W_y} \\ \sigma_{\min} = -\dfrac{P}{A} - \dfrac{M_z}{W_z} - \dfrac{M_y}{W_y} \end{cases} \tag{9.5}$$

危险点处于单向应力状态，强度条件为：

$$\begin{cases} \sigma_{\max} = -\dfrac{P}{A} + \dfrac{M_z}{W_z} + \dfrac{M_y}{W_y} \leqslant [\sigma_l] \\ \sigma_{\min} = -\dfrac{P}{A} - \dfrac{M_z}{W_z} - \dfrac{M_y}{W_y} \leqslant [\sigma_y] \end{cases} \tag{9.6}$$

**【例 9.1】** 起重机支架的轴线通过基础的中心（图 9.4）。起重机自重 180 kN，其作用线通过基础底面 $Oz$ 轴，且有偏心距 $e = 0.6$ m，已知基础混凝土的重度等于 22 kN/m$^3$，若矩形基础的短边长 3 m，问：① 其长边的尺寸 $a$ 为多少时使基础底面不产生拉应力？② 在所选的 $a$ 值之下，基础底面上的最大压应力为多少？

**解**：(1) 用截面法求基础底面内力。

$$\sum X = 0:$$
$$N = -(180 + 50 + 80 + 3 \times 2.4 \times a \times 22) = -(310 + 158.4a)\ \text{kN}$$
$$\sum M_y = 0:$$
$$M_y = 80 \times 8 - 50 \times 4 + 180 \times 0.6 = 548\ \text{kN} \cdot \text{m}$$

（2）计算基底应力。

要使基底截面不产生拉应力，必须使 $\sigma_{max}=\dfrac{N}{A}+\dfrac{M}{W}=0$，即：

$$\frac{310+158.4a}{3a}+\frac{548}{\dfrac{3\times a^2}{6}}=0$$

$$\Rightarrow a=3.68\ \text{m}，取 a=3.7\ \text{m}$$

（3）当选定 $a=3.7$ m 时，基底的最大应力为：

$$\sigma_{max}=-\frac{(310+158.4\times3.7)\times10^3}{3\times3.7}-\frac{548\times10^3}{\dfrac{3\times3.7^2}{6}}$$

$$=-161\times10^3\ \text{Pa}=-0.161\ \text{MPa}$$

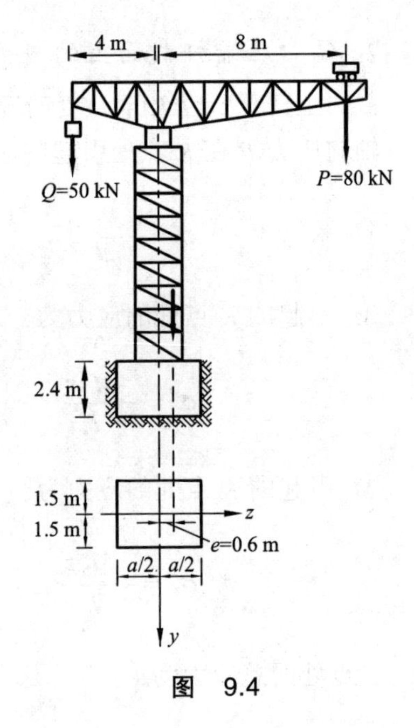

图 9.4

## 二、截面核心的概念

偏心受压杆件截面上是否出现拉应力，与偏心距的大小有关。若外力作用在截面形心附近的某一个区域，使得杆件整个截面上全为压应力而无拉应力，这个外力作用的区域称为截面核心。

## 三、小　　结

（1）了解组合变形杆件强度计算的基本方法；

（2）掌握偏心压缩变形杆件的应力和强度计算；

（3）掌握叠加法这种重要的计算方法。

# 第十章
# 压杆稳定

工程实例如图 10.1 所示。

（a）

（b）

图 10.1

另外，比较常见且比较重要的还有桁架桥当中的杆件。

历史上曾发生的因压杆失稳而导致的重大事故：① 1891 年，瑞士一座长 42 m 的桥，当列车通过时因结构失稳而坍塌，造成 200 多人死亡。② 1907 年，加拿大魁北克省圣劳伦斯河上的钢结构大桥，在施工中由于桁架中一根受压弦杆的突然失稳，造成了整个大桥的倒塌，75 名施工工人丧生。③ 1925 年苏联的莫兹尔桥事故。④ 1940 年美国的塔科马桥事故。

## 一、压杆及压杆稳定的概念

### 1. 压　杆

受轴向压力的直杆叫做压杆。

从强度观点出发，压杆只要满足轴向压缩的强度条件就能正常工作，这种结论对于短粗杆来说是正确的，而对于细长杆则不然。

### 2. 稳定平衡和不稳定平衡（图 10.2）

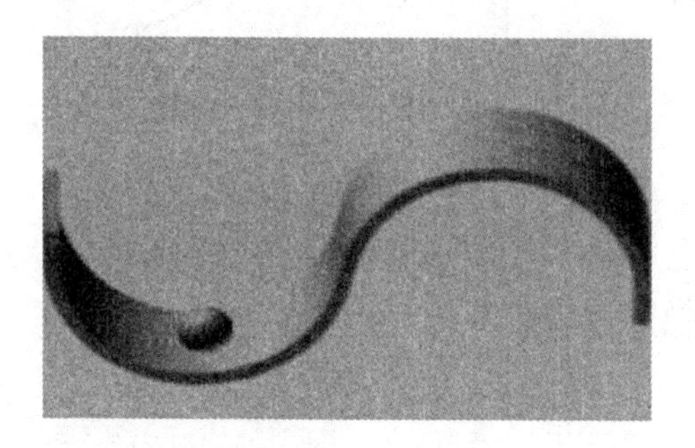

（a）稳定平衡
微小扰动使小球离开原来的平衡位置，
但扰动撤销后小球回复到平衡位置。

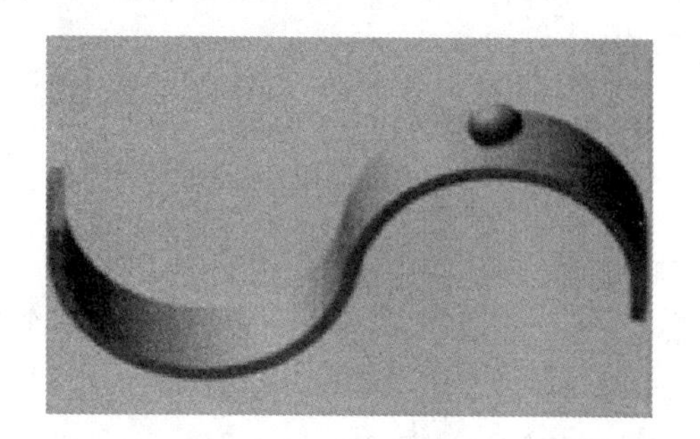

（b）不稳定平衡
微小扰动就使小球远离原来的平衡位置。

图 10.2

3. 压杆的失稳、临界力

随着作用在细长杆上的轴向压力 $P$ 的量变，将会引起压杆平衡状态稳定性的质变。

也就是说，对于一根压杆所能承受的轴向压力 $P$ 总存在着一个临界值 $P_{cr}$：

当 $P < P_{cr}$ 时，压杆处于稳定平衡状态；

当 $P > P_{cr}$ 时，压杆处于不稳定平衡状态。

工程中把临界平衡状态相对应的压力临界值 $P_{cr}$ 称为临界力。

因此，当 $P = P_{cr}$ 时，压杆开始丧失稳定。由于压杆的失稳常常发生在杆内的应力还很低的时候，因此，随着高强度钢的广泛使用，对压杆进行稳定计算是结构设计中的重要部分。

## 二、临界力与临界应力的欧拉公式

1. 计算临界力的欧拉公式

$$P_{cr} = \frac{\pi^2 EI}{(\mu l)^2} \tag{10.1}$$

2. 计算临界应力的欧拉公式

$$\sigma_{cr} = \frac{\pi^2 E}{\lambda^2} \tag{10.2}$$

式中　$\lambda = \frac{\mu l}{i}$。

$\lambda$ 越大，杆就越细长，它的临界应力 $\sigma_{cr}$ 就越小。

反之，$\lambda$ 越小，杆越粗短，它的临界应力 $\sigma_{cr}$ 就越大。

3. 欧拉公式的适用范围

工程中把 $\lambda \geqslant \lambda_p$ 的压杆称为大柔度杆或细长杆，也就是说，只有细长杆才能应用欧拉公式来计算临界力和临界应力。

4. 压杆的临界应力总图

如图 10.3 所示。

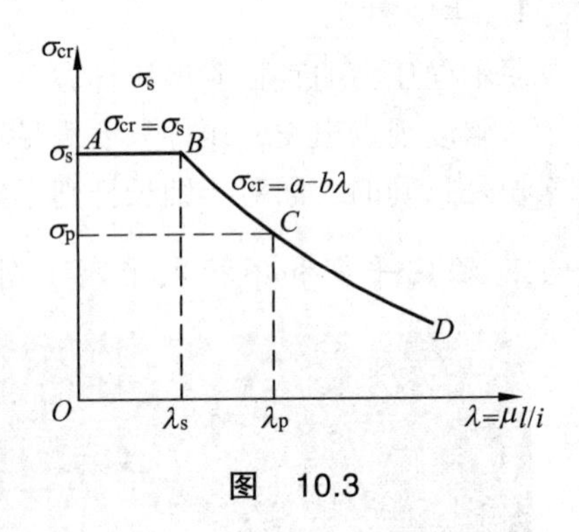


图　10.3

## 三、压杆的稳定计算

1. 安全系数法

按下式计算：

$$P \leqslant \frac{P_{cr}}{K_w} = [P_{cr}] \tag{10.3}$$

另外，在工程实际中，还常用安全系数来表示稳定条件，即：$K=\frac{P_{cr}}{P}\geqslant K_{w}$。式中，$K$ 就是压杆在工作时实际具备的安全系数。

2. 折减系数法

按下式计算：

$$\sigma=\frac{P}{A}\leqslant[\sigma_{cr}]=\varphi[\sigma] \tag{10.4}$$

式中：$\sigma=\frac{P}{A}$ 是压杆的工作应力，$P$ 是工作压力。

折减系数 $\varphi$ 的值小于 1，它与压杆的柔度有关，随着柔度的增加而减少。

## 四、小　结

欧拉公式：

$$P_{cr}=\frac{\pi^2 EI}{(\mu l)^2}$$

提高压杆稳定性的措施：

（1）$P_{cr}$ 越大，越稳定；

（2）减小压杆长度 $l$；

（3）减小长度系数 $\mu$（增强约束）；

（4）增大截面惯性矩 $I$（合理选择截面形状）；

（5）增大弹性模量 $E$（合理选择材料）。

# 第三部分
# 结构力学

## 第十一章
## 概　　论

结构力学是土木工程专业的一门专业（技术）基础课。一方面，它以高等数学、理论力学、材料力学等课程为基础；另一方面，它又是钢结构、钢筋混凝土结构、土力学与地基基础、结构抗震等专业课的基础。该课程在基础课与专业课之间起着承上启下的作用，是土木工程专业的一门重要主干课程。

### 第一节　结构力学的研究对象、任务和学习方法

#### 一、结构力学的研究对象

1. 研究对象

结构力学以结构为研究对象，包括：

(1) 住宅、厂房等工业民用建筑物；

(2) 涵洞、隧道、堤坝、挡土墙等构筑物；

(3) 桥梁、轮船、潜水艇、飞行器等结构物。

2. 结构的概念

承受荷载而起骨架作用的部分称为工程结构，简称结构。

#### 二、结构力学的研究任务

(1) 研究结构的组成规律：保证结构能够承受荷载而不致发生相对运动；探讨结构的合理形式，以便有效地利用材料，充分发挥其性能。

(2) 计算结构在荷载、温度变化、支座移动等外部因素作用下的内力：为结构的强度计算提供依据，以保证结构满足安全和经济要求。

(3) 计算结构在荷载、温度变化、支座移动等外部因素作用下的变形和位移：为结构的刚度计算提供依据，以保证结构不致发生超过规范限定的变形而影响正常使用。

(4) 研究结构的稳定计算：确定结构丧失稳定性的最小临界荷载，以保证结构处于稳定的平衡状态而正常工作。

(5) 研究结构在动力荷载作用下的动力特性。

## 三、结构力学与相关课程的关系

(1)“理论力学”“材料力学”是“结构力学”的先修课。

①“理论力学”为“结构力学”提供基本的力学原理。

②“材料力学”以研究单根杆件为主，“弹性力学”以研究实体结构与薄壁结构为主，“结构力学”研究的是杆系结构。

(2)“钢结构”“钢筋混凝土结构”“砖石结构”“结构抗震”等是“结构力学”的后继课。

① 结构力学为学习钢筋混凝土结构、钢结构、砌体结构、桥梁、隧道等专业课程提供必要的基本理论和计算方法。

② 结构力学是一门承上启下的课程，它在结构、水利、道路、桥梁及地下工程等各专业的学习中占有重要的地位。

(3) 应注重分析能力、计算能力、自学能力和表达能力的培养。

(4)“结构力学”的特点：

① 系统性。一环套一环，连锁反应。

② 灵活性。一题多解，殊途同归。

# 第二节　结构的计算简图及相关简化

## 一、结构的计算简图

### 1. 定　义

用结构力学模型代替实际结构，简化后的模型称为计算简图。

### 2. 选取计算简图的原则

(1) 正确反映实际结构的受力情况和主要性能；

(2) 略去次要因素，便于分析和计算。

### 3. 选取计算简图时应考虑的因素

(1) 结构的重要性；

(2) 设计阶段；

(3) 计算问题的性质；

(4) 计算工具。

## 二、结构体系的简化

一般结构实际上都是空间结构，在一定条件下，可略去结构的次要因素，将其分解简化为平面结构，使计算得到简化。

## 三、杆件的简化

在杆件结构中，当杆件的长度远大于它的高度和宽度时，通常可以用杆轴线代替杆件，用各杆轴线相互联结构成的几何图形代替真实结构。

## 四、结点的简化

1. 铰结点

铰结点的特征是汇交于结点的各杆端不能相对移动，但它所联结的各杆可以绕铰自由转动。

2. 刚结点

刚结点的特点是汇交于结点的各杆端除不能相对移动外，也不能相对转动。

3. 组合结点

组合结点的特点是汇交于结点的各杆端不能相对移动，但其中有些杆件的联结为刚性联结，各杆端不允许相对转动，而其余杆件视为铰结，允许绕结点转动。

如图 11.1 所示：

*A* 为刚结点；*B*、*D* 为铰结点；*C* 为组合结点。杆 *BC* 与杆 *CF* 为刚结，杆 *CD* 与杆 *BF* 为铰结。

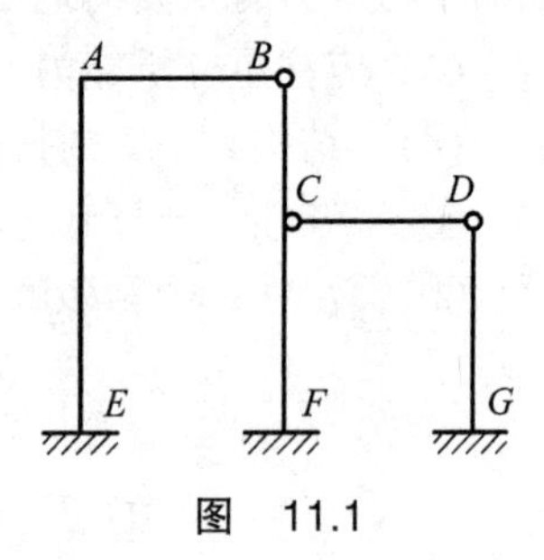

图 11.1

## 五、支座的简化

把结构与基础或其他支承物联结起来的装置称为支座。

1. 可动铰支座

可动铰支座也称为滚轴支座（图 11.2）。其特征是在支承处被支承的结构物既可以绕铰中心转动，也可以沿支承面移动。

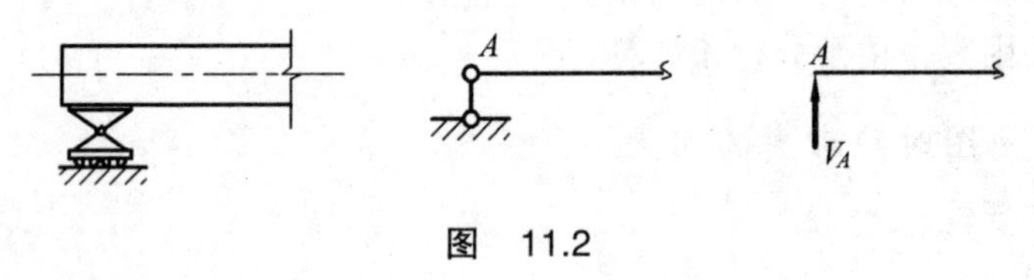

图 11.2

2. 固定铰支座

固定铰支座简称铰支座（图 11.3）。其特征是在支座处被支承的结构可以绕铰中心转动，但不可以沿任何方向移动。

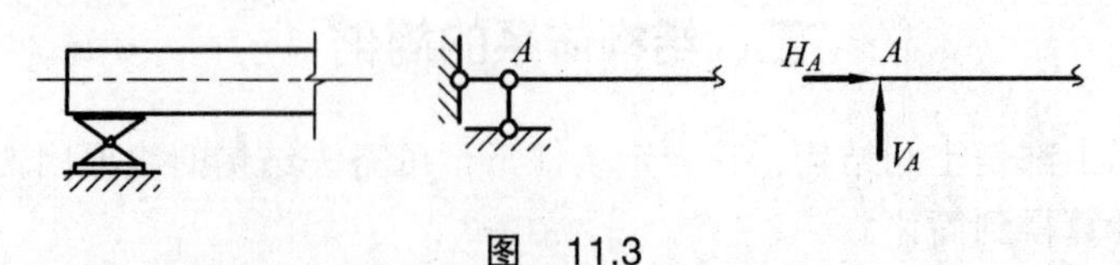

图 11.3

3. 固定支座

固定支座的特征是在支承处被支承的结构既不允许移动，也不允许转动（图 11.4）。

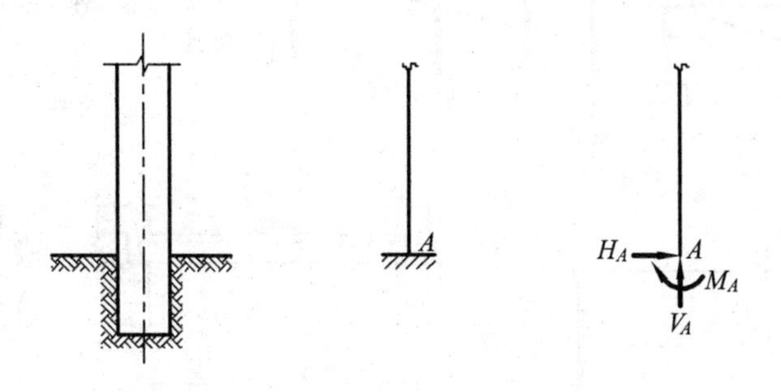


图 11.4

4. 定向支座

定向支座也称滑动支座（图 11.5、11.6）。它的特征是允许被支承的结构沿支承面移动，但不允许有垂直于支承面的移动和绕支承端的转动。

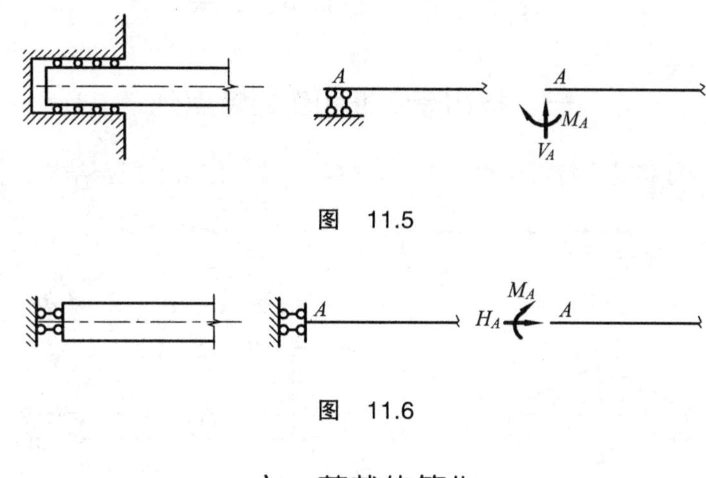


图 11.5

图 11.6

## 六、荷载的简化

（1）作用在结构上的外力，包括荷载和约束反力，可以分为体积力和表面力两大类。

（2）根据外力的分布情况，这些力一般可以简化为集中荷载、集中力偶和分布荷载。

① 体荷载：折算为作用于杆轴、沿杆轴线分布的线荷载。例如自重。

② 面荷载：折算为作用于杆轴的集中荷载或线荷载。例如风压、雪压、设备重等。

## 七、结构简化举例

单层工业厂房及其相关结构简化见图 11.7。

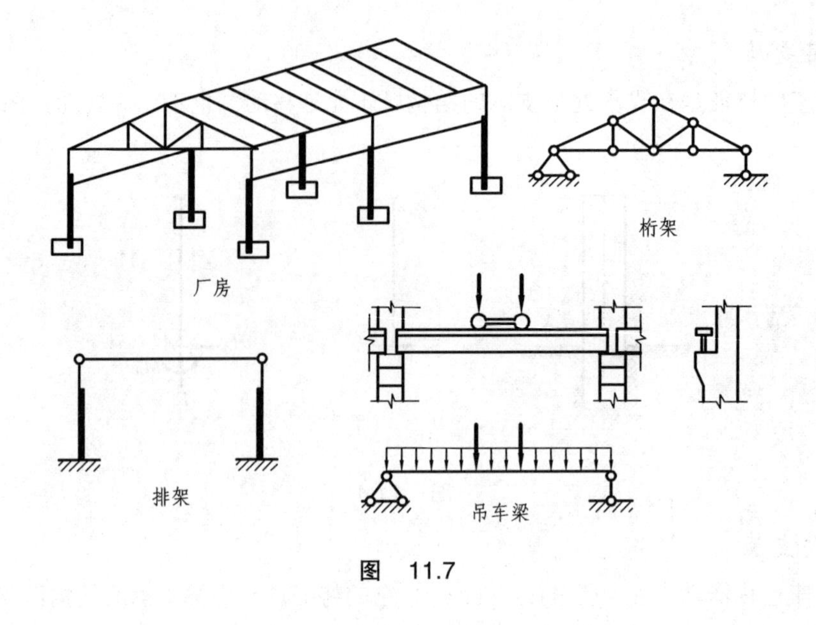

图　11.7

# 第三节　结构的分类

## 一、按构造特征和受力特点分

结构按构造特征和受力特点一般分为梁、拱、桁架、刚架、组合结构，见图 11.8。

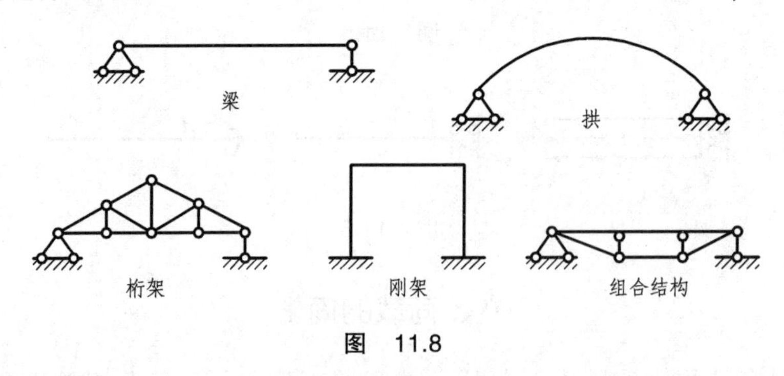

图　11.8

## 二、按计算方法的特点分

(1) 静定结构：支反力、内力可由静力平衡条件确定。

(2) 超静定结构：确定支反力、内力时，除依靠静力平衡条件外，还必须考虑变形条件。

## 三、平面结构是空间结构的特例

(1) 按照空间观点，结构可以分为平面结构和空间结构两类。

(2) 按照几何观点，结构可以分为杆件结构、薄壁结构和实体结构三类。

(3) 平面结构是空间结构的特例。

## 第四节　荷载的分类

### 一、按荷载分布情况分类

按荷载分布情况分类，包括下述两种。

1. 集中荷载

2. 分布荷载

### 二、按作用时间久暂分类

按作用时间久暂分类，包括下述两种。

1. 恒　载

2. 活　载

### 三、按荷载性质分类

按荷载性质分类，包括下述两种。

1. 静力荷载

2. 动力荷载

# 第十二章
# 平面体系的几何组成分析

## 第一节　概　　述

### 一、几何不变体系

在不考虑杆件应变的假定下，体系的位置和形状是不会改变的体系（图 12.1（a））。

### 二、几何可变体系

在不考虑杆件应变的假定下，体系的位置和形状是可以改变的体系（图 12.1（b））。

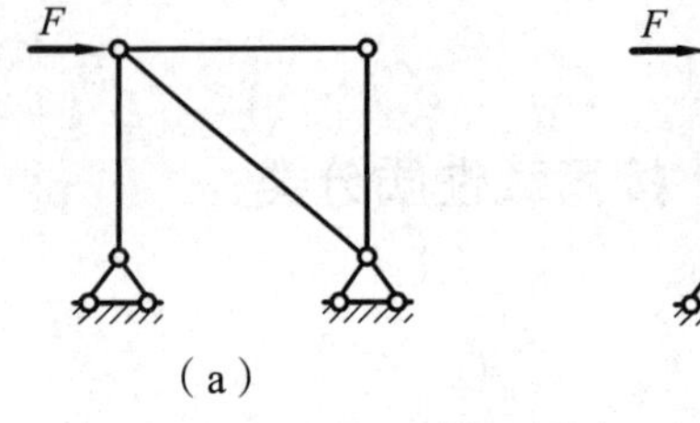

（a）　（b）

图　12.1

### 三、几何组成分析的目的

(1) 判别某一体系是否为几何不变，从而决定它能否作为结构。

(2) 区别静定结构、超静定结构，从而选定相应计算方法。

(3) 搞清结构各部分间的相互关系，以决定合理的计算顺序。

### 四、几个基本概念

1. 刚片（图 12.2）

体系几何形状和尺寸不会改变，可视为刚体的物体。

可以看成是几何不变体系（刚体）的物体（可以是杆、由杆组成的结构、支撑结构的地基）。

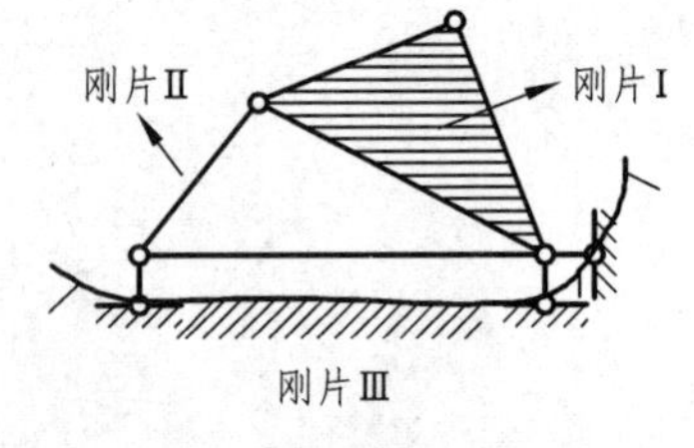

图　12.2

2. 自由度

决定体系几何位置的彼此独立的几何参变量数目。

### 五、点、刚片、结构的自由度

(1) 一个点在平面上有 2 个自由度（图 12.3（a））。

(2) 一个刚片在平面上有 3 个自由度（图 12.3（b））。

(3) 平面结构的自由度必须小于或等于零（$W \leqslant 0$）。

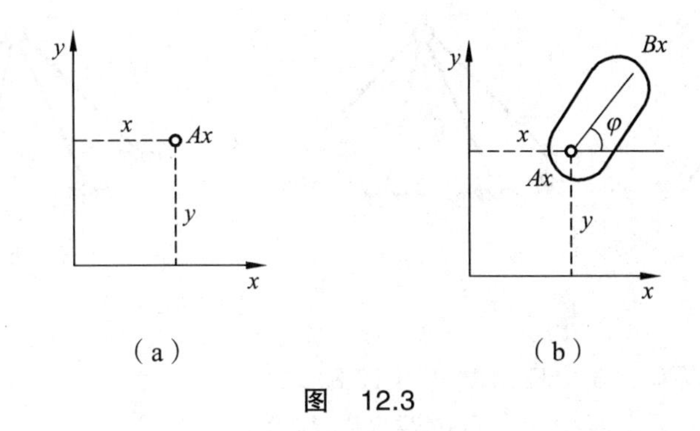


图 12.3

## 六、约束（联系）

(1) 约束：凡能减少自由度的装置。

(2) 链杆：两端用铰与其他物体相连的刚片,可以是直杆、折杆、曲杆。一根链杆相当于 1 个约束（图 12.4）。作用：一个支链杆可以减少 1 个自由度。

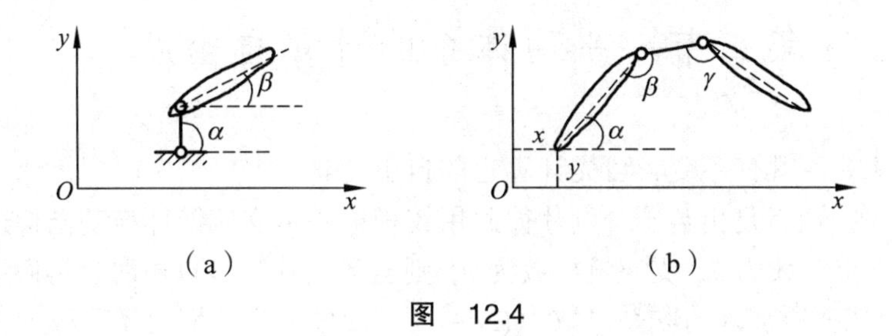


图 12.4

(3) 单铰：连接两个刚片的铰。作用：一个单铰可以减少 2 个自由度。

一个简单铰相当于 2 个约束（图 12.5），两个不共线的支链杆相当于 1 个单铰。

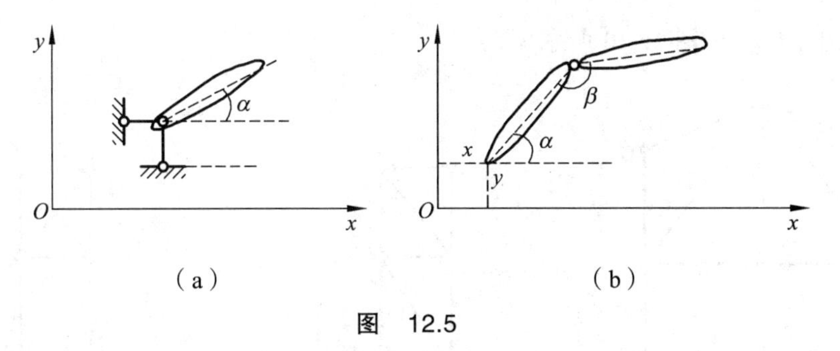


图 12.5

(4) 复铰：连接 3 个或 3 个以上刚片的铰。

| 连接的刚片数 $n$ | 2 | 3 | 4 | 5 |
| --- | --- | --- | --- | --- |
| 减少的自由度数 $m$ | 2 | 4 | 6 | 8 |

由此得出

$$m=(n-1)\times 2 \tag{12.1}$$

作用：$n$ 个刚片用一个复铰连接，能减少 $(n-1)\times 2$ 个自由度。

结论：一个复铰相当于$(n-1)$个单铰（图 12.6）。

思考：图 12.7 所示结构能减少多少个自由度？

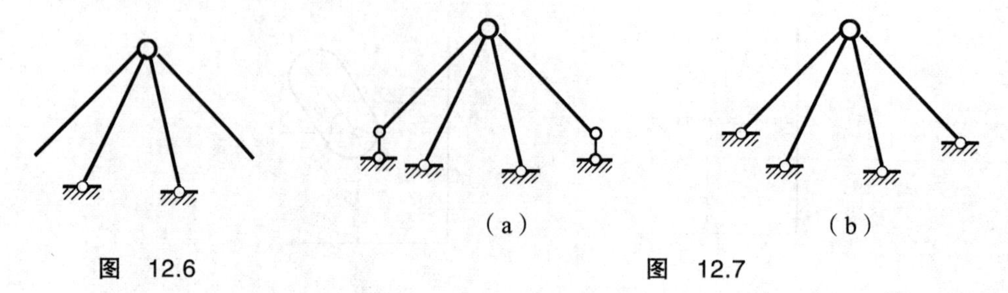

图 12.6　　图 12.7

(5) 固定端：可以减少 3 个自由度（图 12.8）。

(6) 平行支链杆：可以减少 2 个自由度（图 12.9）。

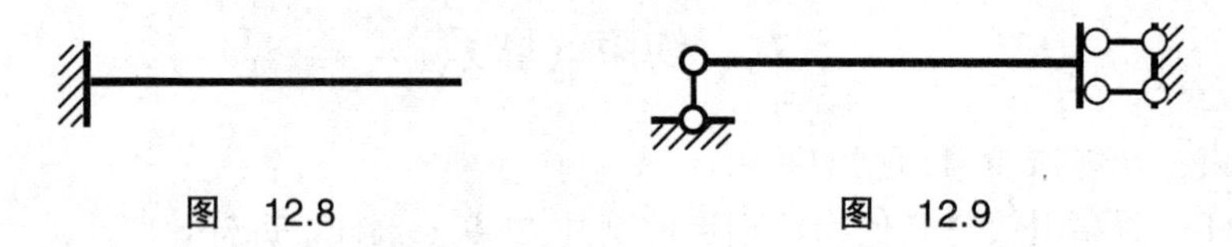

图 12.8　　图 12.9

## 第二节　平面体系的计算自由度

判定一个体系是否几何不变，可先计算它的自由度。

一个平面体系，通常是由若干个刚片彼此用铰相连并用支座链杆与基础相连而组成的。设其刚片数为$m$，单铰数为$h$，支座链杆数为$r$，则当各刚片都是自由时，它们所具有的自由度总数为$3m$；而现在所加入的联系总数为$(2h+r)$，设每个联系都使体系减少 1 个自由度，则体系的计算自由度为：

$$W=3m-(2h+r) \tag{12.2}$$

**【例 12.1】**　分析图 12.10 所示体系。

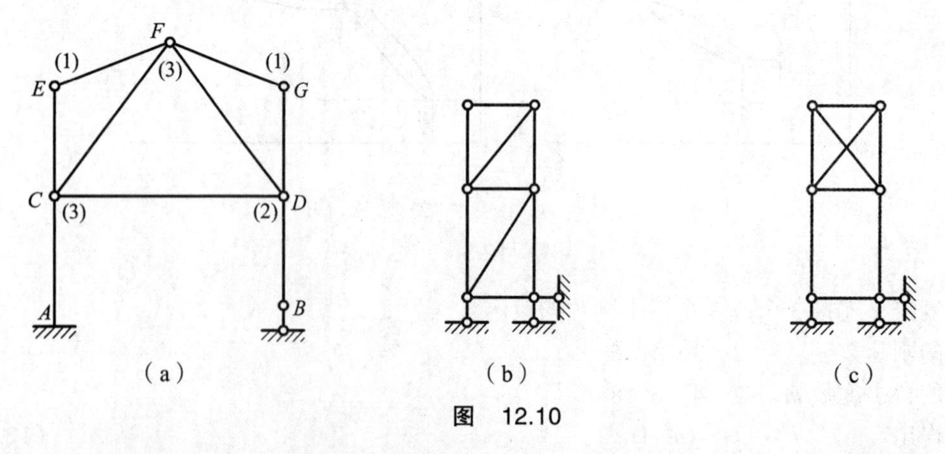


图 12.10

如图 12.10 (a) 所示：可以将支座链杆外的各杆件均当做刚片，其中 $CD$ 与 $BD$ 两杆在

结点 $D$ 处为刚结，因而 $CDB$ 为一连续整体，故可作为一个刚片，这样总的刚片数 $m=8$。在计算单铰数 $h$ 时，应正确识别各复铰所联结的刚片数。例如在结点 $D$ 处，折算单铰数应为 2。其余各结点处的折算单铰数均在图中括号内标出。这样，体系的单铰数共为 $h=10$。注意到固定支座 $A$ 处有 3 个联系，相当于有 3 根支座链杆，故体系总的支座链杆数为 $r=4$。由式(12.2)得出：

$$W = 3m-(2h+r)=3\times8-(2\times10+4)=0$$

同理，如图 12.10（b）所示：$W = 3m-(2h+r)=3\times9-(2\times12+3)=0$。

图 12.10（b）中，完全由两端铰结的杆件所组成的体系，称为铰结链杆体系。其计算自由度 $W$ 可由下式计算：

$$W = 2j-(b+r) \tag{12.3}$$

式中 $j$——结点数；

$b$——杆件数；

$r$——支座链杆数。

对图 12.10（b）中的结构，按式（12.3）计算有：

$$W = 2j-(b+r)=2\times6-(9+3)=0$$

任何平面体系的计算自由度，按式（12.2）或式（12.3）计算的结果，将有以下 3 种情况：

（1）$W>0$，表明体系缺少足够的联系，因此是几何可变的；

（2）$W=0$，表明体系具有成为几何不变所必需的最少联系数目；

（3）$W<0$，表明体系具有多余联系。

因此，一个几何不变体系必须满足 $W\leqslant0$ 的条件。

有时我们不考虑支座链杆，而只检查体系本身（或称体系内部）的几何不变性。这时，由于本身为几何不变的体系作为一个刚片在平面内尚有 3 个自由度，因此体系本身为几何不变时必须满足 $W\leqslant3$ 的条件。

必须指出，一个体系满足了 $W\leqslant0$（或就体系本身 $W\leqslant3$）的条件，不一定就是几何不变的。如图 12.10（c）所示，虽然 $W=0$，上部有多余联系而下部缺少联系，体系几何可变。因此，体系满足了 $W\leqslant0$（或就体系本身 $W\leqslant3$）的条件只是几何不变的必要条件，而不是充分条件。为判别体系是否几何可变，还要研究几何不变体系的组成规则。

## 第三节　几何不变体系的基本组成规则

### 一、两刚片之间的联结

两个刚片用不交于一点也不互相平行的三根链杆相联结，则所组成的体系是几何不变的，并且没有多余约束（图 12.11）。

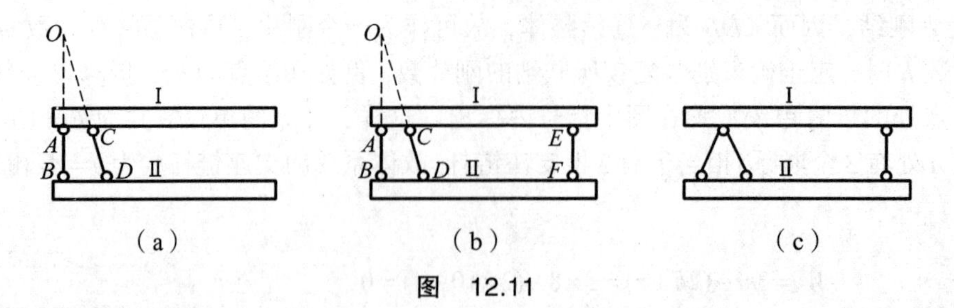


（a）　（b）　（c）

图　12.11

特殊情况如下所述。

1. 三根链杆交于一点（图 12.12）

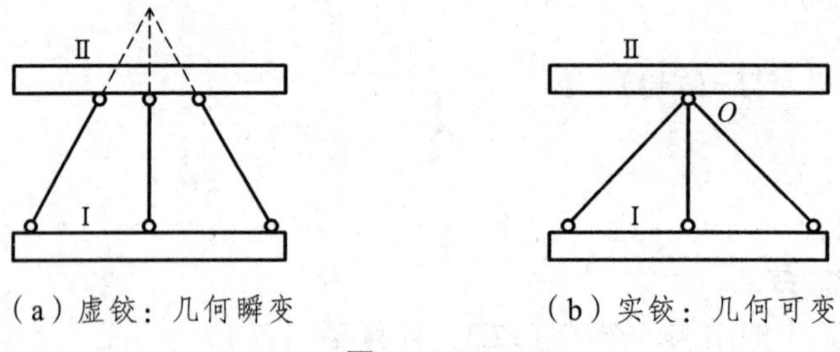


（a）虚铰：几何瞬变　（b）实铰：几何可变

图　12.12

2. 三根链杆相互平行（图 12.13）

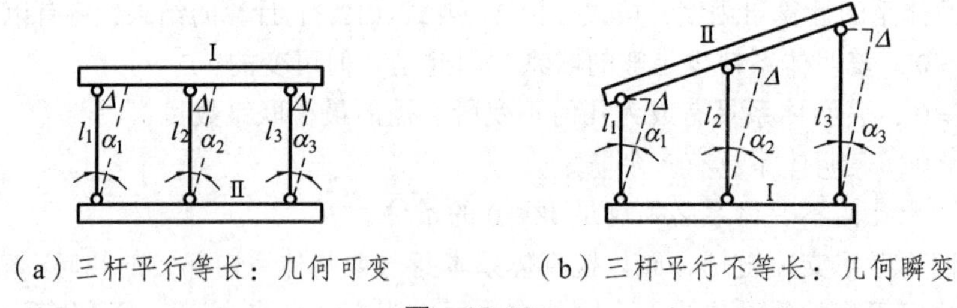


（a）三杆平行等长：几何可变　（b）三杆平行不等长：几何瞬变

图　12.13

## 二、三刚片相互联结

三个刚片用不在同一直线上的三个铰两两铰连，组成的体系是几何不变的，并且没有多余约束（图 12.14）。

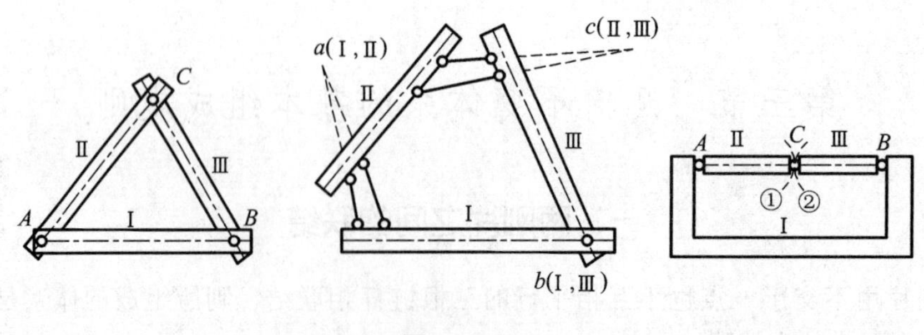


图　12.14

## 三、二元体规则

在一个刚片上增加一个二元体仍为几何不变体系（图 12.15)。试分析图 12.15（b）所示体系。

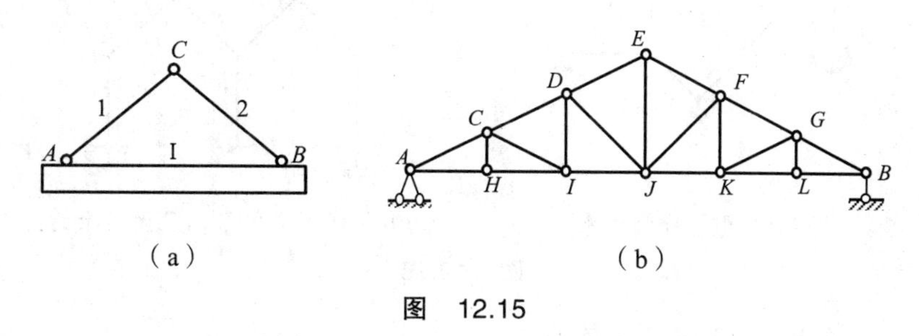


（a）　　　　（b）

图　12.15

# 第四节　体系的几何组成分析

## 一、方　　法

一般先考察体系的计算自由度，若 $W>0$，则体系为几何可变，不必进行几何组成分析；若 $W\leqslant 0$，则应进行几何组成分析。

## 二、步　　骤

（1）若体系可视为三个刚片时，直接应用三刚片规则分析。

（2）若体系可视为两个或三个刚片时，可先把其中已分析出的几何不变部分视为一个刚片或撤去“二元体”，使原体系简化。

## 三、示　　例

**【例 12.2】**　分析图 12.16 所示体系。

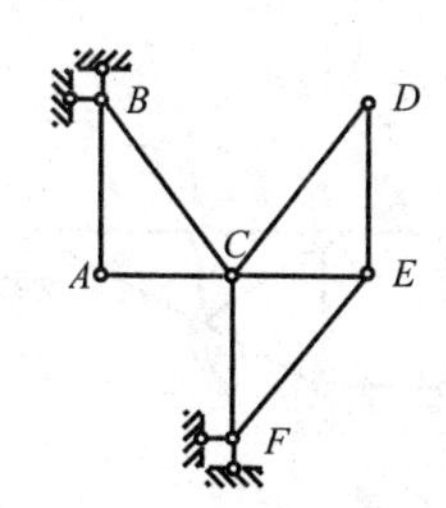


（a）几何不变体系，且无多余约束

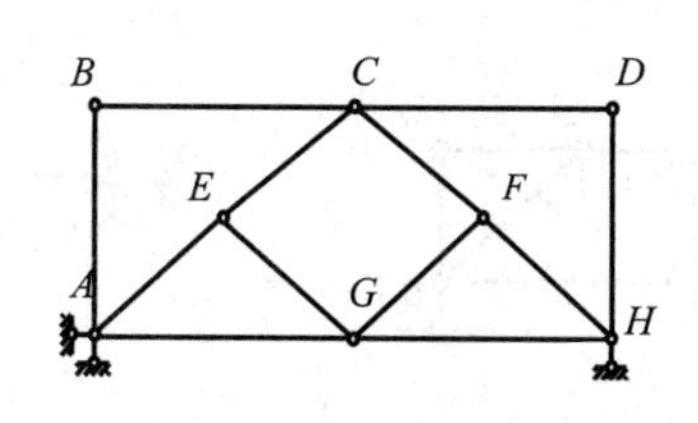


（b）几何瞬变体系

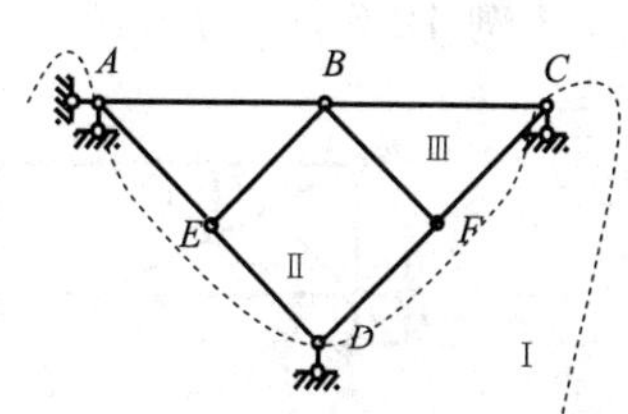


（c）几何瞬变体系

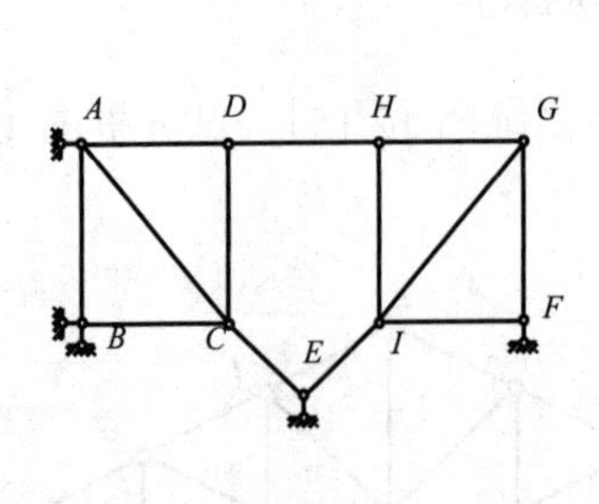


（d）几何瞬变体系

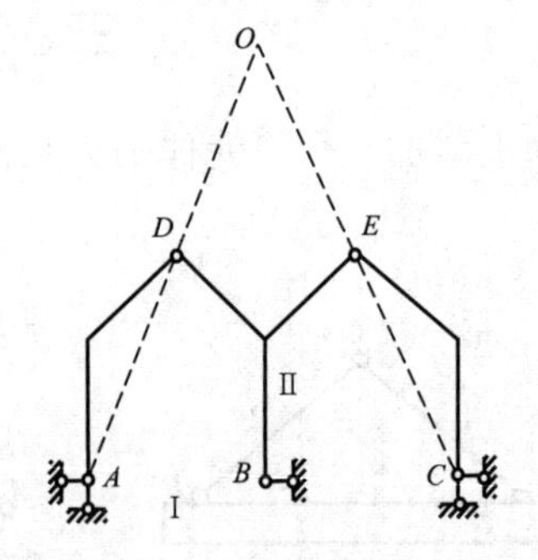


（e）几何不变体系，且无多余约束

图 12.16

【例 12.3】 分析图 12.17 所示体系。

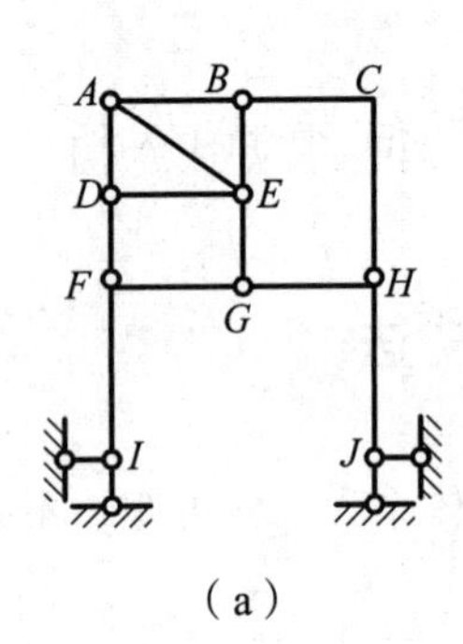


（a）

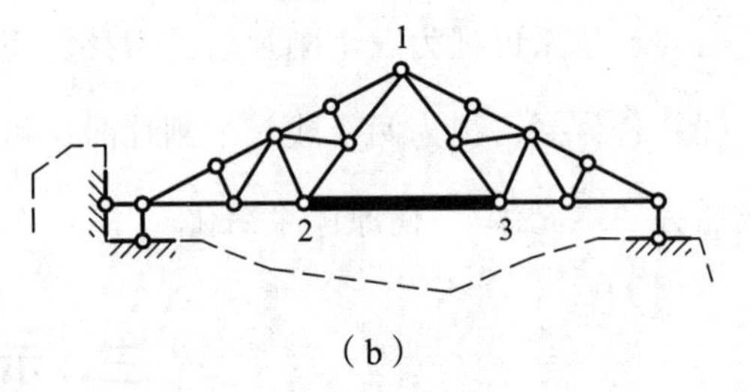


（b）

图 12.17

结论：无多余约束几何不变体系。

【例 12.4】 分析图 12.18 所示体系。

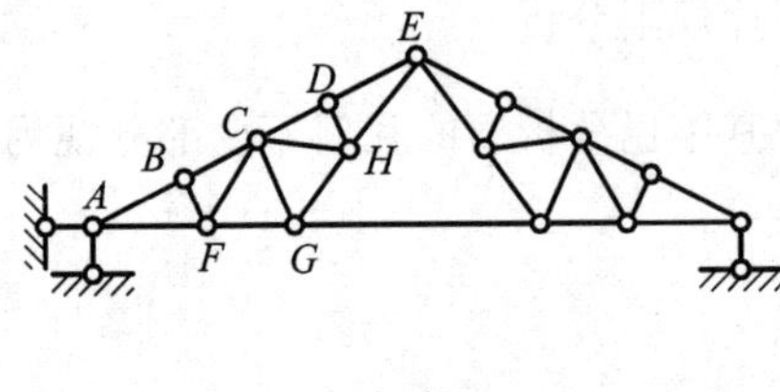


（a）

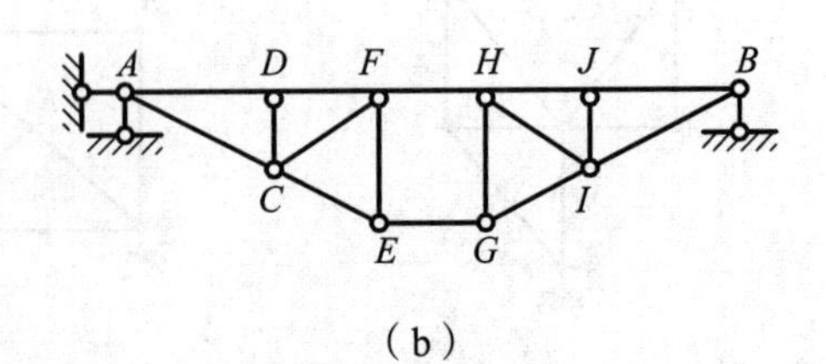


（b）

图 12.18

结论：无多余约束几何不变体系。

【例 12.5】 分析图 12.19 所示体系。

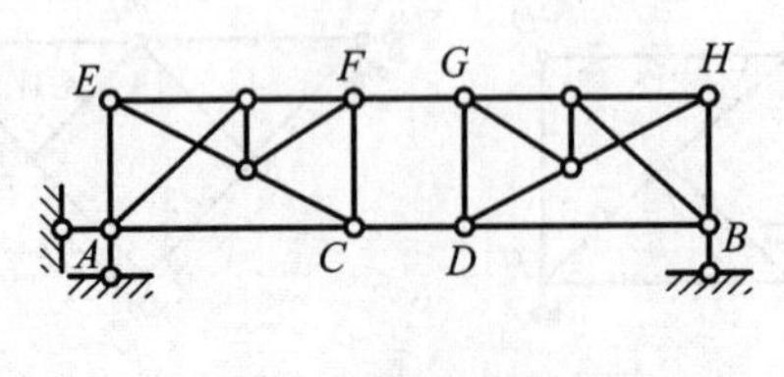


（a）



（b）

图 12.19

结论：图 12.19（a）为有 2 个多余约束的几何可变体系。
结论：图 12.19（b）为有 3 个多余约束的几何不变体系。

# 第五节　体系的几何组成与静力特性的关系

## 一、无多余约束的几何不变体系

如图 12.20 所示体系，静力解答唯一确定。

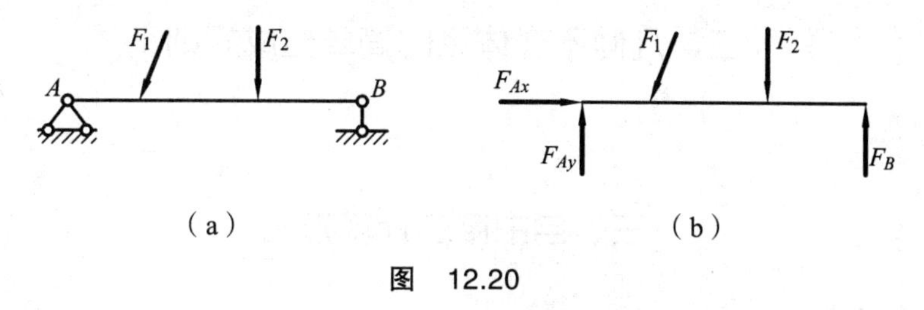

（a）　（b）

图　12.20

## 二、有多余约束的几何不变体系

如图 12.21 所示体系，平衡方程的解答有无穷多组。

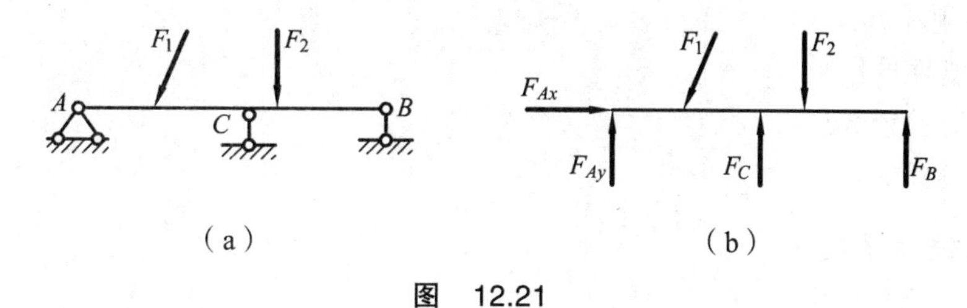

（a）　（b）

图　12.21

## 三、几何瞬变体系

平衡方程或者没有有限值解答，或在特殊情况下解答不确定。

## 四、几何可变体系

如图 12.22 所示体系，一般无静力解答。

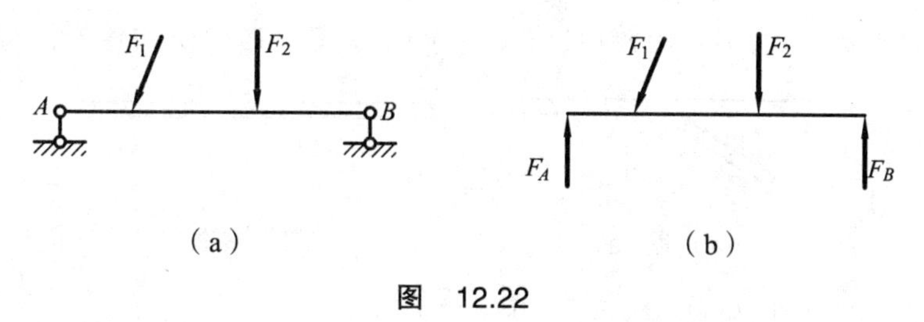

（a）　（b）

图　12.22

# 第六节　体系几何组成分析练习

## 一、几何组成分析的目的

如前所述，分析的目的主要有：

(1) 判别某一体系是否为几何不变，从而决定它能否作为结构。

(2) 区别静定结构、超静定结构，从而选定相应计算方法。

(3) 搞清结构各部分间的相互关系，以决定合理的计算顺序。

## 二、几何不变体系的简单组成规则

前述 3 个规则。

## 三、自由度的计算方法

1. 平面刚片系统

$$W = 3m - 3g - 2h - b \tag{12.4}$$

式中　$W$——自由度数；

$m$——刚片数；

$g$——刚性联结数；

$h$——简单铰数；

$b$——链杆数。

2. 平面铰结系统

$$W = 2j - b - r \tag{12.5}$$

式中　$W$——自由度数；

$j$——结点数；

$b$——内部链杆数；

$r$——外部链杆数。

## 四、注意点

(1) 复铰：联结 $n$ 个刚片的复铰相当于 $(n-1)$ 个简单铰，减少 $(n-1)\times 2$ 个约束（图 12.23）。

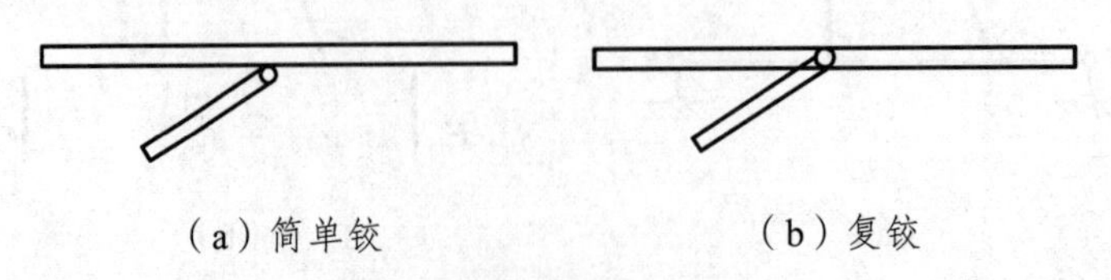

(a) 简单铰　　(b) 复铰

图　12.23

(2) 复杆：联结 $n$ 个结点的复杂链杆相当于 $(2n-3)$ 个简单链杆，减少 $(2n-3)$ 个约束（图 12.24）。

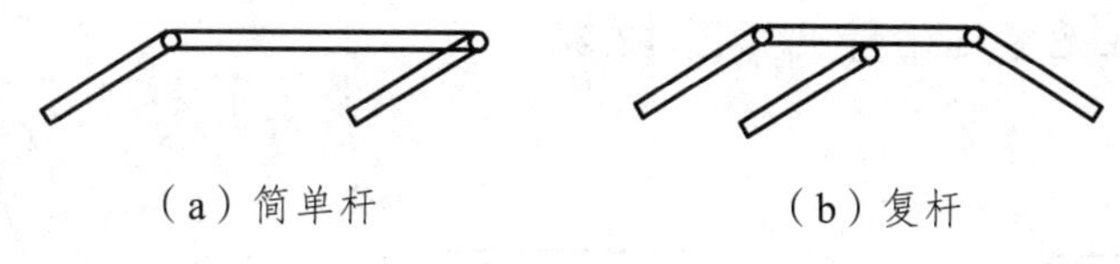


图 12.24

(3) 封闭框格不能视为一个刚片，其内部有 3 个多余约束。

(4) 对体系进行几何组成分析时，如何给出结论：

① 若体系为几何可变或几何瞬变，则“该体系为几何可变体系”或“该体系为几何瞬变体系”即为最后结论。

② 若体系为几何不变体系，则除指出“该体系为几何不变体系”外，还必须指出该体系有无多余约束及多余约束的个数。

## 五、练　习

试对图 12.25 所示体系进行几何组成分析。

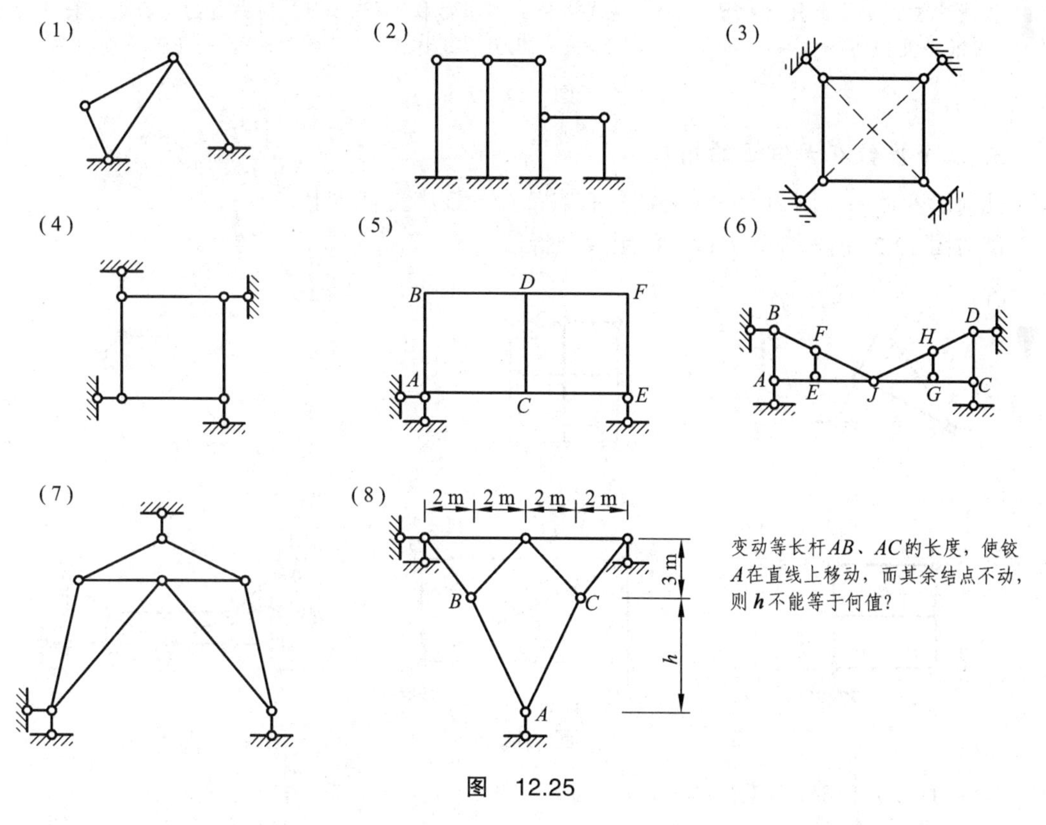


图 12.25

答案：

（2）3 次超静定；（3）几何瞬变；

（5）6 次超静定；（8）$h=3$ m，其余静定。

## 六、虚铰在无穷远的情况

1. 一个虚铰在无穷远的情况（图 12.26）

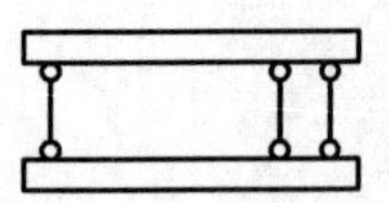

（a）构成虚铰的两链杆与第三杆平行且等长：几何可变体系

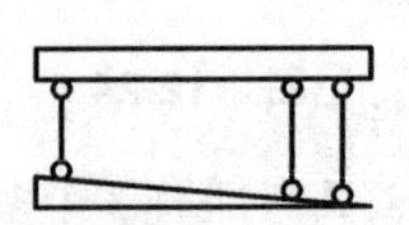

（b）构成虚铰的两链杆与第三杆平行但不等长：几何瞬变体系

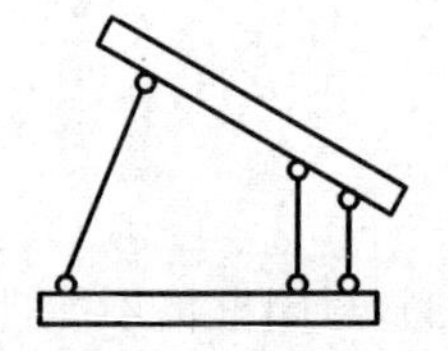

（c）构成虚铰的两链杆与第三杆不平行：几何不变体系

图 12.26

2. 两个虚铰在无穷远的情况（图 12.27）

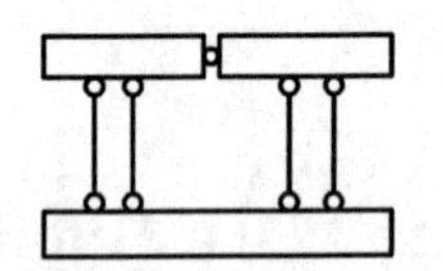

（a）构成虚铰的四根链杆平行且等长：几何可变体系

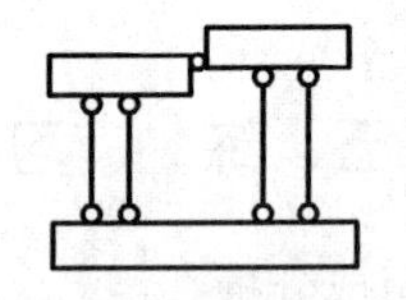

（b）构成虚铰的四根链杆平行但不等长：几何瞬变体系

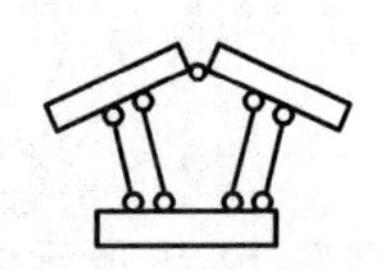

（c）构成虚铰的四根链杆两两不平行：几何不变体系

图 12.27

3. 三个虚铰在无穷远的情况

几何瞬变体系。因为无穷远处的所有点都在一条广义直线上。

试对图 12.28 所示体系进行几何组成分析。

（1）

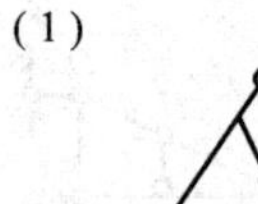

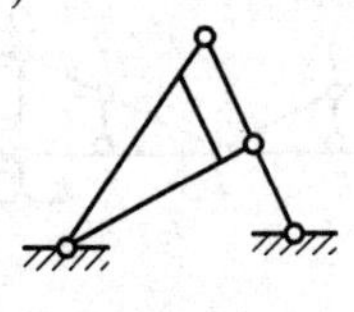

（2）

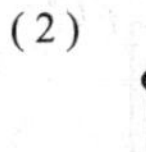

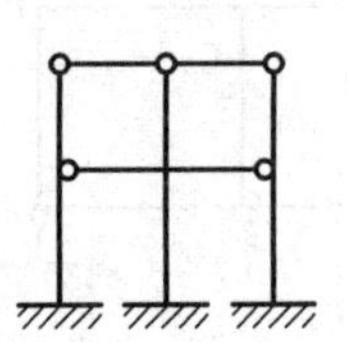

（3）

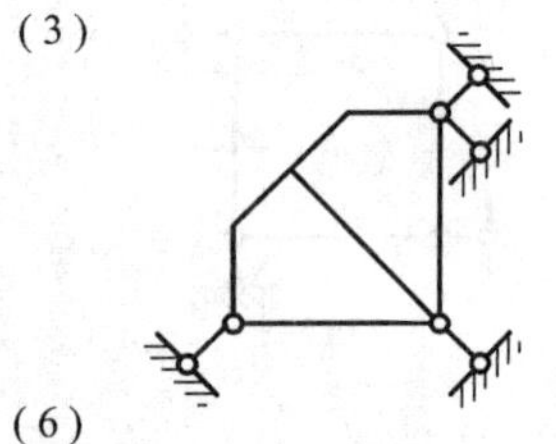

（4）

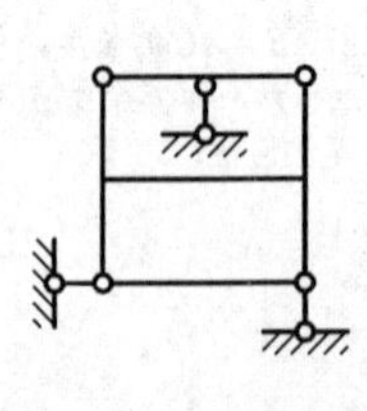

（5）

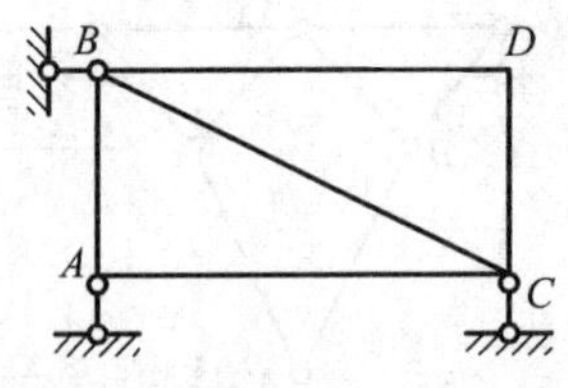


（6）

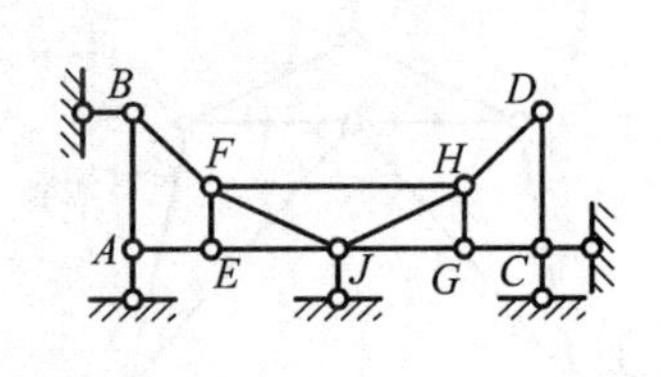


图 12.28

答案：（1）几何不变体系，有 4 个多余约束。（2）几何不变体系，有 6 个多余约束。（3）几何不变体系，有 3 个多余约束。（4）几何不变体系，有 2 个多余约束。（5）几何不变体系，有 6 个多余约束。（6）几何不变体系，无多余约束。

# 第十三章
# 静定梁与静定刚架

## 第一节　单跨静定梁的内力计算

### 一、概　　述

(1) 静定结构的约束反力及内力完全可由静力平衡条件唯一确定。

(2) 静定结构的内力计算是静定结构位移计算及超静定结构内力和位移计算的基础。

(3) 静定结构内力计算的基本方法是取隔离体、列平衡方程。

### 二、单跨静定梁的类型及反力

常见的单跨静定梁有三种形式：简支梁、悬臂梁和外伸梁（图 13.1)。

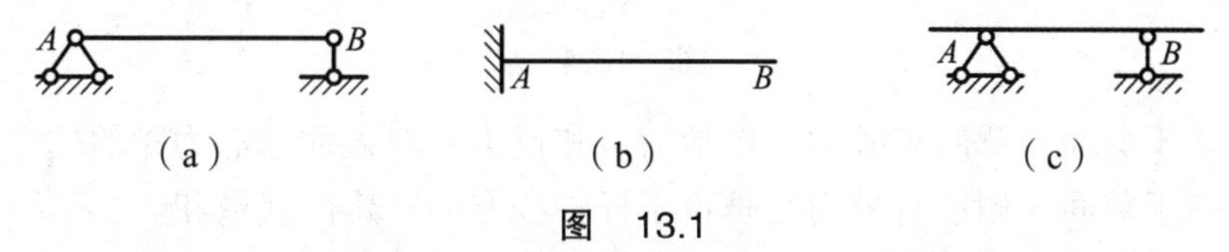


图　13.1

### 三、用截面法求梁的内力

1. 梁反力和内力的计算方法（图 13.2）

(1) 以整体为研究对象，利用静力平衡条件求支座反力（简支梁、外伸梁)。

(2) 截面法，取隔离体利用静力平衡条件求截面内力。

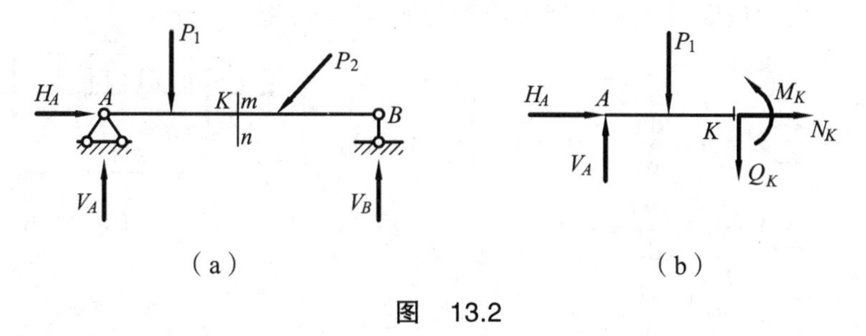


图　13.2

2. 内力符号规定（图 13.3）

(1) 弯矩 $M$：对梁而言，使杆件上凹者为正（亦即下侧纤维受拉为正)，反之为负。一般情况下作内力图时，规定弯矩图纵标画在受拉一侧，不标注正负号。

(2) 剪力 $\boldsymbol{Q}$：使截开后保留部分产生顺时针旋转者为正，反之为负。

(3) 轴力 $\boldsymbol{N}$：拉为正，压为负。剪力图和轴力图可绘在杆轴的任意一侧，但必须标注正负号。

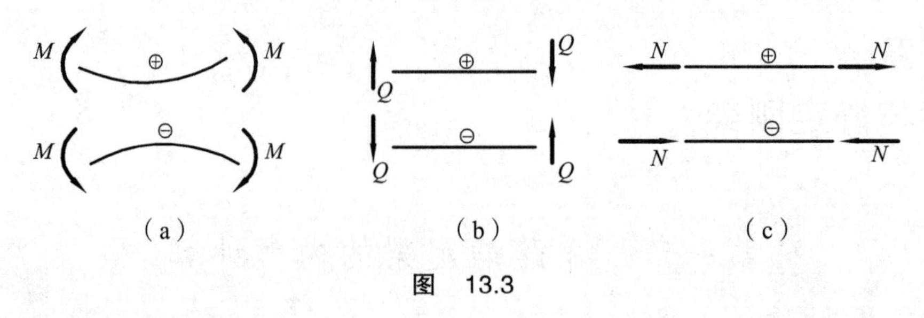

图　13.3

3. 求内力的截面法

用假想截面将杆件截开，以截开后受力简单部分为平衡对象，利用平衡条件计算欲求的内力分量（图 13.4）。

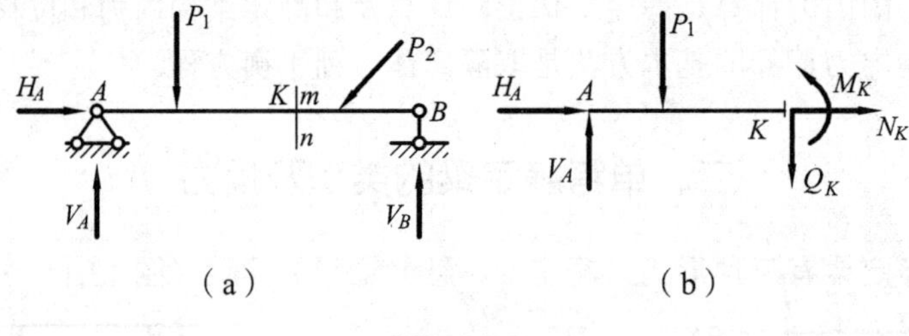

图　13.4

(1) 弯矩等于截面一侧所有外力（包括荷载和反力）对截面形心力矩的代数和。

(2) 剪力等于截面一侧所有外力在垂直于杆轴线方向投影的代数和。

(3) 轴力等于截面一侧所有外力在沿杆轴线方向投影的代数和。

## 四、利用直杆段的平衡微分关系作内力图

1. 直杆段的平衡微分关系

取微段 d$x$ 为隔离体（图 13.5），其上有轴向分布荷载集度 $p(x)$ 和横向分布荷载集度 $q(x)$，在给定坐标系中它们的指向与坐标正向相同者为正。

考虑微段的平衡条件：

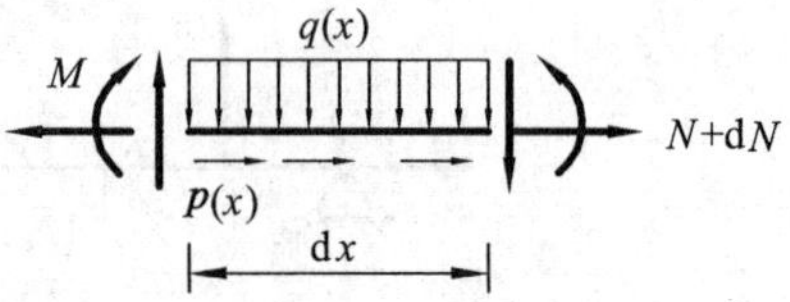

$$\sum X = 0:\ \frac{\mathrm{d}N}{\mathrm{d}x} = -p(x) \qquad (13.1)$$

$$\sum Y = 0:\ \frac{\mathrm{d}Q}{\mathrm{d}x} = -q(x) \qquad (13.2)$$

$$\sum Y = 0:\ \frac{\mathrm{d}M}{\mathrm{d}x} = Q \qquad (13.3)$$

图　13.5

由式（13.2）和式（13.3）可得：

$$\frac{\mathrm{d}^2 M}{\mathrm{d}x^2} = -q(x) \qquad (13.4)$$

2. 内力图的形状特征

(1) 在无荷载区段 $q(x)=0$，剪力图为水平直线，弯矩图为斜直线。

（2）在“$q(x)=$常量”段，剪力图为斜直线，弯矩图为二次抛物线。其凹下去的曲线像锅底一样兜住 $q(x)$的箭头。

（3）在集中力作用点两侧，剪力值有突变，弯矩图形成尖点；在集中力偶作用点两侧，弯矩值突变，剪力值无变化，弯矩图形成尖点。

## 五、用“拟简支梁区段叠加法”绘制弯矩图

在小变形的情况下，对结构中的直杆段作弯矩图时，可采用分段叠加法（图 13.6）。

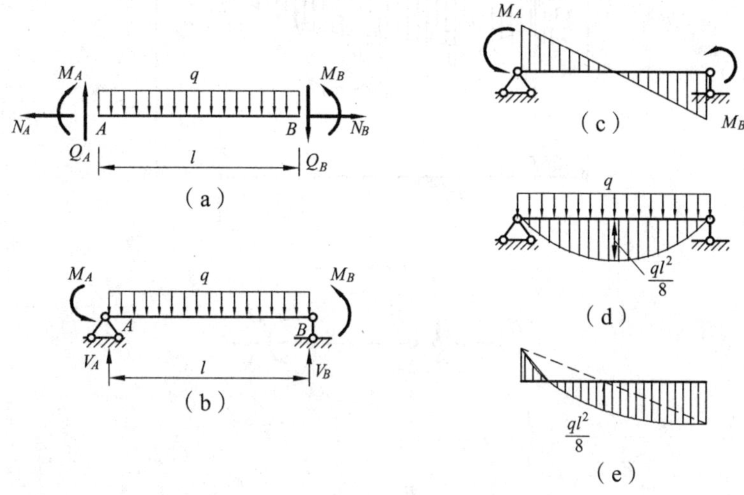


图 13.6

**结论**：用叠加法绘弯矩图时，先绘出控制截面的弯矩竖标。其间若无外荷载作用，可用直线相连；若有外荷载作用，则以上述直线为基线，再叠加上荷载在相应简支梁上的弯矩图。

**【例 13.1】** 试绘制图 13.7 所示的外伸梁的弯矩图和剪力图。

**解**：（1）计算支座反力并校核。

（2）作弯矩图。

（3）作剪力图。

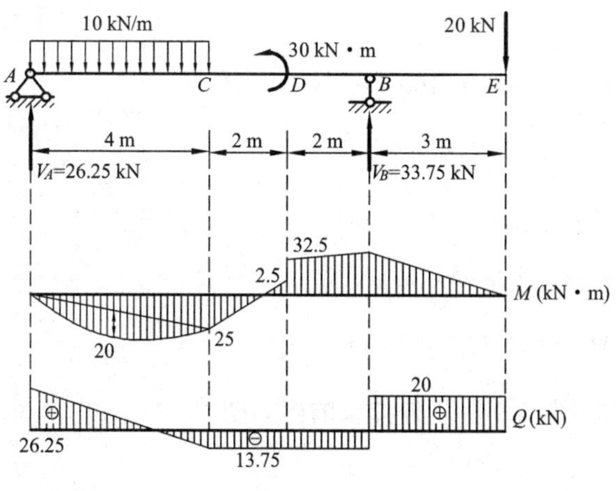


图 13.7

【例 13.2】 试绘制图 13.8 所示外伸梁的内力图。

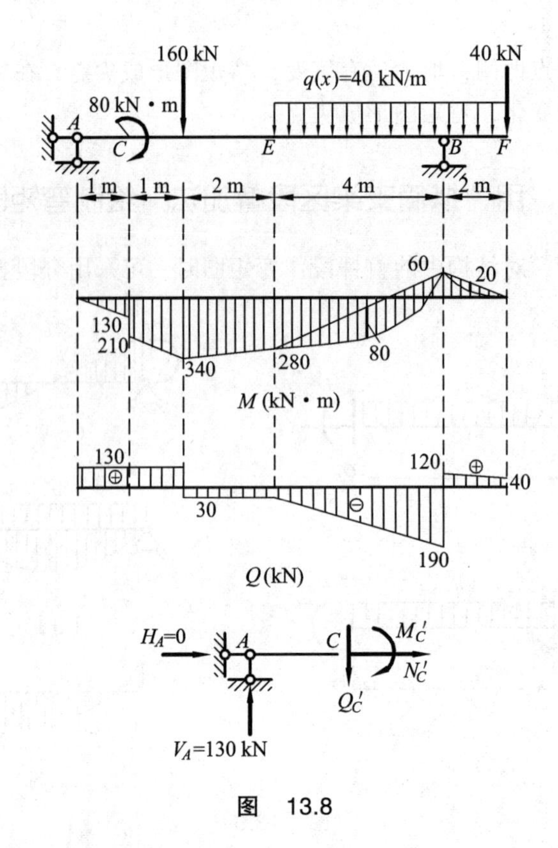


图 13.8

**解：**

(1) 求支座反力。

$$\sum X = 0: \ H_A = 0$$
$$\sum M_B = 0: \ V_A = 130 \text{ kN} (\uparrow)$$
$$\sum M_A = 0: \ V_B = 310 \text{ kN} (\uparrow)$$

校核：

$$\sum Y = 130 + 310 - 160 - 40 - 40 \times 6 = 0$$

(2) 绘内力图。

$$\sum X = 0: \ N_C = 0$$
$$\sum Y = 0: \ Q_C = +130 \text{ kN}$$
$$\sum M_C = 0: \ M_C = 130 \text{ kN} \cdot \text{m}$$

【例 13.3】 试绘制图 13.9 所示外伸梁的内力图。

**解：**

(1) 计算支座反力。

$$\sum X = 0: \quad H_A = 0$$

$$\sum M_A = 0: \quad V_B = 33.75\ \text{kN}\ (\uparrow)$$

$$\sum M_B = 0: \quad V_A = 26.25\ \text{kN}\ (\uparrow)$$

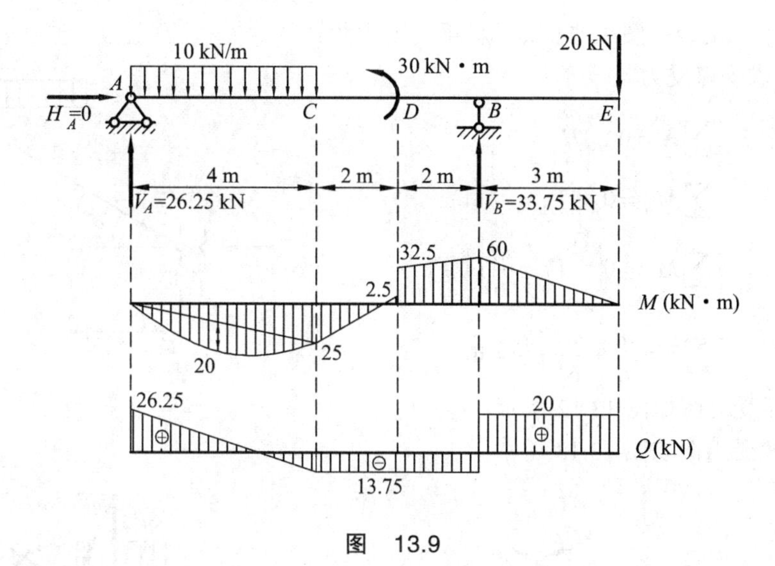


图　13.9

校核：

$$\sum Y = 26.25 + 33.75 - 10 \times 4 - 20 = 0$$

（2）作弯矩图。

选择 $A$、$C$、$D$、$B$、$E$ 为控制截面，计算出其弯矩值。

（3）作剪力图。

选择 $A$、$C$、$D$、$B$、$E$ 为控制截面，计算出其剪力值。

## 六、斜梁的受力分析

计算斜梁或斜杆的方法仍然是截面法。与水平杆相比，不同点在于斜梁或斜杆的轴线是倾斜的。计算其轴力和剪力时，应将各力分别向截面的法向、切向投影（图 13.10）。

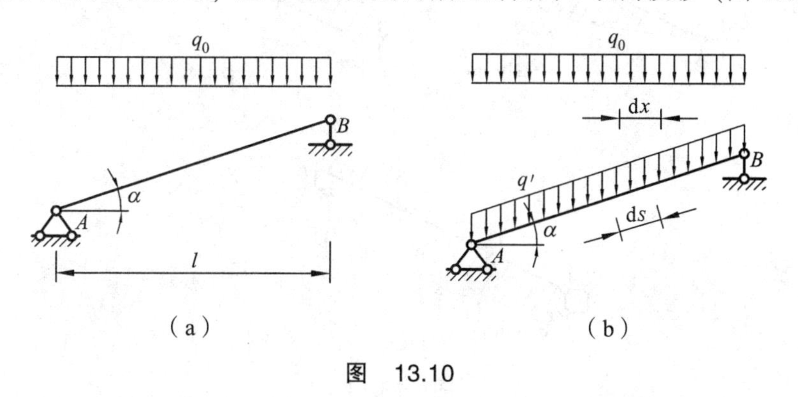


图　13.10

计算斜梁的内力时，可将沿斜梁轴线水平方向分布荷载集度 $q'$ 折算成沿水平方向度量的集度 $q_0$。

$$q_0\mathrm{d}x = q'\mathrm{d}x \Rightarrow q_0 = \frac{q'\mathrm{d}s}{\mathrm{d}x} = \frac{q'}{\cos\alpha}$$

**【例 13.4】** 试绘制图 13.11 所示斜梁的内力图。

**解**：(1) 求支座反力。

$$\sum X = 0:\ H_A = 0$$

$$\sum M_B = 0:\ V_A = \frac{ql}{6}(\uparrow)$$

$$\sum M_A = 0:\ V_B = \frac{ql}{6}(\uparrow)$$

校核：
$$\sum Y = \frac{ql}{6} + \frac{ql}{6} - \frac{ql}{3} = 0$$

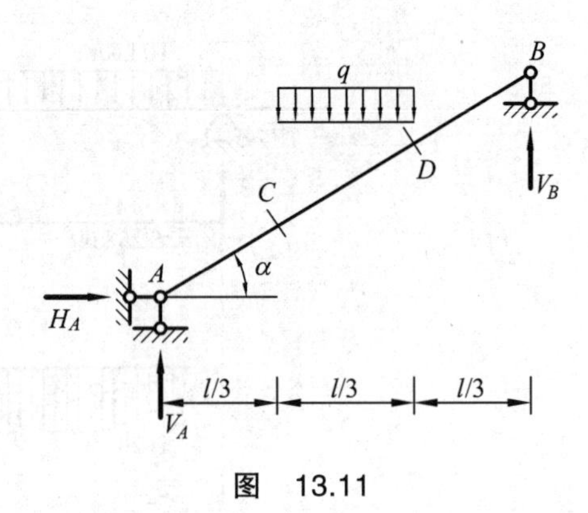


图 13.11

(2) $AC$ 段受力图如图 13.12 所示。

(3) $AD$ 段受力图如图 13.13 所示。

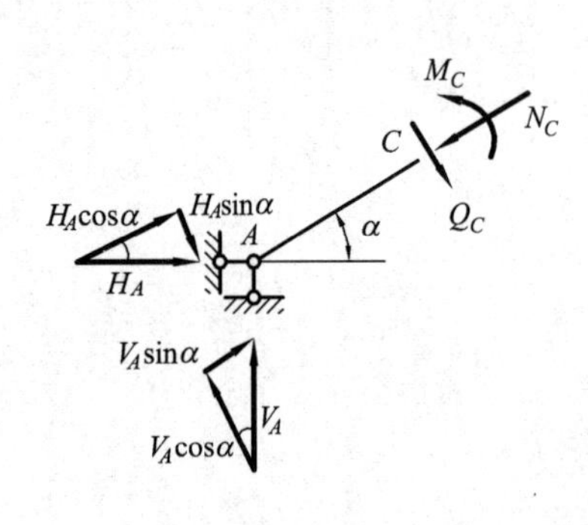


图 13.12

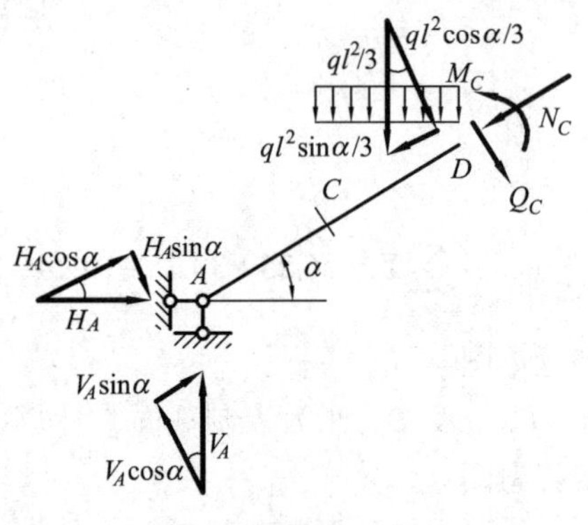


图 13.13

(4) 绘制斜梁内力图（图 13.14）。

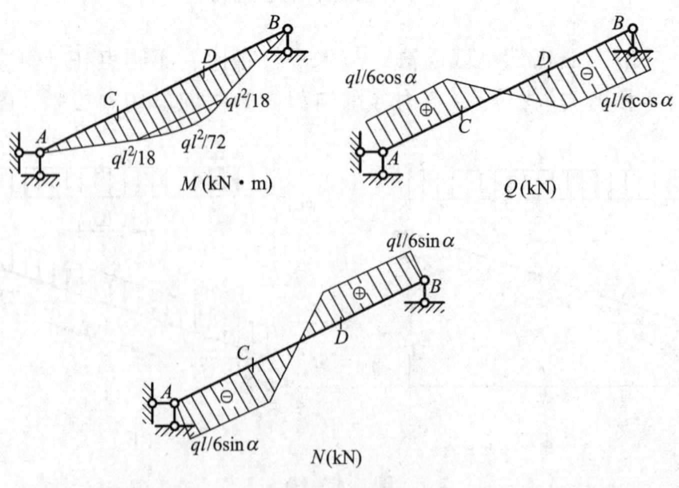


图 13.14

## 七、曲梁的内力计算

（1）斜梁的倾角为常数，而曲梁各截面的倾角是变量。

（2）计算曲梁的倾角时，可先写出曲梁的轴线方程 $y=f(x)$，而后对 $x$ 求一阶导数，进而确定倾角：$\tan\alpha=\dfrac{\mathrm{d}y}{\mathrm{d}x}$；$\alpha=\arctan(\tan\alpha)$。

（3）$\alpha$ 角以由 $x$ 轴的正方向逆时针转到切线方向时为正，反时针方向为负。

**【例 13.5】** 试求图 13.15 所示曲梁 $C$ 截面的内力值。已知曲梁轴线方程为：

$$y=\frac{4f}{l^2}(l-x)x$$

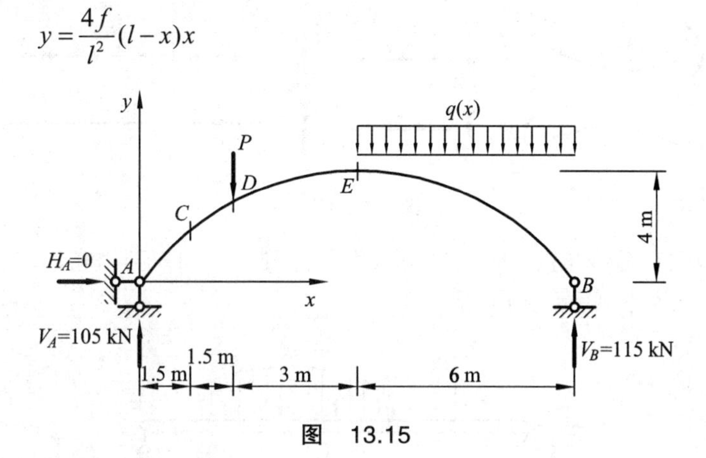


图 13.15

**解**：（1）求支座反力。

$$\sum X=0:\ \ H_A=0$$
$$\sum M_B=0:\ \ V_A=105\ \text{kN}\ (\uparrow)$$
$$\sum M_A=0:\ \ V_B=115\ \text{kN}\ (\uparrow)$$

（2）求 $C$ 截面内力。

将 $x=1.5$ m 代入曲梁轴线方程：

$$y=\frac{4f}{l^2}(l-x)x=\frac{4\times4}{12^2}\times(12-1.5)\times1.5=1.75\ \text{m}$$
$$\tan\varphi=y'_{|x=1.5}=\frac{4f}{l^2}(l-2x)_{|x=1.5}=\frac{4\times4}{12^2}\times(12-2\times1.5)=1$$
$$\Rightarrow\varphi=45^\circ\Rightarrow\sin\varphi=\cos\varphi=\frac{\sqrt{2}}{2}=0.707$$

（3）研究 $AC$ 段，列平衡方程求 $C$ 截面内力（图 13.16）。

$$\sum F_n=0:\ \ N_C=-105\sin\varphi=-74.24\ \text{kN}$$
$$\sum F_t=0:\ \ Q_C=105\cos\varphi=74.24\ \text{kN}$$
$$\sum M_C=0:\ \ M_C=105\times1.5=157.5\ \text{kN}\cdot\text{m}$$

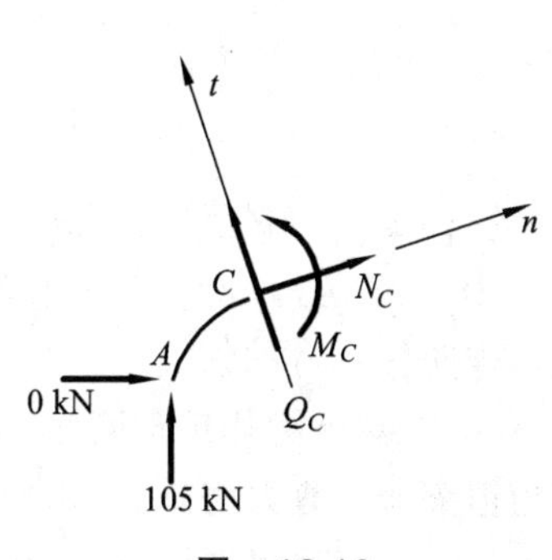


图 13.16

若求其他截面内力值，可按同样方法进行。

## 八、复习思考

(1) 弯矩、剪力、轴力正负号是如何规定的？如何绘制弯矩、剪力、轴力图？

答：① 弯矩 $M$：对梁而言，使杆件上凹者为正（亦即下侧纤维受拉为正），反之为负。一般情况下作内力图时，规定弯矩图纵标画在受拉一侧，不标注正负号。

② 剪力 $\boldsymbol{Q}$：使截开后保留部分产生顺时针旋转者为正，反之为负。

③ 轴力 $\boldsymbol{N}$：拉为正，压为负。剪力图和轴力图可绘在杆轴的任意一侧，但必须标注正负号。如图 13.17 所示。

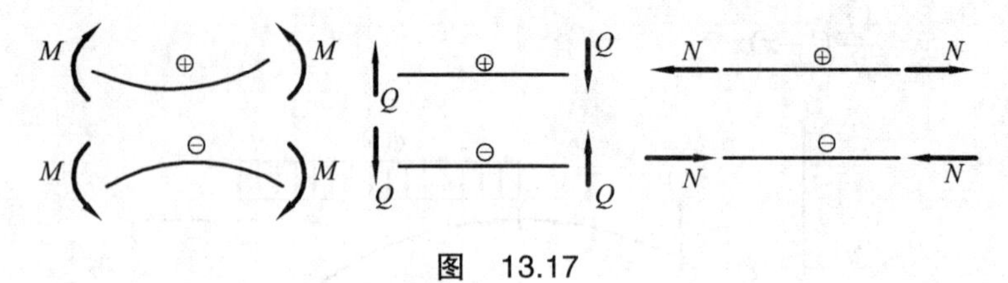


图 13.17

(2) 弯矩、剪力、荷载集度之间的微分关系是怎样的？如何利用它们之间的微分关系绘制弯矩、剪力图？（分析如图 13.18 所示。）

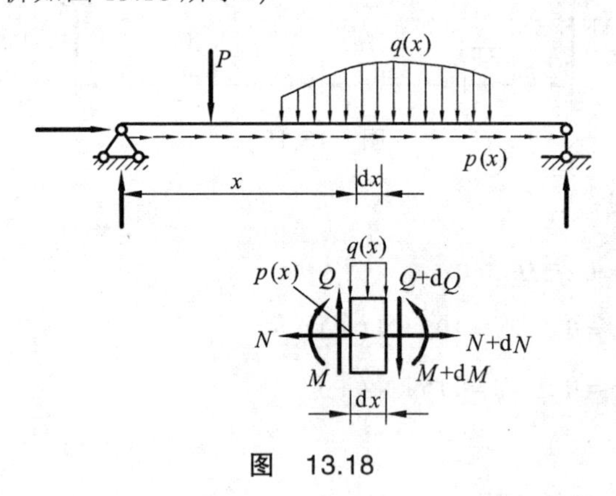


图 13.18

$$\begin{cases}\dfrac{\mathrm{d}N}{\mathrm{d}x}=-p(x)\\[2mm]\dfrac{\mathrm{d}Q}{\mathrm{d}x}=-q(x)\\[2mm]\dfrac{\mathrm{d}M}{\mathrm{d}x}=Q\\[2mm]\dfrac{\mathrm{d}^2M}{\mathrm{d}x^2}=-q(x)\end{cases} \tag{13.5}$$

答：① 在无荷载区段 $q(x)=0$，剪力图为水平直线，弯矩图为斜直线。

② 在“$q(x)=$常量”段，剪力图为斜直线，弯矩图为二次抛物线。其凹下去的曲线像锅底一样兜住 $q(x)$ 的箭头。

③ 在集中力作用点两侧，剪力值有突变，弯矩图形成尖点；在集中力偶作用点两侧，弯矩值突变，剪力值无变化。

(3) 如何利用“拟简支梁法”绘弯矩图？

答：用“拟简支梁法”绘弯矩图时，先绘出控制截面的弯矩竖标。其间若无外荷载作用，可用直线相连；若有外荷载作用，则以上述直线为基线，再叠加上荷载在相应简支梁上的弯矩图（图 13.19）。

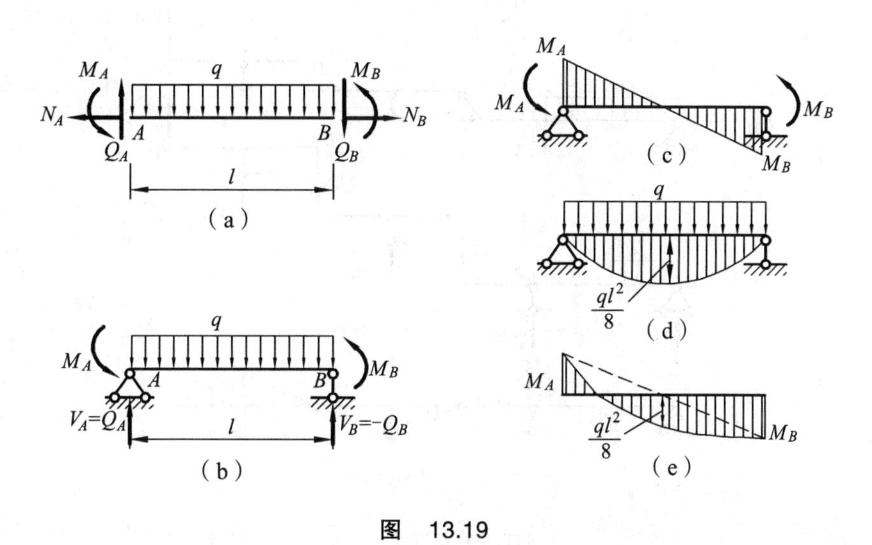


图　13.19

## 第二节　多跨静定梁的内力计算

桥梁、房屋建筑的檩条常用到多跨静定梁。计算多跨静定梁时，要依其组成和各部分传力顺序分为基本部分和附属部分分别计算（图 13.20）。

（1）基本部分：不依靠其他部分而能保持其几何不变性。

（2）附属部分：必须依靠基本部分，才能保持其几何不变性。

（3）计算方法：先计算附属部分，再计算基本部分。将附属部分的支座反力，反其指向加于基本部分进行计算。

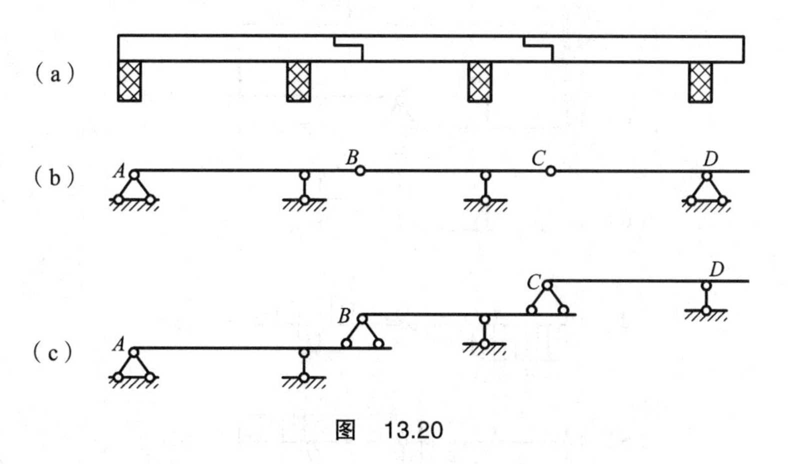


图　13.20

【例 13.6】　试作出图 13.21 所示多跨静定梁的内力图。

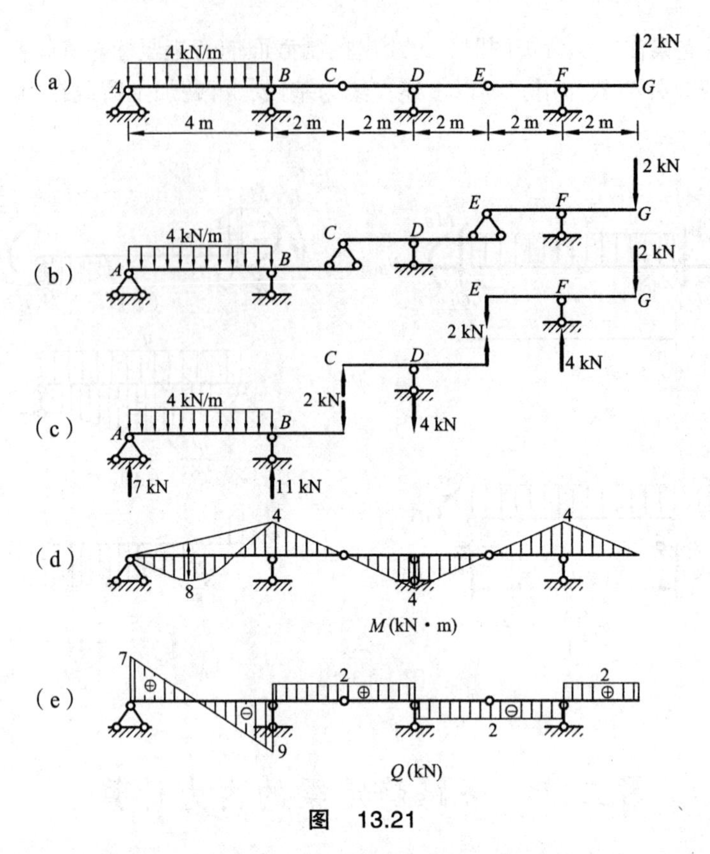


图　13.21

求各支座反力以及铰结处的约束力，然后作剪力图和弯矩图。也可以不计算支座反力，而应用弯矩图的形状和特性以及叠加法首先绘出弯矩图、剪力图，即可根据微分关系或者是平衡条件求得。

**【例 13.7】**　试作图 13.22 所示多跨静定梁的内力图。

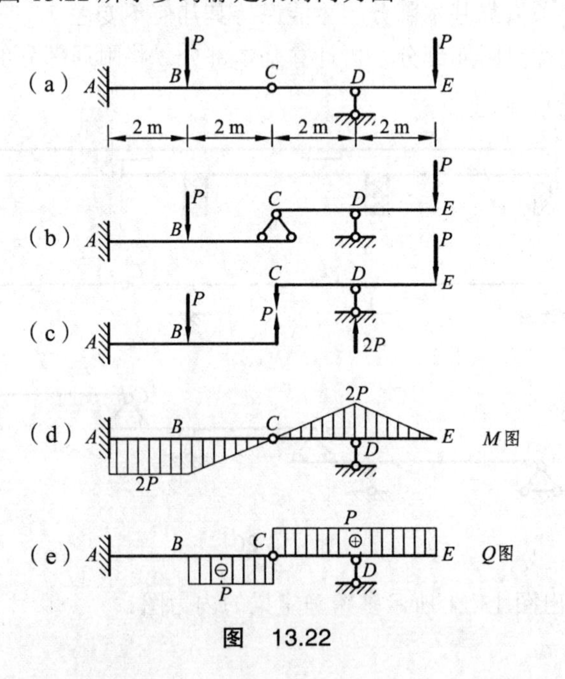


图　13.22

**【例 13.8】** 图 13.23 所示三跨静定梁，全长承受均布荷载 $q$，试确定铰 $E$、$F$ 的位置，使中间一跨支座的负弯矩与跨中正弯矩数值相等。

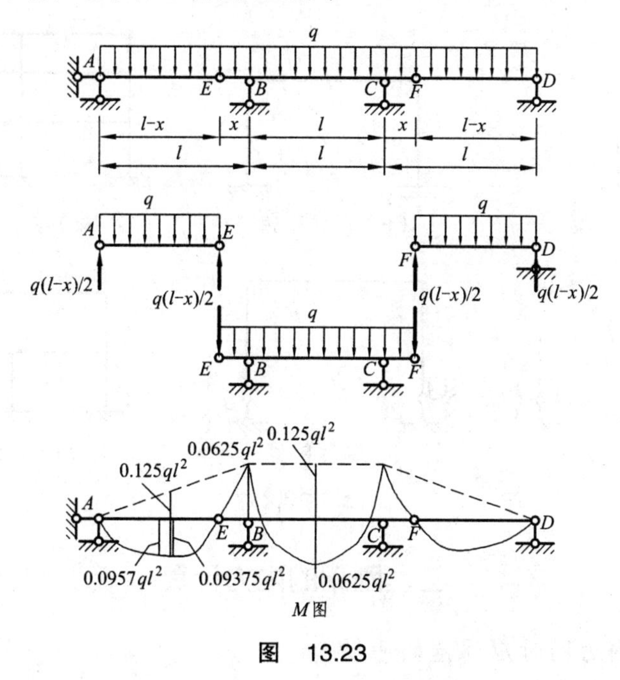


**图 13.23**

**解：**

研究 $AE$ 杆　　$V_E=\dfrac{1}{2}q(l-x)$

研究 $EF$ 杆　　$M_B=M_C=\dfrac{1}{2}q(l-x)x+\dfrac{1}{2}qx^2$

因为　　$M_B+M_C=\dfrac{ql^2}{8}$（叠加弯矩值）

依题意　　$M_B=M_C$

所以　　$M_B=\dfrac{1}{2}q(l-x)x+\dfrac{1}{2}qx^2=\dfrac{ql^2}{16}$

展开上式，得　　$x=\dfrac{l}{8}=0.125l$

与简支梁相比，多跨静定梁的跨中弯矩值较小，省材料，但构造复杂。

# 第三节　静定平面刚架的内力计算

## 一、刚架及其类型

### 1. 刚架及其特征

刚架是由若干梁和柱用刚结点联结而成的结构。具有刚结点是刚架的主要特征。

2. 刚架的类型

刚架的类型有多种，在工程上有广泛的应用（图 13.24）。

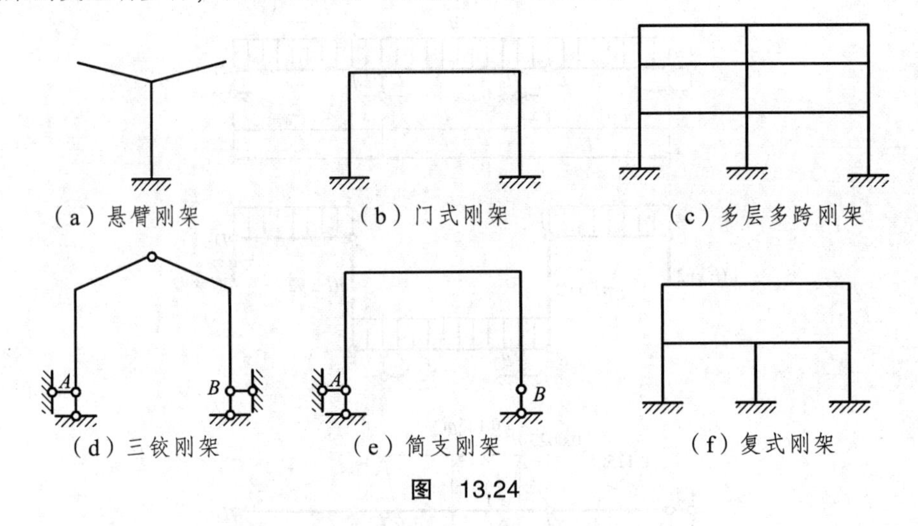

（a）悬臂刚架　（b）门式刚架　（c）多层多跨刚架

（d）三铰刚架　（e）简支刚架　（f）复式刚架

图　13.24

## 二、刚架的内力计算

1. 绘制刚架内力图时应注意的问题

(1) 计算悬臂刚架时，可不必先求支座反力，从悬臂端算起即可。

(2) 计算简支刚架时，一般先求支座反力，而后用截面法计算。

(3) 计算三铰刚架时，要利用中间铰弯矩为零的条件。

(4) 绘剪力图、轴力图必须标正、负号；绘弯矩图不必标正负号，弯矩图绘在受拉一侧。

(5) 求支座反力后及绘内力图后都应进行校核。

2. 刚架内力计算示例

**【例 13.9】** 试绘制图 13.25 所示悬臂刚架的内力图。

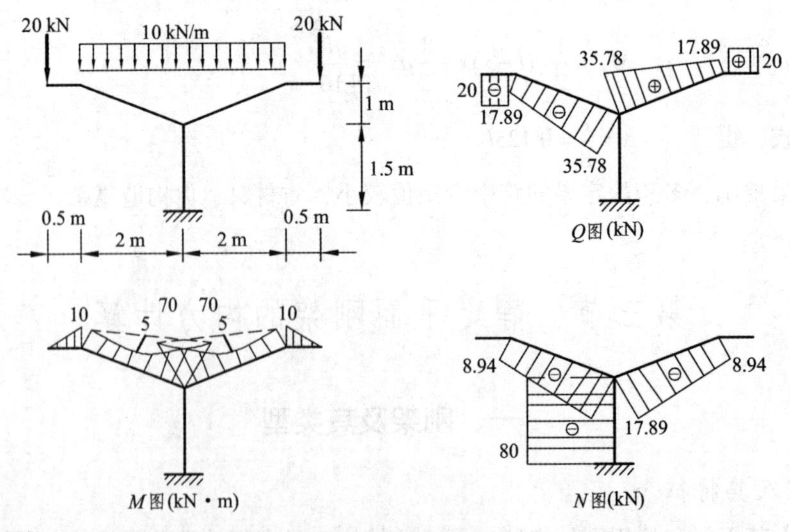

图　13.25

【例 13.10】 试作图 13.26 所示简支刚架的内力图。

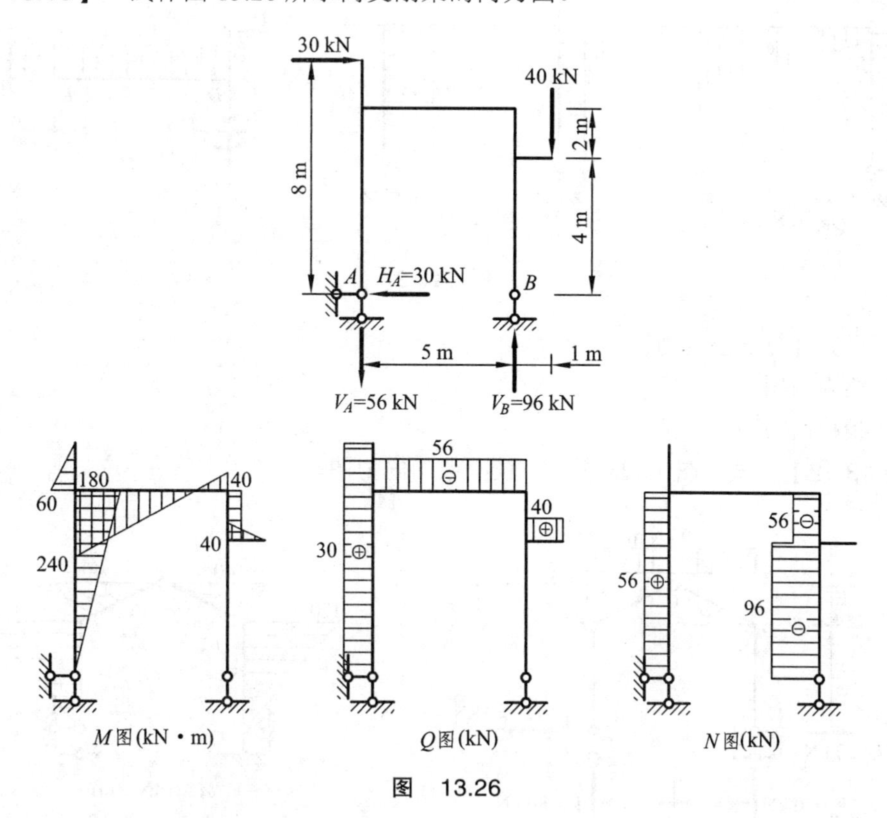


图 13.26

解：(1) 求支座反力。

$$\sum X=0:\ \ H_A=30\ \text{kN}\ (\leftarrow)$$

$$\sum M_A=0:\ \ V_B=96\ \text{kN}\ (\uparrow)$$

$$\sum M_B=0:\ \ V_A=56\ \text{kN}\ (\downarrow)$$

校核： $$\sum Y=96-56-40=0$$

(2) 绘内力图。

(3) 内力图校核（略）。

【例 13.11】 试作图 13.27 所示刚架的内力图。

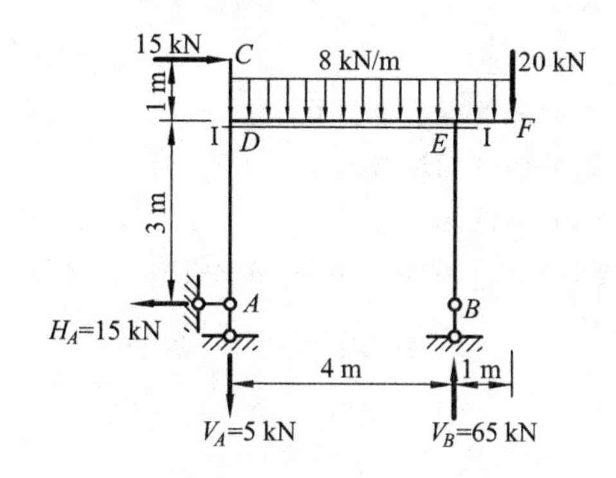


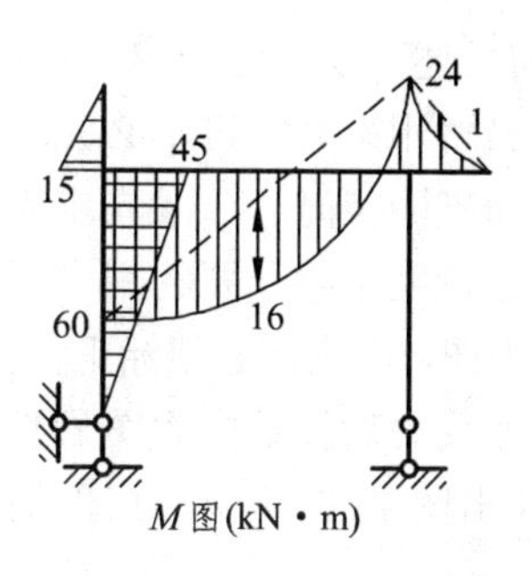

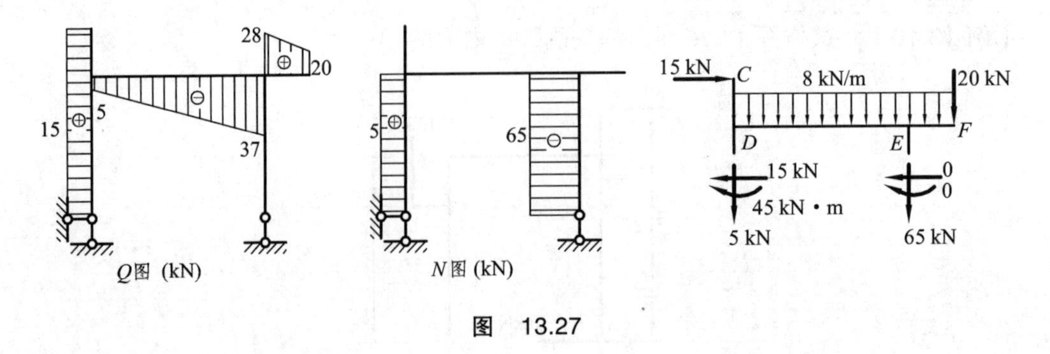


图 13.27

**解**: (1) 计算支座反力。

(2) 绘内力图。

(3) 校核内力图。

【**例 13.12**】 试作图 13.28 所示三铰刚架的内力图。

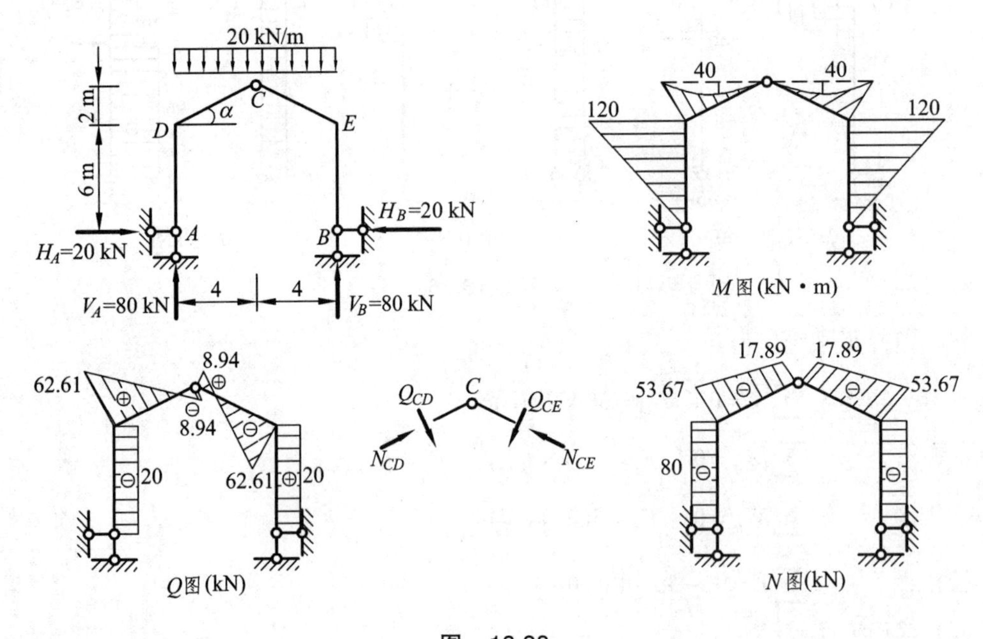


图 13.28

## 三、小　　结

(1) 如前所述，绘制刚架内力图时应注意下列问题:

① 计算悬臂刚架时，可不必先求支座反力，从悬臂端算起即可。

② 计算简支刚架时，一般先求支座反力，而后用截面法计算。

③ 计算三铰刚架时，要利用中间铰弯矩为零的条件。

④ 绘剪力图、轴力图必须标正、负号；绘弯矩图不必标正、负号，弯矩图绘在受拉一侧。

⑤ 求支座反力后及绘内力图后都应进行校核。

(2) 试找出图 13.29 所示 $M$ 图的错误。

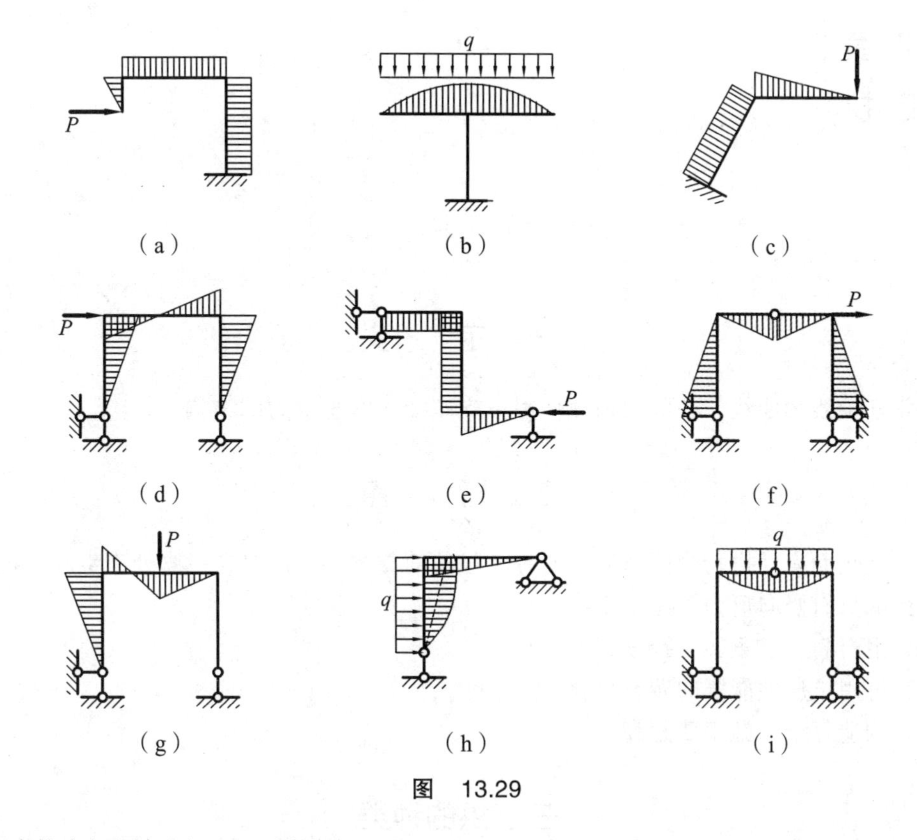


图 13.29

正确的弯矩图如图 13.30 所示。

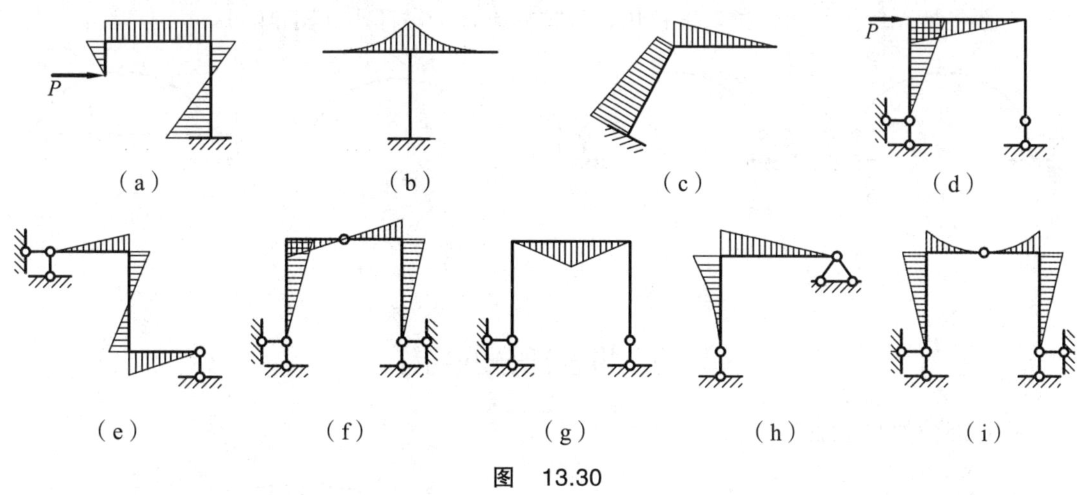


图 13.30

(3) 梁、刚架内力计算时易出现的问题：

① 计算简支梁或简支刚架时，求出支座反力后，必须进行校核且应将支座反力标在计算简图上，而后用截面法计算。

② 绘内力图时，应注意截面的对应关系；除水平放置的梁外，各种结构均要绘出支承。

③ 内力图必须标图名、单位和控制坐标的数值。剪力图、轴力图必须标正、负号；绘弯矩图不必标正、负号，弯矩图绘在受拉一侧。

# 第十四章
# 三 铰 拱

## 第一节 概 述

### 一、定 义

通常杆轴线为曲线，在竖向荷载作用下支座产生水平反力的结构。

### 二、特 点

(1) 比较而言，拱跨中的弯矩比同等跨径的简支梁小，同时在拱脚处产生水平推力（简支梁在梁端只有竖向反力，无水平推力）。

(2) 用料省，自重轻，跨度大。

(3) 可用抗压性能强的砖石材料。

(4) 构造复杂，施工费用高。

### 三、拱的种类

一般包括无铰拱、两铰拱、三铰拱、带拉杆拱、带吊杆拱（图 14.1）。

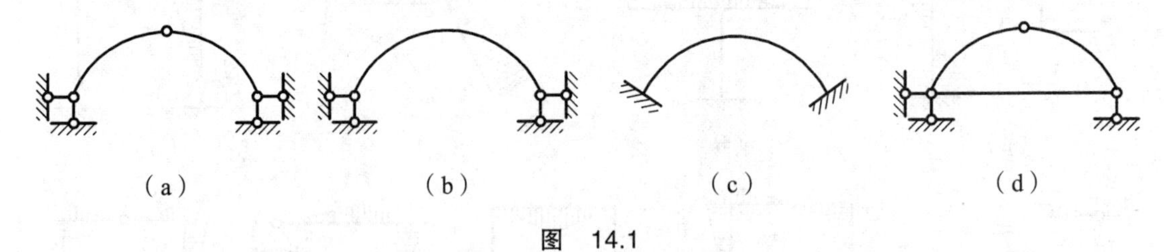


图 14.1

### 四、拱各部分的名称

拱各部分如图 14.2 所示。

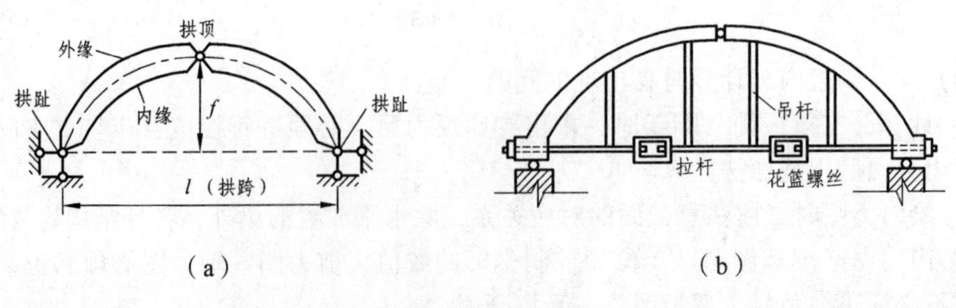


图 14.2

# 第二节　三铰拱的内力计算

## 一、三铰拱内力计算原则

(1) 拱的内力计算原理仍然是截面法。

(2) 拱通常受压力，所以在计算时规定轴力以受压为正。

(3) 实际计算时常将拱与相应简支梁对比，通过公式完成计算。这些公式为绘制拱的影响线提供了方便。

## 二、三铰拱计算公式的建立

三铰拱计算图示见图 14.3。

1. 支座反力计算

$$\begin{cases}\sum M_B = 0 \\ \sum M_A = 0\end{cases} \Rightarrow \begin{cases}V_A = \dfrac{1}{l}(P_1 b_1 + P_2 b_2) \\ V_B = \dfrac{1}{l}(P_1 a_1 + P_2 a_2)\end{cases} \tag{14.1}$$

$$\begin{cases}V_A = V_A^0 \\ V_B = V_B^0\end{cases} \tag{14.2}$$

2. 弯矩计算

$$\sum X = 0: \quad H_A = H_B = H$$

$$\sum M_C = V_A l_1 - P_1(l_1 - a_1) - Hf = 0$$

$$\Rightarrow H = \frac{1}{f}[V_A l_1 - P_1(l_1 - a_1)]$$

$$M_C^0 = V_A l_1 - P_1(l_1 - a_1)$$

$$\Rightarrow H = \frac{M_C^0}{f} \tag{14.3}$$

$$M_K = [V_A x_K - P_1(x_K - a_1)] - Hy_K$$

$$M_K^0 = V_A^0 x_K - P_1(x_K - a_1)$$

$$\Rightarrow M_K = M_K^0 - Hy_K \tag{14.4}$$

3. 剪力计算

$$Q_K = V_A \cos\varphi_K - P_1 \cos\varphi_K - H\sin\varphi_K$$

$$= (V_A - P_1)\cos\varphi_K - H\sin\varphi_K \tag{14.5}$$

$$Q_K^0 = V_A^0 - P_1 = V_A - P_1 \tag{14.6}$$

4. 轴力计算

$$N_K = V_A \sin\varphi_K - P_1 \sin\varphi_K + H\cos\varphi_K = (V_A - P_1)\sin\varphi_K + H\cos\varphi_K$$

$$Q_K^0 = V_A^0 - P_1 = V_A - P_1$$

$$\Rightarrow N_K = Q_K^0 \sin\varphi_K + H\cos\varphi_K \tag{14.7}$$

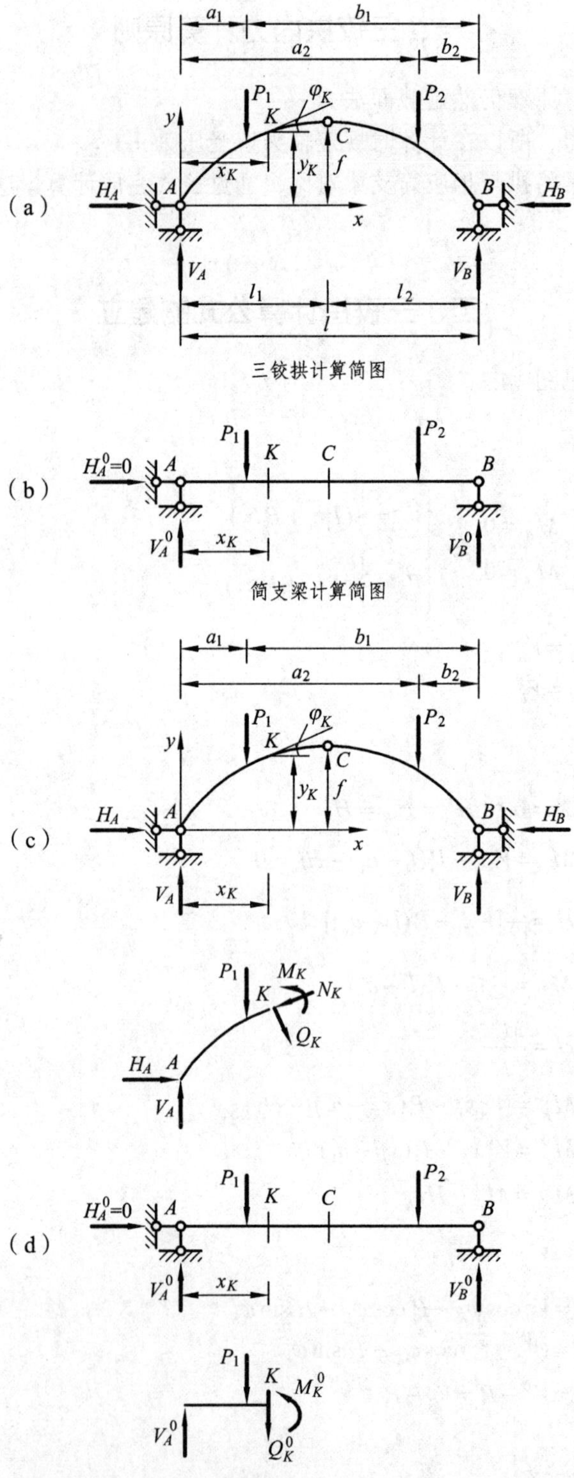

（a）

三铰拱计算简图



（b）

简支梁计算简图



（c）





（d）



图 14.3

## 三、示　　例

【例 14.1】 试作图 14.4 所示三铰拱的内力图。拱轴为一抛物线，坐标原点取 $A$ 支座，其方程为 $y=\dfrac{4f}{l^2}(l-x)x$。

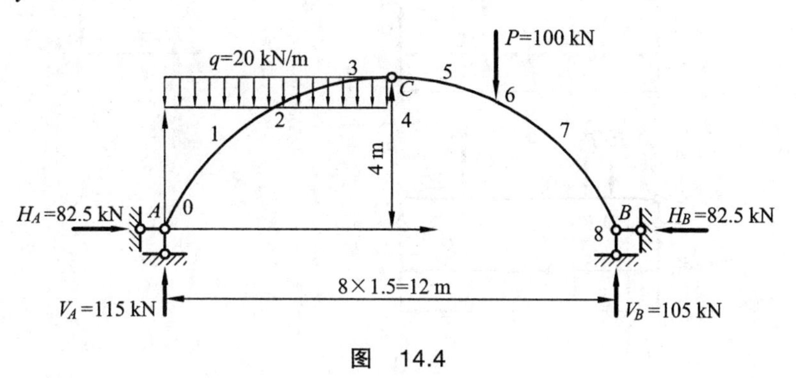


图　14.4

**解**：(1) 对截面 1：

$$x_1=1.5\ \text{m}$$

$$y_1=\frac{4f}{l^2}(l-x_1)x_1=\frac{4\times4}{12^2}\times(12-1.5)\times1.5=1.75\ \text{m}$$

$$\tan\varphi_1=\left.\frac{\mathrm{d}y}{\mathrm{d}x}\right|_{x_1=1.5\ \text{m}}=\frac{4f}{l^2}(l-2x_1)=\frac{4\times4}{12\times12}\times(12-2\times1.5)=1$$

$$\Rightarrow\varphi_1=45^\circ\Rightarrow\sin\varphi_1=0.707,\quad\cos\varphi_1=0.707$$

$$\Rightarrow\begin{cases}M_2=M_2^0-Hy_2=115\times1.5-\dfrac{1}{2}\times20\times1.5^2-82.5\times1.75=5.63\ \text{kN}\cdot\text{m}\\ Q_2=Q_2^0\cos\varphi_2-H\sin\varphi_2=(115-20\times1.5)\times0.707-82.5\times0.707=8.84\ \text{kN}\\ N_2=N_2^0\sin\varphi_2+H\cos\varphi_2=(115-20\times1.5)\times0.707+82.5\times0.707=118.42\ \text{kN}\end{cases}$$

(2) 对截面 2：

$$x_2=3\ \text{m}$$

$$y_2=\frac{4f}{l^2}(l-x_2)x_2=\frac{4\times4}{12^2}\times(12-3)\times3=3\ \text{m}$$

$$\tan\varphi_2=\left.\frac{\mathrm{d}y}{\mathrm{d}x}\right|_{x_2=3\ \text{m}}=\frac{4f}{l^2}(l-2x_2)=\frac{4\times4}{12\times12}\times(12-2\times3)=0.667$$

$$\Rightarrow\varphi_2=33.7^\circ\Rightarrow\sin\varphi_2=0.555,\quad\cos\varphi_2=0.832$$

$$\Rightarrow\begin{cases}M_2=M_2^0-Hy_2=115\times3-\dfrac{1}{2}\times20\times3^2-82.5\times3=7.5\ \text{kN}\cdot\text{m}\\ Q_2=Q_2^0\cos\varphi_2-H\sin\varphi_2=(115-20\times3)\times0.832-82.5\times0.555=0\\ N_2=N_2^0\sin\varphi_2+H\cos\varphi_2=(115-20\times3)\times0.555+82.5\times0.832=99.1\ \text{kN}\end{cases}$$

其他截面的内力计算同上。

【例 14.2】 试求图 14.5 所示有水平拉杆的三铰拱在竖向荷载作用下的支座反力和内力。

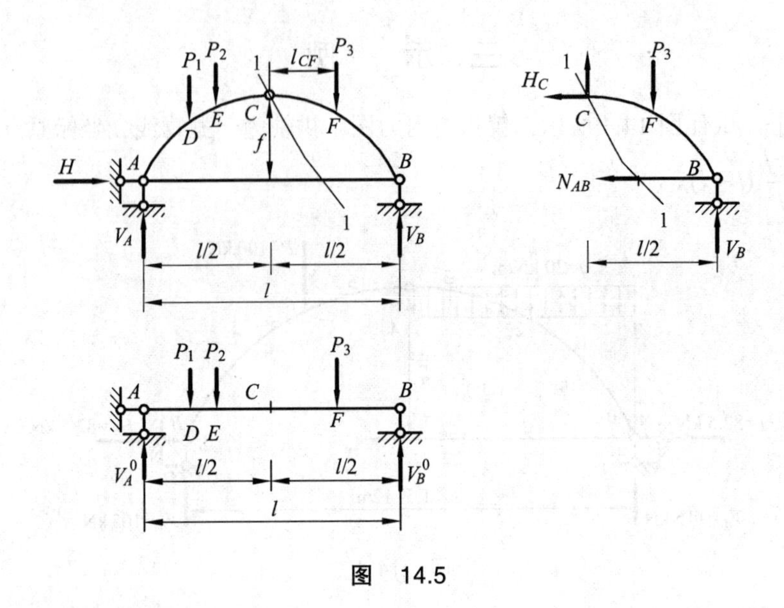


图 14.5

**解**：(1) 计算支座反力。

$$\begin{cases} H=0 \\ V_A=V_A^0 \\ V_B=V_B^0 \end{cases}$$

(2) 计算拉杆轴力。作 1—1 截面，研究其右半部。

$$\sum M_C=0: \ N_{AB}=\left(V_B\times\frac{l}{2}-P_3\times l_{CF}\right)/f=\frac{M_C^0}{f}$$

(3) 计算各截面内力。

依截面法或拱的计算公式，可求得任意截面的内力。

【**例 14.3**】 试求图 14.6 所示三铰拱式屋架在竖向荷载作用下的支座反力和内力。

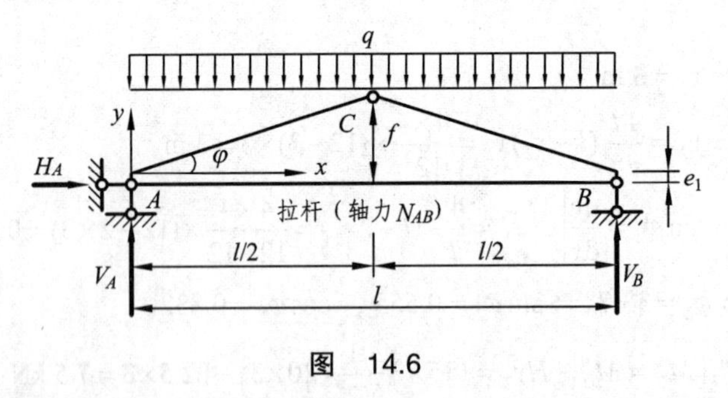


图 14.6

**解**：(1) 计算支座反力。

$$H=0, \ V_A=V_A^0, \ V_B=V_B^0$$

(2) 计算拉杆轴力。

通过铰 $C$ 同时截断拉杆，研究其右半部。

$$\sum M_C = 0: \quad N_{AB} = \frac{M_C^0}{f}$$

(3) 计算拱身内力。

计算特点：① 要考虑偏心距 $e_1$；② 左、右半跨屋面倾角 $\varphi$ 为定值。

$$\begin{cases} M_K = M_K^0 - N_{AB}(y + e_1) \\ Q_K = Q_K^0 \cos\varphi - N_{AB} \sin\varphi \\ N_K = Q_K^0 \sin\varphi + N_{AB} \cos\varphi \end{cases}$$

# 第三节　三铰拱的压力线与合理拱轴

## 一、三铰拱的压力线

在荷载作用下，三铰拱的任意截面一般有三个内力分量 $\boldsymbol{M_K}$、$\boldsymbol{Q_K}$、$\boldsymbol{N_K}$。这三个内力分量可用它们的合力 $\boldsymbol{R}$ 代替。将三铰拱每一截面上合力作用点用折线或曲线连接起来，这些折线或曲线成为三铰拱的压力线。具体见图 14.7。

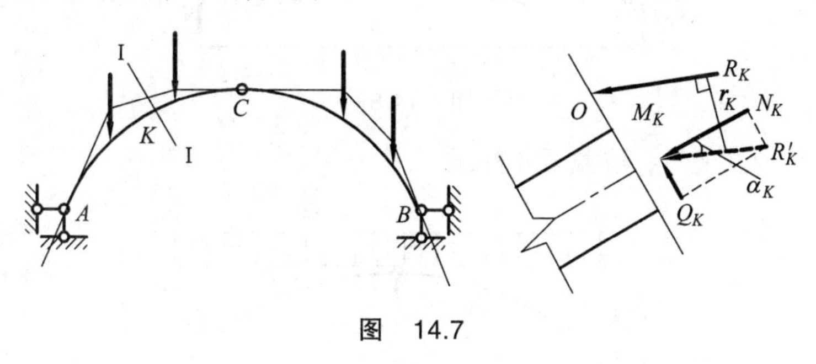


图　14.7

$$\begin{cases} M_K = R_K r_K \\ Q_K = R_K \sin\alpha_K \\ N_K = R_K \cos\alpha_K \end{cases} \tag{14.8}$$

## 二、合理拱轴

(1) 定义：在给定荷载作用下，拱各截面只承受轴力，而弯矩、剪力均为零，这样的拱轴称为合理拱轴。

(2) 如何满足合理拱轴：首先写出任一截面的弯矩表达式，而后令其等于零即可确定合理拱轴。

**【例 14.4】**　设三铰拱承受沿水平方向均匀分布的竖向荷载，试求其合理拱轴线。

**解法 1**　如图 14.8 所示，相应简支梁的弯矩方程为：

$$M^0 = \frac{1}{2}qlx - \frac{1}{2}qx^2 = \frac{1}{2}qx(l - x)$$

推力为　　　　$H=\dfrac{M_C^0}{f}=\dfrac{ql^2}{8f}$

令　　　　　　$M_K=M_K^0-Hy_K=0$

$$y=\frac{M^0}{H}=\frac{\frac{1}{2}qx(l-x)}{\frac{ql^2}{8f}}=\frac{4f}{l^2}(l-x)x \tag{14.9}$$

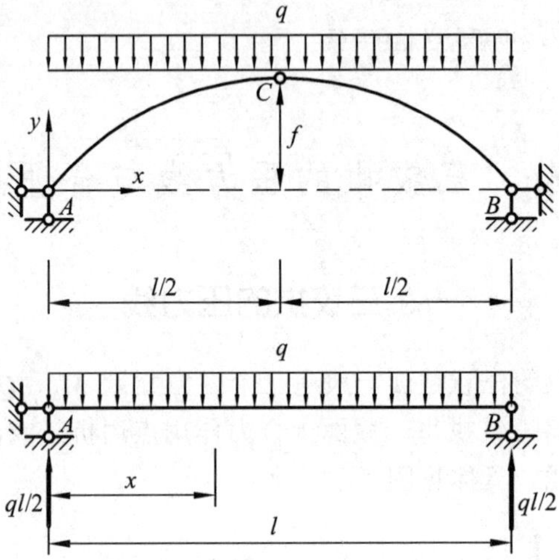

图　14.8

**解法 2**　如图 14.9 所示，取截面分析。

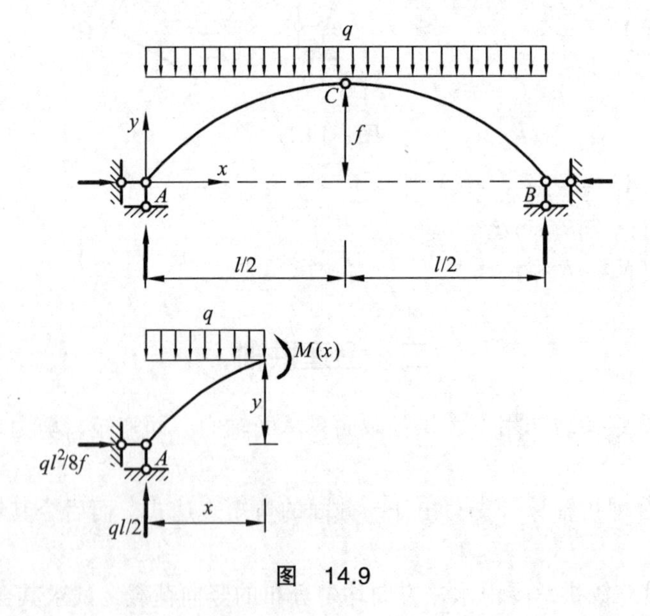


图　14.9

**解**：研究整体。

$$\sum M_B=0：\ V_A=\frac{ql^2}{2}$$

研究 $AC$。

$$\sum M_C = 0: \quad H_A = \frac{ql^2}{8f}$$

任一截面的弯矩为:

$$M(x) = \frac{ql}{2}x - \frac{ql^2}{8f}y - \frac{qx^2}{2} = 0$$

整理后，可得三铰拱合理拱轴的轴线方程为:

$$y = \frac{4f}{l^2}(l-x)x \tag{14.10}$$

**【例 14.5】** 设在三铰拱的上面填土，填土表面为水平面（图 14.10）。试求在填土重度下三铰拱的合理轴线。设填土的重度为 $\gamma$，拱所受的竖向分布荷载为 $q = q_C + \gamma y$。

**解**: 将式 $y = M^0 / H$ 对 $x$ 微分两次，得:

$$\frac{d^2 y}{dx^2} = \frac{1}{H} \times \frac{d^2 M^0}{dx^2}$$

$q(x)$ 为沿水平线单位长度的荷载值，则:

$$\frac{d^2 M^0}{dx^2} = q(x) \Rightarrow \frac{d^2 y}{dx^2} = \frac{q(x)}{H}$$

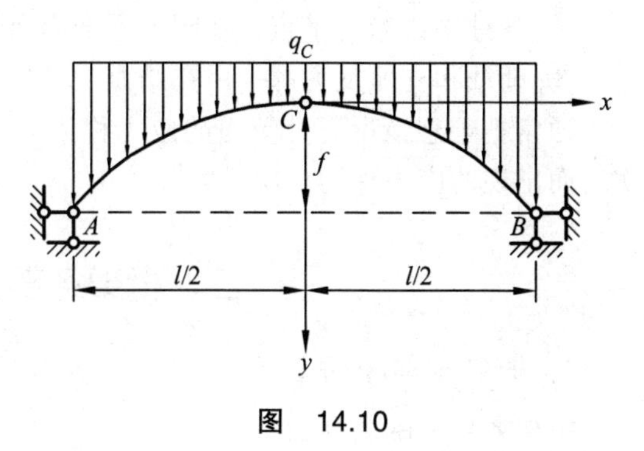

图 14.10

将 $q = q_C + \gamma y$ 代入上式，得:

$$\frac{d^2 y}{dx^2} - \frac{\gamma}{H} y = \frac{q_C}{H}$$

该微分方程的解可用双曲函数表示:

$$y = A\text{ch}\sqrt{\frac{\gamma}{H}}x + B\text{sh}\sqrt{\frac{\gamma}{H}}x - \frac{q_C}{\gamma}$$

常数 $A$ 和 $B$ 可由边界条件确定:

$$x = 0, \quad y = 0 \Rightarrow A = \frac{q_C}{\gamma}$$

$$x = 0, \quad \frac{dy}{dx} = 0 \Rightarrow B = 0$$

$$\Rightarrow y = \frac{q_C}{\gamma}\left(\text{ch}\sqrt{\frac{\gamma}{H}}x - 1\right)$$

# 第十五章
# 静定桁架和组合结构

## 第一节　桁架的特点、组成及分类

### 一、桁架的简化计算

(1) 桁架是一种重要的结构形式（如厂房屋顶、桥梁等）。

(2) 在结点荷载作用下，桁架各杆以承受轴力为主。

(3) 取桁架计算简图时采用的假定有：

① 各杆两端用理想铰联结；

② 各杆轴线绝对平直，在同一平面内且通过铰的中心；

③ 荷载和支座反力都作用在结点上并位于桁架平面内。

通常把理想情况下计算出的应力称为“初应力”或“基本应力”；因理想情况不能完全实现而出现的应力称为“次应力”。

### 二、桁架各部分的名称及分类

1. 桁架各部分的名称

桁架各部分的名称如图 15.1 所示。

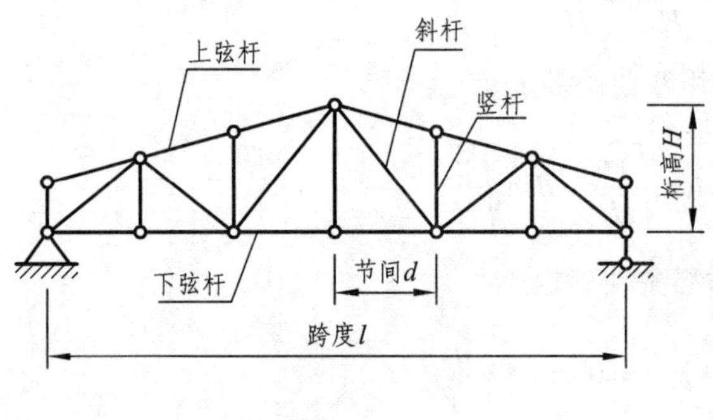


图　15.1

2. 桁架的分类

(1) 按外形分：平行弦、折弦、三角形、梯形等。

(2) 按竖向荷载作用下支座是否产生水平推力分：

① 无推力桁架（梁式桁架）；

② 有推力桁架（拱式桁架）。

(3) 按几何组成分（图 15.2）：

① 简单桁架——由基础或铰结三角形开始，依次增加二元体而形成的桁架。

② 联合桁架——若干个简单桁架按几何不变体系组成规则铰结而成的桁架。

③ 复杂桁架——不属于以上两类的静定桁架（可采用“零载法”分析)。

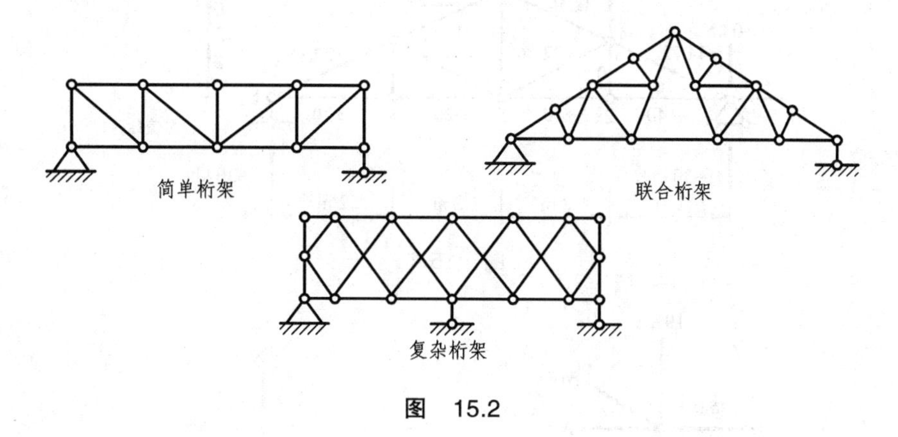


图 15.2

# 第二节 静定平面桁架的计算

## 一、结点法

### 1. 定 义

利用各结点的平衡条件求解桁架内力的方法。

### 2. 实 质

作用在结点上的各力组成一平面汇交力系。

### 3. 注意点

(1) 一般结点上的未知力不能多于两个。

(2) 可利用比例关系求解各轴力的铅直、水平分量（图 15.3)。

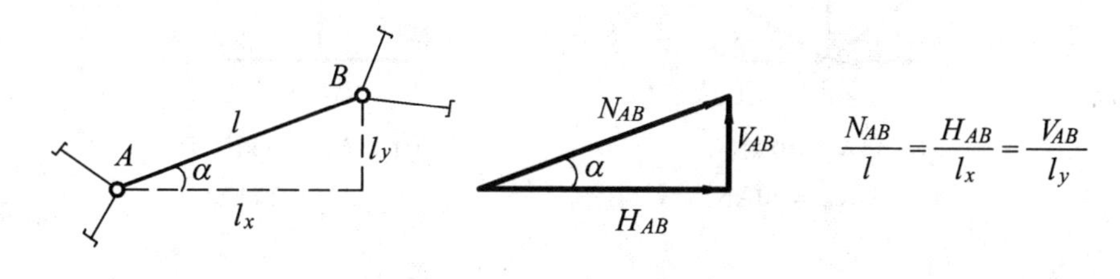


图 15.3

**【例 15.1】** 试求图 15.4 所示简单桁架在荷载作用下各杆件的轴力。

**解**：(1) 计算支座反力：$H_1=0$，$V_1=30\text{ kN}(\uparrow)$，$V_8=30\text{ kN}(\uparrow)$。

(2) 依次计算 1～7 结点，求各杆内力。

利用结点 8 校核后，将计算结果标在计算简图上。

分别以各结点为研究对象，求各杆轴力（图 15.5)。

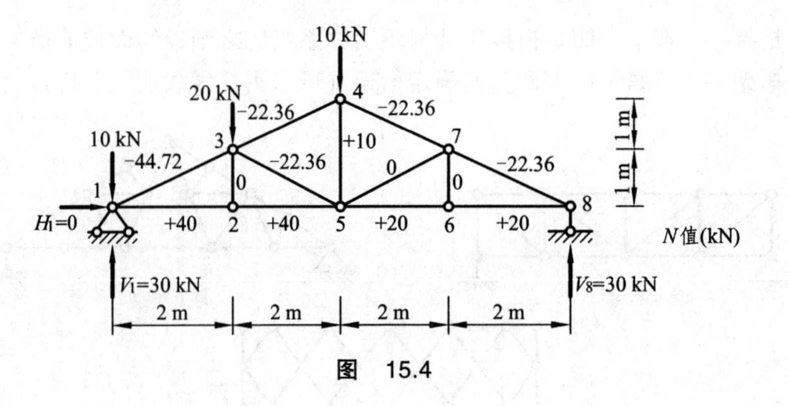


图 15.4

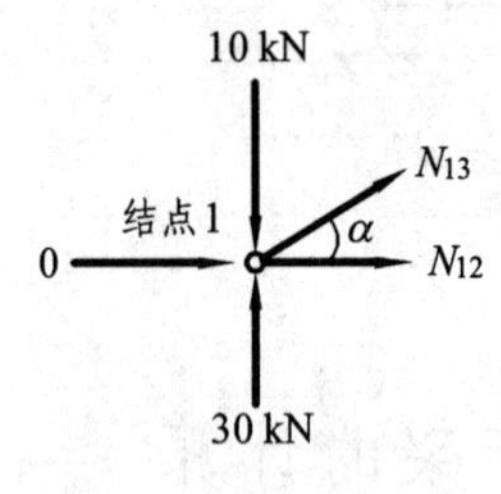


（a）$N_{13}=-44.72\ \text{kN}$

$N_{12}=40\ \text{kN}$

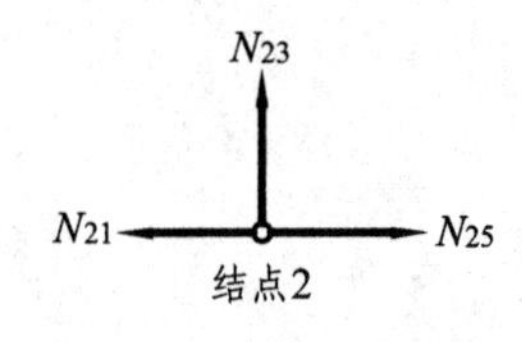


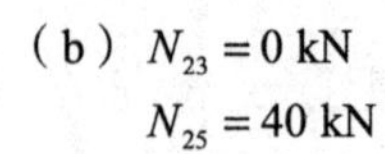

（b）$N_{23}=0\ \text{kN}$

$N_{25}=40\ \text{kN}$

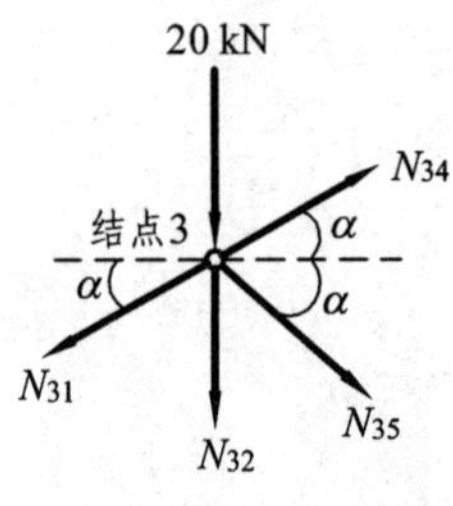


（c）$N_{34}=-22.36\ \text{kN}$

$N_{35}=-22.36\ \text{kN}$

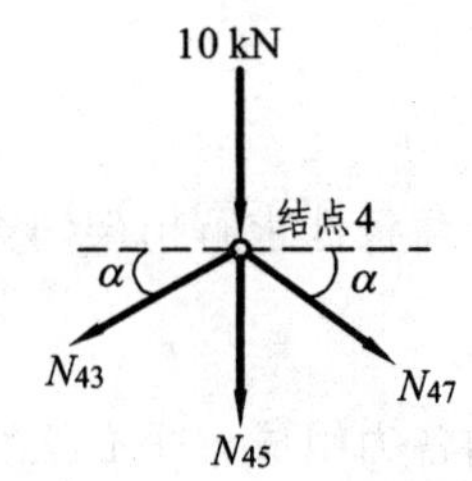


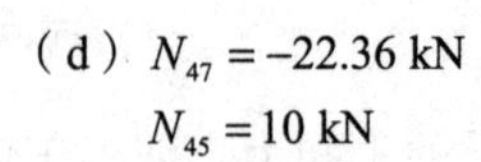

（d）$N_{47}=-22.36\ \text{kN}$

$N_{45}=10\ \text{kN}$

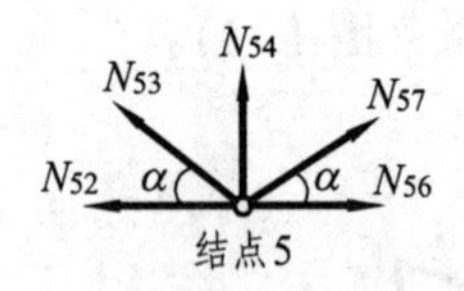


（e）$N_{57}=0\ \text{kN}$

$N_{56}=20\ \text{kN}$

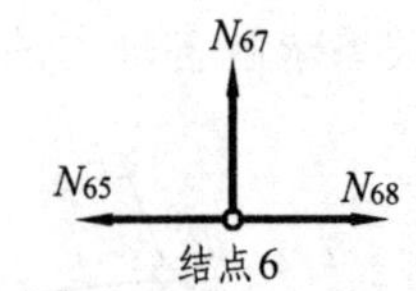


（f）$N_{67}=0\ \text{kN}$

$N_{68}=20\ \text{kN}$

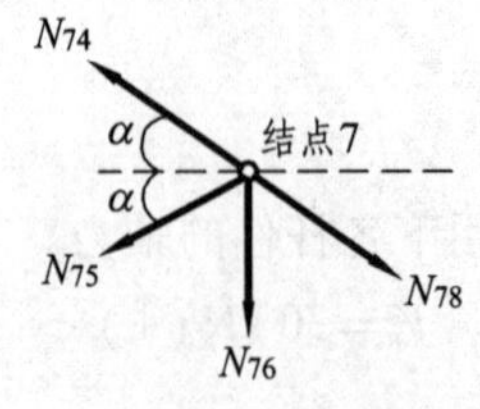


（g）$N_{78}=-22.36\ \text{kN}$

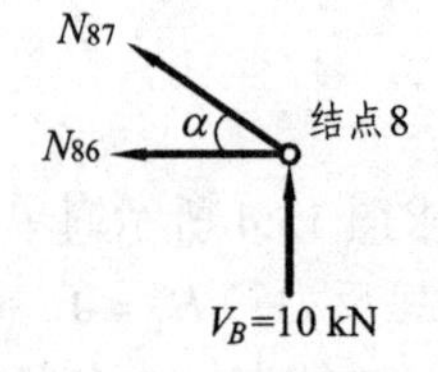


（h）此结点用于校核

图 15.5

(3) 将计算结果标在桁架计算简图上（图 15.6）:

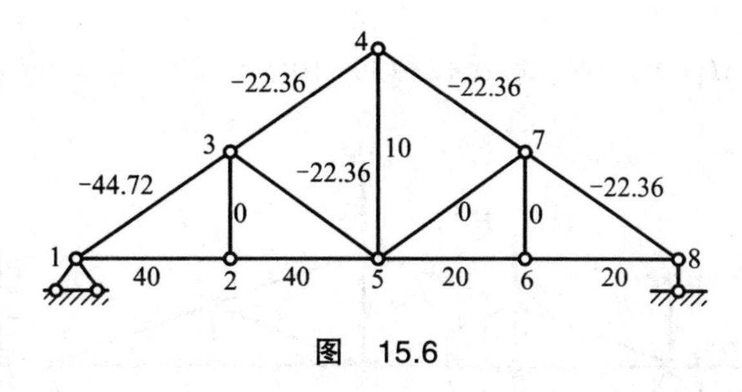


图 15.6

4. 结点平衡特殊情况的简化计算（图 15.7）

(1) 在不共线的两杆结点上，若无外荷载作用，则两杆内力性质相同。

(2) 三杆结点无外荷载作用时，如其中两杆在一条直线上，则共线的两杆内力性质相同，而第三杆内力为零。

(3) 四杆结点无外荷载作用时，如其中两杆在一条直线上，另外两杆在另一条直线上，则同一直线上的两杆内力性质相同。

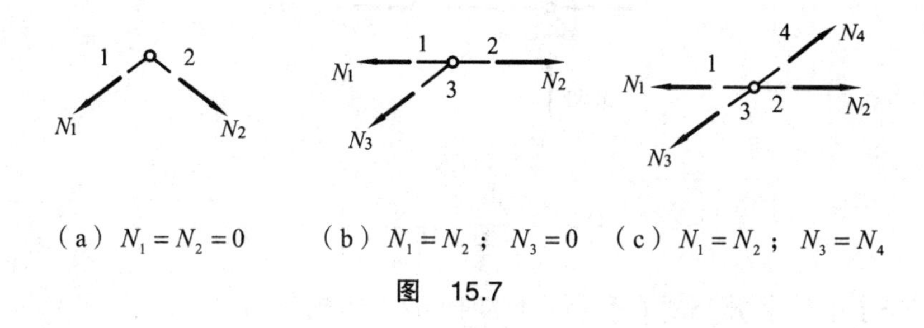


（a）$N_1 = N_2 = 0$　（b）$N_1 = N_2$；$N_3 = 0$　（c）$N_1 = N_2$；$N_3 = N_4$

图 15.7

## 二、截面法

1. 定　义

截取桁架的一部分（至少两个结点），利用平衡条件求解桁架内力的方法。

2. 实　质

作用在隔离体上的各力组成一平面任意力系。

3. 注意点

(1) 一般隔离体上的未知力不能多于三个。

(2) 技巧：尽量使一个方程只含一个未知数。

**【例 15.2】** 试求图 15.8（a）所示桁架杆 25、35、34 的轴力。

**解**：求出支座反力后，作 1—1 截面，研究其左半部（图 15.8（b））。

(1) $\sum M_3 = 0$：$N_{25}\times 1 + 10\times 2 - 30\times 2 = 0 \Rightarrow N_{25} = 40\ \text{kN}$ (拉力)

(2) 将轴力 $N_{35}$ 移至结点 5 处沿 $x$、$y$ 方向分解后：

$$\sum M_1 = 0: \quad N_{35}\sin\alpha\times 4 + 20\times 2 = 0 \Rightarrow N_{35} = -22.36\ \text{kN}\ (\text{压力})$$

（3）将轴力 $N_{34}$ 移至结点 4 处沿 $x$、$y$ 方向分解后：

$$\sum M_5 = 0:\ N_{34}\cos\alpha \times 2 + (30-10)\times 4 - 20\times 2 = 0 \Rightarrow N_{34} = -22.36\ \text{kN}\ (\text{压力})$$

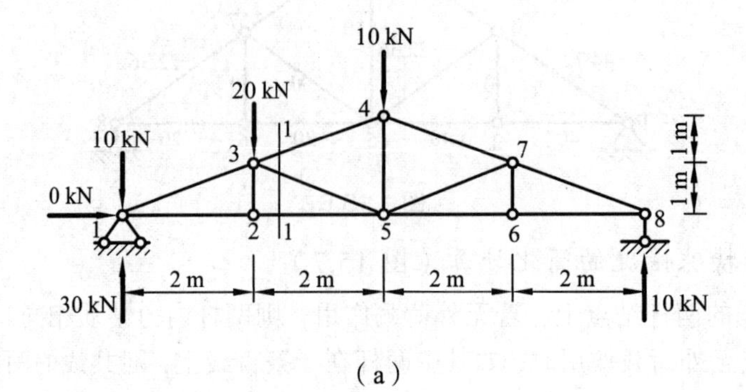


（a）

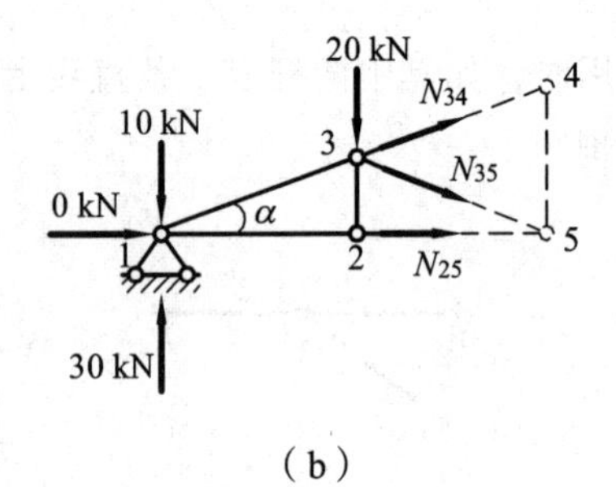


（b）

图 15.8

【例 15.3】 试求图 15.9（a）所示桁架杆 67、56 的轴力。

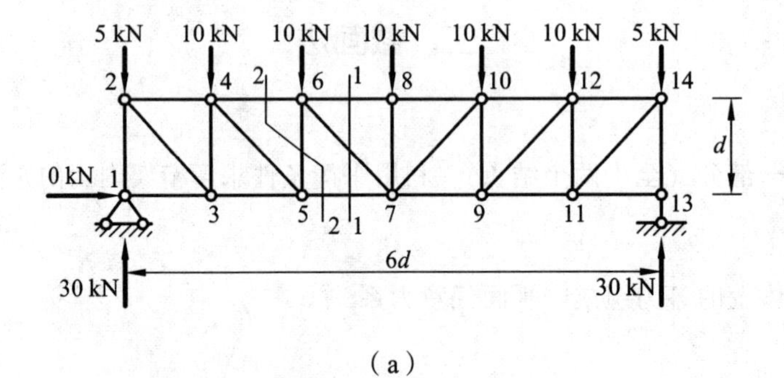


（a）



（b）

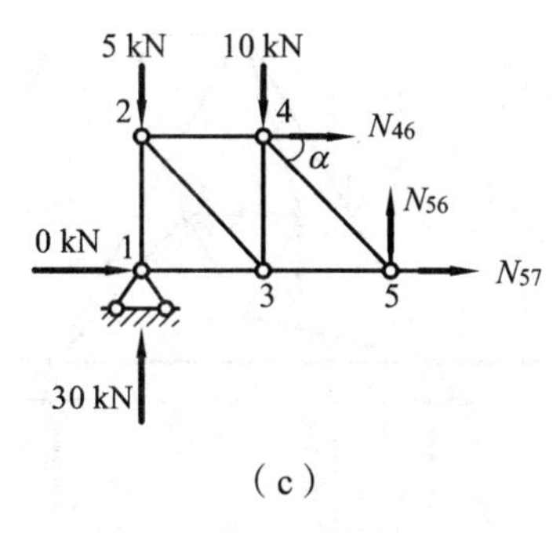


（c）

图 15.9

**解**：(1) 求出支座反力后，作 1—1 截面，研究其左半部（图 15.9（b））。

$$\sum Y=0:\ \ 30-5-10-10-N_{67}\sin\alpha=0$$

$$\Rightarrow N_{67}=5\sqrt{2}\ \text{kN}\ (\text{拉力})$$

(2) 作 2—2 截面，研究其左半部（图 15.9（c））。

$$\sum Y=0:\ \ 30-5-10+N_{56}=0$$

$$\Rightarrow N_{56}=-15\ \text{kN}\ (\text{压力})$$

## 三、结点法与截面法的联合应用

结点法和截面法是计算桁架内力的两种通用方法。在实际计算时，这两种方法常是联合应用的。

**【例 15.4】** 求图 15.10 所示桁架各杆轴力。

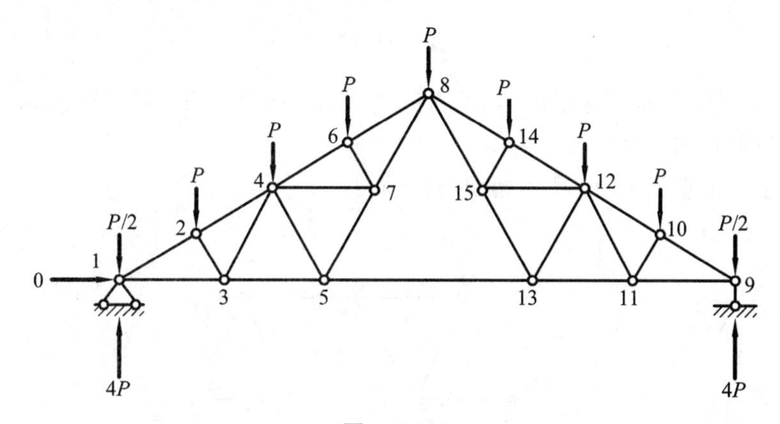


图 15.10

用结点法计算出 1、2、3 结点后，无论向结点 4 或结点 5 均无法继续运算。作 $K$—$K$ 截面：$\sum M_8=0$，求 $N_{5\sim11}$，进而可求其他杆内力。

**【例 15.5】** 试求图 15.11 所示桁架各杆轴力。

求出支座反力后作封闭截面 $K$，以其内部或外部为研究对象，可求出 $N_{AD}$、$N_{BE}$、$N_{CF}$，进而可求出其他各杆内力。

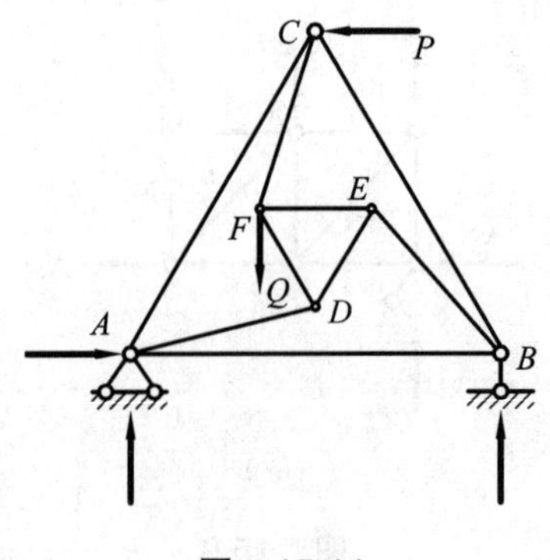


图 15.11

【例 15.6】 试求图 15.12 (a) 所示桁架各杆轴力。

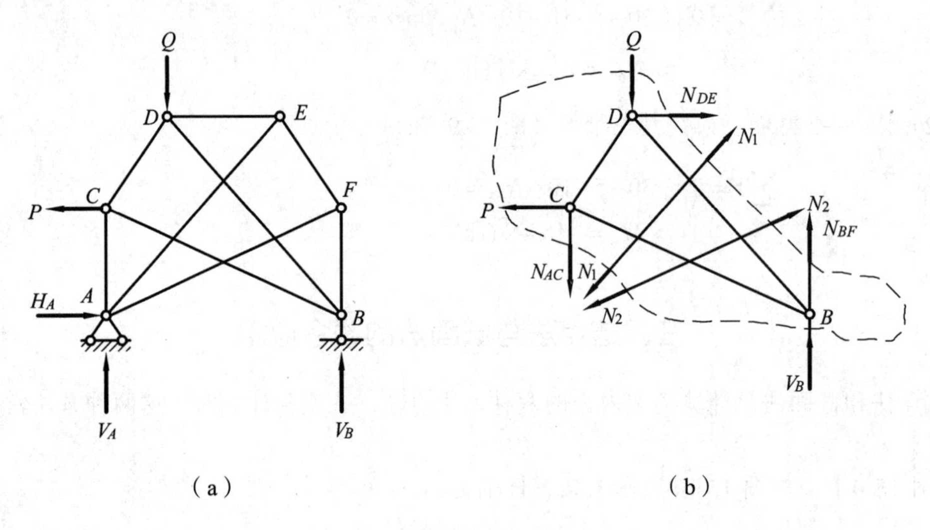


(a) (b)

图 15.12

求出支座反力后作封闭截面 $K$，以其内部或外部为研究对象，可求出 $N_{AC}$、$N_{DE}$、$N_{BF}$（图 15.12 (b)），进而可求出其他各杆内力。

【例 15.7】 试求图 15.13 所示桁架各杆轴力。

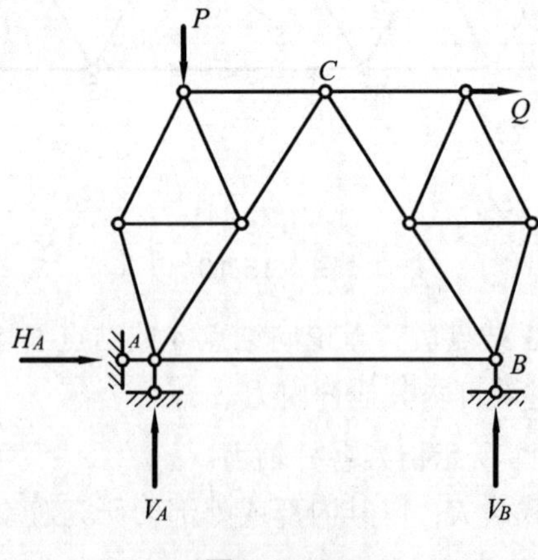


图 15.13

求出支座反力后作截面 $K—K$，以其左半部或右半部为研究对象，利用 $\sum M_C=0$，可求出 $N_{AB}$，进而可求出其他各杆内力。

【例 15.8】 试求图 15.14 所示桁架各杆轴力。

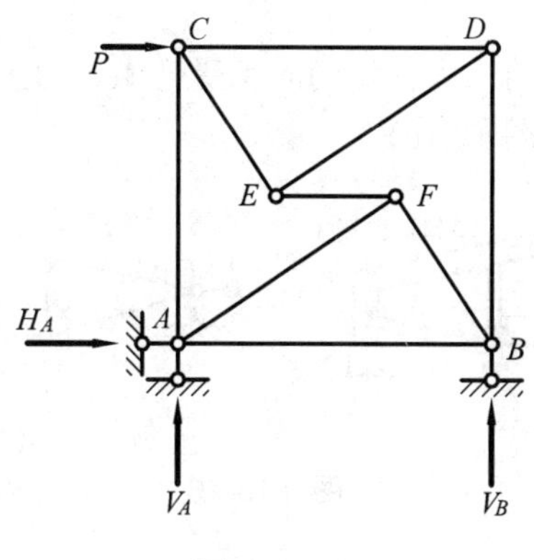


图 15.14

求出支座反力后作截面 $K—K$，以其上半部或下半部为研究对象，利用 $\sum M_C=0$，可求出 $N_{EF}$，进而可求出其他各杆内力。

【例 15.9】 试求图 15.15（a）所示桁架杆 $a$、$b$、$c$ 的轴力。

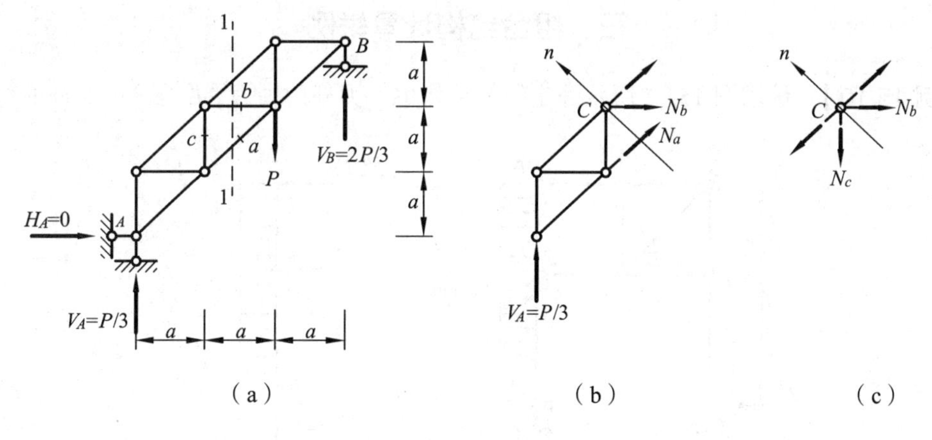


（a）　　（b）　　（c）

图 15.15

**解**：(1) 求出支座反力后作 1—1 截面，以其左半部为研究对象（图 15.15（b））：

$$\sum M_C=0: \quad N_a\times\frac{\sqrt{2}}{2}a-V_a\times a=0\Rightarrow N_a=\frac{\sqrt{2}}{3}P \text{ (拉力)}$$

$$\sum F_n=0: \quad V_A\times\frac{\sqrt{2}}{2}-N_b\times\frac{\sqrt{2}}{2}=0\Rightarrow N_b=V_A=\frac{P}{3} \text{ (拉力)}$$

(2) 以结点 $C$ 为研究对象（图 15.15（c））：

$$\sum F_n=0: \quad N_c=-N_b=\frac{P}{3} \text{ (压力)}$$

# 第三节　静定组合结构的计算

## 一、组合结构的组成

组合结构是由只承受轴力的二力杆和同时承受弯矩、剪力、轴力的梁式杆所组成的，可以认为是桁架和梁的组合体（图 15.16）。

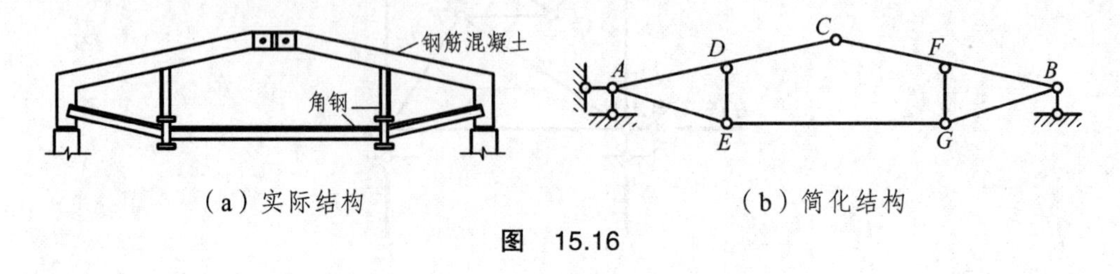


（a）实际结构　　（b）简化结构

图　15.16

## 二、组合结构的计算方法

（1）先求出二力杆的内力。

（2）将二力杆的内力作用于梁式杆上，再求梁式杆的内力。

## 三、组合结构计算举例

**【例 15.10】** 试求图 15.17 所示静定组合结构中二力杆的轴力，并绘出梁式杆的弯矩图。

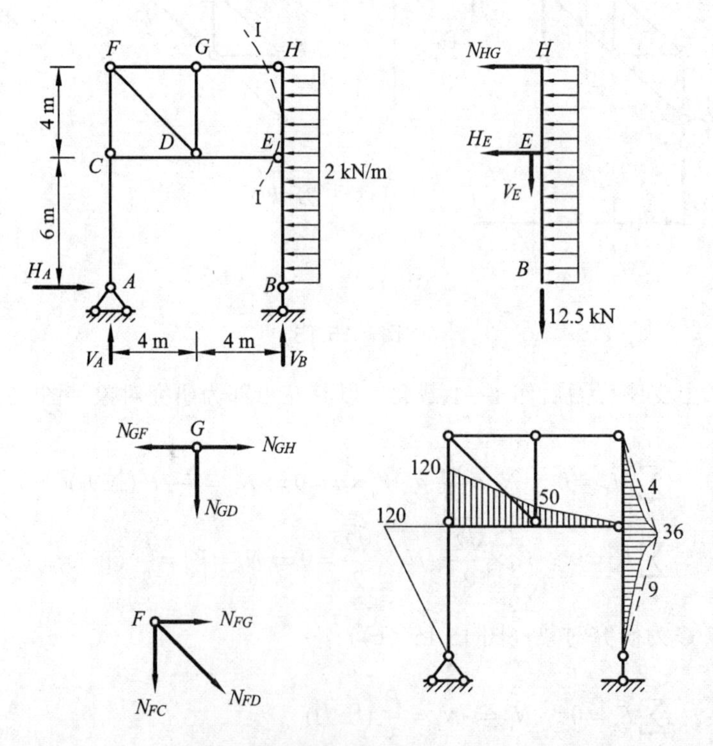


图　15.17

**解**：(1) 计算支座反力。反力计算与简支刚架相同。

$$V_A = 12.5\ \text{kN}\,(\uparrow)，\ V_B = 12.5\ \text{kN}\,(\downarrow)，\ H_A = 20\ \text{kN}\,(\rightarrow)$$

(2) 计算二力杆的内力。用Ⅰ—Ⅰ截面截断杆 $GH$ 和铰 $E$，取其右部分为隔离体。

由 $\sum M_E = 0$ 有：

$$N_{HG} \times 4 - 2 \times 10 \times 1 = 0$$

得 $\quad N_{HG} = 5\ \text{kN}$ (拉力)

由 $\sum X = 0$ 有：

$$H_E + N_{HG} + 2 \times 10 = 0$$

得 $\quad H_E = -25\ \text{kN}$

由 $\sum Y = 0$ 有：

$$V_E + 12.5 = 0$$

得 $\quad V_E = -12.5\ \text{kN}$

(3) 由结点 $G$ 的平衡条件可知：$N_{GD} = 0$，$N_{GF} = 5\ \text{kN}$ (拉力)

(4) 由结点 $F$ 的平衡条件可知：

$$N_{FD} = -5\sqrt{2}\ \text{kN}\ (\text{压力})，\ N_{FC} = 5\ \text{kN}\ (\text{拉力})$$

**【例 15.11】** 试求图 15.18 所示组合结构各内力，并绘内力图。

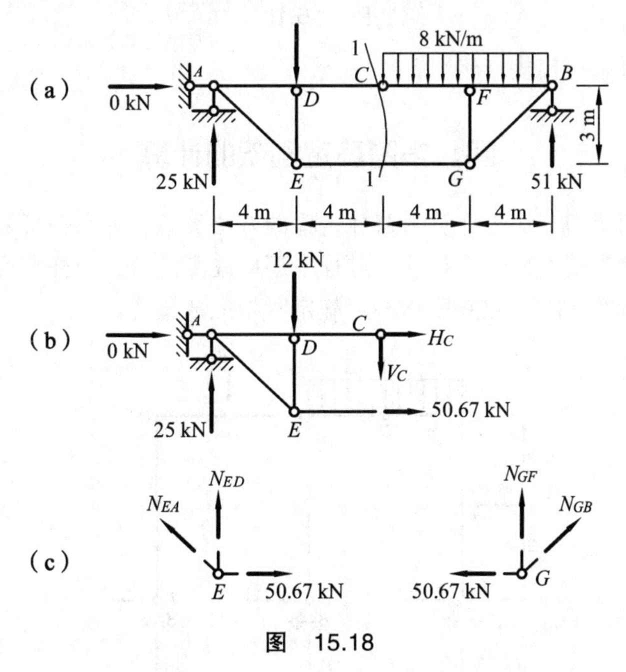


图 15.18

**解**：(1) 内力计算。

作 1—1 截面，研究其左半部。

$$\sum M_C = 0: \quad N_{EG} = 50.67 \text{ kN (拉力)}$$

研究结点 $E$。

$$\sum X = 0: \quad N_{EA} = 63.34 \text{ kN (拉力)}$$

$$\sum Y = 0: \quad N_{ED} = -38 \text{ kN (压力)}$$

研究结点 $G$。

$$\sum X = 0: \quad N_{GB} = 63.34 \text{ kN (拉力)}$$

$$\sum Y = 0: \quad N_{GF} = -38 \text{ kN (压力)}$$

（2）根据计算结果绘出内力图（图 15.19）。

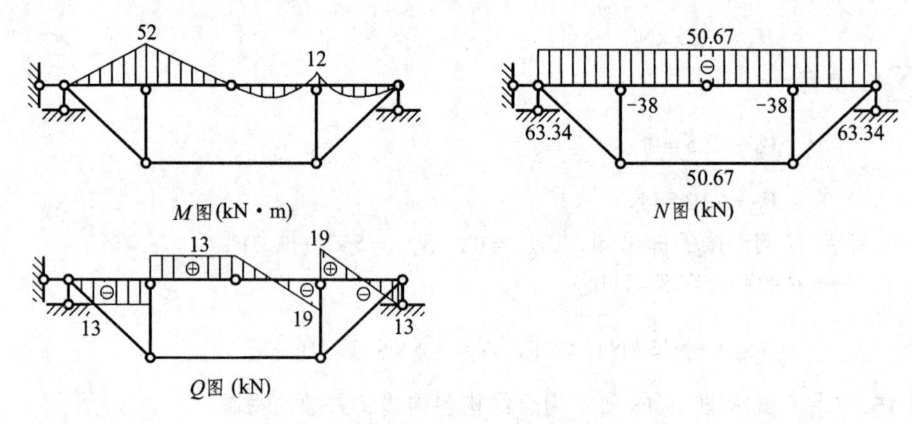


图 15.19

（3）对计算结果进行校核（略）。

## 四、多跨静定刚架的计算

计算多跨静定刚架的方法与计算多跨静定梁的方法类似，即在分析其组成规律后，首先计算附属部分，再计算基本部分；在这一过程中还应注意区分二力杆和梁式杆。

【例 15.12】 试绘制图 15.20 所示多跨静定刚架的弯矩图。

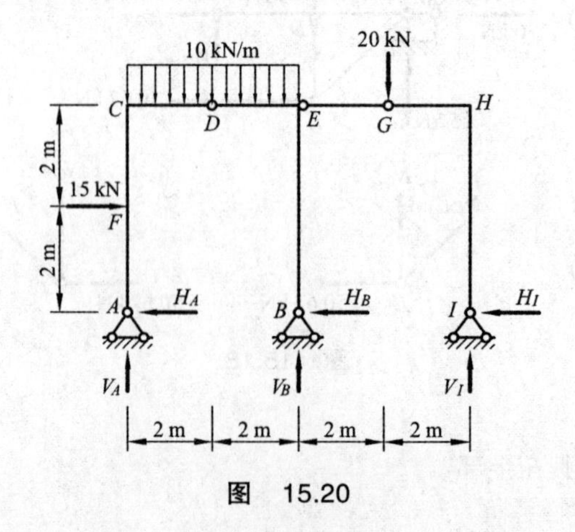


图 15.20

**解**：(1) 以附属部分 $GHI$ 为研究对象（图 15.21 (a)）。

$$\sum M_I = 0: \quad N_{EG} = -10\ \text{kN}\ (\text{压力})$$

$$\sum X = 0: \quad H_I = 10\ \text{kN}\ (\text{拉力})$$

$$\sum Y = 0: \quad V_I = 20\ \text{kN}\ (\uparrow)$$

(2) 以 $AFCDEB$ 为研究对象（图 15.21 (b)）。

$$\sum M_A = 0: \quad V_B = 17.5\ \text{kN}\ (\uparrow)$$

$$\sum Y = 0: \quad V_A = 22.5\ \text{kN}\ (\uparrow)$$

$$\sum X = 0: \quad H_A + H_B = 5$$

(3) 以 $DEB$ 为研究对象（图 15.21 (c)）。

$$\sum M_D = 0: \quad H_B = 3.75\ \text{kN}\ (\leftarrow)$$

$$H_A = 5 - H_B = 1.25\ \text{kN}\ (\leftarrow)$$

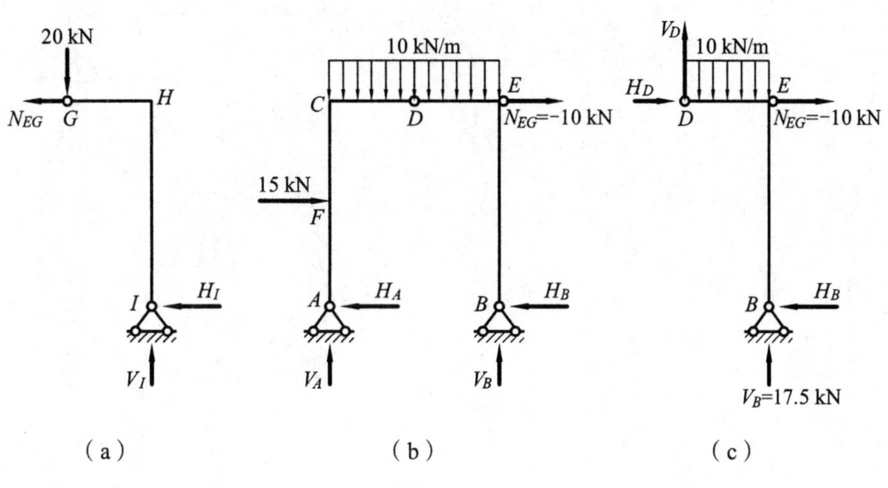


图 15.21

(4) 以整体为研究对象，对所求支座反力进行校核（图 15.22）。

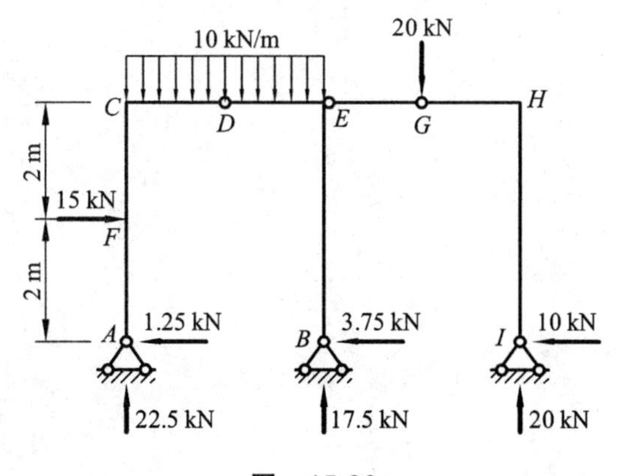


图 15.22

$$\sum M_A = 20\times8+17.5\times4-20\times6-10\times4\times2-15\times2=0$$

$$\sum Y = 22.5+17.5+20-20-10\times4=0$$

$$\sum X = 15-1.25-3.75-10=0$$

（5）根据各截面内力值绘出结构弯矩图（图 15.23）。

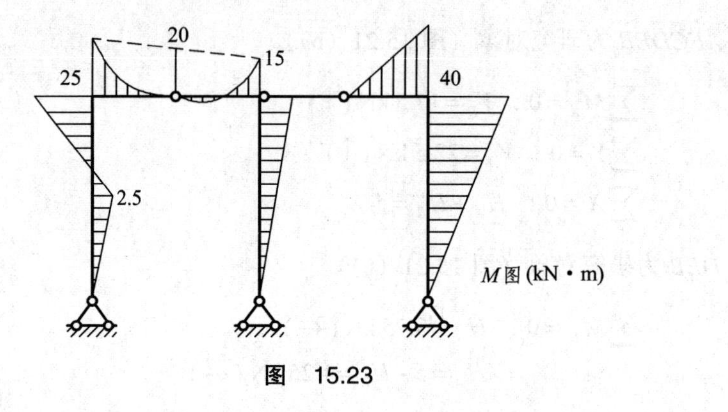


图　15.23

# 第十六章
# 结构位移的计算

## 第一节　概　　述

### 一、结构的位移

结构在外部因素作用下将产生尺寸形状的改变，这种改变称为变形；由于变形将导致结构各结点位置的移动，于是产生位移（图 16.1）。

1. 线位移

（1）水平线位移，用 $\Delta_H$ 表示。

（2）铅直线位移，用 $\Delta_V$ 表示。

2. 角位移

角位移用 $\varphi$ 表示。

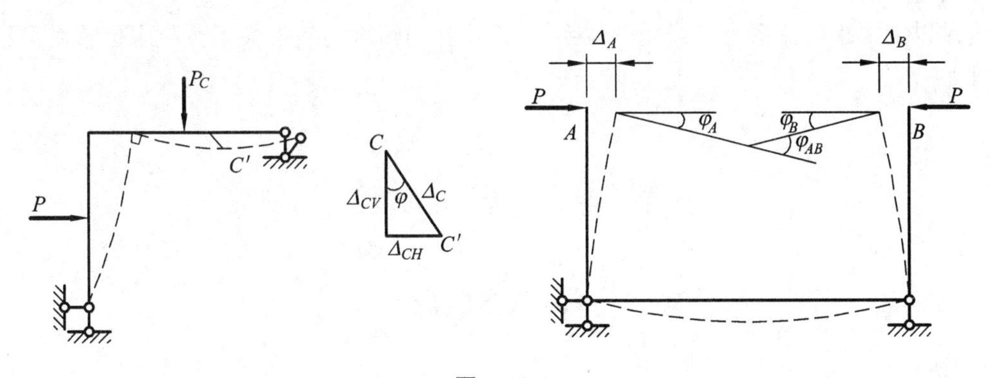


图　16.1

3. 相对位移与绝对位移

$$\Delta_{AB} = \Delta_A + \Delta_B\ ,\ \varphi_{AB} = \varphi_A + \varphi_B \tag{16.1}$$

4. 广义力与广义位移

上述各种位移统称为广义位移。与广义位移相对应的力称为广义力。

### 二、计算结构位移的目的

（1）刚度验算。如电动吊车梁跨中挠度 $f_{max} \leqslant 1/600$。

（2）计算超静定结构必须考虑位移条件。

（3）施工技术的需要（图 16.2（a））。

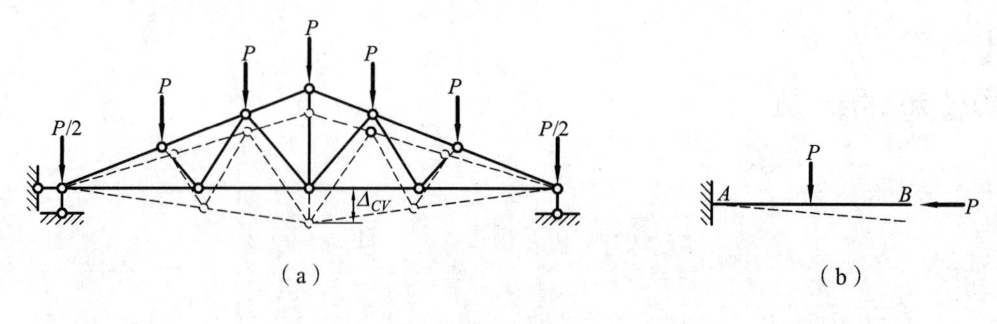


图　16.2

(4) 结构的动力计算和稳定分析中，都常需计算结构的位移（图 16.2（b））。

## 三、计算位移的有关假定

(1) 结构材料服从“胡克定律”，即应力、应变成线形关系。

(2) 小变形假设。变形前后荷载作用位置不变。

(3) 结构各部分之间为理想联结，不计摩擦阻力。

(4) 当杆件同时承受轴力与横向力作用时， 不考虑由于杆弯曲所引起的杆端轴力对弯矩及弯曲变形的影响。

满足以上要求的体系为“线变形体系”。因位移与荷载为线形关系，故求位移时可用叠加原理。

# 第二节　虚功原理

## 一、基本概念

1. 功

一般来说，力所做的功与其作用点移动路线的形状、路程的长短有关。

$$T=\int_S \mathrm{d}T=\int_S P\cdot\cos(\vec{P},\overrightarrow{\mathrm{d}s})\mathrm{d}s \quad 或 \quad T=\int \vec{P}\cdot\overrightarrow{\mathrm{d}s} \tag{16.2}$$

2. 实　功

力由于自身所引起的位移而做功。做的功与其作用点移动路线的形状、路程的长短有关。实功的计算式：

$$T=\frac{1}{2}P\Delta \tag{16.3}$$

实功计算公式的建立如下所述（图 16.3）。

当静力加载时，即：

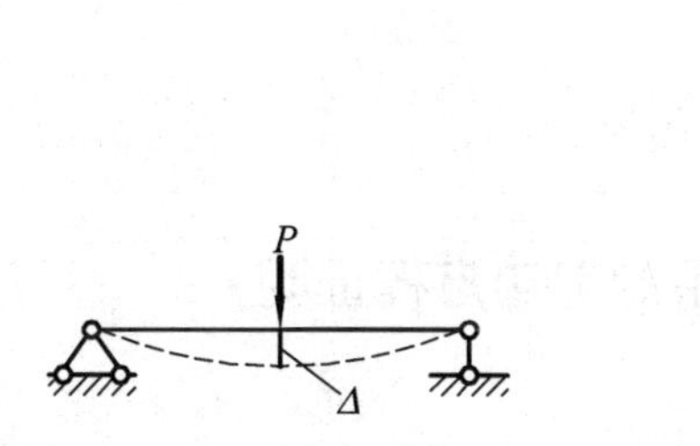


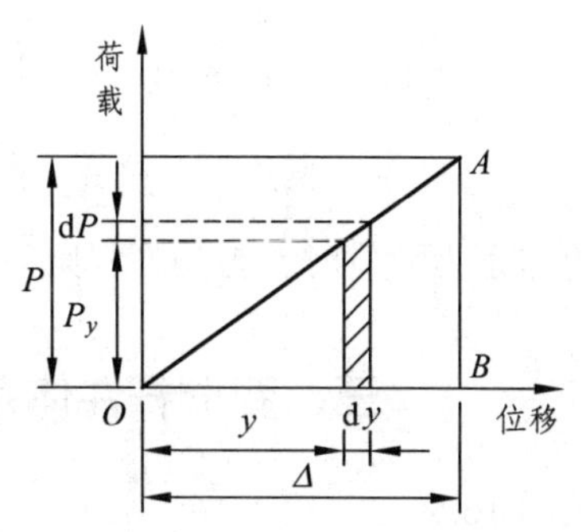


图 16.3

$$\begin{cases} P\text{由0增加至}P \\ \Delta\text{由0增加至}\Delta \end{cases}$$

$$T=\int_0^{\Delta}\mathrm{d}T=\int_0^{\Delta}P_y\mathrm{d}y \tag{A}$$

$$T=\frac{1}{2}P\Delta \tag{B}$$

因为由“$P_y=P$时$y=\Delta$”可确定：$f=\dfrac{\Delta}{P}$　　　　(C)

代（C）入（B）再入（A）：$T=\int_0^{\Delta}\mathrm{d}T=\int_0^{\Delta}P_y\mathrm{d}y=\int_0^{\Delta}\dfrac{Py}{\Delta}\mathrm{d}y=\dfrac{1}{2}P\Delta$

3. 虚　功

当位移与做功的力无关时，且在做功的过程中，力的大小保持不变，这样的功称为虚功。

$$\Delta=D\cdot\cos\alpha \tag{16.4}$$

式中：$\Delta$为总位移$D$在力$P$方向的投影。

虚功的计算式为（图 16.4）：

$$T=P\cdot\Delta \tag{16.5}$$

图 16.4

4. 虚功对应的两种状态及应满足的条件

（1）虚力状态：为求真实位移而虚设的力状态，它应满足静力平衡条件。

（2）虚位移状态：为求真实力而虚设的位移状态，它应满足变形协调条件。

## 二、变形杆件体系的虚功方程

“杆件$AB$处于一静力可能的力状态，设另有一与其无关的几何可能的位移状态，则前者的外力由于后者的位移所做的虚外功$T$等于前者的切割面内力由于后者的变形所做的虚变形功$V$”。即：

$$T=V \tag{16.6}$$

虚功方程也可以简述为：“外力的虚功等于内力的虚变形功。”其具体表达式为：

$$\sum_{(i)}[uN+vQ+m\theta]_{A_I}^{B_I}+\sum_{(i)}\int_{A_i}^{B_I}(pu+qv+m\theta)\mathrm{d}s=\sum_{(i)}\int_{A_i}^{B_I}(N\varepsilon+Q\gamma+M\kappa)\mathrm{d}s \tag{16.7}$$

当所研究的体系为刚体时，虚功方程则简化为 $T=0$。

## 三、变形杆件体系的虚功方程证明

具体分析见图 16.5。

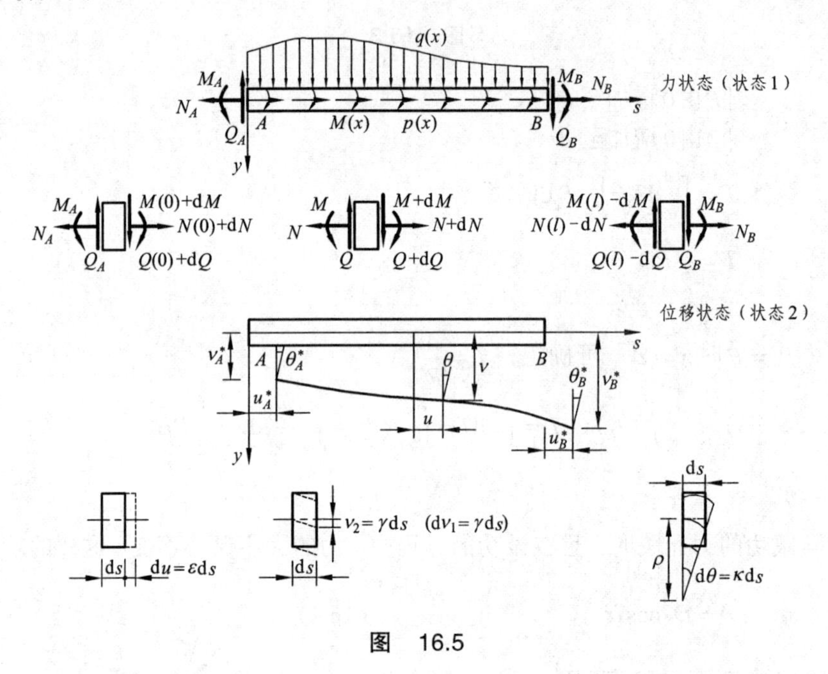


图 16.5

# 第三节 结构位移计算的一般公式、单位荷载法

## 一、虚功方程的意义及应用

$$\sum_{(i)}[uN+vQ+m\theta]_{A_I}^{B_I}+\sum_{(i)}\int_{A_i}^{B_I}(pu+qv+m\theta)\mathrm{d}s=\sum_{(i)}\int_{A_i}^{B_I}(N\varepsilon+Q\gamma+M\kappa)\mathrm{d}s$$

### 1. 意 义

虚功方程的每一项都是广义力与广义位移的乘积。

### 2. 虚位移原理

研究实际的平衡力系在虚设位移上的功，以计算结构的未知力（如支座反力等）。

### 3. 虚力原理

研究虚设的平衡力系在实际位移上的功，以计算结构的未知位移（如挠度、转角等）。

## 二、单位荷载法

1. 定　义

应用虚力原理，通过加单位力求实际位移的方法。

2. 计算结构位移的一般公式

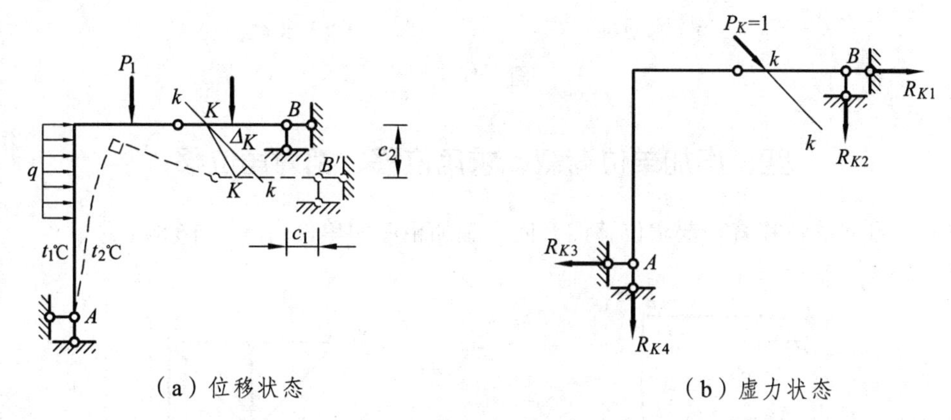

（a）位移状态　　（b）虚力状态

图　16.6

对图 16.6 所示两种状态应用虚功原理:

$$1\cdot\Delta_{Ka}+\bar{R}_{K1}\cdot C_{a1}+\bar{R}_{K2}\cdot C_{a2}=\sum\int\bar{M}_K\cdot\kappa_a\mathrm{d}s+\sum\int\bar{Q}_K\cdot\gamma_a\mathrm{d}s+\sum\int\bar{N}_K\cdot\varepsilon_a\mathrm{d}s$$

即

$$\Delta_{Ka}=\sum\int\bar{M}_K\cdot\kappa_a\mathrm{d}s+\sum\int\bar{Q}_K\cdot\gamma_a\mathrm{d}s+\sum\int\bar{N}_K\cdot\varepsilon_a\mathrm{d}s-\sum\bar{R}_K\cdot C_a \tag{16.8}$$

## 三、施加单位荷载，求线位移、相对线位移

求哪个方向的位移就在要求位移的方向上施加相应的单位力（图 16.7）。

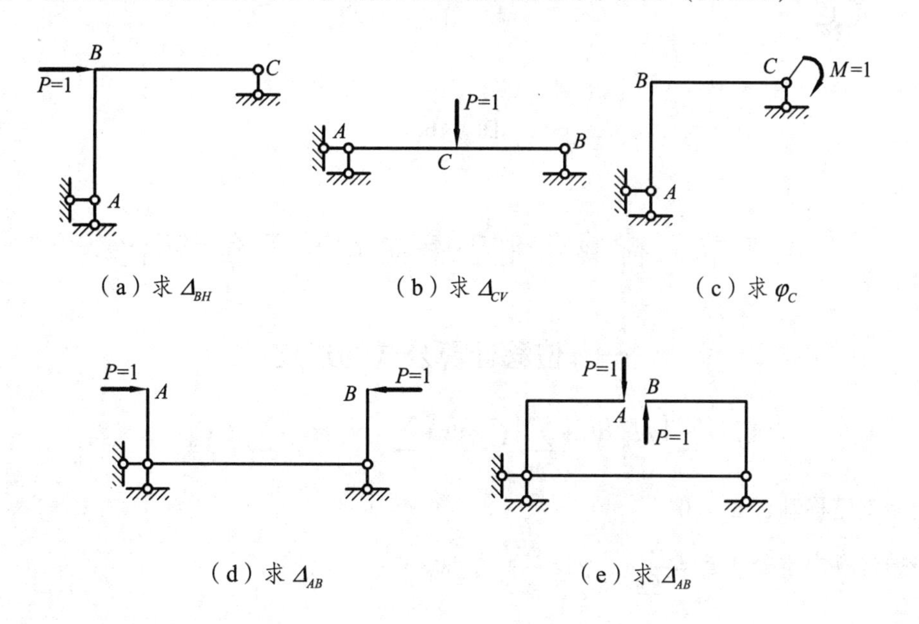

（a）求 $\Delta_{BH}$　　（b）求 $\Delta_{CV}$　　（c）求 $\varphi_C$

（d）求 $\Delta_{AB}$　　（e）求 $\Delta_{AB}$

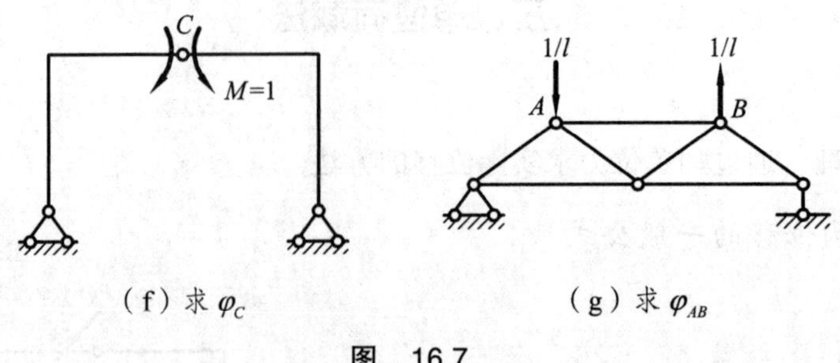


（f）求 $\varphi_C$　　　　（g）求 $\varphi_{AB}$

图　16.7

## 四、施加单位荷载，求角位移、相对角位移

求哪个方向的位移就在要求位移的方向上施加相应的单位力（图 16.8）。

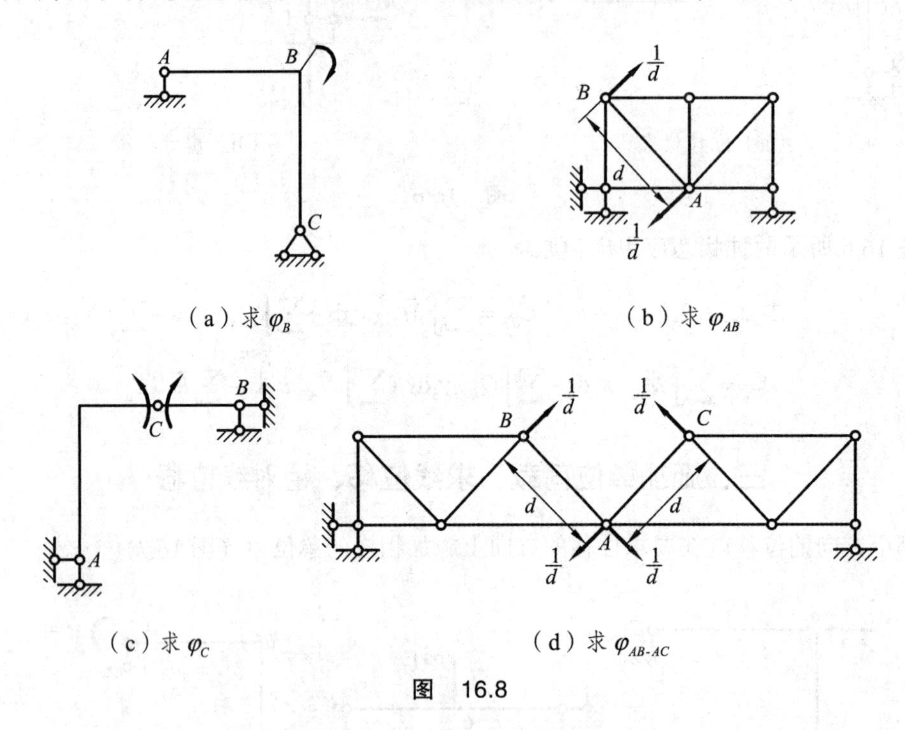


（a）求 $\varphi_B$　　　　（b）求 $\varphi_{AB}$

（c）求 $\varphi_C$　　　　（d）求 $\varphi_{AB\text{-}AC}$

图　16.8

# 第四节　荷载作用下静定结构的位移计算

## 一、位移计算公式的建立

$$\varDelta_{KP}=\sum\int\bar{M}_K\kappa\mathrm{d}s+\sum\int\bar{Q}_K\gamma\mathrm{d}s+\sum\int\bar{N}_K\varepsilon\mathrm{d}s-\sum\bar{R}\cdot C_a \tag{16.9}$$

因无支座移动：$C_a=0$

根据材料力学公式 $\varepsilon_a=\dfrac{N_P}{EA}$，$\gamma_a=\dfrac{KQ_P}{GA}$，$\kappa_a=\dfrac{M_P}{EI}$，于是：

$$\Delta_{KP}=\sum\int\frac{\bar{M}_K M_P}{EI}\mathrm{d}s+\sum\int\frac{K\bar{Q}_K Q_P}{GA}\mathrm{d}s+\sum\int\frac{\bar{N}_K N_P}{EA}\mathrm{d}s \tag{16.10}$$

## 二、位移计算公式的简化

1. 梁和刚架（略去轴向变形和剪切变形影响）

$$\Delta_{KP}=\sum\int\frac{\bar{M}_K M_P}{EI}\mathrm{d}s \tag{16.11}$$

2. 桁架（只考虑轴力影响）

$$\Delta_{KP}=\sum\int\frac{\bar{N}_K N_P}{EA}\mathrm{d}s \tag{16.12}$$

3. 拱（一般只考虑弯曲变形）

一般而言:

$$\Delta_{KP}=\sum\int\frac{\bar{M}_K M_P}{EI}\mathrm{d}s \tag{16.13}$$

对扁拱（压力线与拱轴接近）:

$$\Delta_{KP}=\sum\int\frac{\bar{M}_K M_P}{EI}\mathrm{d}s+\sum\int\frac{\bar{N}_K N_P}{EA}\mathrm{d}s \tag{16.14}$$

4. 组合结构

$$\Delta_{KP}=\sum\int\frac{\bar{M}_K M_P}{EI}\mathrm{d}s+\sum\int\frac{\bar{N}_K N_P}{EA}\mathrm{d}s \tag{16.15}$$

## 三、位移计算举例

**【例 16.1】** 试求图 16.9 所示刚架 $A$ 点的竖向位移 $\Delta_{AV}$。各杆材料相同，截面抗弯模量为 $EI$。

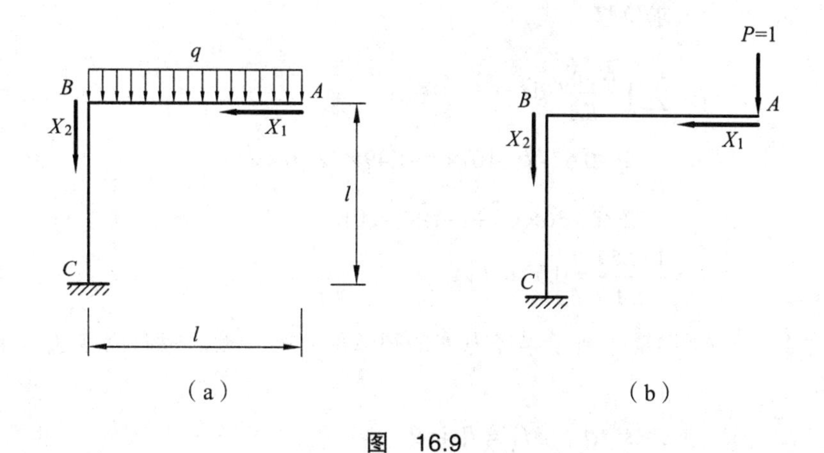


图 16.9

**解:**

(1) 在 $A$ 点加一单位力，建立坐标系如图所示，写出弯矩表达式。

$AB$ 段 $\qquad \bar{M}_K = -x_1$

$BC$ 段 $\qquad \bar{M}_K = -l$

（2）写出在荷载作用下的弯矩表达式。

$AB$ 段 $\qquad M_P = -\dfrac{qx_1^2}{2}$

$BC$ 段 $\qquad M_P = -\dfrac{ql^2}{2}$

（3）将以上弯矩表达式代入求位移公式。

$$\begin{aligned}\varDelta_{AV} &= \sum\int\frac{\bar{M}_K M_P}{EI}\mathrm{d}s = \int_0^l \frac{1}{EI}(-x_1)\left(-\frac{qx_1^2}{2}\right)\mathrm{d}x_1 + \int_0^l \frac{1}{EI}(-l)\left(-\frac{ql^2}{2}\right)\mathrm{d}x_2 \\ &= \frac{5}{8}\cdot\frac{ql^4}{EI}(\downarrow)\end{aligned}$$

【例 16.2】 试求图 16.10 所示桁架 $C$ 点的竖向位移 $\varDelta_{CV}$。各杆材料相同，$E = 2\times10^6$ kN，$A = 3\times10^{-3}$ m$^2$。

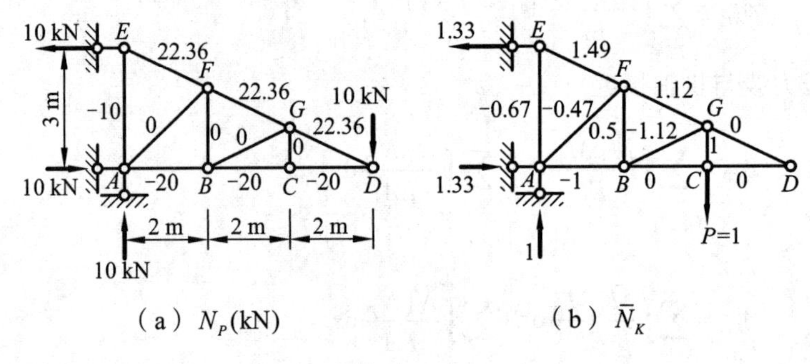


（a）$N_P$(kN) （b）$\bar{N}_K$

图 16.10

**解：**

（1）在 $C$ 点加一单位力，作出单位力作用下的桁架内力图（图 16.10（b））。

（2）作出荷载作用下的桁架内力图（图 16.10（a））。

（3）将 $N_K$、$N_P$ 代入求位移公式。

$$\begin{aligned}\varDelta_{CV} &= \sum\int\frac{\bar{N}_K N_P}{EA}\mathrm{d}s \\ &= \frac{1}{EA}[(-0.67)\times(-10)\times3 + 1.49\times22.36\times\sqrt{5} + \\ &\quad 1.12\times22.36\times\sqrt{5} + (-1)\times(-20)\times2] \\ &= \frac{190.59}{EA} = 0.03\ \text{m}\ (\downarrow)\end{aligned}$$

【例 16.3】 试求图 16.11 所示半径为 $R$ 的圆弧形曲梁 $B$ 点的竖向位移 $\varDelta_{BV}$。梁的抗弯刚度 $EI$ 为常数。

$$M_P = PR\sin\theta\ ,\ \ \bar{M}_K = R\sin\theta$$

**解：**

（1）在 $B$ 点加一单位力（图 16.11（b）），写出单位力作用下的弯矩表达式。

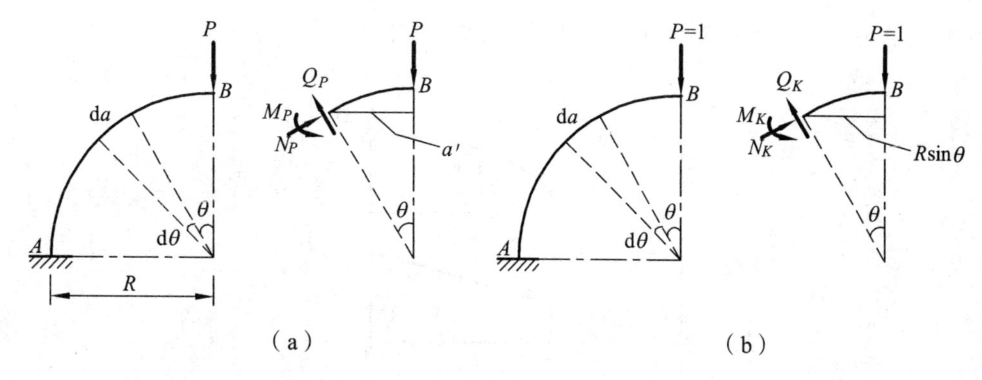


图 16.11

(2) 写出荷载作用下的弯矩表达式（图 16.11（a））。

(3) 将 $M_K$、$M_P$ 代入求位移公式。

$$\varDelta_{BV}=\sum\int\frac{\overline{M}_K M_P}{EI}\mathrm{d}s=\frac{1}{EI}\int_0^{\frac{\pi}{2}}(R\sin\theta)(PR\sin\theta)(R\mathrm{d}\theta)$$

$$=\frac{PR^3}{EI}\int_0^{\frac{\pi}{2}}\sin^2\theta\mathrm{d}\theta=\frac{\pi PR^3}{4EI}(\downarrow)$$

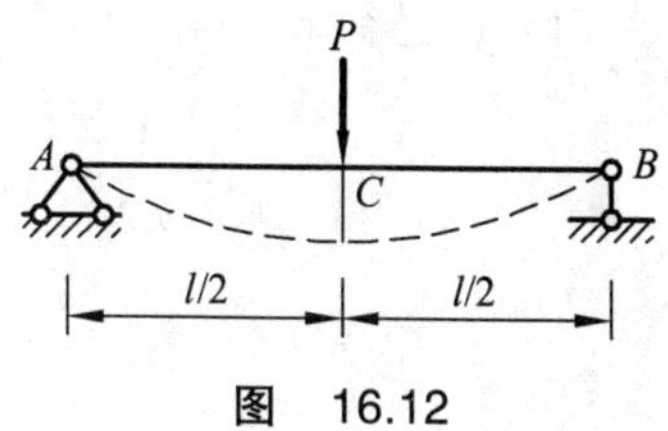


图 16.12

练习题：试求图 16.12 所示连续梁 $C$ 点的竖向位移 $\varDelta_{CV}$ 和 $A$ 截面的转角 $\theta_A$，已知截面抗弯模量为 $EI$。

答案：$\varDelta_{CV}=\dfrac{Pl^3}{48EI}(\downarrow)$，$\theta_A=\dfrac{Pl^2}{16EI}(\lrcorner)$

# 第五节　图 乘 法

## 一、图乘法应满足的条件

(1) 杆件为等截面直杆；

(2) $EI$ 为常数；

(3) $M_K$、$M_P$ 图形中至少有一个为直线图形。

## 二、图乘法的证明

$$\varDelta=\frac{1}{EI}\int_A^B\overline{M}_K M_P\mathrm{d}x=\frac{1}{EI}\int_A^B x\cdot\tan\alpha M_P\mathrm{d}x$$

$$=\frac{1}{EI}\tan\alpha\int_a^b xM_P\mathrm{d}x=\frac{1}{EI}\tan\alpha\int_A^B x\mathrm{d}\omega$$

$$=\frac{1}{EI}\tan\alpha\cdot x_0\cdot\omega_P=\frac{1}{EI}\omega_P\cdot y_0$$

结论：在满足前述条件下，积分式 $\varDelta=\int_l\frac{\overline{M}_K M_P}{EI}\mathrm{d}s$ 之值等于某一图形面积 $\omega$ 乘以该面积

形心所对应的另一直线图形的纵标 $y_0$，再除以 $EI$（图 16.13）。

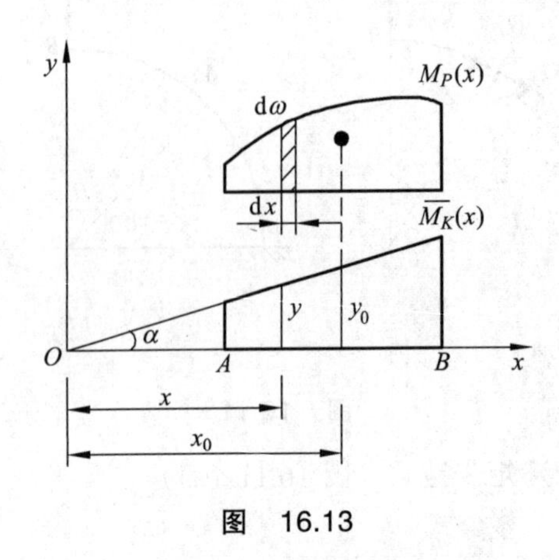


图 16.13

## 三、使用图乘法时应注意的问题

（1）$y_0$ 必须取自直线图形（图 16.14）。

$$\Delta = \frac{1}{EI}\omega_P \cdot y_0 \tag{16.16}$$

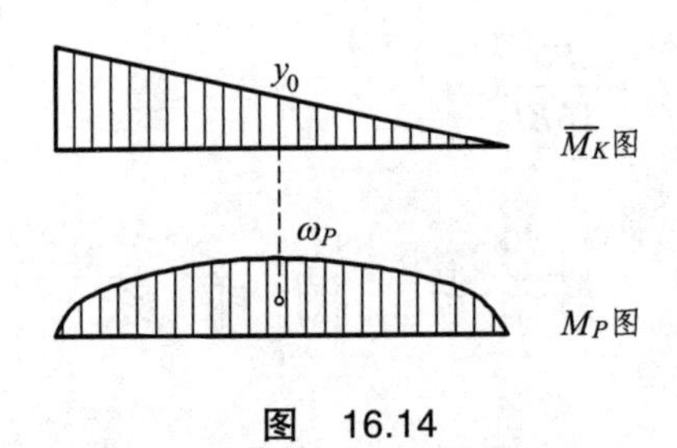


图 16.14

（2）当 $M_K$ 为折线图形时，必须分段计算（图 16.15）。

$$\Delta = \frac{1}{EI}(\omega_1 \cdot y_1 + \omega_2 \cdot y_2) \tag{16.17}$$

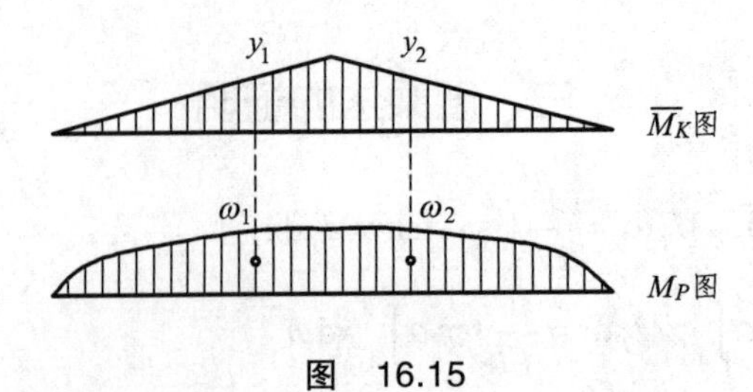


图 16.15

（3）当杆件为变截面时也应分段计算（图 16.16）。

$$\Delta = \frac{1}{EI_1}\omega_1 \cdot y_1 + \frac{1}{EI_2}\omega_2 \cdot y_2 \tag{16.18}$$

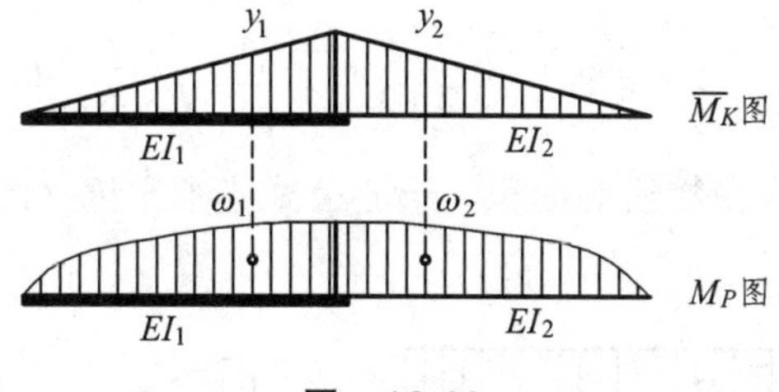


图 16.16

(4) 图乘有正负之分（图 16.17）：弯矩图在杆轴线同侧时，取正号；异侧时，取负号。

$$\varDelta=\frac{1}{EI}\omega_P\cdot y_0\text{，}\varDelta=-\frac{1}{EI}\omega_P\cdot y_0 \tag{16.19}$$

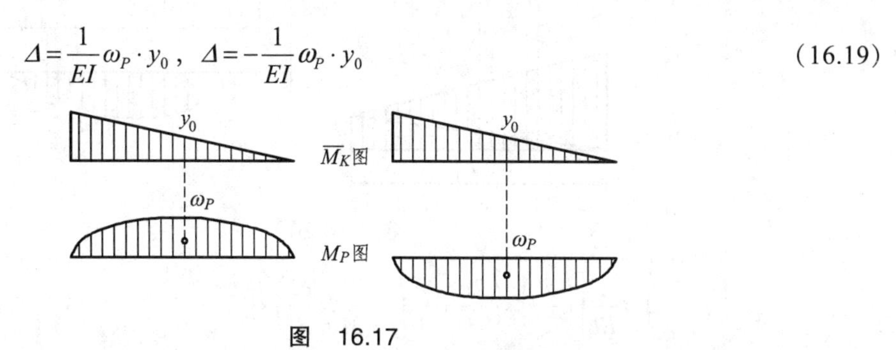


图 16.17

(5) 若两个图形均为直线图形时，则面积、纵标可任意分别取自两图形（图 16.18）。

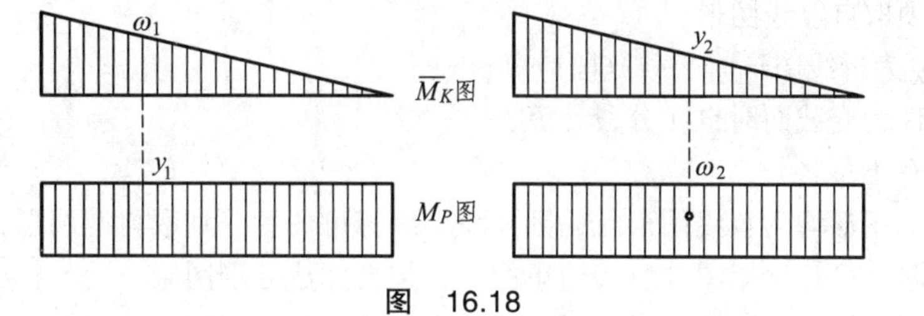


图 16.18

$$\varDelta=\frac{1}{EI}\omega_1\cdot y_1=\frac{1}{EI}\omega_2\cdot y_2 \tag{16.20}$$

(6) 图乘时，可将弯矩图分解为简单图形，按叠加法分别图乘（图 16.19）。

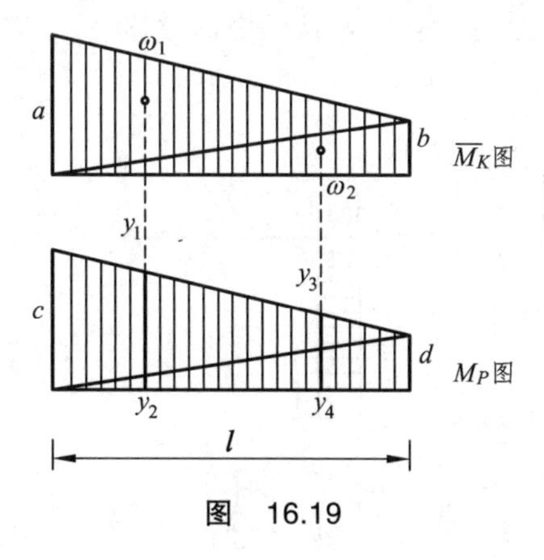


图 16.19

$$\varDelta=\frac{1}{EI}[\omega_1(y_1+y_2)+\omega_2(y_3+y_4)] \tag{16.21}$$

$$\Rightarrow \varDelta=\frac{1}{EI}\left[\frac{al}{2}\left(\frac{2c}{3}+\frac{d}{3}\right)+\frac{bl}{2}\left(\frac{c}{3}+\frac{2d}{3}\right)\right]=\frac{1}{EI}\cdot\frac{l}{6}(2ac+2cd+ad+bc) \qquad (16.22)$$

（7）三角形、标准二次抛物线的面积、形心公式必须牢记（图 16.20）。

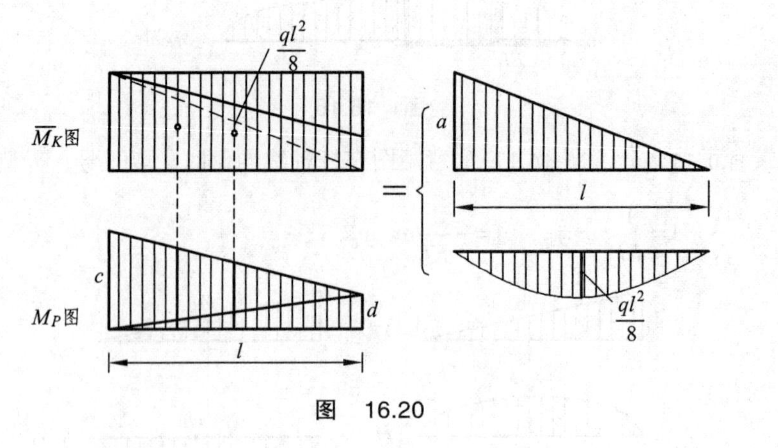


图　16.20

$$\varDelta=\frac{1}{EI}\left[\left(\frac{al}{2}\right)\times\left(\frac{2c}{3}+\frac{d}{3}\right)-\left(\frac{2}{3}\cdot l\cdot\frac{ql}{8}\right)\times\left(\frac{c+d}{2}\right)\right] \qquad (16.23)$$

综上所述，使用图乘法时应注意的问题包括以下几点：

（1）$y_0$必须取自直线图形；

（2）当 $M_K$ 为折线图形时必须分段计算；

（3）当杆件为变截面时也应分段计算；

（4）图乘有正负之分；

（5）若两个图形均为直线图形时，则面积、纵标可任意分别取自两图形；

（6）图乘时，可将弯矩图分解为简单图形，按叠加法分别图乘；

（7）三角形、标准二次抛物线的面积、形心公式必须牢记。

## 四、算　例

**【例 16.4】**　试求图 16.21 所示刚架 C 点的竖向位移 $\varDelta_{CV}$。各杆材料相同，截面抗弯模量为 $EI=1.5\times10^5\ \text{kN}\cdot\text{m}^2$。

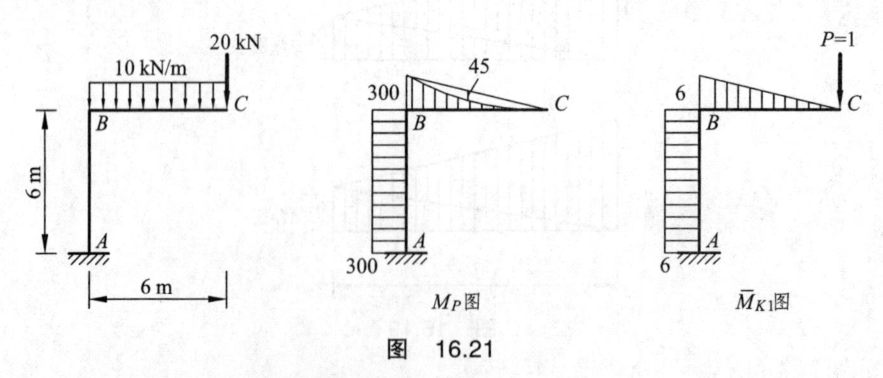


图　16.21

**解**：（1）绘出荷载作用下的弯矩图（$M_P$图）。

（2）为求 $C$ 点的竖向位移，在 $C$ 点处加一单位力，绘出 $\bar{M}_{K1}$ 图。

$$\Delta_{CV}=\int_l\frac{\bar{M}_K M_P}{EI}\mathrm{d}s=\frac{1}{EI}\left[\left(\frac{6\times6}{2}\right)\times\left(\frac{2\times300}{3}\right)-\left(\frac{2}{3}\times6\times45\right)\times\frac{6}{2}+(6\times6)\times300\right]$$
$$=\frac{13\ 860}{EI}=0.092\ 4\ \mathrm{m}\ (\downarrow)$$

**【例 16.5】** 试求图 16.22 所示刚架 $C$ 点的转角 $\theta_C$。各杆材料相同，截面抗弯模量为 $EI=1.5\times10^5\ \mathrm{kN\cdot m^2}$。

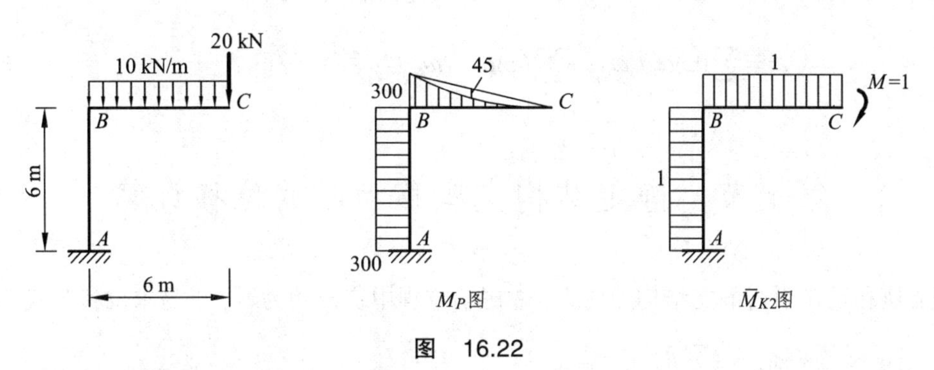


图 16.22

**解**：（1）绘出荷载作用下的弯矩图（$M_P$ 图）。

（2）为求 $C$ 点的转角，在 $C$ 点处加一单位力偶，绘出 $\bar{M}_{K2}$ 图。

$$\theta_C=\frac{1}{EI}\left[\left(\frac{300\times6}{2}\right)\times1-\left(\frac{2}{3}\times6\times45\right)\times1+(300\times6)\times1\right]$$
$$=\frac{2\ 520}{EI}=0.016\ 8\ \mathrm{rad}\ (\text{↲})$$

## 第六节　静定结构在温度变化时的位移计算

图 16.23 所示悬臂梁由于温度改变而引起变形。为求 $\Delta_{CV}$，在 $C$ 点加一单位力，根据求位移公式计算 $\Delta_{CV}$。

$$\Delta_{Ka}=\sum\int\bar{M}_K\cdot\kappa_a\mathrm{d}s+\sum\int\bar{Q}_K\cdot\gamma_a\mathrm{d}s+\sum\int\bar{N}_K\cdot\varepsilon_a\mathrm{d}s-\sum\bar{R}_K\cdot C_a \tag{16.24}$$

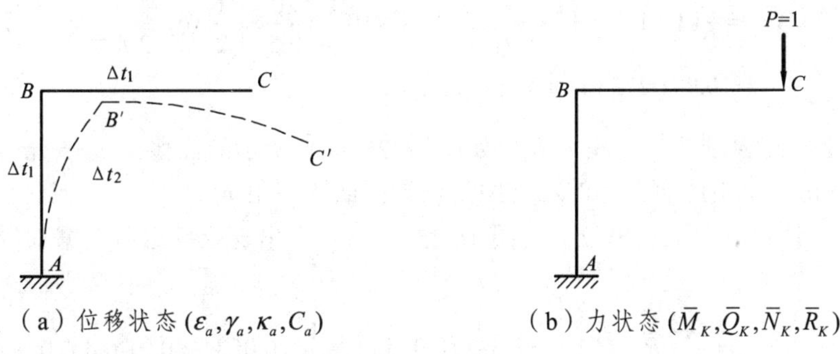


（a）位移状态（$\varepsilon_a,\gamma_a,\kappa_a,C_a$）　　（b）力状态（$\bar{M}_K,\bar{Q}_K,\bar{N}_K,\bar{R}_K$）

图 16.23

经分析：

$$\varepsilon_a \cdot ds = \alpha \cdot t_0 ds \text{，} \gamma_a ds = 0 \text{，} \kappa_a ds = \alpha \cdot \frac{\Delta t}{h} ds \text{，} \bar{R} \cdot C_a = 0$$

将以上各式代入求位移的一般公式，可得温度改变位移计算式：

$$\Delta_t = \sum (\pm)\alpha \cdot t_0 \omega_{\bar{N}_K} + \sum (\pm)\alpha \frac{\Delta t}{h} \omega_{\bar{M}_K} \tag{16.25}$$

若每一杆件沿其全长温度改变相同，且截面高度相同，则：

$$\Delta_t = \sum (\pm)\alpha \cdot t_0 \omega_{\bar{N}_K} + \sum (\pm)\alpha \frac{\Delta t}{h} \omega_{\bar{M}_K} \tag{16.26}$$

## 第七节　静定结构支座移动时的位移计算

因支座移动不引起静定结构的内力，故虚功方程中变形功为零，于是求位移公式简化为：

$$\Delta_{Ka} = -\sum \bar{R}_K \cdot C_a$$

【例 16.6】　图 16.24 所示简支刚架内侧温度升高 25 °C，外侧温度升高 5 °C，各截面为矩形，$h=0.5$ m，线膨胀系数 $\alpha=1.0\times10^{-5}$，试求梁中点的竖向位移 $\Delta_{DV}$。

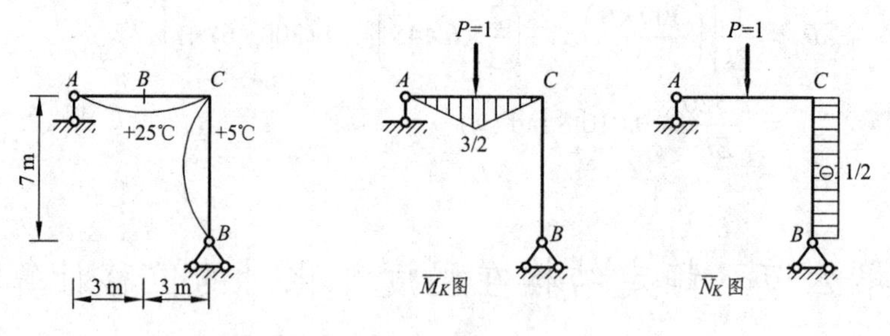


图　16.24

**解**：作出 $\bar{M}_K$、$\bar{N}_K$ 图后，根据求位移公式计算位移。

$$\begin{aligned}\Delta_t &= \sum (\pm)\int \bar{N}_K \alpha \cdot t_0 ds + \sum (\pm)\int \bar{M}_K \alpha \cdot \frac{\Delta t}{h} ds \\ &= -1.0\times10^{-5}\times15\times\left(\frac{1}{2}\times7\right) + 1.0\times10^{-5}\times\frac{20}{0.5}\times\left(\frac{1}{2}\times6\times\frac{3}{2}\right) \\ &= 0.001\ 275 \text{ m} (\downarrow)\end{aligned}$$

【例 16.7】　三铰刚架，支座 $B$ 发生如图 16.25（a）所示的位移：$a=5$ cm，$b=3$ cm，$l=6$ m，$h=5$ m。求由此而引起的左支座处杆端截面的转角 $\varphi_A$。

**解**：在要求位移方向上加单位力（图 16.25（b）），求出支座反力后根据求位移公式计算位移。

$$\varphi_A = -\sum \bar{R}_K \cdot C_a = -\left[\left(-\frac{1}{6}\times0.03\right) + \left(-\frac{1}{10}\times0.05\right)\right] = 0.01 \text{ rad} (\text{↲})$$

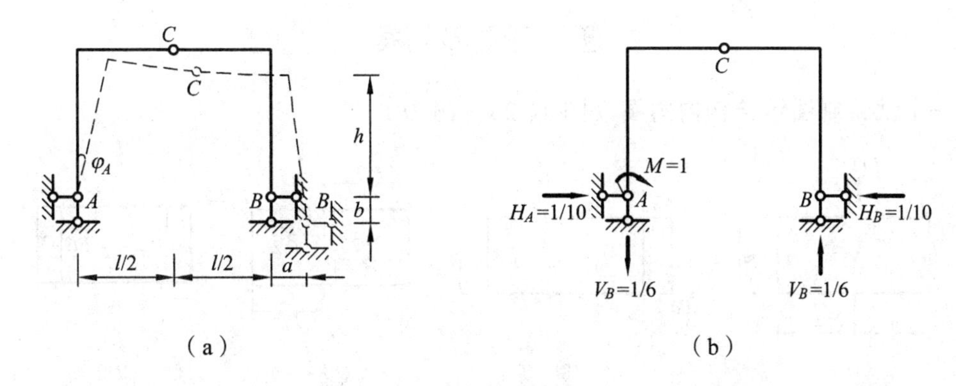


图 16.25

# 第八节　线弹性结构的互等定理

## 一、功的互等定理

在线性变形体系中，状态一的外力由于状态二的位移所做的虚功等于状态二的外力由于状态一的位移所做的功。即：

$$P_1 \cdot \Delta_{12} = P_2 \cdot \Delta_{21} \tag{16.27}$$

## 二、位移互等定理

如果作用在体系上的力是单位力，则在第一个单位力方向上由于第二个单位力所引起的位移，等于在第二个单位力方向上由于第一个单位力所引起的位移。即：

$$\delta_{12} = \delta_{21} \tag{16.28}$$

## 三、反力互等定理

如果结构支座发生的是单位位移,则支座 1 由于支座 2 的单位位移所引起的反力 $r_{12}$ 等于支座 2 由于支座 1 的单位位移所引起的反力 $r_{21}$。即：

$$r_{12} = r_{21} \tag{16.29}$$

## 四、反力与位移互等定理

由于单位荷载使体系中某一支座所产生的反力，等于该支座发生与反力方向相一致的单位位移时在单位荷载作用处所引起的位移，唯符号相反。即：

$$r_{12} = -\delta_{21} \tag{16.30}$$

## 五、习题及答案

### （一）试绘制图示结构内力图（图 16.26～16.28）

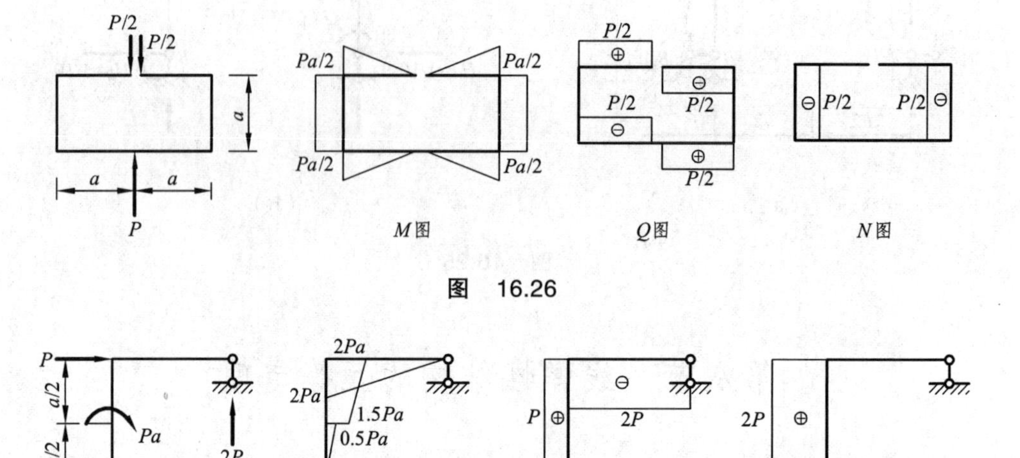


图 16.26

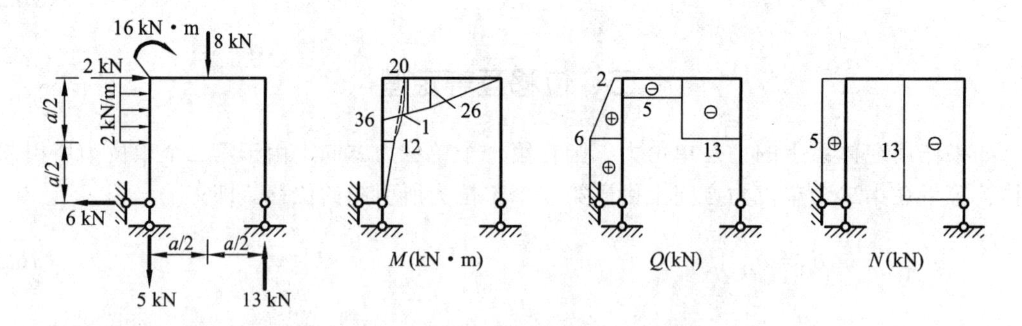


图 16.27

16 kN・m
8 kN
2 kN
2 kN/m
a/2
a/2
6 kN
a/2
a/2
5 kN
13 kN
20
36
1
12
26
M(kN・m)
2
5
6
13
Q(kN)
5
13
N(kN)

图 16.28

### （二）试绘制图示结构弯矩图（图 16.29、16.30）

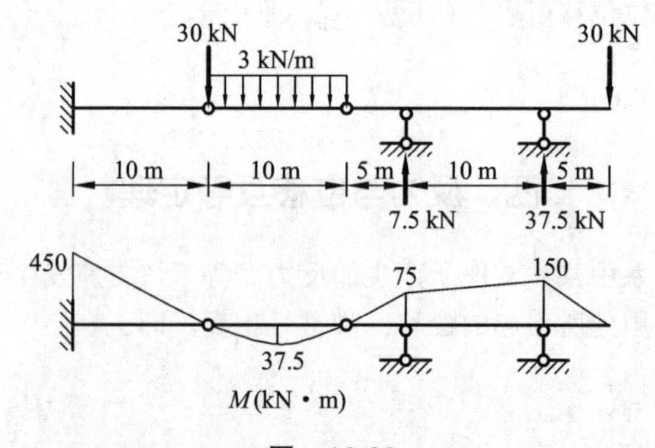


图 16.29

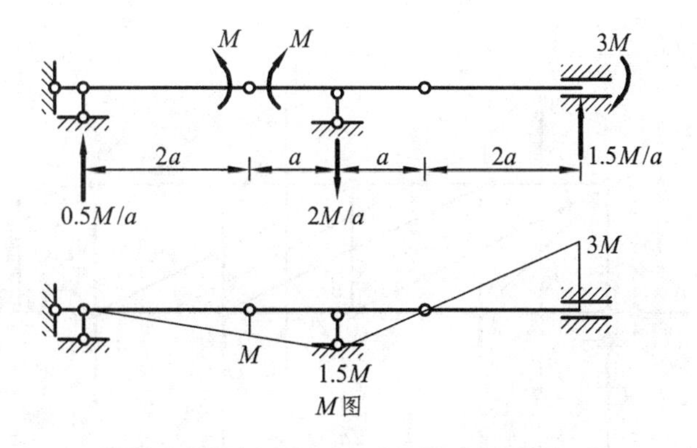


图　16.30

**（三）试求图示桁架指定截面的内力**（图 16.31）

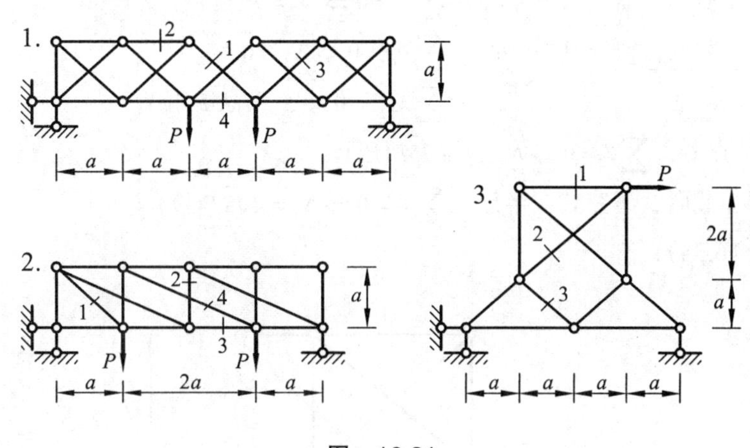


图　16.31

1. **解**（图 16.32）:

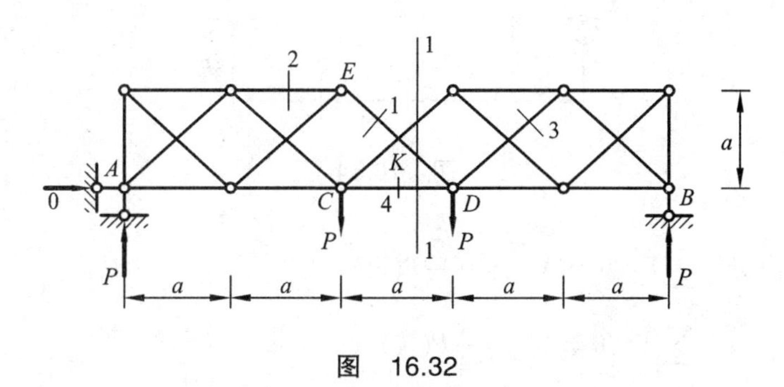


图　16.32

（1）作 1—1 截面，研究其左半部：$\sum M_C = 0 \Rightarrow N_1 = -2\sqrt{2}P$(压)

（2）研究结点 $D$：$\sum Y = 0 \Rightarrow N_3 = 3\sqrt{2}P$(拉)

（3）研究结点 $E$：$\sum F_{ED} = 0 \Rightarrow N_2 = -4P$(压)

2. 解（图 16.33）:

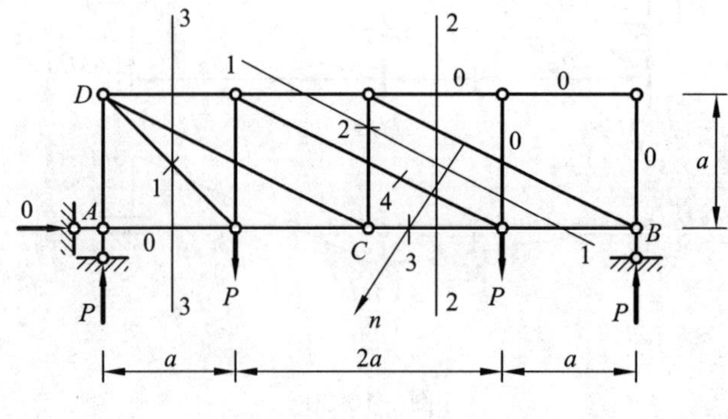


图 16.33

（1）作 1—1 截面，研究其右半部：$\sum Y=0 \Rightarrow N_2=P$(拉)

（2）作 2—2 截面，研究其右半部：$\sum F_n=0 \Rightarrow N_3=0$

$$\sum M_B=0 \Rightarrow N_4=\sqrt{5}P(\text{拉})$$

（3）研究结点 $C$：$\sum Y=0 \Rightarrow N_{DC}=-\sqrt{5}P$(压)

（4）作 3—3 截面，研究其左半部：$\sum Y=0 \Rightarrow N_1=2\sqrt{2}P$(拉)

3. 解（图 16.34）:

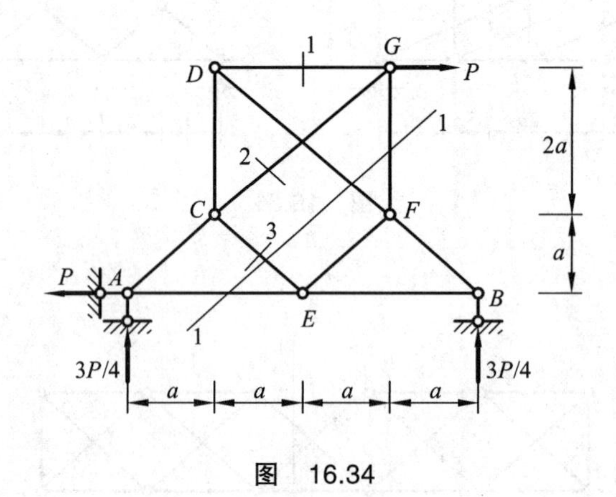


图 16.34

（1）研究结点 $A$：$\sum Y=0 \Rightarrow N_{AC}=\dfrac{3\sqrt{2}}{4}P$(拉)

$$\sum X=0 \Rightarrow N_{AE}=\frac{1}{4}P(\text{拉})$$

（2）作 1—1 截面，研究其右半部：$\sum M_F=0 \Rightarrow N_3=\dfrac{\sqrt{2}}{4}P$(拉)

（3）研究结点 $C$：$\sum X=0 \Rightarrow N_2=\dfrac{\sqrt{2}}{2}P$(拉)

（4）研究结点 $G$：$\sum X=0 \Rightarrow N_1=\dfrac{1}{2}P$(拉)

（四）试求图示结构 ***A*** 点的竖向位移（图 16.35）

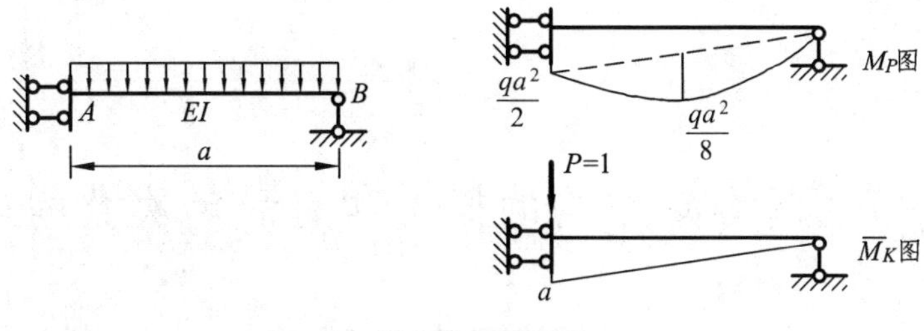


图 16.35

$$\Delta_{AV} = \frac{5qa^4}{24EI} (\downarrow)$$

（五）试求图示结构 ***B*** 点的水平位移（图 16.36）

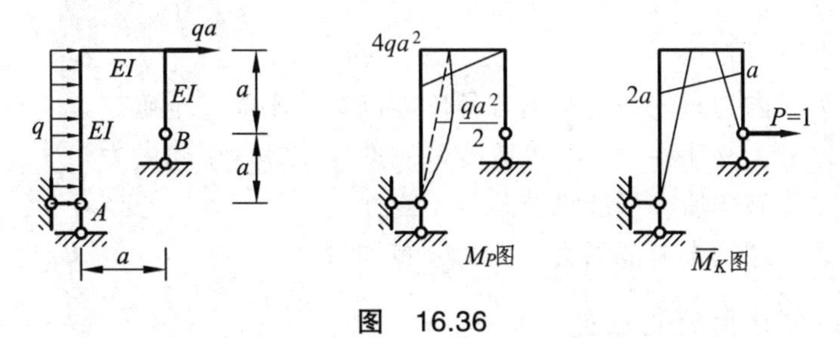


图 16.36

$$\Delta_{BH} = \frac{28qa^4}{3EI} (\rightarrow)$$

# 第十七章
# 力　　法

## 第一节　超静定结构的概念和超静定次数的确定

### 一、超静定结构的概念

1. 超静定结构的定义

即具有几何不变性而又有多余约束的结构。其反力和内力只凭静力平衡方程不能确定或不能完全确定。

2. 超静定结构的特点

(1) 结构反力和内力只凭静力平衡方程不能确定或不能完全确定。

(2) 除荷载之外，支座移动、温度改变、制造误差等均引起内力。

(3) 多余联系遭破坏后，仍能维持几何不变性。

(4) 局部荷载对结构影响范围大，内力分布均匀。

3. 关于超静定结构的几点说明

(1) 多余是相对保持几何不变性而言，并非真正多余。

(2) 内部有多余联系亦是超静定结构。

(3) 超静定结构去掉多余联系后，就成为静定结构。

(4) 超静定结构应用广泛。

4. 超静定结构的类型（图 17.1）

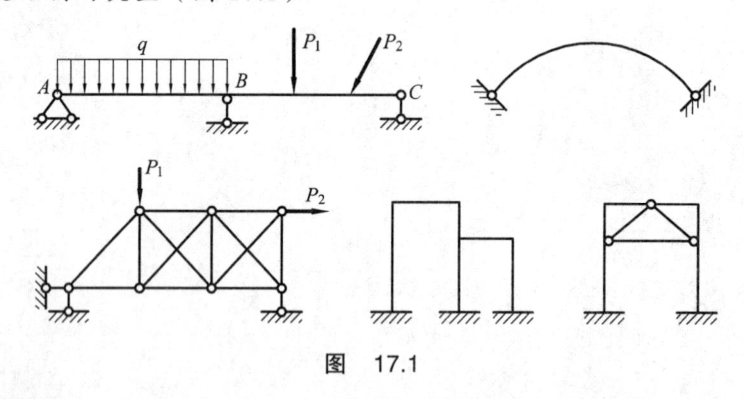


图　17.1

(1) 超静定梁；

(2) 超静定刚架；

(3) 超静定桁架；

(4) 超静定拱；

(5) 超静定组合结构。

## 二、超静定次数的确定

1. 如何确定超静定次数

去掉超静定结构的多余约束，使其成为静定结构，则去掉多余约束的个数即为该结构的超静定次数（可分析以上结构）。

2. 去掉多余联系的方法

(1) 去掉支座的一根支杆或切断一根链杆相当于去掉一个联系。

(2) 去掉一个铰支座或一个简单铰相当于去掉两个联系。

(3) 去掉一个固定支座或将刚性联结切断相当于去掉三个联系。

(4) 将固定支座改为铰支座或将刚性联结改为铰联结相当于去掉一个联系。

3. 确定超静定次数时应注意的问题

(1) 刚性联结的封闭框格，必须沿某一截面将其切断。

(2) 去掉多余联系的方法有多种，但所得到的必须是几何不变体系。

# 第二节　力法原理和力法方程

## 一、力法原理

(1) 注意原结构、原体系、基本结构和基本体系的概念。

(2) 解题思路如图 17.2 所示。

建立力法方程的位移条件：$\varDelta_1 = \varDelta_{11} + \varDelta_{1P} = 0$

力法方程：$\delta_{11}X_1 + \varDelta_{1P} = 0$

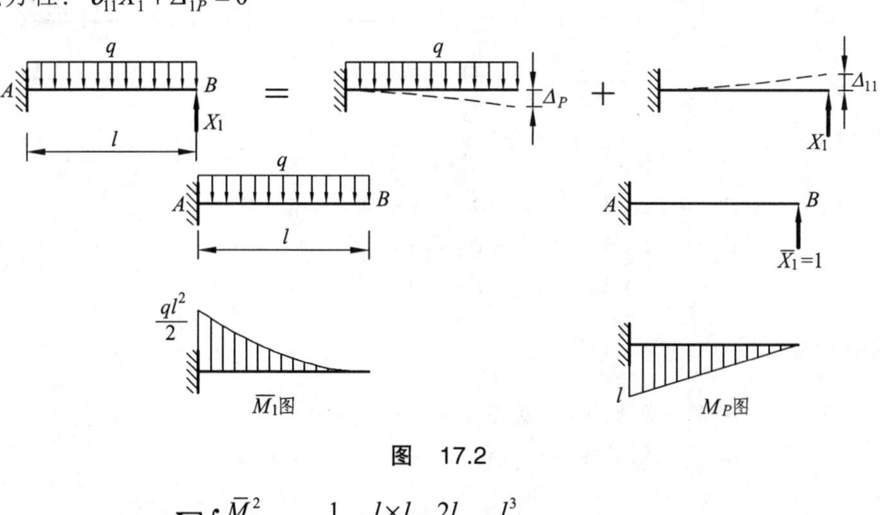


图　17.2

$$\delta_{11} = \sum\int \frac{\bar{M}_1^2}{EI}\mathrm{d}s = \frac{1}{EI}\times\frac{l\times l}{2}\times\frac{2l}{3} = \frac{l^3}{3EI}$$

$$\varDelta_{1P} = \sum\int \frac{\bar{M}_1 M_P}{EI}\mathrm{d}s = -\frac{1}{EI}\left(\frac{1}{3}\times\frac{ql^2}{2}\times l\right)\times\frac{3l}{4} = -\frac{ql^4}{8EI}$$

将 $\delta_{11}$ 和 $\varDelta_{1P}$ 代入力法方程：$X_1=-\dfrac{\varDelta_{1P}}{\delta_{11}}=\dfrac{ql^4}{8EI}\cdot\dfrac{3EI}{l^3}=\dfrac{3}{8}ql$

相关结论见图 17.3。

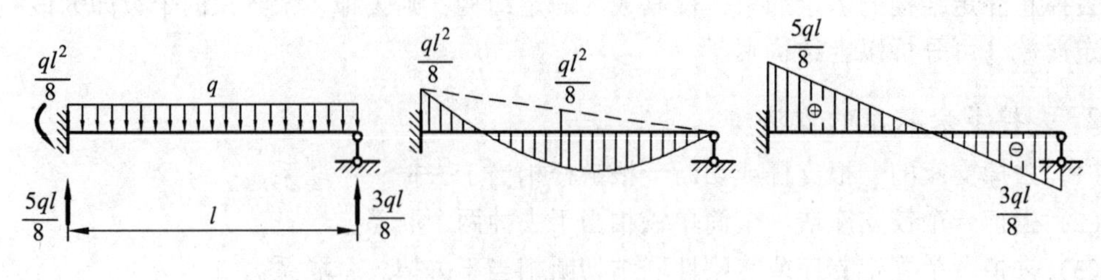


图　17.3

## 二、力法的典型方程

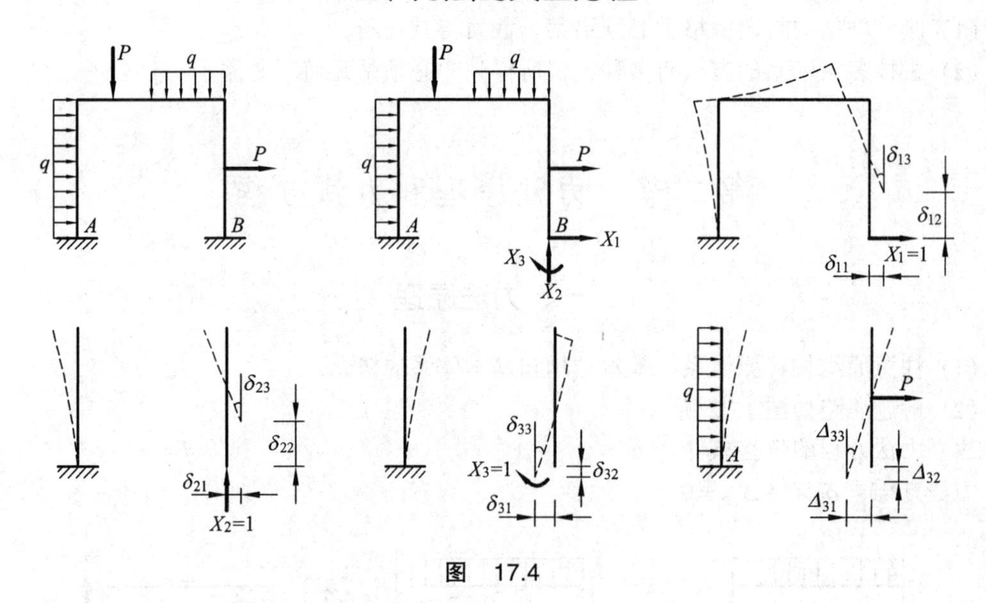


图　17.4

如图 17.4 所示：

$$\begin{cases}\varDelta_1=0\\ \varDelta_2=0\\ \varDelta_3=0\end{cases}\Rightarrow\begin{cases}\varDelta_1=\delta_{11}X_1+\delta_{12}X_2+\delta_{13}X_3+\varDelta_{1P}=0\\ \varDelta_2=\delta_{21}X_1+\delta_{22}X_2+\delta_{23}X_3+\varDelta_{2P}=0\\ \varDelta_3=\delta_{31}X_1+\delta_{32}X_2+\delta_{33}X_3+\varDelta_{3P}=0\end{cases}\tag{17.1}$$

力法的典型方程：

$$\begin{cases}\delta_{11}X_1+\delta_{12}X_2+\cdots+\delta_{1i}X_i+\cdots+\delta_{1n}X_n+\varDelta_{1P}=0\\ \delta_{21}X_1+\delta_{22}X_2+\cdots+\delta_{2i}X_i+\cdots+\delta_{2n}X_n+\varDelta_{2P}=0\\ \quad\vdots\\ \delta_{i1}X_1+\delta_{i2}X_2+\cdots+\delta_{ii}X_i+\cdots+\delta_{in}X_n+\varDelta_{iP}=0\\ \quad\vdots\\ \delta_{n1}X_1+\delta_{n2}X_2+\cdots+\delta_{ni}X_i+\cdots+\delta_{nn}X_n+\varDelta_{nP}=0\end{cases}\tag{17.2}$$

注意点:

(1) 主系数、副系数、自由项的概念。

(2) $\delta_{ii}$和$\delta_{ij}$统称为柔度系数; $\delta_{ij}=\delta_{ji}$。

(3) 沿某多余未知力方向的位移不总为零。

# 第三节　用力法计算超静定梁和刚架

## 一、超静定梁的计算

**【例 17.1】** 试作图 17.5 所示梁的弯矩图。设 $B$ 端弹簧支座的弹簧刚度系数为 $k$,梁抗弯刚度 $EI$ 为常数。

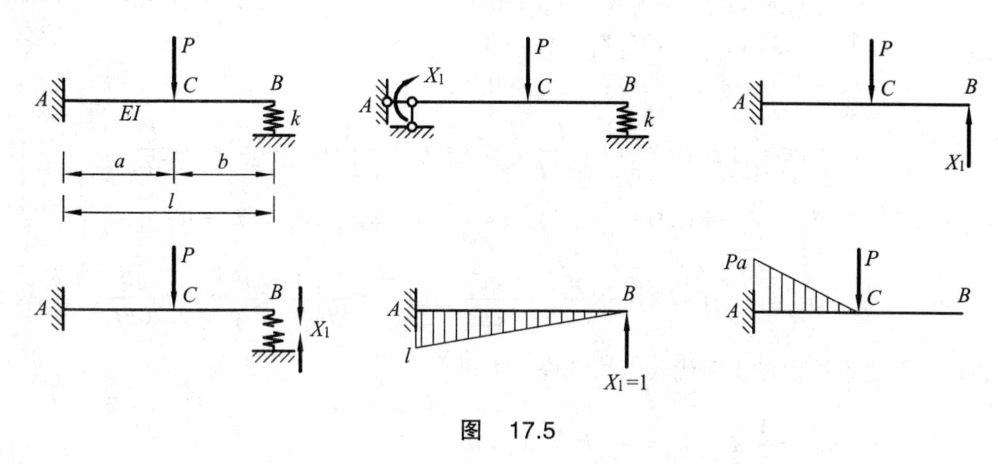


图　17.5

**解**: 可取不同的基本体系。由于基本体系不同,力法方程亦应作相应变化。对应于图示的三种基本体系,力法方程分别为:

$$\delta_{11}X_1+\Delta_{1P}+\Delta_{1C}=0\ ,\quad \delta_{11}X_1+\Delta_{1P}=-\frac{X_1}{k}\ ,\quad \delta_{11}X_1+\Delta_{1P}=0$$

比较以上三种解法,显然取基本体系二计算起来较为方便。

$$\delta_{11}=\frac{l^3}{3EI}\ ,\quad \Delta_{1P}=-\frac{Pa^2(3l-a)}{6EI}\ ,\quad X_1=\frac{Pa^3(1+3b/2a)}{l^3(1+3EI/kl^3)}$$

分析上式,多余力 $X_1$ 的值与抗弯刚度 $EI$ 对弹簧刚度 $k$ 的比值 $EI/k$ 有关。当 $k\to\infty$时,$B$ 端相当于刚性支承的情形。当 $k=0$ 时,$B$ 端多余力 $X_1''=0$,$B$ 端相当于自由端。

**【例 17.2】** 试分析图 17.6 所示超静定梁。设 $EI$ 为常数。

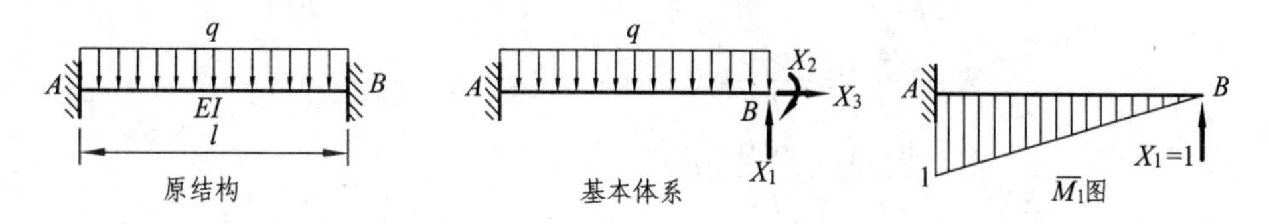

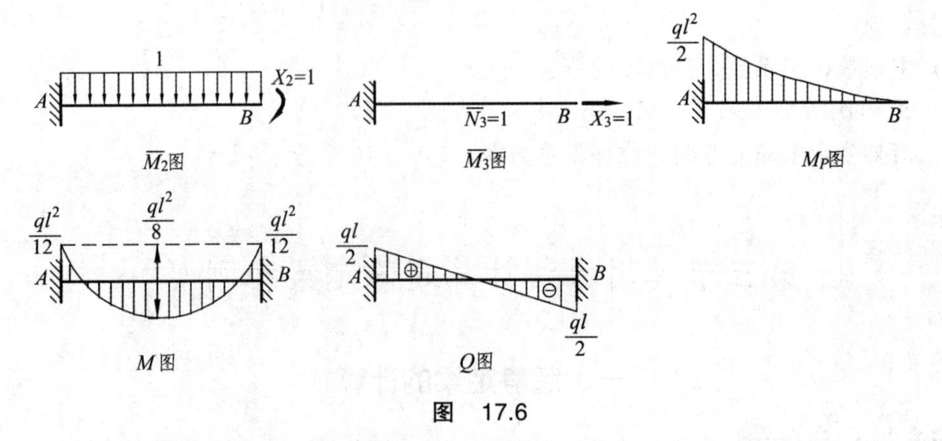


图 17.6

**解**：写出力法方程。

$$\begin{cases}\delta_{11}X_1+\delta_{12}X_2+\delta_{13}X_3+\varDelta_{1P}=0\\ \delta_{21}X_1+\delta_{22}X_2+\delta_{23}X_3+\varDelta_{2P}=0\\ \delta_{31}X_1+\delta_{32}X_2+\delta_{33}X_3+\varDelta_{3P}=0\end{cases}$$

$$\delta_{11}=\frac{1}{EI}\left(\frac{1}{2}l\times l\times\frac{2}{3}l\right)=\frac{l^3}{3EI}\text{，}\quad \delta_{12}=\delta_{21}=-\frac{1}{EI}\left(\frac{1}{2}l\times l\times 1\right)=-\frac{l^2}{2EI}$$

$$\delta_{22}=\frac{1}{EI}(l\times 1\times 1)=\frac{l}{EI}\text{，}\quad \delta_{33}=\frac{l}{EA}\text{，}\quad \delta_{13}=\delta_{31}=\delta_{23}=\delta_{32}=0$$

$$\varDelta_{1P}=-\frac{1}{EI}\left(\frac{1}{3}l\times\frac{ql^2}{2}\times\frac{3l}{4}\right)=-\frac{ql^4}{8EI}\text{，}\quad \varDelta_{2P}=\frac{1}{EI}\left(\frac{1}{3}l\times\frac{ql^2}{2}\times 1\right)=\frac{ql^3}{6EI}\text{，}\quad \varDelta_{3P}=0$$

将以上柔度系数和自由项代入力法方程，求得：

$$X_1=\frac{1}{2}ql\text{，}\quad X_2=\frac{1}{12}ql^2\text{，}\quad X_3=0$$

## 二、超静定刚架的计算

**【例 17.3】** 试分析图 17.7 所示超静定刚架，绘制其内力图。

**解**：

$$\begin{cases}\delta_{11}X_1+\delta_{12}X_2+\varDelta_{1P}=0\\ \delta_{21}X_1+\delta_{22}X_2+\varDelta_{2P}=0\end{cases}$$

$$\delta_{11}=\frac{1}{EI}\left(\frac{1}{2}\times 4\times 4\right)\times\left(\frac{2}{3}\times 4\right)=\frac{64}{3EI}\text{，}\quad \delta_{12}=\delta_{21}=\frac{1}{EI}\left(\frac{1}{2}\times 4\times 4\right)\times 3=\frac{24}{EI}$$

$$\delta_{22}=\frac{1}{2EI}\left[\left(\frac{1}{2}\times 3\times 3\right)\times\left(\frac{2}{3}\times 3\right)\right]+[(3\times 4)\times 3]=\frac{81}{2EI}$$

$$\varDelta_{1P}=-\frac{1}{EI}\left(\frac{1}{3}\times 4\times 160\right)\times\left(\frac{3}{4}\times 4\right)=-\frac{640}{EI}\text{，}\quad \varDelta_{2P}=-\frac{1}{EI}\left(\frac{1}{3}\times 4\times 160\right)\times 3=-\frac{640}{EI}$$

$$\begin{cases}\dfrac{64}{3EI}X_1+\dfrac{24}{EI}X_2-\dfrac{640}{EI}=0\\ \dfrac{24}{EI}X_1+\dfrac{81}{2EI}X_2-\dfrac{640}{EI}=0\end{cases}$$

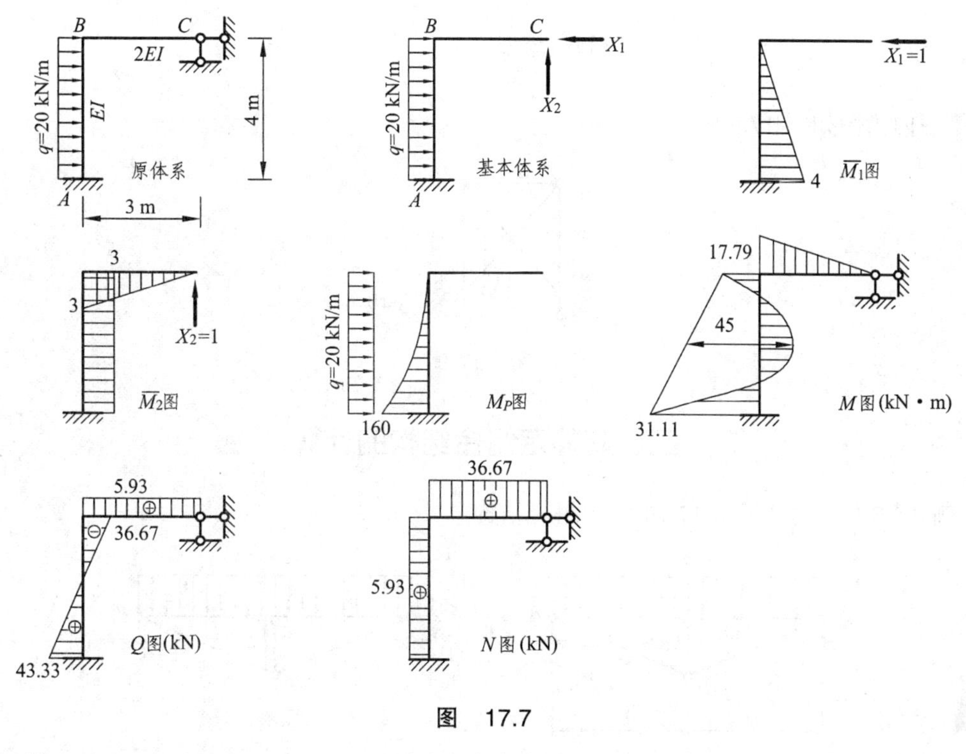


图　17.7

解得：$X_1 = 36.67\ \text{kN}(\leftarrow)$，$X_2 = -5.93\ \text{kN}(\downarrow)$

# 第四节　用力法计算超静定桁架和组合结构

## 一、超静定桁架的计算

**【例 17.4】**　如图 17.8 所示，各杆 $EA$ 相同，求各杆内力。

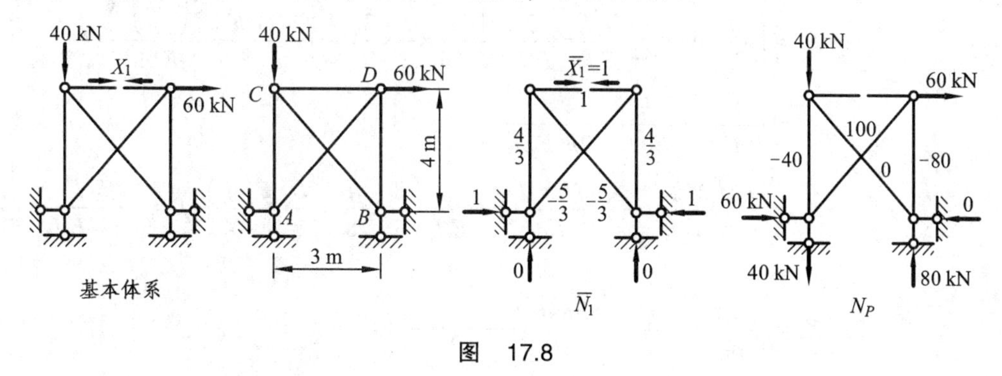


图　17.8

**解：**

$$\delta_{11}X_1 + \Delta_{1P} = 0$$

$$\delta_{11} = \sum \frac{\overline{N}_1^2}{EA} l = \frac{1}{EA}\left[\left(\frac{4}{3}\right)^2 \times 4 \times 2 + \left(-\frac{5}{3}\right)^2 \times 5 \times 2 + (1)^2 \times 3\right] = \frac{405}{9EA}$$

$$X_1 = -\frac{\Delta_{1P}}{\delta_{11}} = 32.74 \text{ kN (拉力)}$$

最后内力图如图 17.9 所示。

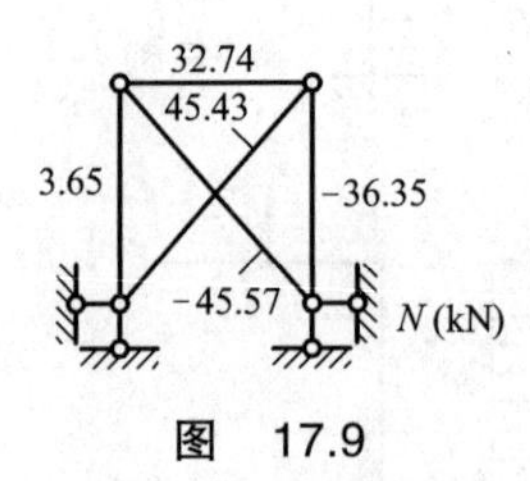


图 17.9

## 二、超静定组合结构的计算

**【例 17.5】** 试分析图 17.10 所示组合结构。

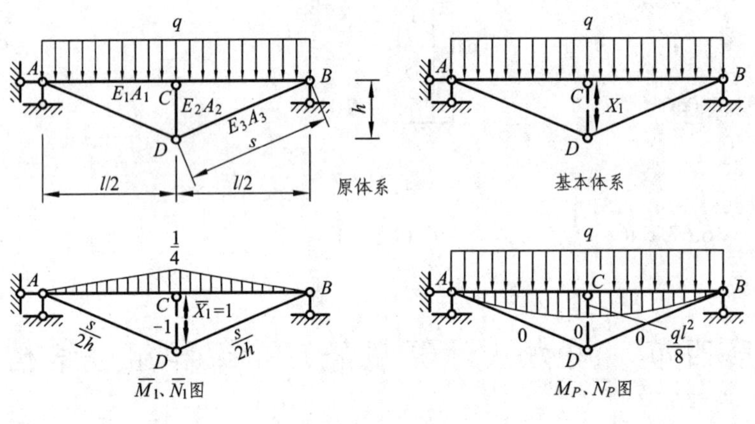


图 17.10

**解：**

$$\delta_{11}X_1 + \Delta_{1P} = 0$$

$$\delta_{11} = \int \frac{\overline{M}_1^2}{E_1I_1}\mathrm{d}s + \sum \frac{\overline{N}_1^2 l}{EA} = \frac{2}{E_1I_1}\left(\frac{1}{2}\times\frac{l}{4}\times\frac{l}{2}\times\frac{2}{3}\times\frac{l}{4}\right) + \frac{(1)^2 h}{E_2A_2} + \frac{2\left(\frac{s}{2h}\right)^2 s}{E_3A_3}$$

$$= \frac{l^3}{48E_1I_1} + \frac{h}{E_2A_2} + \frac{s^3}{2h^2E_3A_3}$$

$$\Delta_{1P} = \int \frac{\overline{M}_1 M_P}{E_1I_1}\mathrm{d}s + \sum \frac{\overline{N}_1 N_P l}{EA} = -\frac{2}{E_1I_1}\left(\frac{2}{3}\times\frac{ql^2}{8}\times\frac{l}{2}\times\frac{5}{8}\times\frac{l}{4}\right) + 0 = -\frac{5ql^4}{384E_1I_1}$$

$$X_1 = -\frac{\Delta_{1P}}{\delta_{11}} = \frac{\frac{5ql^4}{384E_1I_1}}{\frac{l^3}{48E_1I_1} + \frac{h}{E_2A_2} + \frac{s^3}{2h^2E_3A_3}}$$

## 三、超静定排架的计算

单层厂房往往采用排架结构，排架也属于组合结构，它由屋架（或屋面大梁）、柱和基础组成。柱与基础为刚性联结，屋架与柱顶则为铰联结。工程中常采用以下近似计算方法：

（1）在屋面荷载作用下，屋架按桁架计算。有关桁架计算简图的选取及计算在前面的章节已作介绍。

（2）当柱承受水平荷载时，屋架对柱顶只起联系作用，由于屋架在其平面内的刚度很大，所以在计算排架柱的内力时，可以不考虑桁架变形的影响，而用一根 $EA\to\infty$ 的链杆代替。

思考：① 排架由哪几部分组成，是工程中哪一类结构的简化？② 排架的受力特点是什么？③ 如何用力法计算排架，一般将排架的哪一部分作为多余约束对待？

分析不等高两跨排架解法如图 17.11 所示。

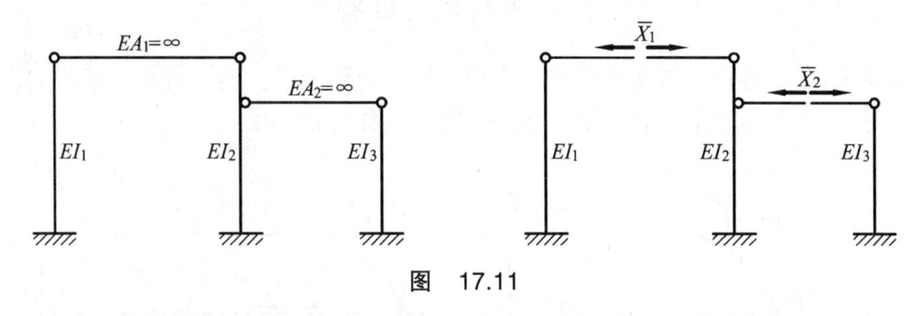


图 17.11

# 第五节 两铰拱及系杆拱的计算

## 一、两铰拱的特点

（1）两铰拱为一次超静定结构，其墩台位移、温度变化、混凝土收缩和弹性压缩均会引起附加内力。

（2）两铰拱的拱轴线不论何种形式，都必须先求得在荷载作用下拱脚处的多余水平推力，然后根据静力平衡条件，可求得任意截面的拱圈内力。

## 二、不带拉杆两铰拱的计算

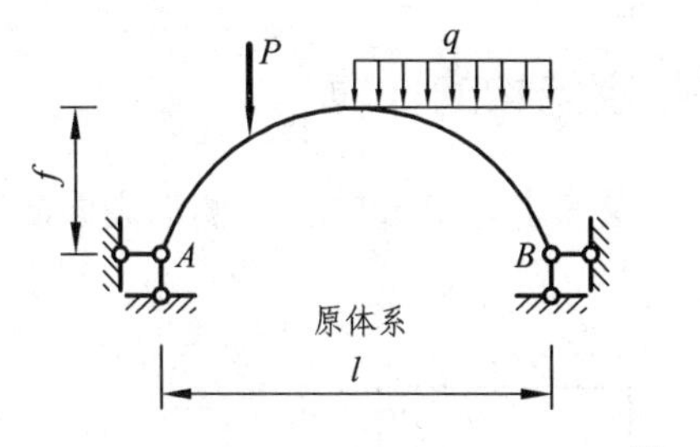


图 17.12

如图 17.12 所示：

$$\delta_{11}X_1+\Delta_{1P}=0$$

计算柔度系数和自由项时，一般可略去剪力影响，而轴力影响通常仅当拱高 $f$ 小于跨度

$l$ 的 1/3，拱的截面厚度 $t$ 与跨度 $l$ 之比小于 1/10 时，才在 $\delta_{11}$ 中予以考虑，因此有：

$$\begin{cases}\delta_{11}=\int\frac{\bar{M}_1^2}{EI}\mathrm{d}s+\int\frac{\bar{N}_1^2}{EA}\mathrm{d}s\\ \varDelta_{1P}=\int\frac{\bar{M}_1M_P}{EI}\mathrm{d}s\end{cases}\Rightarrow X_1=-\frac{\varDelta_{1P}}{\delta_{11}}=\frac{\int\frac{yM_P}{EI}\mathrm{d}s}{\int\frac{y^2}{EI}\mathrm{d}s+\int\frac{\cos^2\varphi}{EA}\mathrm{d}s} \tag{17.3}$$

式中 $\bar{M}_1=-y$ ，$\bar{N}_1=\cos\varphi$

## 三、系杆拱的计算

当拱的基础比较弱时，如支承在砖墙或独立柱上的两铰拱，通常可在两铰拱的底部设置拉杆以承担水平推力（图 17.13）。带拉杆的两铰拱也称为系杆拱。

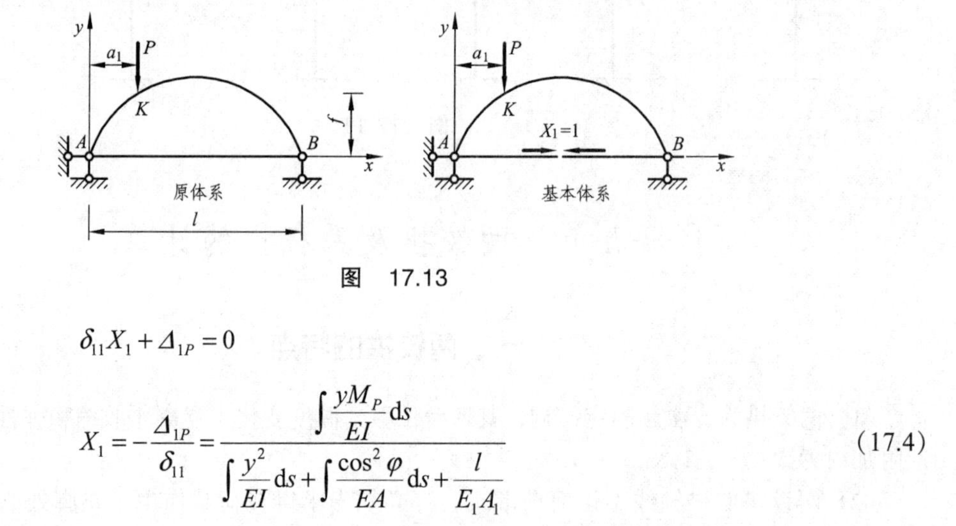


图 17.13

$$\delta_{11}X_1+\varDelta_{1P}=0$$

$$X_1=-\frac{\varDelta_{1P}}{\delta_{11}}=\frac{\int\frac{yM_P}{EI}\mathrm{d}s}{\int\frac{y^2}{EI}\mathrm{d}s+\int\frac{\cos^2\varphi}{EA}\mathrm{d}s+\frac{l}{E_1A_1}} \tag{17.4}$$

# 第六节　温度变化、支座移动及制造误差时超静定结构的计算

## 一、温度变化时超静定结构的计算

图 17.14 所示的超静定刚架，设其外侧的表面温度上升了 $t_1$ °C，内侧的表面温度上升了 $t_2$ °C，现在用力法计算其内力。

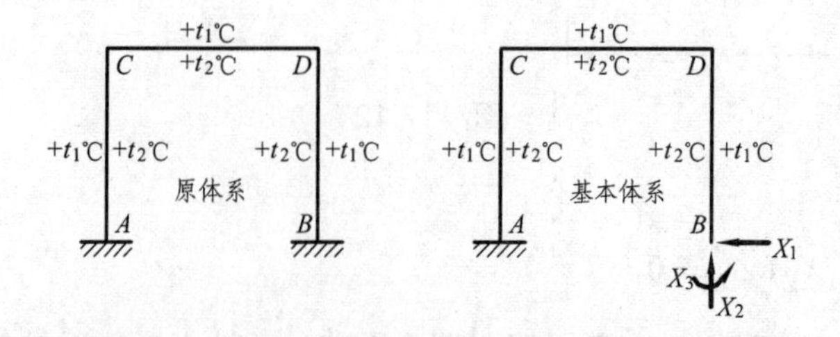


图 17.14

$$\begin{cases}\delta_{11}X_1+\delta_{12}X_2+\delta_{13}X_3+\Delta_{1t}=0\\ \delta_{21}X_1+\delta_{22}X_2+\delta_{23}X_3+\Delta_{2t}=0\\ \delta_{31}X_1+\delta_{32}X_2+\delta_{33}X_3+\Delta_{3t}=0\end{cases}$$

式中
$$\Delta_{it}=\sum(\pm)\int\bar{N}_i\alpha t_0\mathrm{d}s+\sum(\pm)\int\frac{\bar{M}_i\alpha\Delta t}{h}\mathrm{d}s\quad(i=1,\ 2,\ 3)$$

若每一杆件沿其全长温度改变相同，且截面尺寸不变，则：

$$\Delta_{it}=\sum(\pm)\alpha t_0\omega_{\bar{N}_i}+\sum(\pm)\alpha\frac{\Delta t}{h}\omega_{\bar{M}_i}$$

解出多余力 $X_1$、$X_2$ 和 $X_3$ 后，原体系的弯矩按下式计算：

$$M=X_1\bar{M}_1+X_2\bar{M}_2+X_3\bar{M}_3$$

**【例 17.6】** 图 17.15 所示刚架外侧温度升高了 25 °C，内侧温度升高了 15 °C，试绘制其弯矩图并计算横梁中点的竖向位移。设刚架 $EI$ 等于常数，截面对称于形心轴，其高度 $h=0.6$ m，材料线膨胀系数为 $\alpha$。

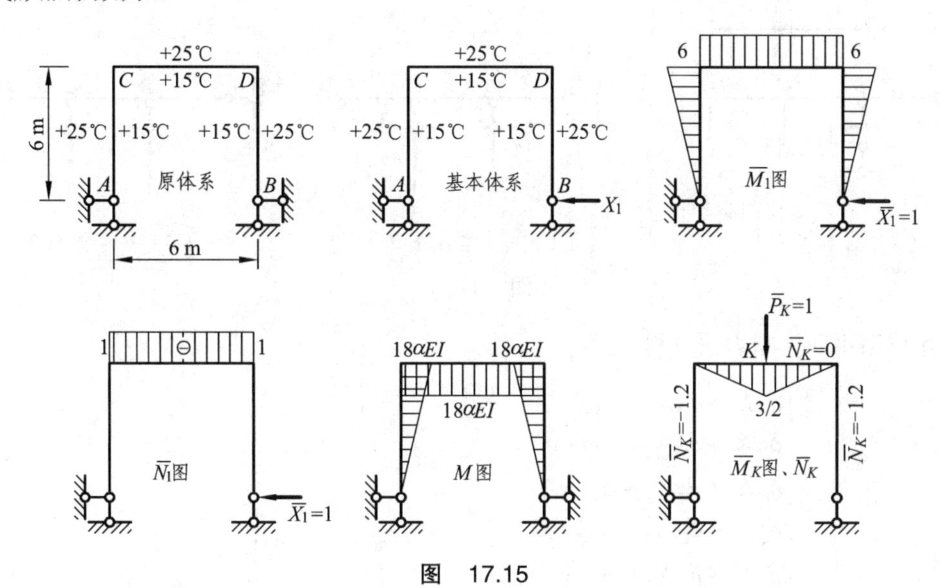


图 17.15

**解**：
$$\delta_{11}X_1+\Delta_{1t}=0$$

$$\delta_{11}=\sum\int\frac{\bar{M}_1^2\mathrm{d}s}{EI}=\frac{1}{EI}\left(2\times\frac{6\times6}{2}\times\frac{2\times6}{3}+6\times6\times6\right)=\frac{360}{EI}$$

$$\begin{aligned}\Delta_{1t}&=\sum(\pm)\alpha t_0\omega_{\bar{N}_1}+\sum(\pm)\frac{\alpha\Delta t}{h}\omega_{\bar{M}_1}\\&=-\alpha\times\frac{25+15}{2}\times(1\times6)+\frac{\alpha}{0.6}\times(25-15)\times\left(2\times\frac{6\times6}{2}+6\times6\right)\\&=-120\alpha+1\ 200\alpha=1\ 080\alpha\end{aligned}$$

$$\Rightarrow X_1=-\frac{\Delta_{1t}}{\delta_{11}}=-\frac{1\ 080\alpha}{\dfrac{360}{EI}}=-3.00\alpha EI$$

求横梁中点 $K$ 的竖向位移：

$$\begin{aligned}\Delta_K &= \sum\int\frac{\bar{M}_K M_P}{EI}ds + \sum(\pm)\alpha t_0\omega_{\bar{N}_K} + \sum(\pm)\frac{\alpha\Delta t}{h}\omega_{\bar{M}_K} \\ &= \frac{1}{EI}\left(\frac{1}{2}\times 6\times\frac{3}{2}\times 18\alpha EI\right) - \alpha\times\frac{25+15}{2}\times 2\times\frac{1}{2}\times 6 - \frac{\alpha(25-15)}{0.6}\times\left(\frac{1}{2}\times\frac{3}{2}\times 6\right) \\ &= 81\alpha - 120\alpha - 75\alpha = -114\alpha\ (\downarrow)\end{aligned}$$

在温度变化时，超静定结构的内力与各杆刚度的绝对值有关。

## 二、支座移动时超静定结构的计算

图 17.16 所示连续梁，设其支座 $B$ 下沉了 $c_1$，支座 $C$ 下沉了 $c_2$。

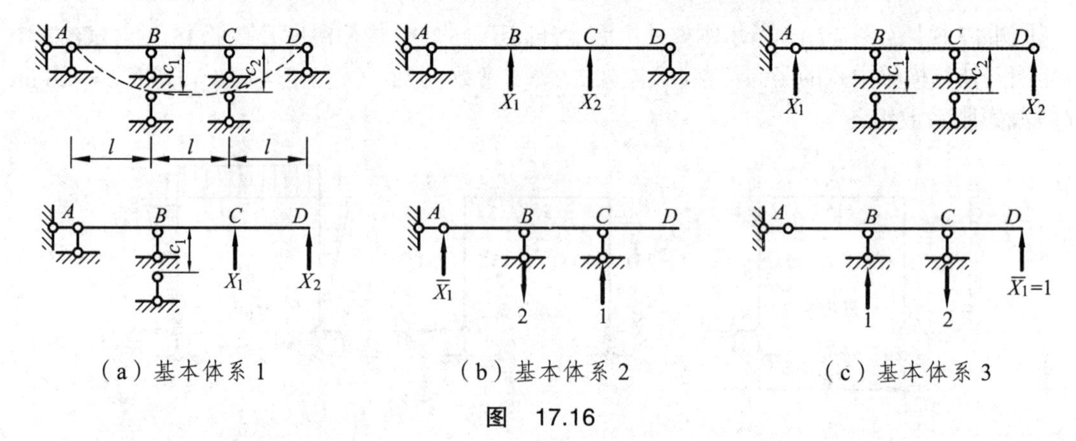


（a）基本体系 1　　（b）基本体系 2　　（c）基本体系 3

图　17.16

基本体系不同，则力法方程不同：

$$\begin{cases}\delta_{11}X_1+\delta_{12}X_2=-c_1\\ \delta_{21}X_1+\delta_{22}X_2=-c_2\end{cases}$$

$$\begin{cases}\delta_{11}X_1+\delta_{12}X_2+\Delta_{1C}=0\\ \delta_{21}X_1+\delta_{22}X_2+\Delta_{2C}=0\end{cases}$$

$$\begin{cases}\delta_{11}X_1+\delta_{12}X_2+\Delta_{1C}=-c_2\\ \delta_{21}X_1+\delta_{22}X_2+\Delta_{2C}=0\end{cases}$$

支座移动所引起的沿多余力 $X_i$ 方向的位移：$\Delta_{ic}=-\sum\bar{R}_iC_a$

基本体系 2：

$$\Delta_{1c}=-(2\times c_1-1\times c_2)=c_2-2c_1$$

$$\Delta_{2c}=-(-1\times c_1+2\times c_2)=c_1-2c_2$$

原体系的弯矩计算式为：$M=X_1\bar{M}_1+X_2\bar{M}_{23}$

**【例 17.7】** 图 17.17 所示超静定梁，支座 $A$ 处发生转角 $\varphi_A$。试求梁的内力。

**解法 1：**

$$\delta_{11}X_1+\Delta_{1c}=0$$

$$\delta_{11}=\frac{1}{EI}\left(\frac{1}{2}\times l\times l\times\frac{2}{3}\times l\right)=\frac{l^3}{3EI}，\quad \Delta_{1c}=-\sum\overline{R}_i\cdot C_a=-(l\times\varphi_A)=-l\varphi_A$$

$$\Rightarrow X_1=-\frac{\Delta_{1c}}{\delta_{11}}=\frac{3EI}{l^2}\varphi_A$$

**解法 2**：

$$\delta_{11}X_1=\varphi_A$$

$$\delta_{11}=\frac{1}{EI}\left(\frac{1}{2}\times 1\times l\times\frac{2}{3}\right)=\frac{1}{3EI}，\quad X_1=\frac{3EI}{l}\varphi_A$$

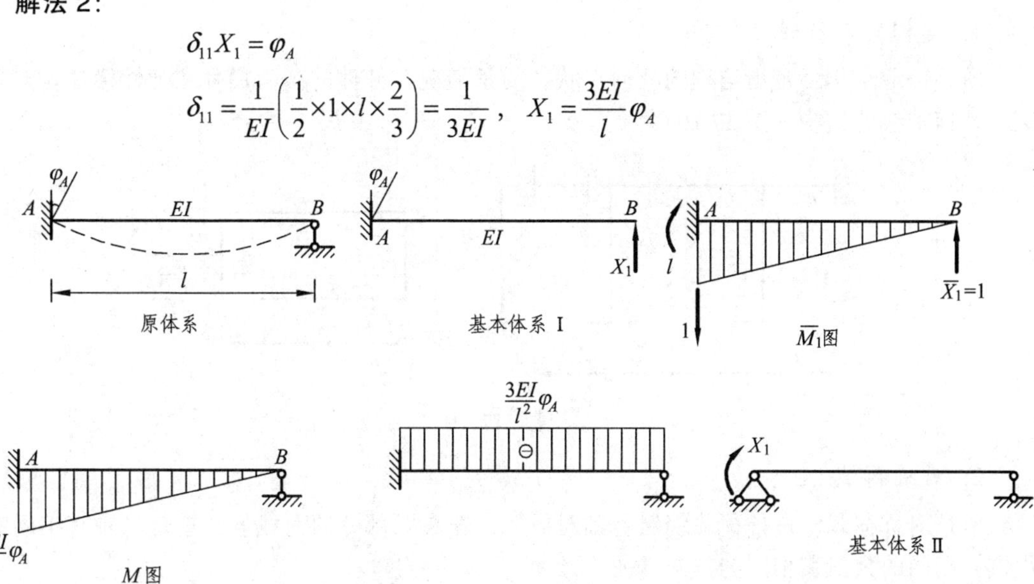


图 17.17

## 三、制造误差时超静定结构的计算

**【例 17.8】** 图 17.18 所示桁架，$CD$ 杆在制造时比准确长度短 2 cm，先将其拉伸安装。试求由此而引起的各杆内力。已知各杆 $EA=7.68\times10^5$ kN。

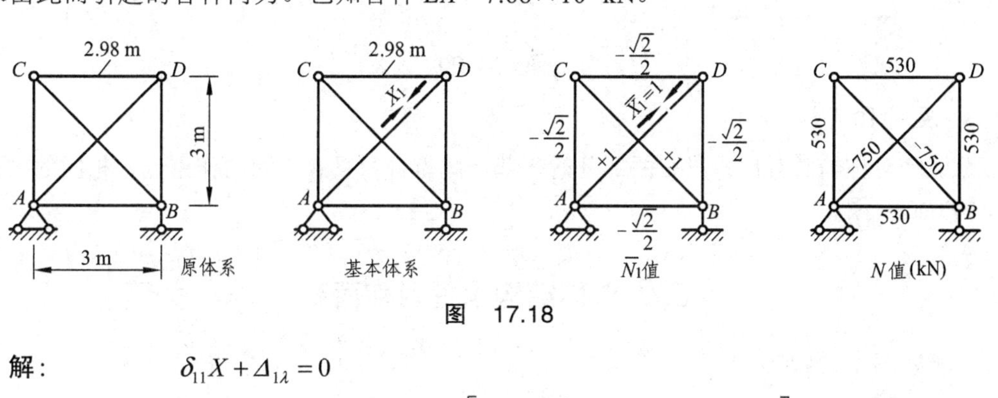


图 17.18

**解**：

$$\delta_{11}X+\Delta_{1\lambda}=0$$

$$\delta_{11}=\sum\frac{\overline{N}_1^2}{EA}l=\frac{1}{7.68\times10^5}\times\left[\left(-\frac{\sqrt{2}}{2}\right)^2\times3\times4+1^2\times3\sqrt{2}\times2\right]=1.886\times10^{-5}$$

$$\Delta_{1\lambda}=\sum\overline{N}_ie_i=\left(-\frac{\sqrt{2}}{2}\right)\times(-0.02)=1.414\times10^{-2}$$

$$\Rightarrow X_1=-\frac{\Delta_{1\lambda}}{\delta_{11}}=-\frac{1.414\times10^{-2}}{1.886\times10^{-5}}=-750\ \text{kN}$$

# 第七节　对称结构的计算

## 一、结构和荷载的对称性

### 1. 结构的对称性

所谓对称结构，是指结构的几何形状、支承情况、杆件的截面尺寸和弹性模量均对称于某一几何轴线的结构（图 17.19）。

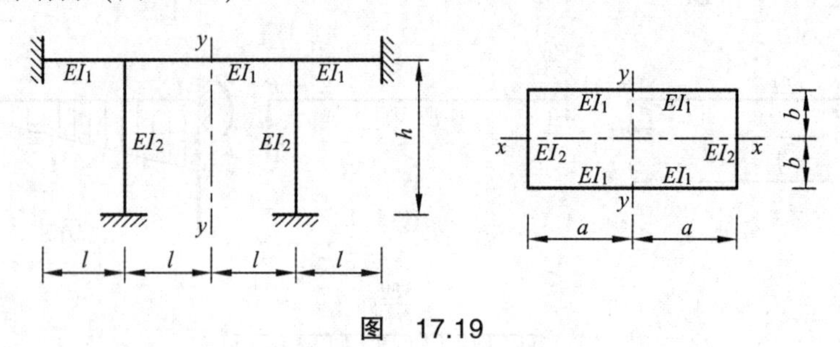


图　17.19

### 2. 对称荷载

所谓对称荷载，是指荷载绕对称轴对折后，左右两部分的荷载彼此重合，具有相同的作用点、相同的数值和相同的方向（图 17.20）。

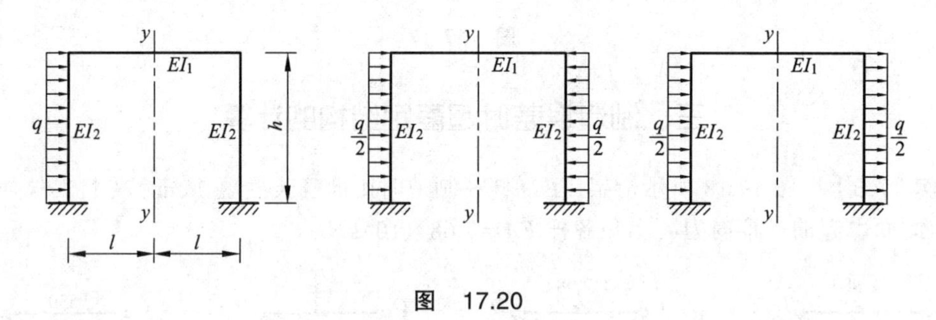


图　17.20

### 3. 反对称荷载

荷载绕对称轴对折后，左右两部分的荷载彼此重合，具有相同的作用点、相同的数值和相反的方向（图 17.20）。

## 二、对称结构承受对称荷载

分析如图 17.21 所示。

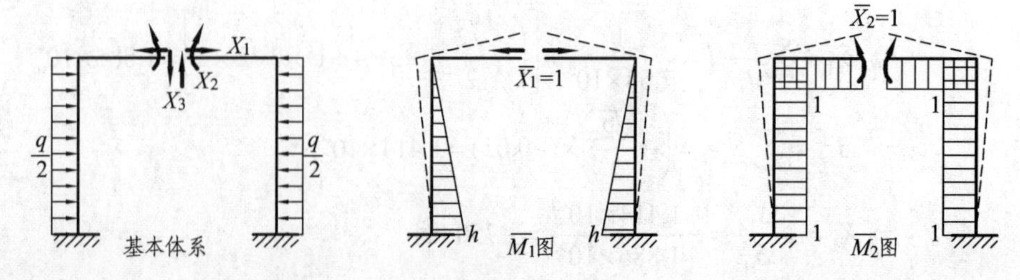

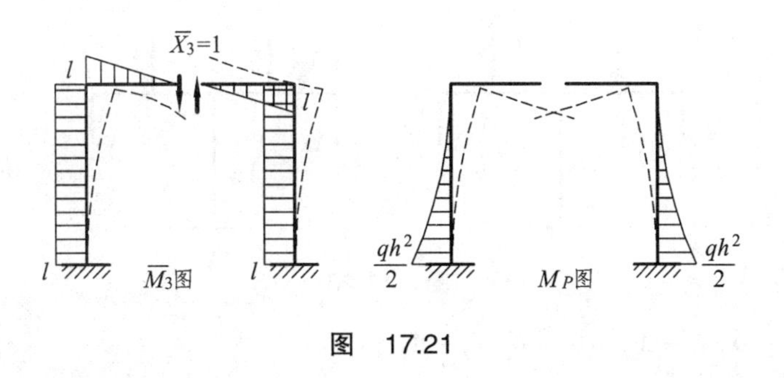


图　17.21

$$\begin{cases}\delta_{11}X_1+\delta_{12}X_2+\varDelta_{1P}=0\\ \delta_{21}X_1+\delta_{22}X_2+\varDelta_{2P}=0\\ \delta_{33}X_3=0\end{cases}$$

$X_1\neq 0$， $X_2\neq 0$， $X_3=0$

结论：对称结构在对称荷载作用下，只存在对称多余力，反对称多余力等于零，其变形是对称的。

## 三、对称结构承受反对称荷载

分析如图 17.22 所示。

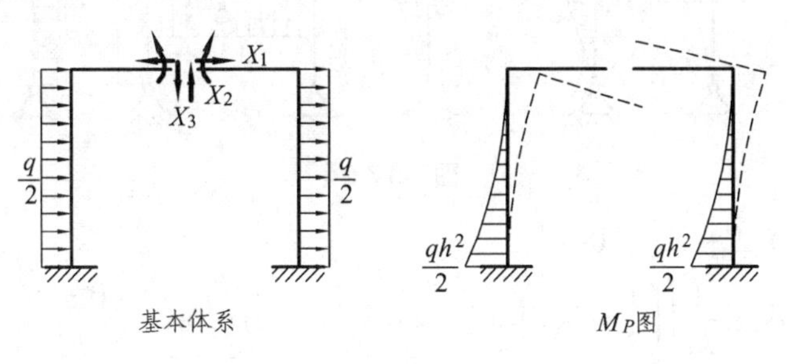


图　17.22

$$\begin{cases}\delta_{11}X_1+\delta_{12}X_2=0\\ \delta_{21}X_1+\delta_{22}X_2=0\\ \delta_{33}X_3+\varDelta_{3P}=0\end{cases}$$

$X_1=X_2=0$， $X_3\neq 0$

结论：对称结构在反对称荷载作用下，只存在反对称多余力，对称多余力等于零，其变形是反对称的。

【例 17.9】　分析对称结构的中柱恰好位于对称轴上的情况（图 17.23）。

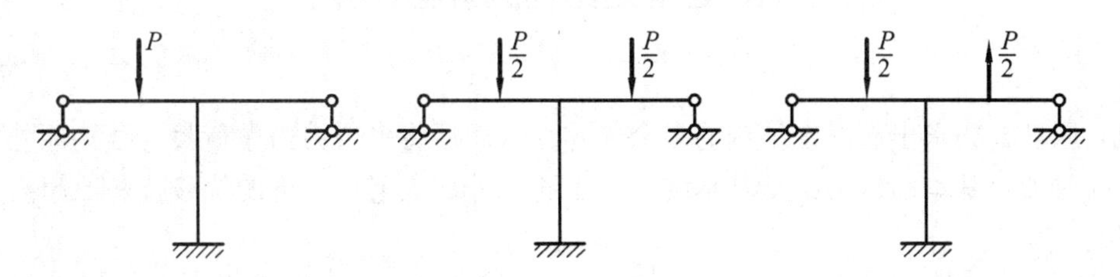

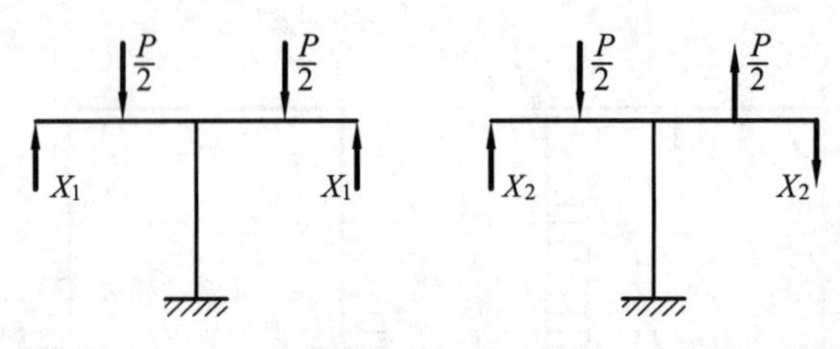


图 17.23

$$\delta_{11}X_1+\Delta_{1P}=0\text{ ，}\ \delta_{22}X_2+\Delta_{2P}=0$$

**【例 17.10】** 试分析图 17.24 所示刚架，绘出刚架内力图。设各杆 $EI$ 为常数，荷载如图所示。

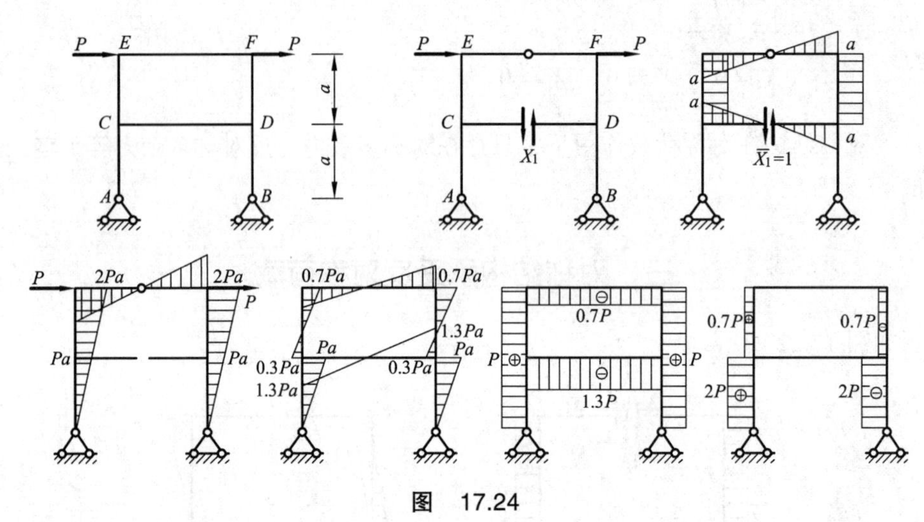


图 17.24

解：

$$\delta_{11}X_1+\Delta_{1P}=0$$

$$\delta_{11}=\frac{1}{EI}\left[\left(\frac{1}{2}\times a\times a\right)\times\left(\frac{2}{3}\times a\right)\times 4+(a\times a)\times a\times 2\right]=\frac{10a^3}{3EI}$$

$$\Delta_{1P}=\frac{1}{EI}\left[\left(\frac{1}{2}\times a\times a\right)\times\left(\frac{2}{3}\times 2aP\right)+\left(\frac{2Pa+a}{2}\right)\right]\times 2=\frac{13Pa^3}{3EI}$$

$$\Rightarrow X_1=-\frac{\Delta_{1P}}{\delta_{11}}=-\frac{13Pa^3}{3EI}\cdot\frac{3EI}{10a^3}=-1.3P$$

# 第八节　超静定结构的位移计算及最后内力图的校核

## 一、超静定结构的位移计算

1. 要　点

(1) 原理：先求出超静定结构的多余未知力，而后将多余力当做荷载与结构原外部因素一起，同时加在基本结构上，则基本结构在上述总外部因素作用下的位移就是原超静定结构的位移。

(2) 操作：将超静定结构的最后弯矩图作为求位移的 $M_P$ 图，求哪个方向的位移就在要求位移的方向上加上相应的单位力，而后按下式计算即可：

$$\Delta=\sum\int\frac{\bar{M}_K M_P}{EI}\mathrm{d}s$$

2. 应注意的问题

(1) 可取任一基本结构作为虚拟状态，尽量取单位弯矩图比较简单的基本结构。

(2) 单位弯矩图的约束不能大于原结构的约束。

(3) 计算超静定结构由于温度改变、支座移动、制造误差引起的位移时，其位移除包括 $\bar{M}_K$ 图与 $M_P$ 图相乘部分外，还应包括上述因素在基本结构上引起的位移。

**【例 17.11】** 试计算图 17.25 所示超静定梁中点 $C$ 的竖线位移 $\Delta_{CV}$。

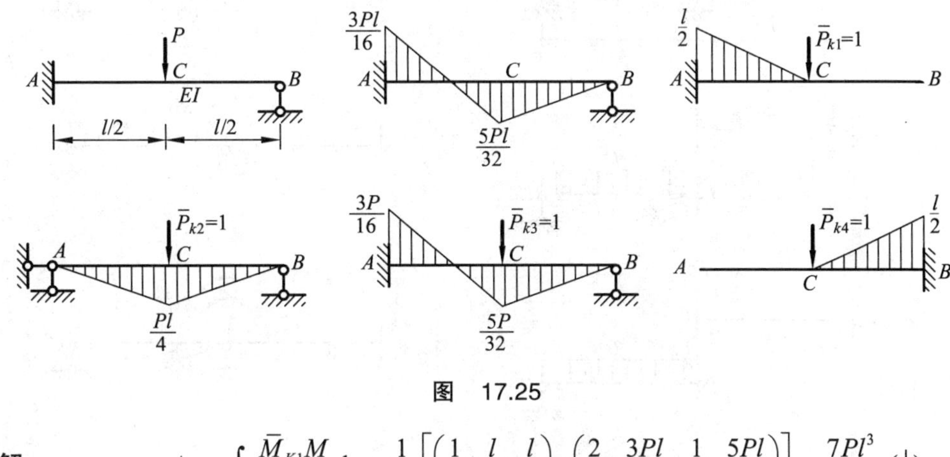


图 17.25

**解**：

$$\Delta_{CV}=\int_l\frac{\bar{M}_{K1}M}{EI}\mathrm{d}s=\frac{1}{EI}\left[\left(\frac{1}{2}\times\frac{l}{2}\times\frac{l}{2}\right)\times\left(\frac{2}{3}\times\frac{3Pl}{16}-\frac{1}{3}\times\frac{5Pl}{32}\right)\right]=\frac{7Pl^3}{768EI}(\downarrow)$$

## 二、超静定结构最后内力图的校核

1. 正确的内力图应满足的条件

(1) 静力平衡条件；

(2) 位移条件。

2. 校核方法

(1) 截取结构的任一部分，看其是否满足 $\sum M=0$、$\sum X=0$、$\sum Y=0$，以验算平衡条件。

(2) 验算沿任一多余力方向的位移，看其是否与原已知位移相符，以验算位移条件。

# 第十八章
# 位 移 法

## 第一节　位移法的基本概念

### 一、解题思路

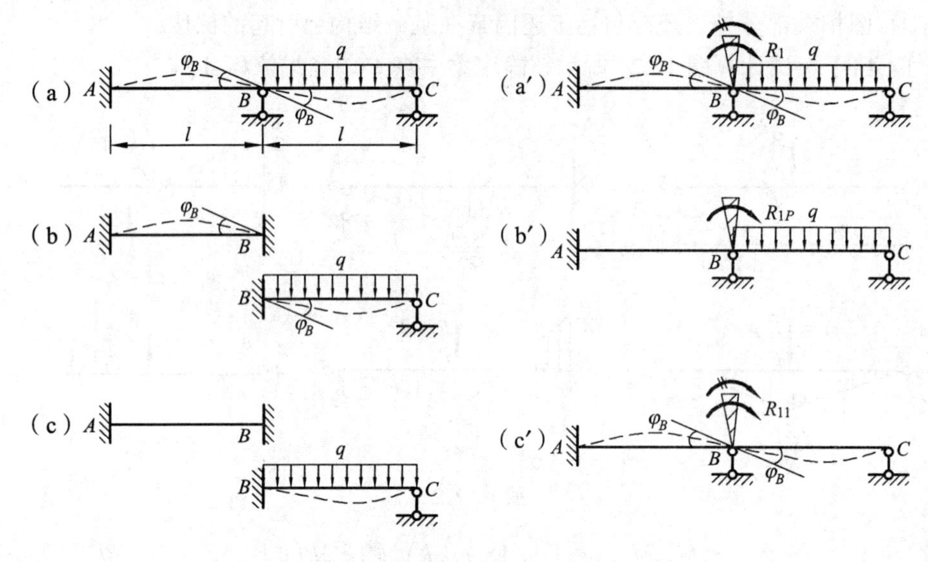


图　18.1

以图 18.1（a′)、(b′)、(c′) 分别代替图 18.1（a)、(b)、(c)：

$$Z_{11}=-\frac{R_{1P}}{r_{11}} \tag{18.1}$$

$$R_1=R_{11}+R_{1P}=r_{11}+R_{1P}=0 \tag{18.2}$$

### 二、解题示例

具体如图 18.2 所示。

**解**：

$$r_{11}Z_1+R_{1P}=0$$

$$r_{11}=\frac{4EI}{l}+\frac{4EI}{l}=\frac{7EI}{l},\quad R_{1P}=-\frac{ql^2}{8}$$

$$\Rightarrow Z_1=-\frac{R_{1P}}{r_{11}}=-\frac{-\frac{ql^2}{8}}{\frac{7EI}{l}}=\frac{ql^3}{56EI}$$

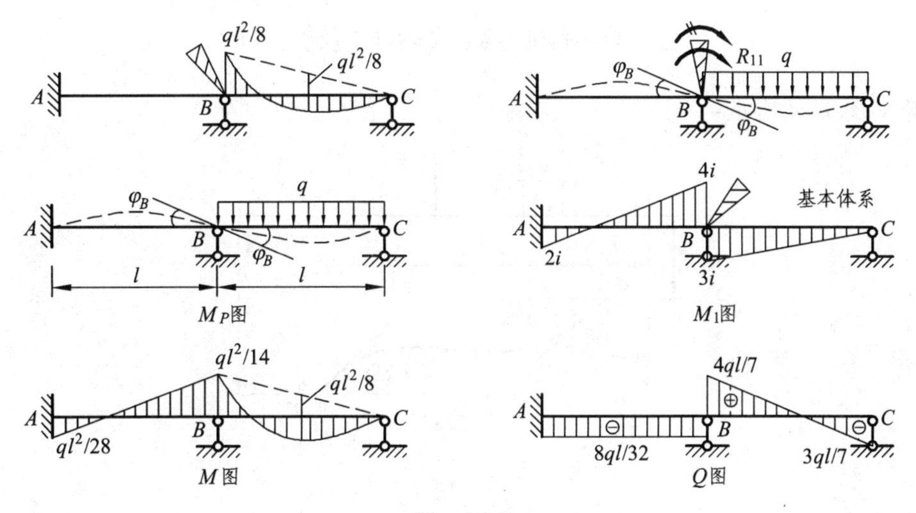


图 18.2

依内力图求支座反力：$M_A = \dfrac{ql^2}{28}$ (↵)，$V_A = \dfrac{3ql}{28}$ (↑)，$V_B = \dfrac{9ql}{28}$ (↑)，$V_C = \dfrac{3ql}{7}$ (↑)。

# 第二节　等截面直杆的转角位移方程

## 一、为什么要研究等截面直杆的转角位移方程

（1）位移法是以等截面直杆（单跨超静定梁）作为其计算基础的。

（2）等截面直杆的杆端力与荷载、杆端位移之间恒具有一定的关系——“转角位移方程”。

（3）渐近法中也要用到转角位移方程。

## 二、杆端力的表示方法和正负号的规定

（1）弯矩：$M_{AB}$表示 $AB$ 杆 $A$ 端的弯矩。对杆端而言，顺时针为正，逆时针为负；对结点而言，顺时针为负，逆时针为正。如图 18.3（a）所示。

（2）剪力：$\boldsymbol{Q}_{AB}$表示 $AB$ 杆 $A$ 端的剪力。正负号规定同“材料力学”。如图 18.3（b）所示。

（3）固端弯矩、固端剪力：单跨超静定梁仅由于荷载作用所产生的杆端弯矩称为固端弯矩，相应的剪力称为固端剪力，用 $M_{AB}$、$M_{BA}$、$\boldsymbol{Q}_{AB}$、$\boldsymbol{Q}_{BA}$ 表示。

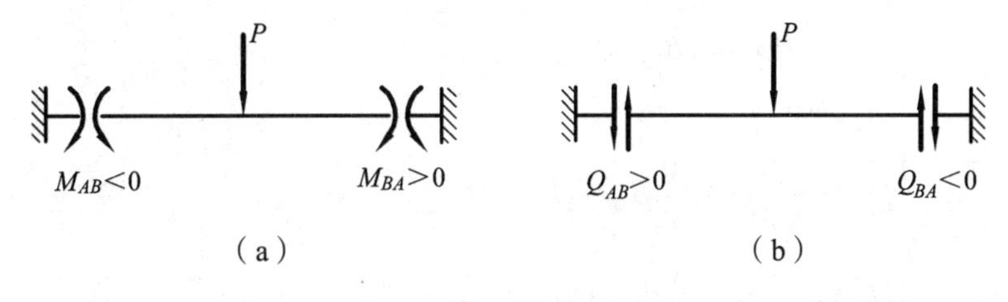


图 18.3

## 三、两端固定梁的转角位移方程

分析如图 18.4 所示。

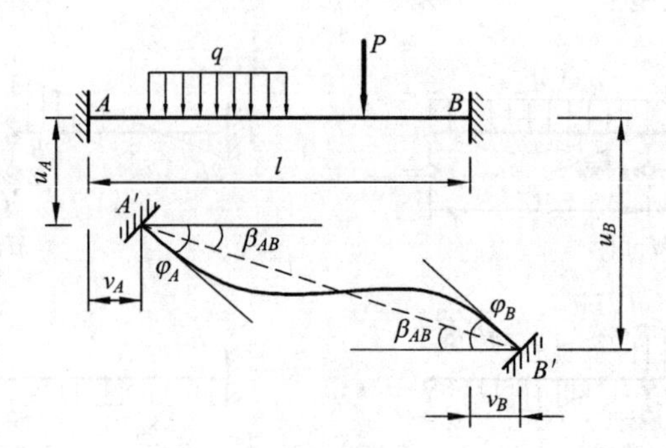


图 18.4

$$
\begin{cases}
M_{AB}=4i\varphi_A+2i\varphi_B-6i\beta_{AB}+M_{AB}^{\mathrm{F}}\\
M_{BA}=2i\varphi_A+4i\varphi_B-6i\beta_{AB}+M_{BA}^{\mathrm{F}}\\
Q_{AB}=-\dfrac{6i}{l}\varphi_A-\dfrac{6i}{l}\varphi_B+\dfrac{12i}{l}\beta_{AB}+Q_{AB}^{\mathrm{F}}\\
Q_{BA}=-\dfrac{6i}{l}\varphi_A-\dfrac{6i}{l}\varphi_B+\dfrac{12i}{l}\beta_{AB}+Q_{AB}^{\mathrm{F}}
\end{cases}
\tag{18.3}
$$

线刚度 $i=\dfrac{EI}{l}$；弦转角 $\beta_{AB}=\dfrac{\Delta_{AB}}{l}$。

## 四、一端固定、另一端铰支的单跨超静定梁

分析如图 18.5 所示。

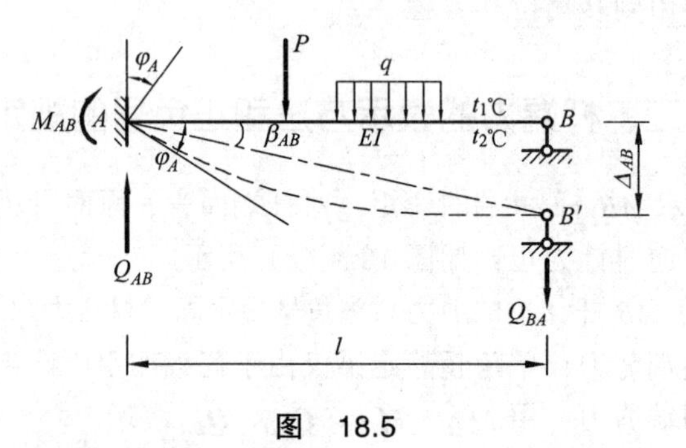


图 18.5

$$
\begin{cases}
M_{AB}=3i\varphi_A-3i\beta_{AB}+M_{AB}^{\mathrm{F}}\\
M_{BA}=0\\
Q_{AB}=-\dfrac{3i}{l}\varphi_A+\dfrac{3i}{l}\beta_{AB}+Q_{AB}^{\mathrm{F}}\\
Q_{BA}=-\dfrac{3i}{l}\varphi_A+\dfrac{3i}{l}\beta_{AB}+Q_{AB}^{\mathrm{F}}
\end{cases}
\tag{18.4}
$$

## 五、一端固定、另一端为滑动支座（定向支承）的单跨超静定梁

分析如图 18.6 所示。

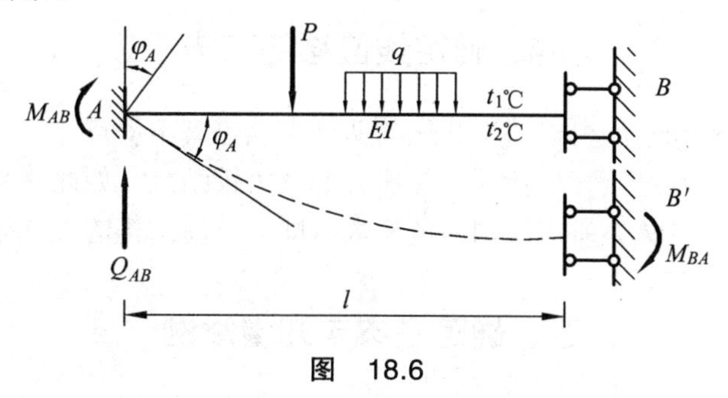


图 18.6

$$\begin{cases} M_{AB}=i\varphi_A+M_{AB}^{\mathrm{F}} \\ M_{BA}=-i\varphi_A+M_{BA}^{\mathrm{F}} \\ Q_{AB}=Q_{AB}^{\mathrm{F}} \\ Q_{BA}=0 \end{cases} \tag{18.5}$$

# 第三节 基本未知量数目的确定

## 一、基本未知量

如图 18.7 所示，包括：① 结点角位移；② 结点线位移。

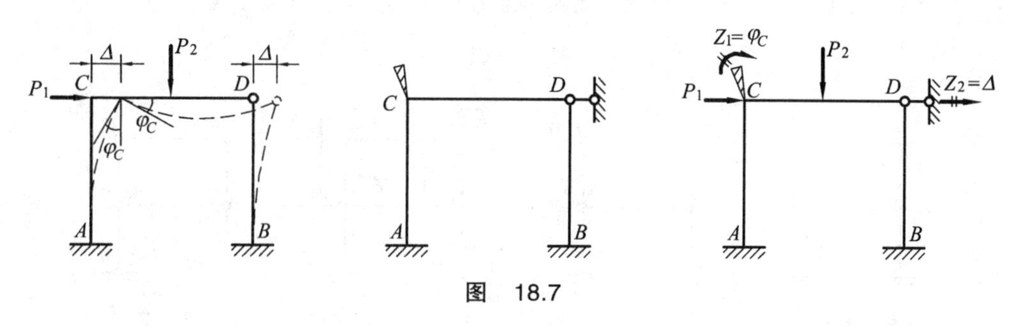


图 18.7

## 二、基本假设

(1) 小变形假设。

(2) 不考虑轴力和弯曲内力、弯曲变形之间相互影响。(采用上述假设后，图 18.7 所示刚架有 3 个基本未知量。)

## 三、如何确定基本未知量

(1) 在刚结点处加上刚臂。

(2) 在结点会发生线位移的方向上加上链杆。

(3) 附加刚臂与附加链杆数目的总和即为基本未知量数目。

## 四、确定线位移的方法

(1) 由两个已知不动点所引出的不共线的两杆交点也是不动点。

(2) 把刚架所有的刚结点（包括固定支座）都改为铰结点，如此体系是一个几何可变体系，则使它变为几何不变体系所需添加的链杆数目即等于原结构的独立线位移数目。

## 五、确定基本未知量举例

示例如图 18.8～18.10 所示，其中图 18.9 为具有 6 个结点角位移和 2 个线位移的刚架，图 18.10 为可简化为具有 1 个结点角位移和 1 个线位移的刚架。

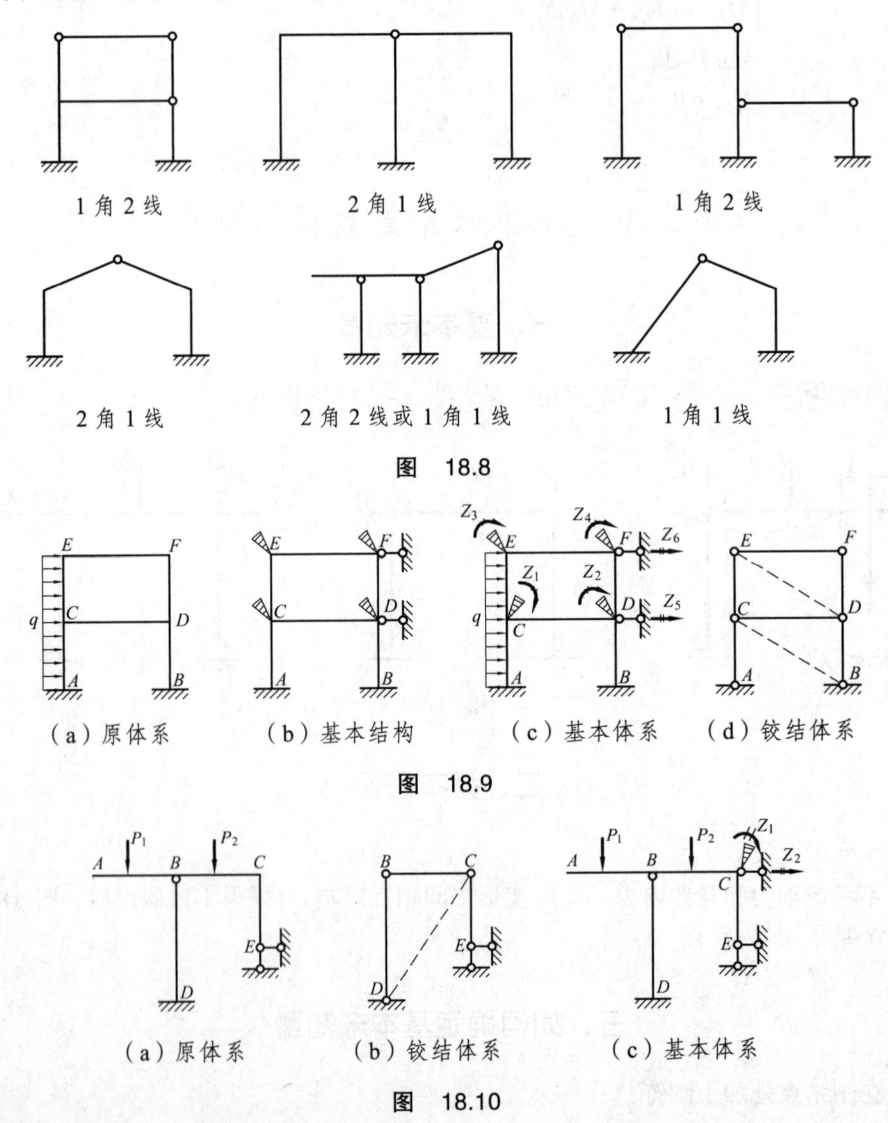


图 18.8

图 18.9

图 18.10

# 第四节　位移法的典型方程及计算步骤

## 一、位移法典型方程

1. 建立位移法方程的条件、位移法方程及各符号的意义（图 18.11）

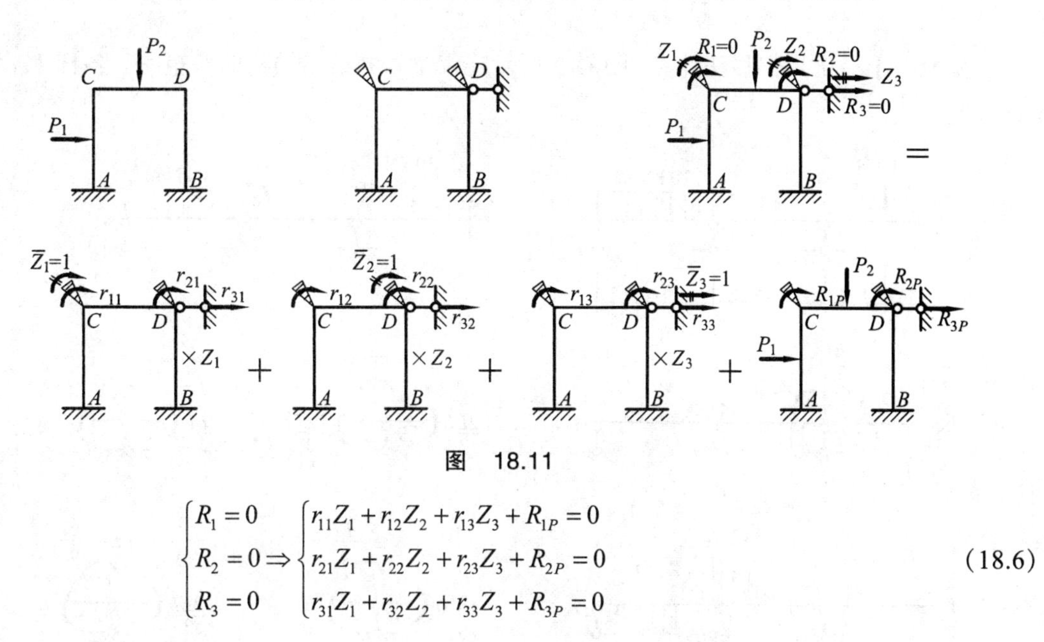

图　18.11

$$
\begin{cases}R_1=0\\R_2=0\\R_3=0\end{cases}\Rightarrow\begin{cases}r_{11}Z_1+r_{12}Z_2+r_{13}Z_3+R_{1P}=0\\r_{21}Z_1+r_{22}Z_2+r_{23}Z_3+R_{2P}=0\\r_{31}Z_1+r_{32}Z_2+r_{33}Z_3+R_{3P}=0\end{cases}\tag{18.6}
$$

2. 位移法的典型方程

$$
\begin{cases}r_{11}Z_1+r_{12}Z_2+\cdots+r_{1n}Z_n+R_{1P}=0\\r_{21}Z_1+r_{22}Z_2+\cdots+r_{2n}Z_n+R_{2P}=0\\\quad\vdots\\r_{i1}Z_1+r_{i2}Z_2+\cdots+r_{ii}Z_n+R_{iP}=0\\\quad\vdots\\r_{n1}Z_1+r_{n2}Z_2+\cdots+r_{nn}Z_n+R_{nP}=0\end{cases}\tag{18.7}
$$

3. 几点说明

(1) 注意主系数、副系数、刚度系数、自由项的概念。

(2) 两类系数：附加刚臂上的反弯矩，附加链杆上的反力。

(3) 位移法的实质：以结点未知位移表示的静力平衡条件。

## 二、解题步骤

(1) 选取位移法基本体系；

(2) 列位移法基本方程；

(3) 绘单位弯矩图、荷载弯矩图；

（4）求位移方程各系数，解位移法方程；

（5）依 $M=\bar{M}_1Z_1+\bar{M}_2Z_2+\cdots+\bar{M}_nZ_n+M_P$ 绘弯矩图，进而绘剪力图、轴力图。

# 第五节　位移法应用举例

**【例 18.1】**　试用位移法计算图 18.12 所示连续梁，并绘出结构的弯矩图。各杆 $EI$ 为常数。

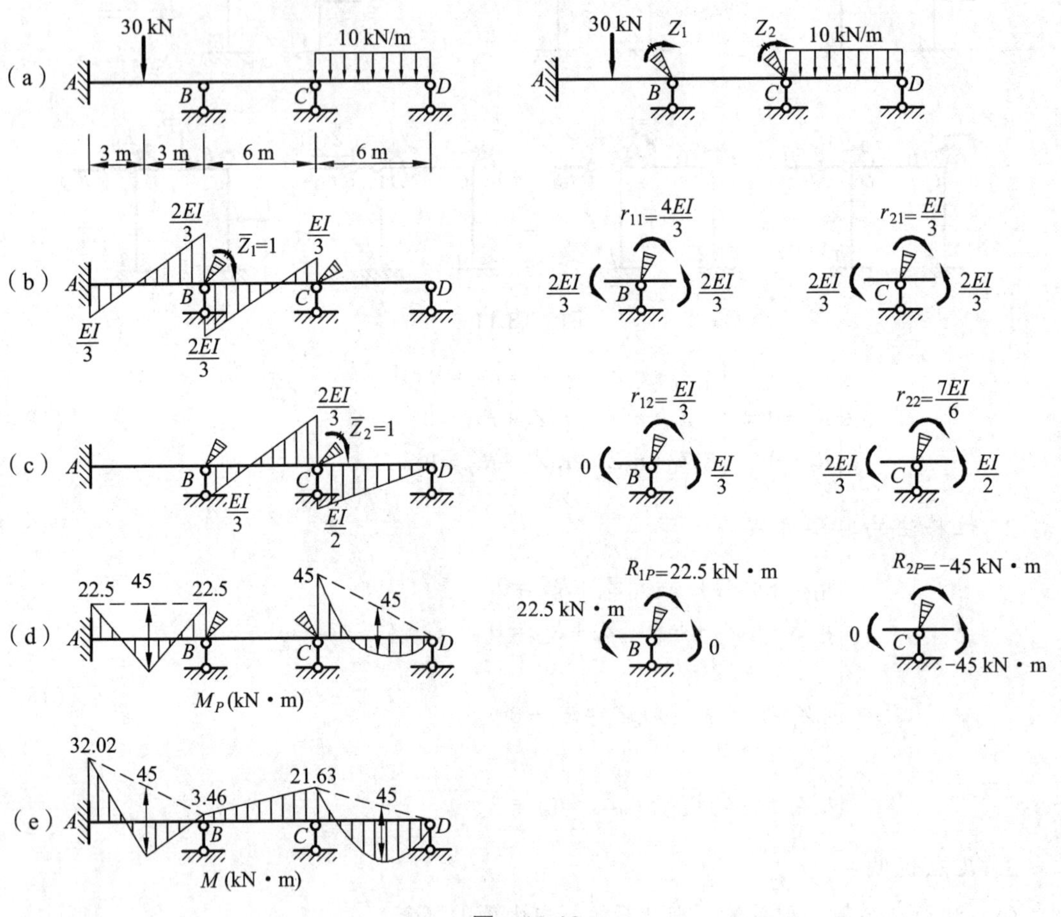


图　18.12

**解：**

$$\begin{cases}r_{11}Z_1+r_{12}Z_2+R_{1P}=0\\ r_{21}Z_1+r_{22}Z_2+R_{2P}=0\end{cases}$$

$$r_{11}=\frac{4EI}{3}\,,\quad r_{21}=\frac{EI}{3}+0=\frac{EI}{3}$$

$$r_{12}=0+\frac{EI}{3}=\frac{EI}{3}\,,\quad r_{22}=\frac{2EI}{3}+\frac{EI}{2}=\frac{7EI}{6}$$

$$R_{1P}=22.5+0=22.5\ \text{kN}\cdot\text{m}\,,\quad R_{2P}=0-45=-45\ \text{kN}\cdot\text{m}$$

$$\Rightarrow \begin{cases} \dfrac{4EI}{3}Z_1 + \dfrac{EI}{3}Z_2 + 22.5 = 0 \\ \dfrac{EI}{3}Z_1 + \dfrac{7EI}{6}Z_2 - 45 = 0 \end{cases} \Rightarrow \begin{cases} Z_1 = -\dfrac{28.56}{EI} \\ Z_2 = \dfrac{46.73}{EI} \end{cases}$$

**【例 18.2】** 试用位移法计算图 18.13 所示刚架并绘内力图。各杆 $EI$ 为常数。

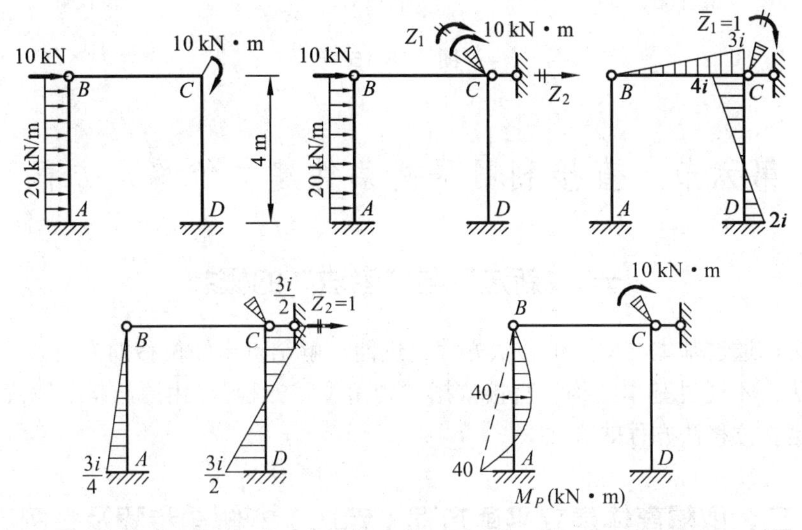


图 18.13

图 18.14

**解：**

$$\begin{cases} r_{11}Z_1 + r_{12}Z_2 + R_{1P} = 0 \\ r_{21}Z_1 + r_{22}Z_2 + R_{2P} = 0 \end{cases}$$

$$r_{11} = 3i + 4i = 7i \text{，} \quad r_{21} = Q_{BA} + Q_{CD} = 0 - \frac{1}{4} \times (4i + 2i) = -\frac{3}{2}i$$

$$r_{12} = -\frac{3i}{2} \text{，} \quad r_{22} = Q_{BA} + Q_{CD} = \frac{1}{4} \times \frac{3i}{4} + \frac{1}{4} \times \left(\frac{3i}{2} + \frac{3i}{2}\right) = \frac{15}{16}i$$

$$R_{1P} = -10\ \text{kN} \cdot \text{m} \text{，} \quad R_{2P} = Q_{BA} + Q_{CD} - 10 = -40 + \frac{40}{4} - 10 = -40\ \text{kN}$$

$$\Rightarrow \begin{cases} 7iZ_1 - \dfrac{3}{2}iZ_2 - 10 = 0 \\ -\dfrac{3}{2}iZ_1 + \dfrac{15i}{16}Z_2 - 40 = 0 \end{cases} \Rightarrow \begin{cases} Z_1 = \dfrac{370}{23i} \\ Z_2 = \dfrac{4\ 720}{69i} \end{cases}$$

分析见图 18.14，最后内力图见图 18.15。

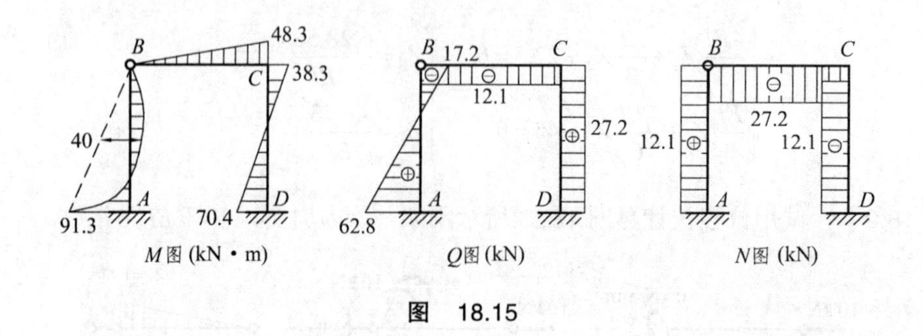


图 18.15

# 第六节 直接利用平衡条件建立位移法方程

## 一、"新法"与"老法"的概念

（1）新法：通过基本结构列位移法方程，进而求解结点未知位移的方法。

（2）老法：不通过基本结构，直接依据"转角位移方程"，由原结构取隔离体，利用平衡条件直接建立位移法方程的方法。

## 二、取隔离体建立平衡方程（老法）的解题步骤及举例

【例 18.3】 如图 18.16 所示刚架，令 $Z_1=\varphi_C$，$Z_2=\Delta$，并设 $Z_1$ 顺时针方向转动，$Z_2$ 向右移动。

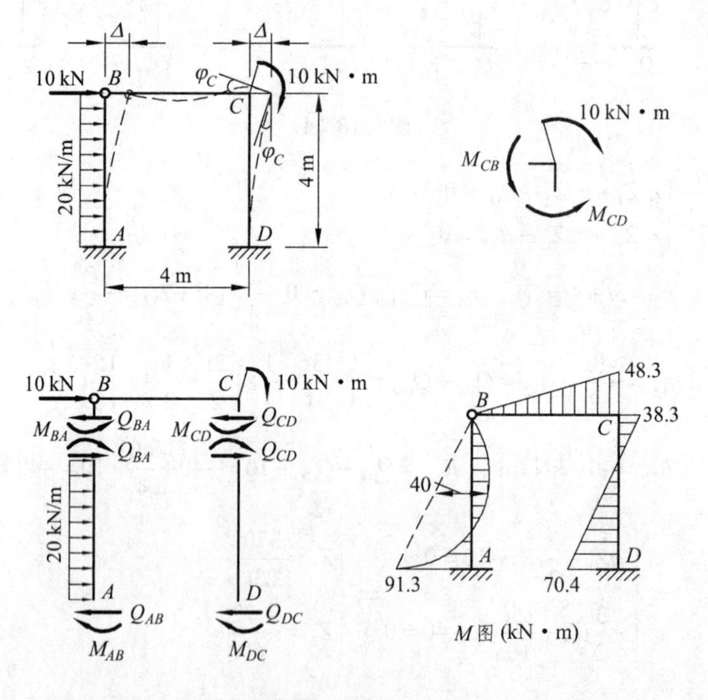


图 18.16

解：

$$\begin{cases} M_{AB}=-\dfrac{3i_{AB}}{4}Z_2+M_{AB}^{\mathrm{F}}=-\dfrac{3i}{4}Z_2-40 \\ M_{BA}=M_{BC}=0 \\ M_{CB}=3iZ_1 \\ M_{CD}=4iZ_1-\dfrac{3i_{CD}}{2}Z_2 \\ M_{DC}=2iZ_1-\dfrac{3i_{CD}}{2}Z_2 \end{cases}$$

$$\Rightarrow\begin{cases} M_{AB}=-\dfrac{3i}{4}Z_2-40=-\dfrac{3i}{4}\times\dfrac{4\ 720}{69i}-40=-91.3\ \mathrm{kN\cdot m} \\ M_{BA}=M_{BC}=0 \\ M_{CB}=3iZ_1=3i\times\dfrac{370}{23i}=48.3\ \mathrm{kN\cdot m} \\ M_{CD}=4iZ_1-\dfrac{3i}{2}Z_2=4i\times\dfrac{370}{23i}-\dfrac{3i}{2}\times\dfrac{4\ 720}{69i}=-38.3\ \mathrm{kN\cdot m} \\ M_{DC}=2iZ_1-\dfrac{3i}{2}Z_2=2i\times\dfrac{370}{23i}-\dfrac{3i}{2}\times\dfrac{4\ 720}{69i}=-70.4\ \mathrm{kN\cdot m} \end{cases}$$

$$\begin{cases} M_{CB}+M_{CD}-10=0 \\ Q_{BA}+Q_{CD}-10=0 \end{cases}$$

$$\begin{cases} Q_{BA}=-\dfrac{1}{4}(M_{AB}+M_{BA})-40 \\ Q_{CD}=-\dfrac{1}{4}(M_{DC}+M_{CD}) \end{cases}$$

$$\Rightarrow\begin{cases} 7iZ_1-\dfrac{3i}{2}Z_2-10=0 \\ -\dfrac{3i}{2}Z_1+\dfrac{15i}{16}Z_2-40=0 \end{cases}\Rightarrow\begin{cases} Z_1=\dfrac{370}{23i} \\ Z_2=\dfrac{4\ 720}{69i} \end{cases}$$

# 第七节　对称性的利用

## 一、半刚架法

用半个刚架的计算简图代替原结构对刚架进行分析的方法。

## 二、对称结构承受对称荷载

### 1. 奇数跨刚架

用带有定向支承的半刚架代替（图 18.17）。

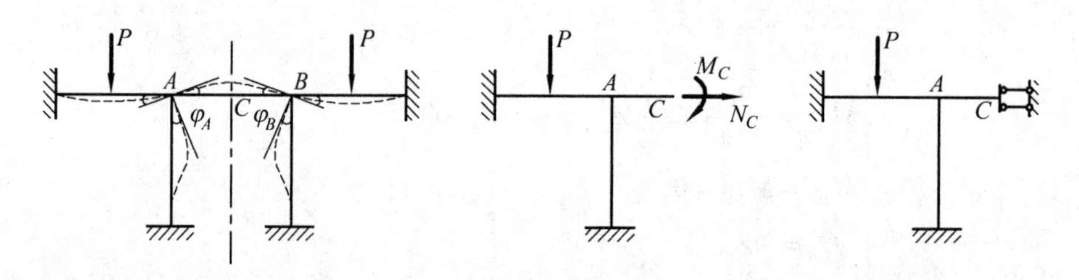


图 18.17

2. 偶数跨刚架

简化为中间竖柱抗弯刚度减半的半刚架（图 18.18）。

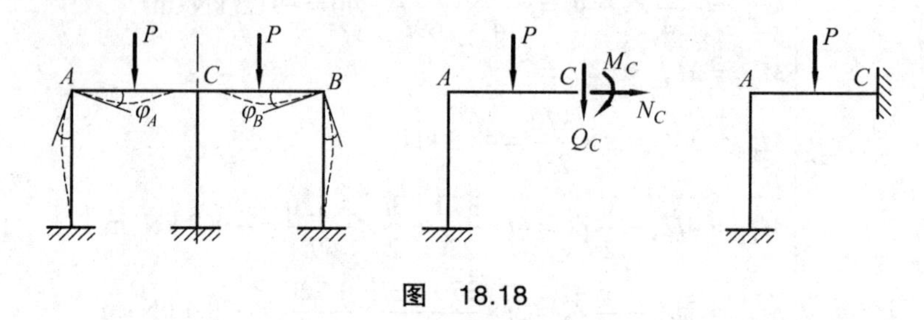


图 18.18

## 三、对称结构承受反对称荷载

1. 奇数跨刚架

简化为带有竖向链杆的刚架（图 18.19）。

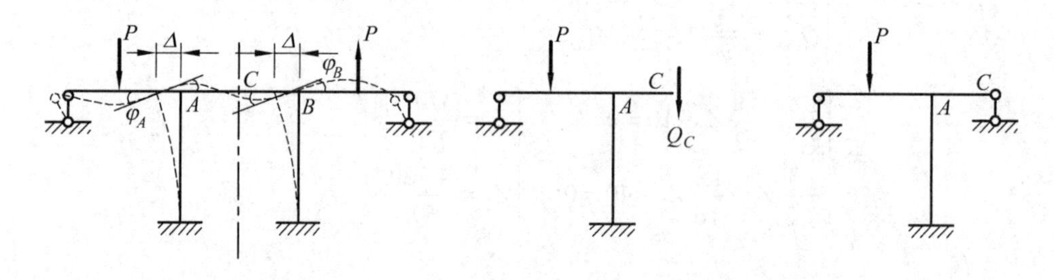


图 18.19

2. 偶数跨刚架

简化为中间竖柱抗弯刚度减半的半刚架（图 18.20）。

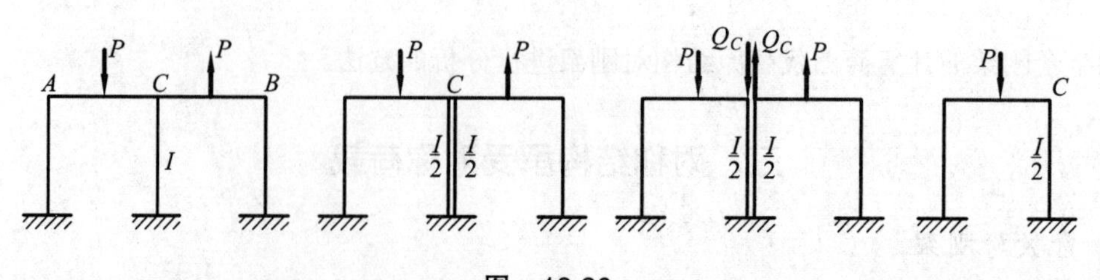


图 18.20

## 三、对称利用举例

【例 18.4】 试用位移法分析图 18.21 所示刚架，绘制该刚架的弯矩图。设刚架中柱的抗弯刚度为 $2EI$，其余杆件的抗弯刚度均为 $EI$。

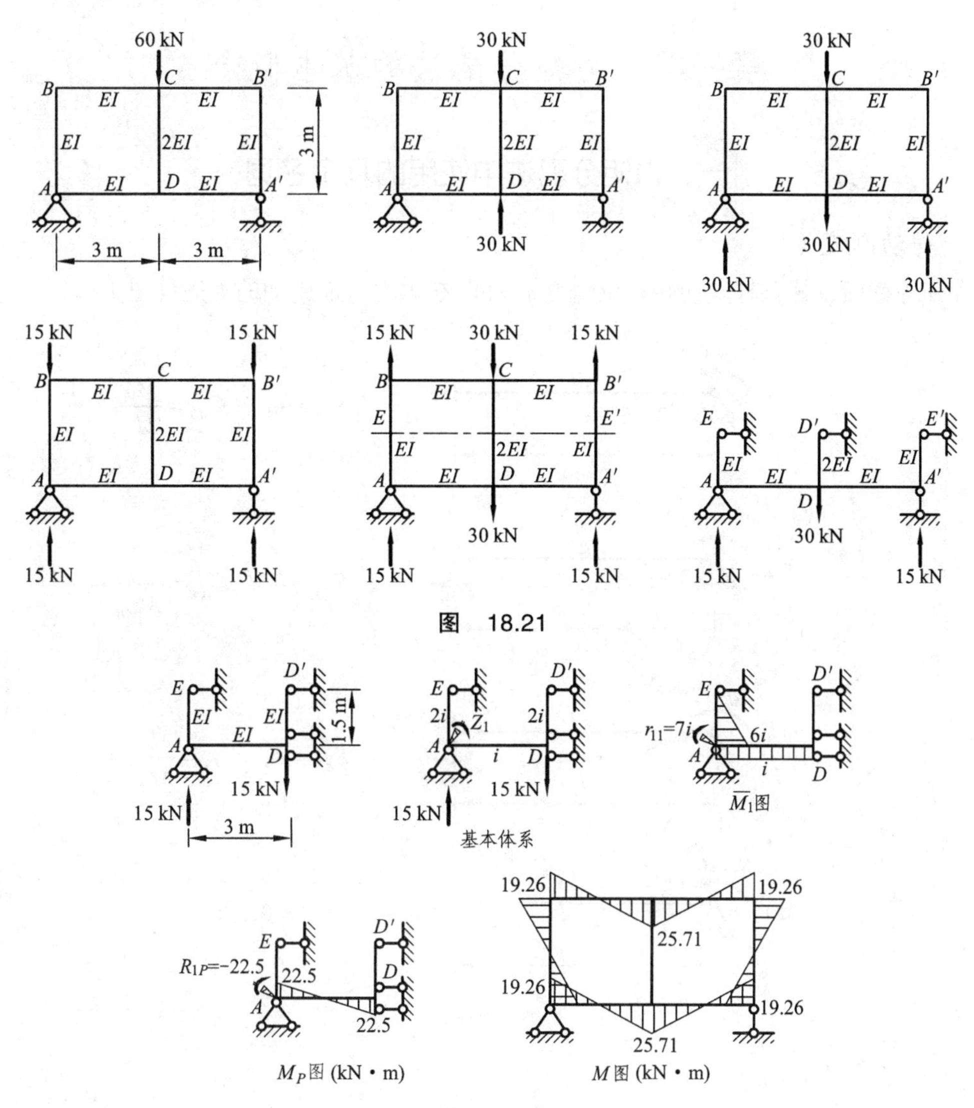


图 18.21

图 18.22

**解**：分析如图 18.21 及图 18.22 所示。

$$r_{11}Z_1 + R_{1P} = 0$$

$$r_{11} = 6i + i = 7i$$

$$R_{1P} = -\frac{15\times 3}{2} = -22.5\ \text{kN}\cdot\text{m}$$

$$\Rightarrow 7iZ_1 - 22.5 = 0$$

$$\Rightarrow Z_1 = 3.21\frac{1}{i}$$

# 第十九章 用渐进法计算超静定梁和刚架

## 第一节 力矩分配法的基本概念

### 一、力矩分配法中使用的几个名词

1. 转动刚度（$S_{ij}$）

即使等截面直杆某杆端旋转单位角度 $\varphi=1$ 时在该端所需施加的力矩（图 19.1）。

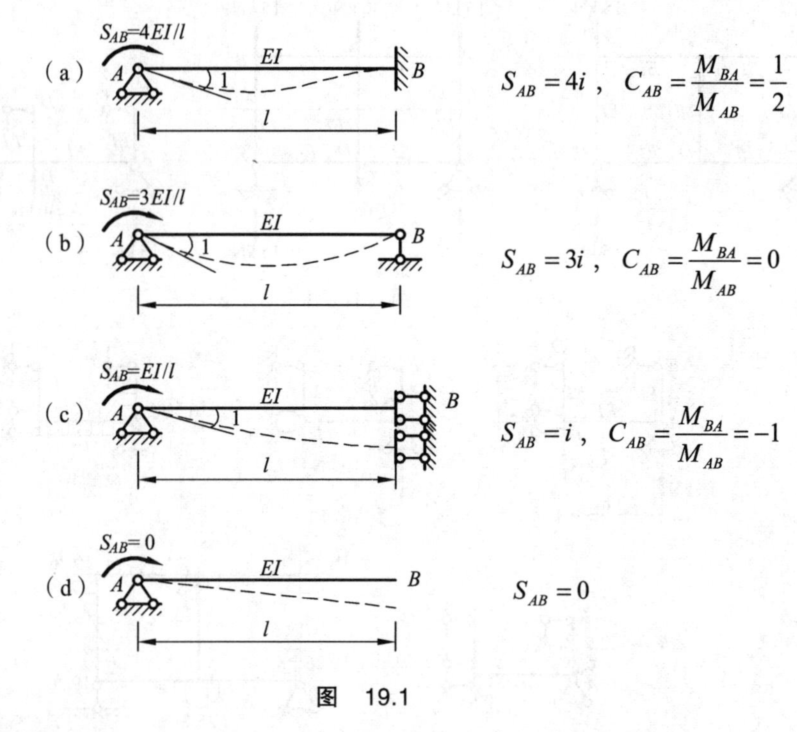


图 19.1

2. 传递系数（$C_{ij}$）

远端弯矩与近端弯矩之比称为传递系数，用 $C_{ij}$ 表示（图 19.1），即：

$$C_{ij}=\frac{M_{ji}}{M_{ij}} \tag{19.1}$$

3. 分配系数（$\mu_{ij}$）

杆 $ij$ 的转动刚度与汇交于 $i$ 结点的所有杆件转动刚度之和的比值，即：

$$\mu_{ij}=\frac{S_{ij}}{\sum\limits_{(i)}S} \tag{19.2}$$

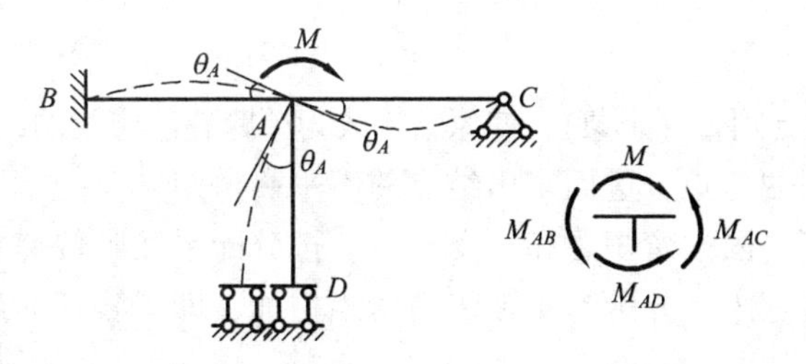


图 19.2

分析如图 19.2 所示。

$$\begin{cases} M_{AB} = 4i_{AB}\theta_A = S_{AB}\theta_A \\ M_{AC} = 3i_{AC}\theta_A = S_{AC}\theta_A \\ M_{AD} = i_{AD}\theta_A = S_{AD}\theta_A \end{cases} \tag{a}$$

由 $\sum M_A = 0$ 得　　$M_{AB} + M_{AC} + M_{AD} = M$

即　　$(S_{AB} + S_{AC} + S_{AD})\theta_A = M$

$$\Rightarrow \theta_A = \frac{M}{S_{AB} + S_{AC} + S_{AD}} = \frac{M}{\sum\limits_A S} \tag{b}$$

将（b）式代入（a）式：

$$\begin{cases} M_{AB} = \dfrac{S_{AB}}{\sum\limits_A S} M \\ M_{AC} = \dfrac{S_{AC}}{\sum\limits_A S} M \\ M_{AD} = \dfrac{S_{AD}}{\sum\limits_A S} M \end{cases} \tag{19.3}$$

## 二、用力矩分配法计算具有一个结点铰位移的结构

1. 解题思路（图 19.3）

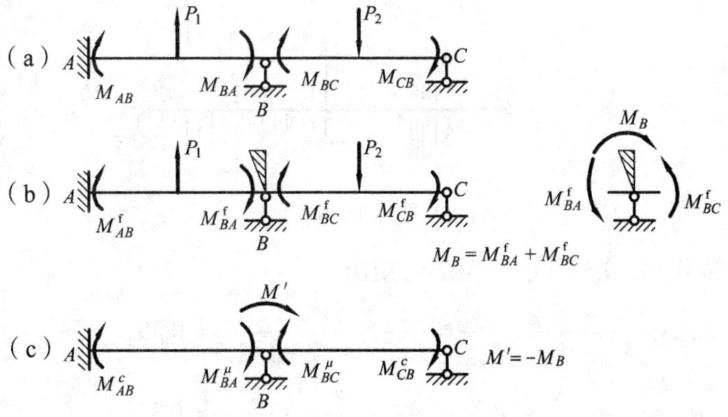

（a）

（b）　$M_B = M_{BA}^{f} + M_{BC}^{f}$

（c）　$M' = -M_B$

图 19.3

2. 解题步骤

(1) 在刚结点上加上刚臂（想象），使原结构成为单跨超静定梁的组合体，计算分配系数。

(2) 计算各杆的固端弯矩，进而求出结点的不平衡弯矩。

(3) 将不平衡弯矩（固端弯矩之和）反号后，按分配系数、传递系数进行分配、传递。

(4) 将各杆的固端弯矩、分配弯矩、传递弯矩相加，即得各杆的最后弯矩。

3. 例　题

**【例 19.1】** 试作图 19.4 所示连续梁的弯矩图。各杆 $EI$ 为常数。

**解**：令 $i=\dfrac{EI}{l}$，则

$$\mu_{BA}=\frac{S_{BA}}{S_{BA}+S_{BC}}=\frac{4i}{4i+3i}=\frac{4}{7}$$

$$\mu_{BC}=\frac{S_{BC}}{S_{BA}+S_{BC}}=\frac{3i}{4i+3i}=\frac{3}{7}$$

$$M_{AB}^{\mathrm{f}}=-\frac{Pl}{8}=-\frac{40\times4}{8}=-20\ \mathrm{kN\cdot m}$$

$$M_{BA}^{\mathrm{f}}=\frac{Pl}{8}=\frac{40\times4}{8}=20\ \mathrm{kN\cdot m}$$

$$M_{BC}^{\mathrm{f}}=-\frac{ql^2}{8}=-40\ \mathrm{kN\cdot m},\quad M_{CB}^{\mathrm{f}}=0$$

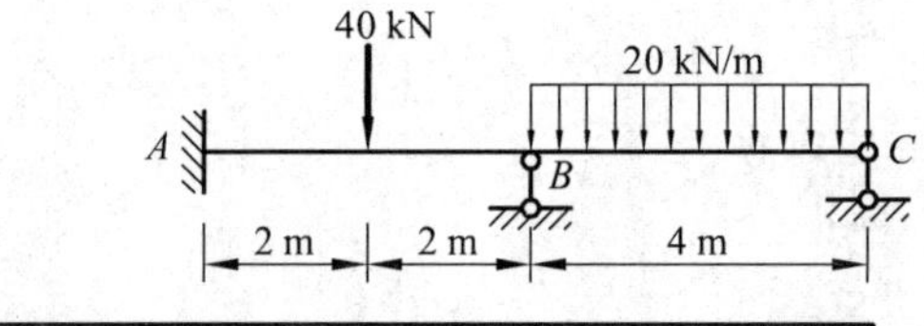


| 分配系数 | | 4/7 | 3/7 | |
|---|---|---|---|---|
| 固端弯矩 | −20 | 20 | −40 | 0 |
| 分配和传递 | 5.72 ← | 11.43 | 8.57 → | 0 |
| 最后弯矩 | −14.28 | 31.43 | −31.43 | 0 |

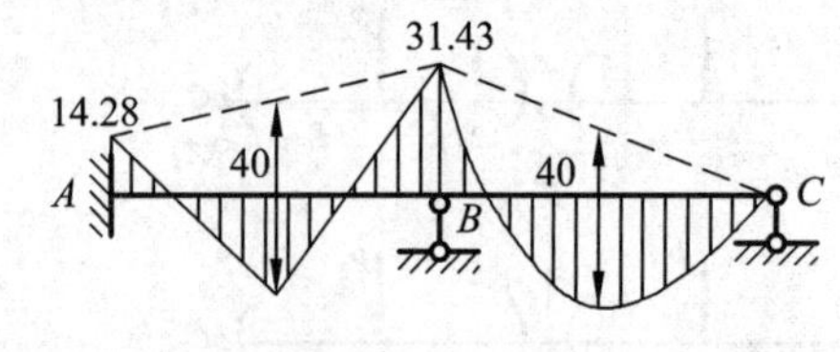


图　19.4

**【例 19.2】** 试作图 19.5 所示刚架的弯矩图。

**解**：

$$\mu_{AB}=\frac{S_{AB}}{S_{AB}+S_{AC}+S_{AD}}=\frac{4\times2}{4\times2+4\times2+3\times1.5}=0.39$$

$$\mu_{AC}=\frac{S_{AC}}{S_{AB}+S_{AC}+S_{AD}}=\frac{4\times2}{4\times2+4\times2+3\times1.5}=0.39$$

$$\mu_{AB}=\frac{S_{AD}}{S_{AB}+S_{AC}+S_{AD}}=\frac{3\times1.5}{4\times2+4\times2+3\times1.5}=0.22$$

$$M_{BA}^{\mathrm{f}}=-\frac{pab^2}{l^2}=-\frac{120\times2\times3^2}{5^2}=-86.4\ \mathrm{kN\cdot m}$$

$$M_{dB}^{\mathrm{f}}=\frac{pa^2b}{l^2}=\frac{120\times2^2\times3}{5^2}=57.6\ \mathrm{kN\cdot m}$$

$$M_{AD}^{\mathrm{f}}=-\frac{ql^2}{8}=-\frac{20\times4^2}{8}=-40\ \mathrm{kN\cdot m}$$

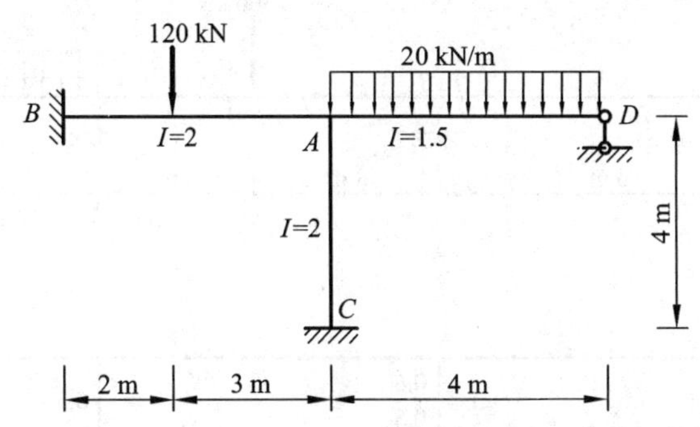


| 结　点 | B | A | | | D | C |
|---|---|---|---|---|---|---|
| 杆　端 | BA | AB | AC | AD | DA | CA |
| 分配系数 | | 0.39 | 0.39 | 0.22 | | |
| 固端弯矩 | −86.4 | +57.6 | 0 | −40.0 | 0 | 0 |
| 分配传递 | −3.43 | −6.86 | −6.86 | −3.83 | | −3.43 |
| 最后弯矩 | −89.83 | +50.7 | −6.86 | −43.88 | 0 | −3.43 |

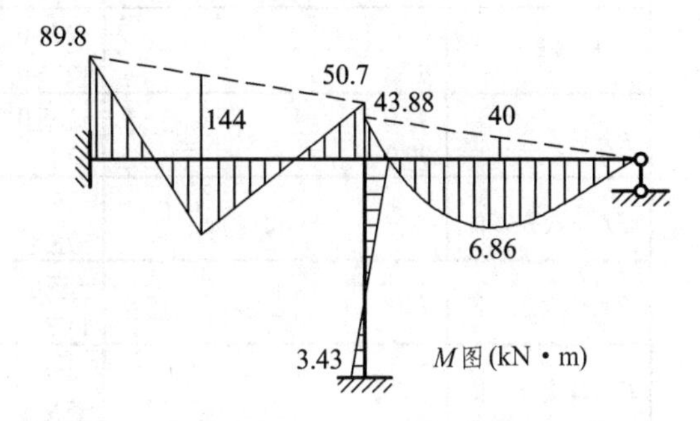


图　19.5

# 第二节　用力矩分配法计算连续梁和无侧移刚架

## 一、基本概念

(1) 力矩分配法是一种渐近法。

(2) 每次只放松一个结点。

(3) 一般从不平衡弯矩绝对值较大的结点算起。

## 二、计算步骤

(1) 确定各结点处杆端力矩的分配系数、传递系数。

(2) 计算各杆端的固端弯矩。

（3）逐次循环放松各结点，以使结点弯矩平衡，直至结点上的传递弯矩小到可以略去不计为止。

（4）将各杆端的固端弯矩与历次分配弯矩、传递弯矩相加，即得各杆端的最后弯矩。

## 三、例　题

【例 19.3】　试用弯矩分配法计算图 19.6、19.7 所示连续梁，并绘弯矩图。

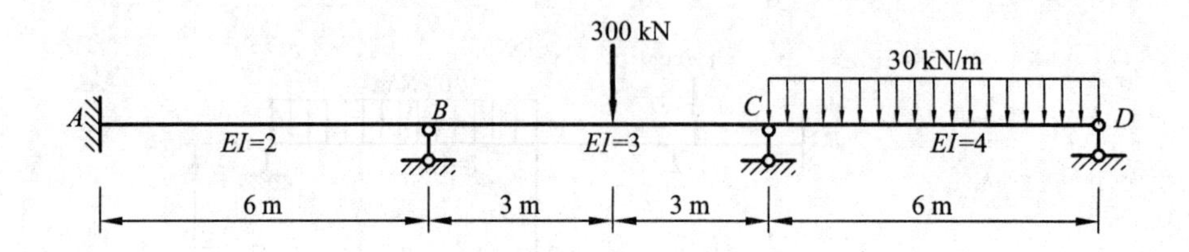


| 分配系数 | | 0.4 | 0.6<br>0.5 | 0.5 |
|---|---|---|---|---|
| 固端弯矩 | 0<br>0 | | −225.0<br>+225.0 | −135.0<br>0 |
| $B$点一次分、传 | 45.0<br>90.0 | – | +135.0<br>67.5 | |
| $C$点一次分、传 | | | −39.4<br>−78.8 | −78.7<br>0 |
| $B$点二次分、传 | 7.9 | +15.8 | +23.6<br>11.8 | |
| $C$点二次分、传 | | | −3.0<br>−5.9 | −5.9 |
| $B$点三次分、传 | 0.6 | +1.2 | +1.8<br>+0.9 | |
| $C$点三次分、传 | | | −0.5 | −0.4 |
| 最后弯矩 | 53.5<br>107.0 | | −107.0<br>+220.0 | −220.0<br>0 |

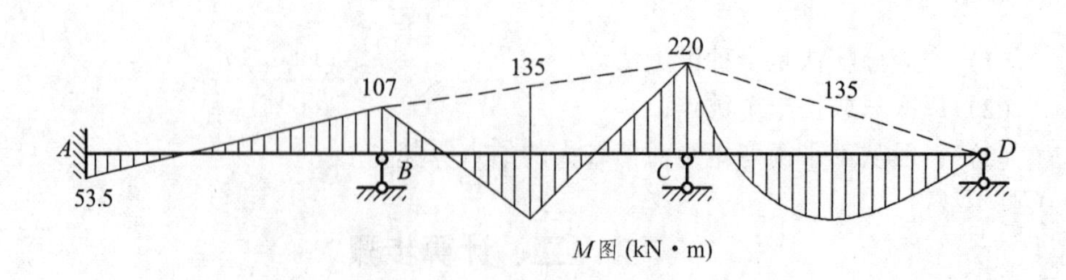


图　19.6

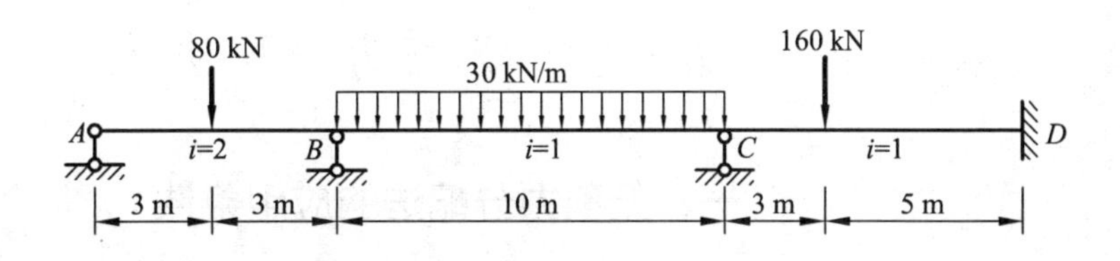


| 分配系数 |  | 0.6 | 0.4 | 0.5 | 0.5 |  |
| --- | --- | --- | --- | --- | --- | --- |
| 固端弯矩 | 0 | +90.0 | -250.0 | +250.0 | -187.5 | +112.5 |
| B点一次分、传 | 0 | +96.0 | +64.0 | +32.0 |  |  |
| C点一次分、传 |  |  | -23.7 | -47.3 | -47.3 | -23.7 |
| B点二次分、传 | 0 | +14.2 | +9.5 | +4.8 |  |  |
| C点二次分、传 |  |  | -1.2 | -2.4 | -2.4 | -1.2 |
| B点三次分、传 | 0 | +0.7 | +0.5 | +0.3 |  |  |
| C点第三次分配 |  |  |  | -0.2 | -0.2 |  |
| 最后弯矩 | 0 | +200.9 | -200.9 | +237.4 | -237.4 | +87.6 |

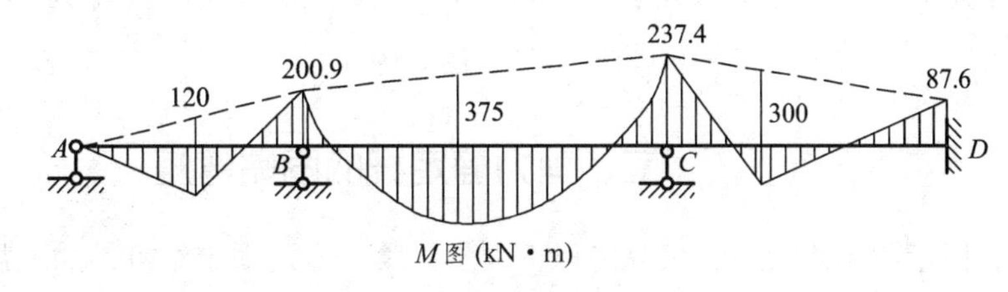


图 19.7

**【例 19.4】** 用力矩分配法计算图 19.8 所示刚架，并绘 $M$ 图。

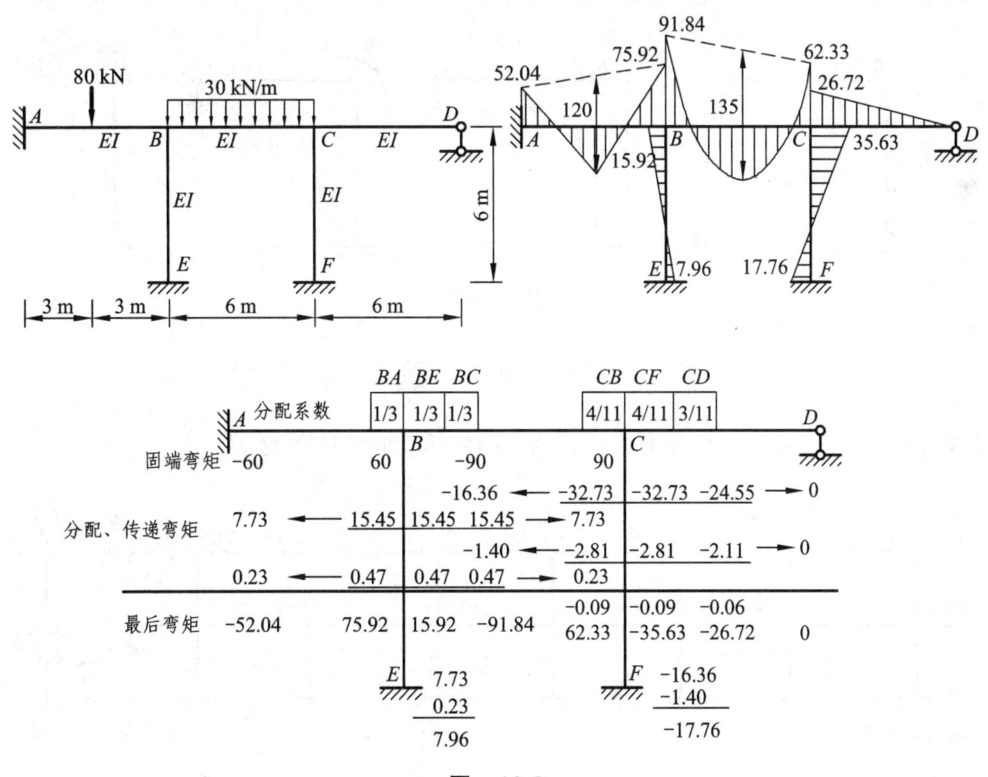


图 19.8

# 第三节　无剪力分配法

## 一、无剪力分配法的应用条件

刚架中除两端无相对线位移的杆件外，其余杆件都是剪力静定杆件（图 19.9）。

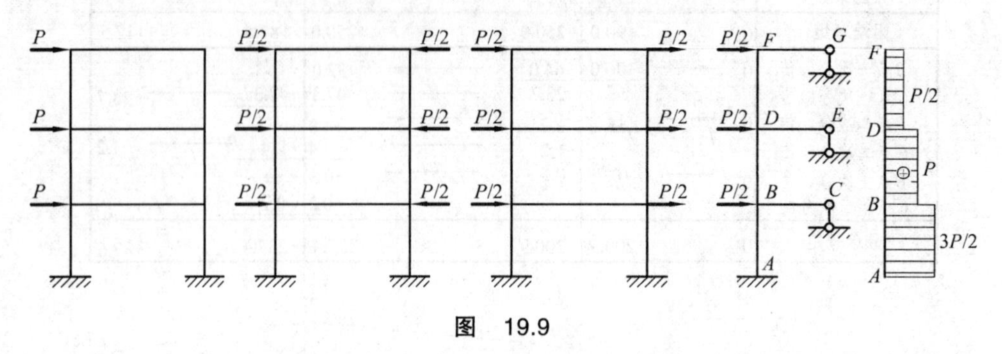


图　19.9

## 二、剪力静定杆的固端弯矩

计算图示的半刚架时，可分为以下两步：第一步是固定结点，加附加刚臂以阻止结点的转动，但不阻止线位移，求各杆端在荷载作用下的固端弯矩；第二步是放松结点，使结点产生角位移和线位移，求各杆的分配弯矩和传递弯矩。将以上两步所得的杆端弯矩叠加，即得原刚架的杆端弯矩。分析如图 19.10 所示。

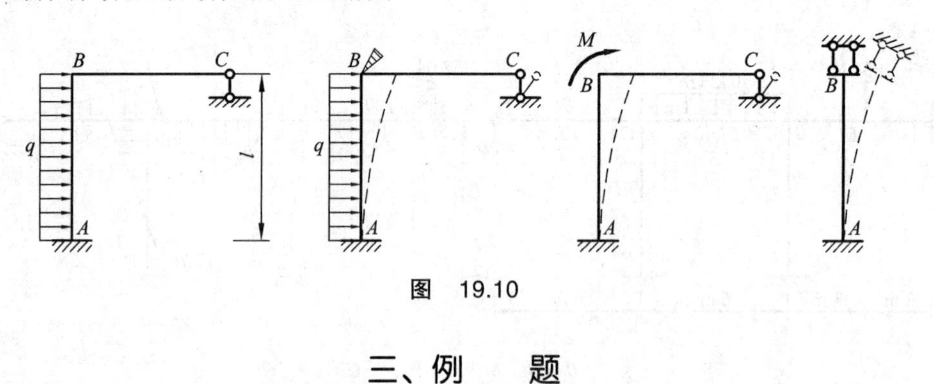


图　19.10

## 三、例　　题

【例 19.5】　试用无剪力分配法计算图 19.11 所示刚架并绘 $M$ 图。

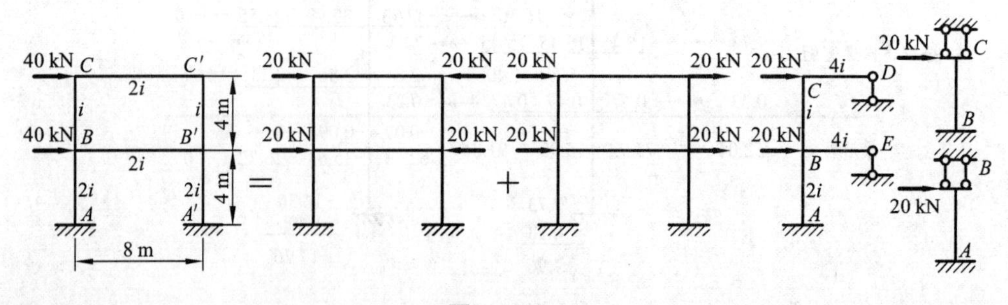


图　19.11

解：
$$\mu_{CD}=\frac{S_{CD}}{S_{CD}+S_{CB}}=\frac{12i}{12i+i}=0.923$$

$$\mu_{CB}=\frac{S_{CB}}{S_{CD}+S_{CB}}=\frac{i}{12i+i}=0.077$$

$$\mu_{BE}=\frac{S_{BE}}{S_{BE}+S_{BC}+S_{BA}}=\frac{12i}{12i+i+2i}=0.8$$

$$\mu_{BC}=\frac{S_{BC}}{S_{BE}+S_{BC}+S_{BA}}=\frac{i}{12i+i+2i}=0.067$$

$$\mu_{BA}=\frac{S_{BA}}{S_{BE}+S_{BC}+S_{BA}}=\frac{2i}{12i+i+2i}=0.133$$

$$M_{CB}=M_{BC}=-\frac{1}{2}\times20\times4=-40\ \text{kN}\cdot\text{m}$$

$$M_{BA}=M_{AB}=-\frac{1}{2}\times40\times4=-80\ \text{kN}\cdot\text{m}$$

结果如图 19.12 所示。

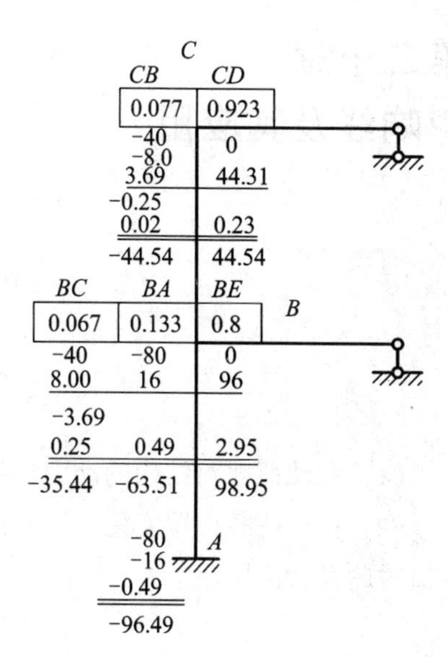


图 19.12

# 第二十章
# 影响线及其应用

## 第一节　概　　述

### 一、移动荷载对结构的作用

(1) 移动荷载对结构的动力作用包括：启动、刹车、机械振动等。

(2) 由于荷载位置变化，引起的结构各处反力、内力、位移等各量值的变化及产生最大量值时的荷载位置。

### 二、解决移动荷载作用的途径

(1) 利用以前的方法解决移动荷载对结构的作用时，难度较大。例如吊车在吊车梁上移动时，$R_B$、$M_C$的求解（图 20.1）。

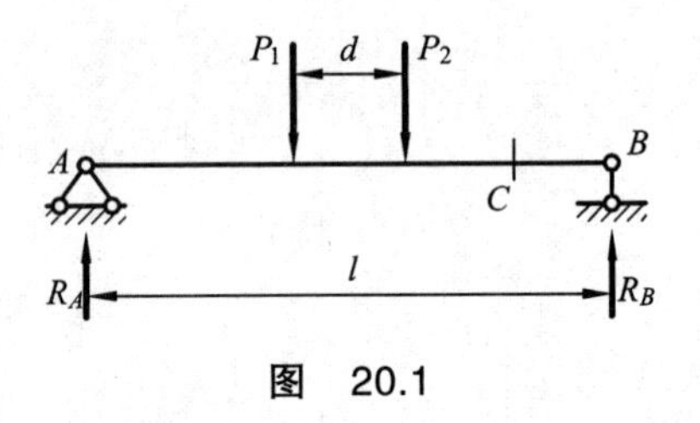

图　20.1

(2) 影响线是研究移动荷载作用问题的工具。

根据叠加原理，首先研究一系列荷载中的一个，而且该荷载取为方向不变的单位荷载。

### 三、影响线的概念

当方向不变的单位荷载沿结构移动时，表示结构某指定处的某一量值（反力、内力、挠度等）变化规律的图形，称为该量值的影响线。

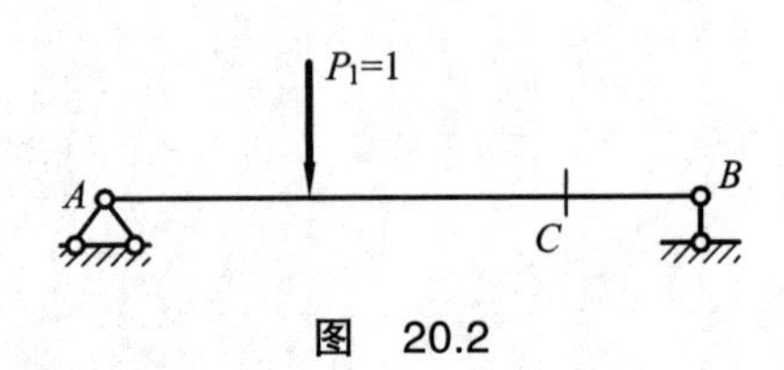

图　20.2

例如：当 $P=1$ 在 $AB$ 梁上移动时，$R_A$、$R_B$、$M_C$、$Q_C$的变化规律就分别称为反力 $R_A$、反力 $R_B$、弯矩 $M_C$、剪力 $Q_C$的影响线（图 20.2）。

## 第二节　用静力法绘制静定结构的影响线

### 一、静力法

把荷载 $P=1$ 放在结构的任意位置，以 $x$ 表示该荷载至所选坐标原点的距离，由静力平衡方程求出所研究的量值与 $x$ 之间的关系（影响线方程），根据该关系作出影响线。

## 二、简支梁的影响线

1. 支座反力的影响线（图 20.3）

$$\sum M_B = 0: \quad R_A \cdot l - P(l-x) = 0$$

$$\Rightarrow R_A = \frac{l-x}{l} \tag{20.1}$$

$$\begin{cases} x = 0, & R_A = 1 \\ x = l, & R_A = 0 \end{cases}$$

$$\sum M_A = 0: \quad R_B l - Px = 0$$

$$\Rightarrow R_B = \frac{x}{l} \tag{20.2}$$

$$\begin{cases} x = 0, & R_B = 0 \\ x = l, & R_B = 1 \end{cases}$$

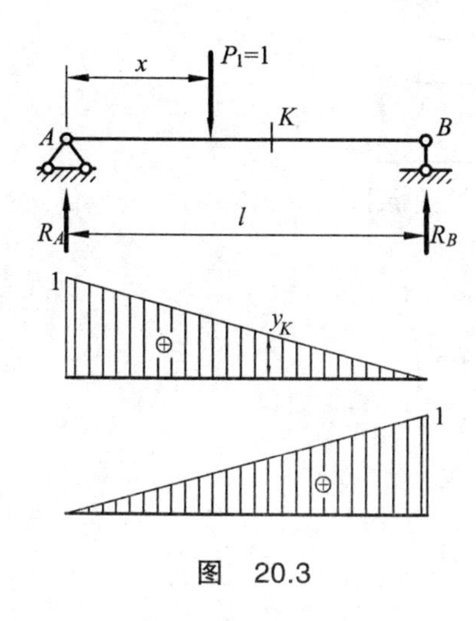

图 20.3

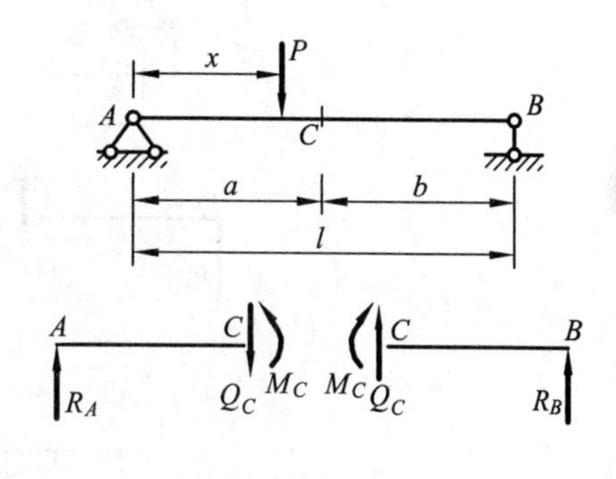

图 20.4

2. 弯矩影响线（图 20.4）

（1）当 $P=1$ 作用在 $AC$ 段时，研究 $CB$:

$$\sum M_C = 0: \quad M_C - R_B \times b = 0$$

$$\Rightarrow M_C = R_B \times b = \frac{x}{l} \cdot b \tag{20.3}$$

$$\begin{cases} x = 0, & M_C = 0 \\ x = l, & M_C = b \end{cases}$$

（2）当 $P=1$ 作用在 $CB$ 段时，研究 $AC$:

$$\sum M_C = 0: \quad M_C - R_A \times a = 0$$

$$\Rightarrow M_C = R_A \times a = \frac{l-x}{l} \cdot a \tag{20.4}$$

$$\begin{cases} x=0, & M_C=a \\ x=l, & M_C=0 \end{cases}$$

弯矩影响线也可根据反力影响线绘制。

3. 剪力影响线（图 20.5）

(1) 当 $P=1$ 作用在 $AC$ 段时，研究 $CB$:

$$\sum Y=0: \; Q_C+R_B=0$$

$$\Rightarrow Q_C=-R_B=-\frac{x}{l} \tag{20.5}$$

$$\begin{cases} x=0, & Q_C=0 \\ x=l, & Q_C=-1 \end{cases}$$

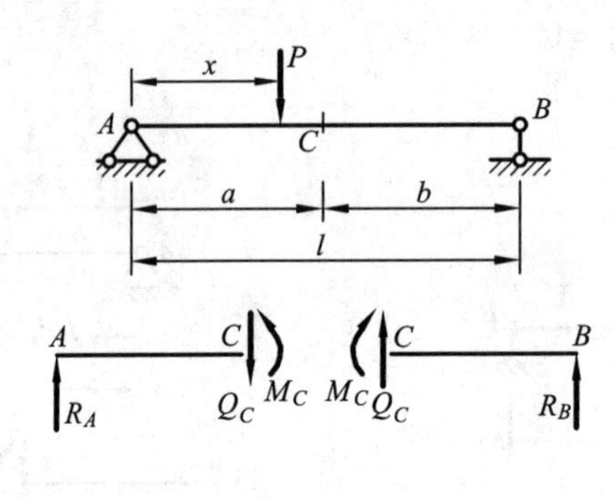


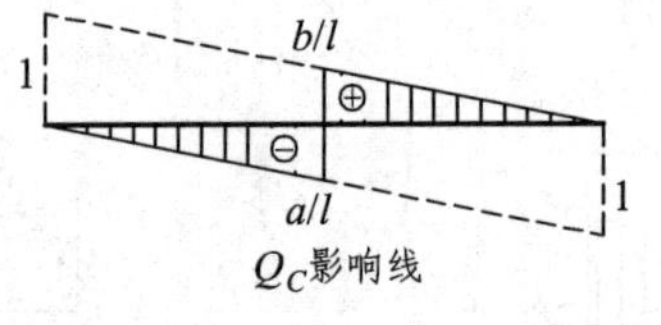


图 20.5

(2) 当 $P=1$ 作用在 $CB$ 段时，研究 $AC$:

$$\sum Y=0: \; Q_C-R_A=0$$

$$\Rightarrow Q_C=R_A=\frac{l-x}{l} \tag{20.6}$$

$$\begin{cases} x=a, & Q_C=\dfrac{b}{l} \\ x=l, & Q_C=0 \end{cases}$$

剪力影响线也可根据反力影响线绘制。

## 三、影响线与量布图的关系

1. 影响线

表示当单位荷载沿结构移动时，结构某指定截面某一量值的变化情况（图 20.6（a））。

2. 量布图（内力图或位移图）

表示当荷载位置固定时，某量值在结构所有截面的分布情况（图 20.6（b））。

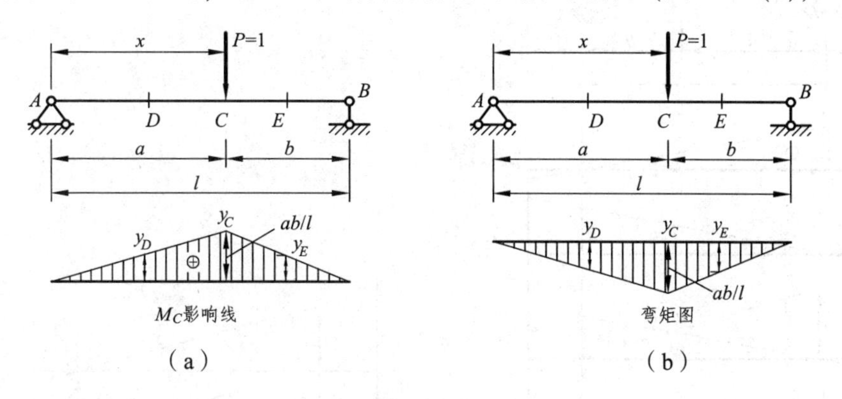


图 20.6

分析以上两种情况，竖标相同，物理意义不同。

## 四、伸臂梁的影响线

**【例 20.1】** 试绘制图 20.7 所示伸臂梁的反力影响线，以及 $C$ 和 $D$ 截面的弯矩、剪力影响线。

**解**：作 $R_A$、$R_B$、$M_C$、$Q_C$ 影响线时，可取 $A$ 点为坐标原点，方法同简支梁；作 $Q_D$、$M_D$ 影响线时，可取 $D$ 为坐标原点。

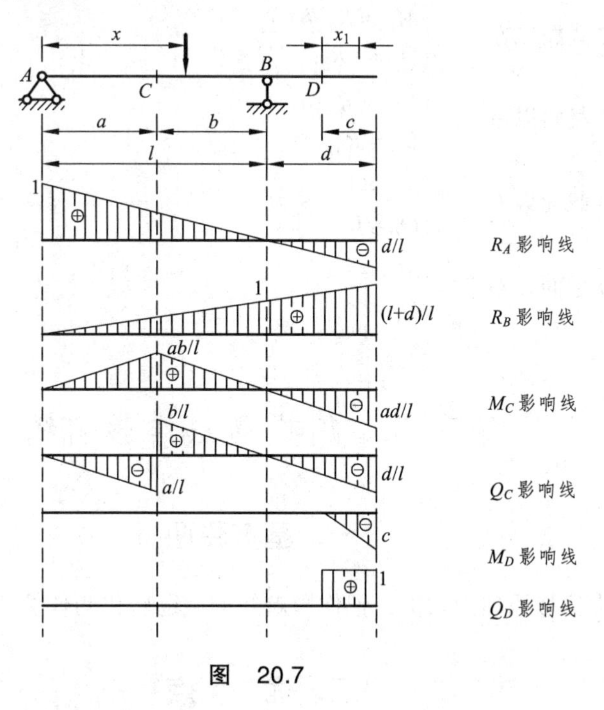


图 20.7

**【例 20.2】** 试作图 20.8 所示外伸梁的反力 $R_A$、$R_B$ 与截面 $M_C$、$Q_C$、$M_D$、$Q_D$ 的影响线以及支座 $B$ 截面的剪力影响线。

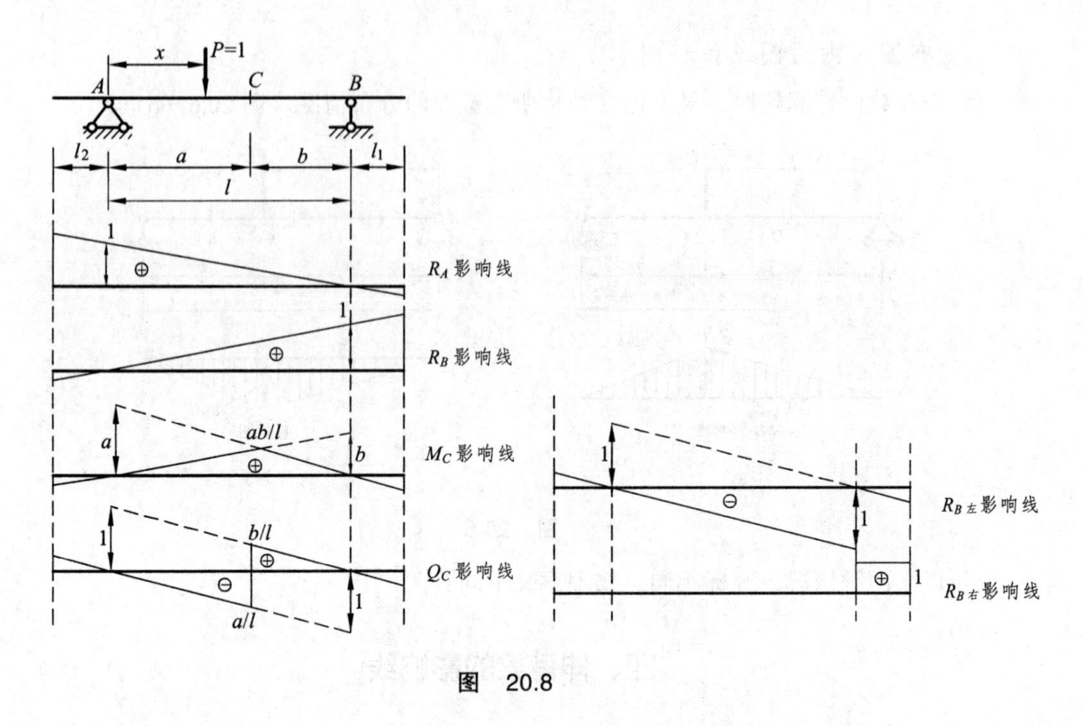


图　20.8

**解：**

$$\begin{cases} R_A = \dfrac{l-x}{l} \\ R_B = \dfrac{x}{l} \end{cases}$$

当 $P=1$ 在 $C$ 截面以左　$\begin{cases} M_C = R_B \cdot b \\ Q_C = -R_B \end{cases}$

当 $P=1$ 在 $C$ 截面以右　$\begin{cases} M_C = R_A \cdot a \\ Q_C = R_A \end{cases}$

当 $P=1$ 在 $D$ 截面以左　$\begin{cases} M_D = 0 \\ Q_D = 0 \end{cases}$

当 $P=1$ 在 $D$ 截面以右　$\begin{cases} M_D = -x \\ Q_D = 1 \end{cases}$

# 第三节　用机动法作影响线

## 一、基本原理

机动法是以虚位移原理为依据，把作影响线的问题转化为作位移图的几何问题的。

## 二、优　　点

不需要计算就能绘出影响线的轮廓（图 20.9）。

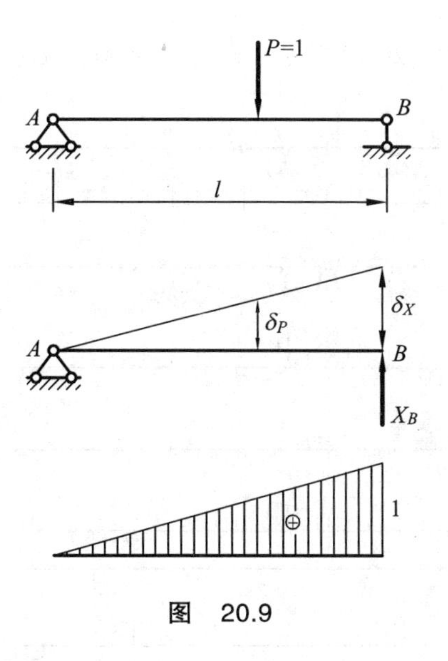


图 20.9

以 $X$ 代替 $A$ 支座作用，结构仍能维持平衡。使其发生虚位移，依虚位移原理：

$$X\delta_X + P\delta_P = 0$$
$$X = -P\delta_P / \delta_X = -\delta_P / \delta_X$$

令 $\delta_X = 1$，则　　$X = -\delta_P$

结论：为作某量值的影响线，只需将与该量值相应的联系去掉，并以未知量 $X$ 代替；而后令所得的机构沿 $X$ 的正方向发生单位位移，则由此所得的虚位移图即为所求量值的影响线。

**【例 20.3】** 用机动法绘制图 20.10 所示简支梁 $C$ 截面的弯矩和剪力影响线。

**【例 20.4】** 用机动法作图 20.11 所示外伸梁上截面 $D$ 的弯矩和剪力影响线。

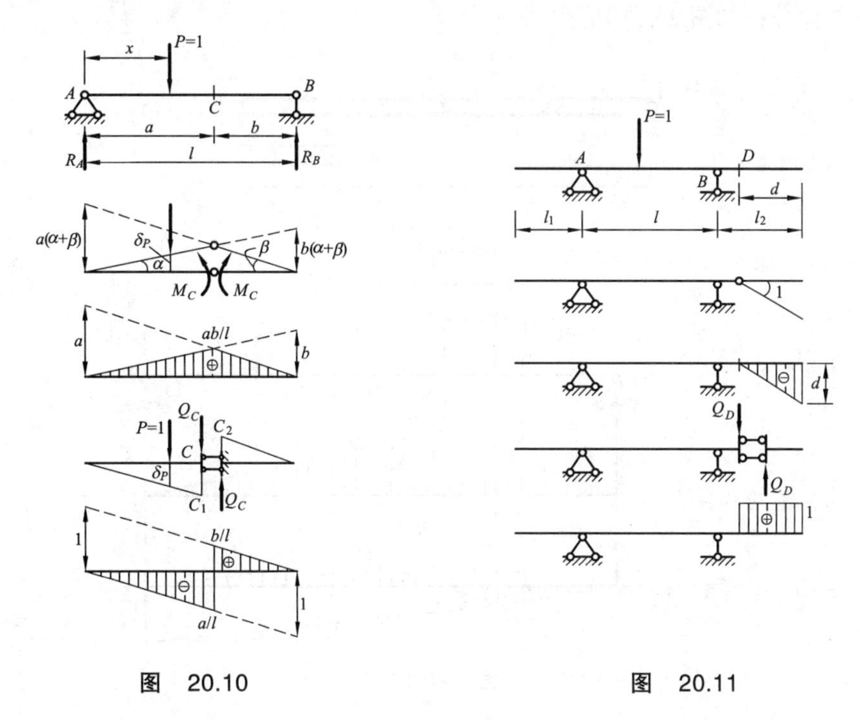


图 20.10　　　　图 20.11

【例 20.5】 用机动法作图 20.12 所示多跨静定梁 $M_K$、$Q_K$、$R_B$、$M_D$、$Q_E$ 的影响线。

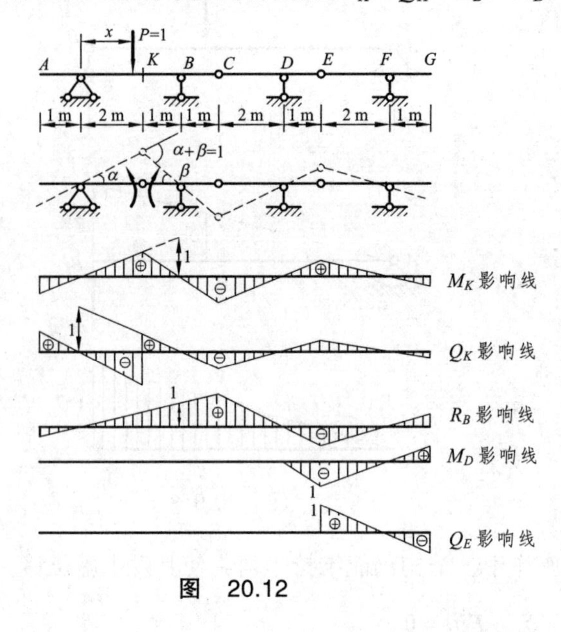


图 20.12

# 第四节 间接荷载作用下的影响线

## 一、间接荷载对结构的作用

间接荷载对结构的作用可以视为结点荷载作用，只不过该荷载的大小随 $P=1$ 的位置改变而变化。具体分析如图 20.13 所示。

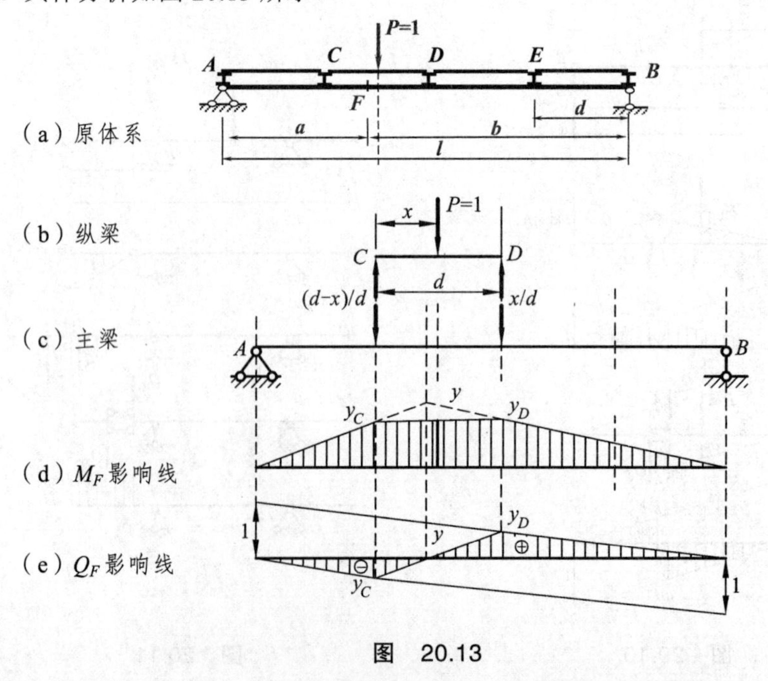


图 20.13

$$M_F = \frac{d-x}{d} y_C + \frac{x}{d} y_D \tag{20.7}$$

$$Q_F = -\frac{d-x}{d} y_C + \frac{x}{d} y_D \tag{20.8}$$

$y$ 与 $x$ 是一次函数关系：当 $x=0$ 时，$y=y_C$；当 $x=l$ 时，$y=y_D$。所以在 $CD$ 段，$M_F$ 的影响线为连接竖标 $y_C$ 和 $y_D$ 的直线。

## 二、间接荷载作用下影响线的作法

（1）先作出直接荷载作用下的影响线。

（2）将所有相邻两个结点之间影响线竖标的顶点用直线相连，即得该量值在结点荷载作用下的影响线，即间接荷载作用下的影响线。

（3）依据：

① 影响线定义；

② 叠加原理。

## 三、算　　例

**【例 20.6】** 试绘制图 20.14 所示结构 $M_E$、$Q_E$ 影响线。

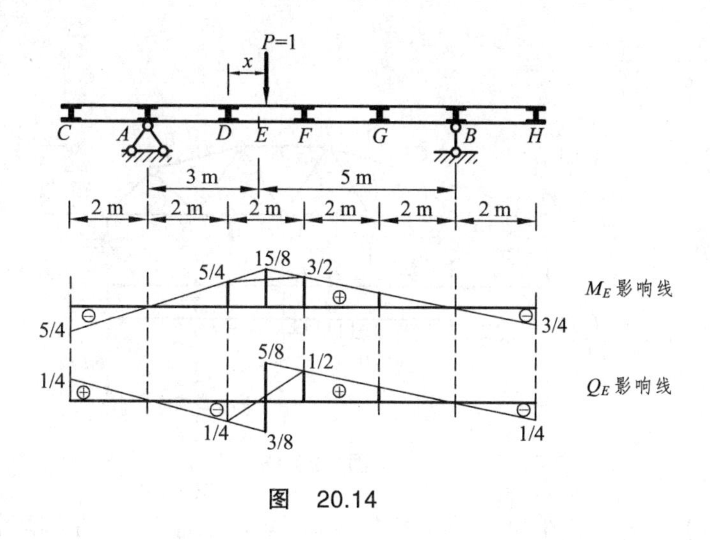


图　20.14

# 第五节　桁架的影响线

## 一、桁架上的荷载可视为间接荷载（结点荷载）

桁架上的荷载一般也是通过横梁和纵梁而作用于桁架的结点上，故可按“间接荷载作用下的影响”线对待。

## 二、桁架影响线的绘制方法

（1）将 $P=1$ 依次放在它移动过程中所经过的各结点上，分别求出各量值，即各结点处影响线竖标。

（2）用直线将各结点竖标逐一相连，即得所求量值的影响线。

$$N_{EF}=\frac{1}{\sin\alpha}R_A \tag{20.9}$$

## 三、桁架影响线的绘制举例

**【例 20.7】** 试绘制图 20.15 所示桁架 $N_{CE}$ 的影响线。

**解**：（1）作 1—1 截面，令 $P=1$ 在截面左侧移动，研究其右半部：

$$\sum M_D=0:\ \ N_{CE}\cdot h_1+R_B\cdot 6d=0$$

$$\Rightarrow N_{CE}=-\frac{6d}{h_1}\cdot R_B$$

（2）作 1—1 截面，令 $P=1$ 在截面右侧移动，研究其左半部：

$$\sum M_D=0:\ \ N_{CE}\cdot h_1+R_A\cdot 2d=0$$

$$\Rightarrow N_{CE}=-\frac{2d}{h_1}\cdot R_A$$

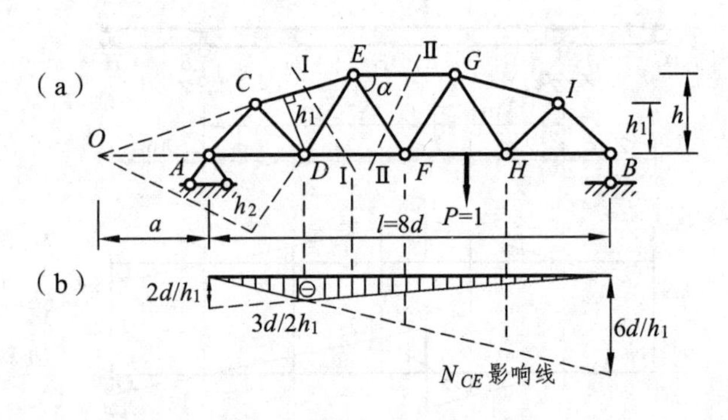


图 20.15

**【例 20.8】** 试绘制图 20.16 所示桁架 $N_{CE}$、$N_{DE}$、$N_{DF}$、$N_{EF}$ 的影响线。

**解**：作 $N_{DE}$ 影响线。

（1）作 1—1 截面，令 $P=1$ 在截面左侧移动，研究其右半部：

$$\sum M_O=0:\ \ N_{DE}\cdot h_2-R_B\cdot(8d+a)=0$$

$$\Rightarrow N_{DE}=\frac{R_B\cdot(8d+a)}{h_2}$$

（2）作 1—1 截面，令 $P=1$ 在截面右侧移动，研究其左半部：

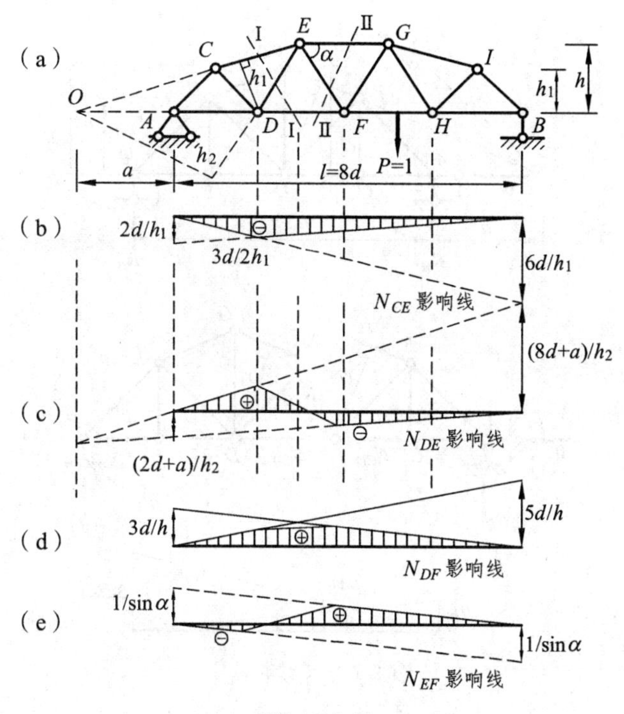


图 20.16

$$\sum M_O = 0: \quad N_{DE} \cdot h_2 + R_A \cdot (2d + a) = 0$$

$$\Rightarrow N_{DE} = -\frac{R_A \cdot (2d + a)}{h_2}$$

【例 20.9】 试绘制图 20.17 所示桁架 $N_{FG}$、$N_{CD}$、$N_{FD}$ 的影响线。

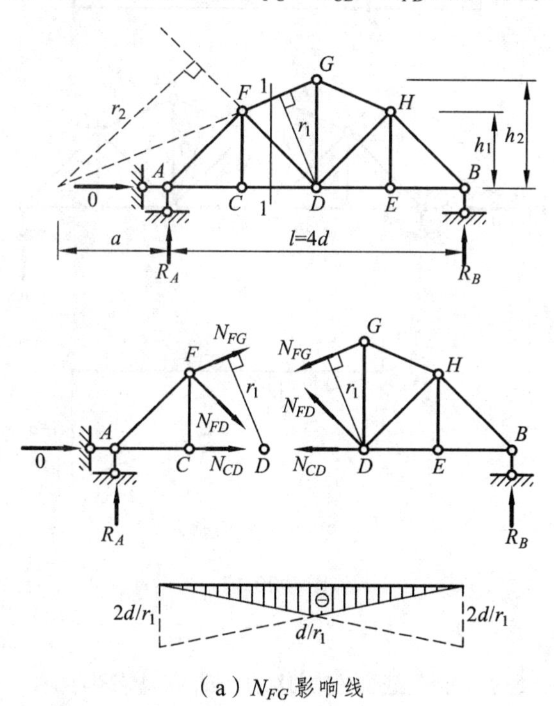


(a) $N_{FG}$ 影响线

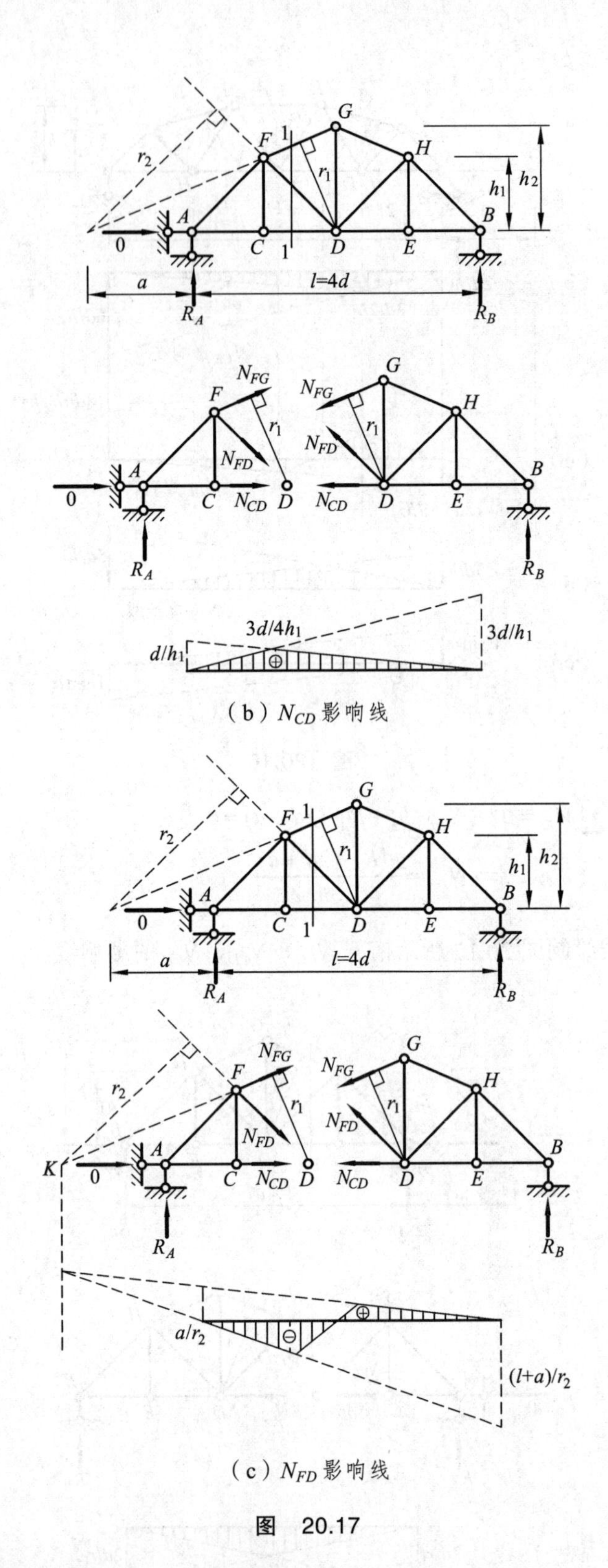


（b）$N_{CD}$ 影响线

（c）$N_{FD}$ 影响线

图 20.17

**解**：1. $N_{FG}$ 影响线

(1) 作 1—1 截面，令 $P=1$ 在截面左侧移动，研究其右半部：

$$\sum M_D = 0: \quad R_B \cdot 2d + N_{FG} \cdot r_1 = 0$$

$$\Rightarrow N_{FG} = -\frac{2d}{r_1} \cdot R_B = -\frac{1}{r_1} \cdot M_D$$

（2）作 1—1 截面，令 $P=1$ 在截面右侧移动，研究其左半部：

$$\sum M_D = 0: \quad R_A \cdot 2d + N_{FG} \cdot r_1 = 0$$

$$\Rightarrow N_{FG} = -\frac{2d}{r_1} \cdot R_A = -\frac{1}{r_1} \cdot M_D$$

2. $N_{CD}$ 影响线

（1）作 1—1 截面，令 $P=1$ 在截面左侧移动，研究其右半部：

$$\sum M_F = 0: \quad R_B \cdot 3d - N_{CD} \cdot h_1 = 0$$

$$\Rightarrow N_{CD} = \frac{3d}{h_1} \cdot R_B = \frac{1}{h_1} \cdot M_F$$

（2）作 1—1 截面，令 $P=1$ 在截面右侧移动，研究其左半部：

$$\sum M_F = 0: \quad R_A \cdot d - N_{CD} \cdot h_1 = 0$$

$$\Rightarrow N_{CD} = \frac{d}{h_1} \cdot R_A = \frac{1}{h_1} \cdot M_F$$

3. $N_{FD}$ 影响线

（1）作 1—1 截面，令 $P=1$ 在截面左侧移动，研究其右半部：

$$\sum M_K = 0: \quad R_B \cdot (l+a) + N_{FD} \cdot r_2 = 0$$

$$\Rightarrow N_{FD} = -\frac{l+a}{r_2} \cdot R_B$$

（2）作 1—1 截面，令 $P=1$ 在截面右侧移动，研究其左半部：

$$\sum M_K = 0: \quad R_A \cdot a - N_{FD} \cdot r_2 = 0$$

$$\Rightarrow N_{FD} = \frac{a}{r_2} \cdot R_A$$

# 第六节　三铰拱的影响线

## 一、支座反力影响线

三铰拱的竖向支座反力与简支梁的支座反力完全相同。水平推力 $H$ 的影响线，只要将 $M_C^0$ 的影响线竖标乘以因子 $1/f$ 即可。即：

$$V_A = V_A^0, \quad V_B = V_B^0, \quad H_A = H_B = \frac{M_C^0}{f} \tag{20.10}$$

## 二、内力影响线

三铰拱的内力影响线可根据式（20.11）得到。

$$\begin{cases} M_D = M_D^0 - Hy_D \\ Q_D = Q_D^0 \cos\varphi_D - H\sin\varphi_D \\ N_D = Q_D^0 \sin\varphi_D + H\cos\varphi_D \end{cases} \tag{20.11}$$

# 第七节　影响线的应用

## 一、当荷载位置固定时，求某量值的大小

1. 集中荷载位置固定时，求某量值的大小（图 20.18）

$$S = P_1 y_1 + P_2 y_2 + \cdots + P_n y_n = \sum_{i=1}^{n} P_i y_i \tag{20.12}$$

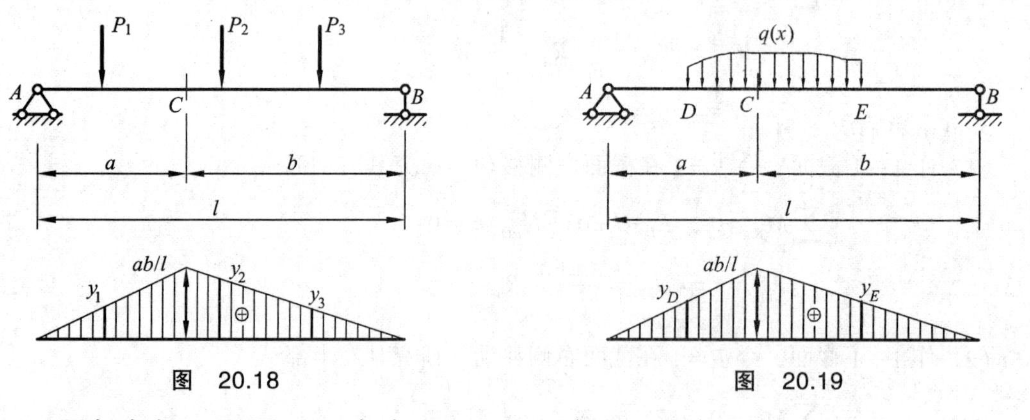


图　20.18　　　　图　20.19

2. 分布荷载位置固定时，求某量值的大小（图 20.19）

$$M_C = \int_D^E q(x) y \mathrm{d}x$$

若 $q(x)$ 为均布荷载，则上式成为：

$$M_C = q\int_D^E y\mathrm{d}x = q\omega \tag{20.13}$$

综合以上两种情况：

$$S = \sum_{i=1}^{n} P_i y_i + q\omega \tag{20.14}$$

3. 举　例

【例 20.10】　试利用影响线求图 20.20 所示梁的 $C$ 截面的弯矩和剪力。

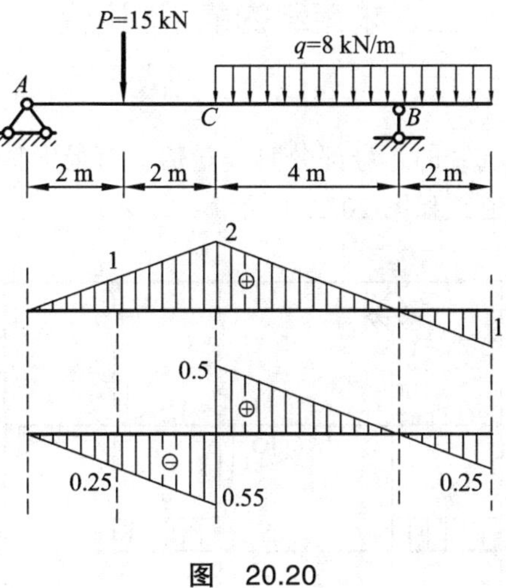


图　20.20

**解**:

$$S=\sum_{i=1}^{n}P_iy_i+q\omega$$

$$M_C=15\times1+8\times(0.5\times4\times2-0.5\times2\times1)=39.0\ \text{kN}\cdot\text{m}$$

$$Q_C=-15\times0.25+8\times(0.5\times4\times0.5-0.5\times2\times0.25)=2.25\ \text{kN}$$

【例 20.11】　试利用影响线计算图 20.21 所示多跨静定梁在所给荷载作用下的 $M_E$、$Q_E$ 值。

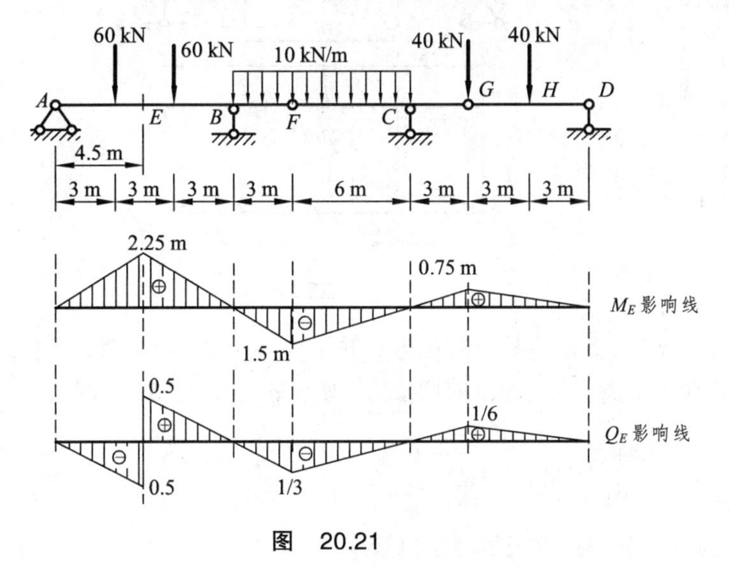


图　20.21

**解**:

$$S=\sum_{i=1}^{n}P_iy_i+q\omega$$

$$M_E=60\times\frac{3}{4.5}\times2.25\times2-10\times\left(\frac{1}{2}\times9\times1.5\right)+40\times\left(0.75+\frac{0.75}{2}\right)=157.5\ \text{kN}\cdot\text{m}$$

$$Q_E=-60\times\frac{3}{4.5}\times0.5+60\times\frac{3}{4.5}\times0.5-10\times\left(\frac{1}{2}\times9\times\frac{1}{3}\right)+40\times\left(\frac{1}{6}+\frac{1}{12}\right)=-5\ \text{kN}$$

## 二、求荷载的最不利位置

### 1. 均布荷载

(1) 当均布荷载布满影响线的正号部分时，量值 $S$ 有最大值；当均布荷载布满影响线的负号部分时，量值 $S$ 有最小值。如图 20.22 所示。

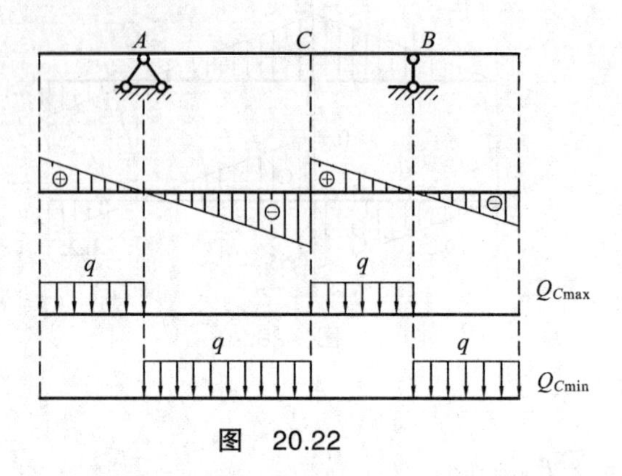


图 20.22

(2) 一段长度为 $d$ 的移动均布荷载（图 20.23）。

$$M_C = q\omega$$

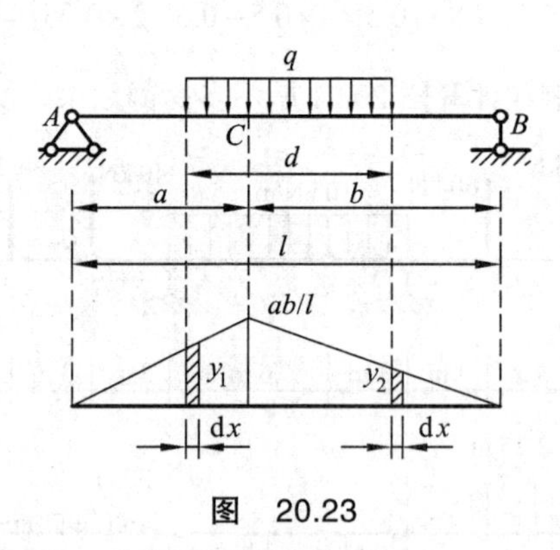


图 20.23

如图 20.23 所示，假设均布荷载在当前的 1、2 位置上右移一微段 d$x$，则影响线的面积将减小 $y_1$d$x$，并增加 $y_2$d$x$，所以 $M_C$ 的增量为 $\mathrm{d}M_C = q(y_2\mathrm{d}x - y_1\mathrm{d}x)$，即：

$$\frac{\mathrm{d}M_C}{\mathrm{d}x} = q(y_2 - y_1) \qquad (20.15)$$

当 $\mathrm{d}M_C/\mathrm{d}x = 0$ 时，$M_C$ 有极值。所以有 $y_1 = y_2$。

一段长度为 $d$ 的移动均布荷载，当移动至两端点所对应的影响线竖标相等时，所对应的影响线面积最大，此时量值 $S$ 有最大值。

### 2. 集中荷载

(1) 只有一个集中力：将 $\boldsymbol{P}$ 置于 $S$ 影响线的最大竖标处即产生 $S_{\max}$，将 $\boldsymbol{P}$ 置于 $S$ 影响线的最小竖标处即产生 $S_{\min}$。

(2) 一组相互平行且间距不变的集中荷载（图 20.24）。

各段影响线的倾角为 $\alpha_1$，$\alpha_2$，…，$\alpha_n$，$\alpha$ 以逆时针为正。图示为一组平行且间距不变的移动荷载，设每直线区段内荷载的合力为 $R_1$，$R_2$，…，$R_n$，则它们所产生的量值 $S$ 为：

$$S = R_1 y_1 + R_2 y_2 + \cdots + R_n y_n = \sum_{i=1}^{n} R_i y_i \tag{20.16}$$

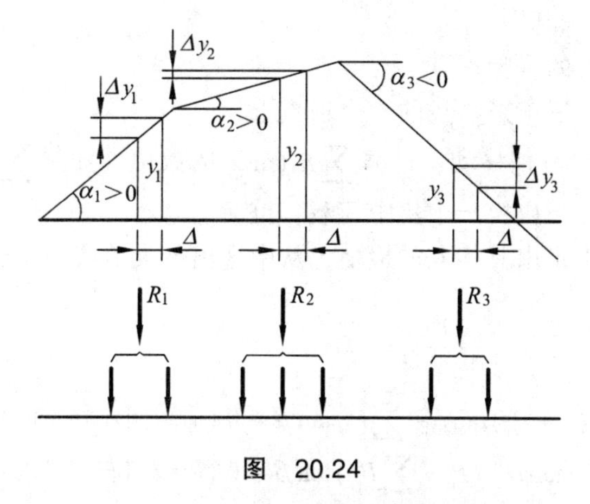


图 20.24

当荷载向右移动微小距离 $\Delta x$，各集中荷载都没有跨越影响线的顶点时，各合力 $R$ 大小不变，相应竖标 $y_i$ 增量为：

$$\Delta y_i = \Delta x \cdot \tan\alpha_i$$

则 $S$ 的增量为：

$$\begin{aligned}\Delta S &= R_1 \cdot \Delta y_1 + R_2 \cdot \Delta y_2 + \cdots + R_n \cdot \Delta y_n \\ &= R_1 \cdot \Delta x \tan\alpha_1 + R_2 \cdot \Delta x \tan\alpha_2 + \cdots + R_n \cdot \Delta x \tan\alpha_n \\ &= \Delta x (R_1 \cdot \tan\alpha_1 + R_2 \cdot \tan\alpha_2 + \cdots + R_n \cdot \tan\alpha_n) = \Delta x \sum_{i=1}^{n} R_i \tan\alpha_i\end{aligned}$$

所以

$$\frac{\Delta S}{\Delta x} = \sum_{i=1}^{n} R_i \tan\alpha_i \tag{20.17}$$

要使 $S$ 成为极大值，则这组荷载无论向右移动（$\Delta x > 0$）或向左移动（$\Delta x < 0$）时，$\Delta S$ 均减小（$\Delta S \leqslant 0$）。即：荷载向右移时，$\Delta S / \Delta x \leqslant 0$；荷载向左移时，$\Delta S / \Delta x \geqslant 0$。所以 $S$ 为极大值的条件是：

$$\begin{cases}\sum R_i \tan\alpha_i \geqslant 0 \text{ (荷载向左移动时)} \\ \sum R_i \tan\alpha_i \leqslant 0 \text{ (荷载向右移动时)}\end{cases} \tag{20.18}$$

同理，$S$ 为极小值的条件是：

$$\begin{cases}\sum R_i \tan\alpha_i \leqslant 0 \text{ (荷载向左移动时)} \\ \sum R_i \tan\alpha_i \geqslant 0 \text{ (荷载向右移动时)}\end{cases} \tag{20.19}$$

由式（20.18）、（20.19）可知，要使 $S$ 成为极值，必须使 $\Delta S$ 变号，也就是说，无论荷载向左移动或向右移动，$\sum R_i \tan\alpha_i$ 必须变号。

要使 $\sum R_i \tan\alpha_i$ 变号，必须使各段的合力 $R_i$ 的数值发生变化，而这只有当某一个集中荷载正好作用在影响线的顶点时才有可能发生（必要条件）。

能使 $\Delta S$ 变号的集中荷载称为临界荷载，此时的荷载位置称为临界位置。临界位置可通过式（20.18）、（20.19）来判别。

确定荷载最不利位置的步骤：

（1）将某一集中荷载置于影响线的一个顶点上。

（2）令荷载向左或向右稍移动，计算 $\sum R_i \tan\alpha_i$ 的数值。如果 $\sum R_i \tan\alpha_i$ 变号，则此荷载为临界荷载；若不变号，应换一个集中荷载，重新计算。

（3）从各临界位置中求出其相应的极值，从中选出最大值或最小值，则相应的荷载位置即为最不利位置。

当影响线为三角形时：

$$\begin{cases}(\sum P_{左}+P_{cr})\tan\alpha-\sum P_{右}\tan\beta\geqslant 0\ (\text{荷载向左移动时})\\ \sum P_{左}\tan\alpha-(P_{cr}+\sum P_{右})\tan\beta\leqslant 0\ (\text{荷载向右移动时})\end{cases}\tag{20.20}$$

由于 $\tan\alpha = h/a$，$\tan\beta = h/b$，所以对三角形影响线，荷载的临界位置可按下式判别：

$$\begin{cases}\dfrac{\sum P_{左}+P_{cr}}{a}\geqslant\dfrac{\sum P_{右}}{b}\\ \dfrac{\sum P_{左}}{a}\leqslant\dfrac{P_{cr}+\sum P_{右}}{b}\end{cases}\tag{20.21}$$

**【例 20.12】** 求图 20.25 所示简支梁在吊车荷载作用下 $B$ 支座的最大反力。$P_1 = P_2 = 478.5\ \text{kN}$，$P_3 = P_4 = 324.5\ \text{kN}$。

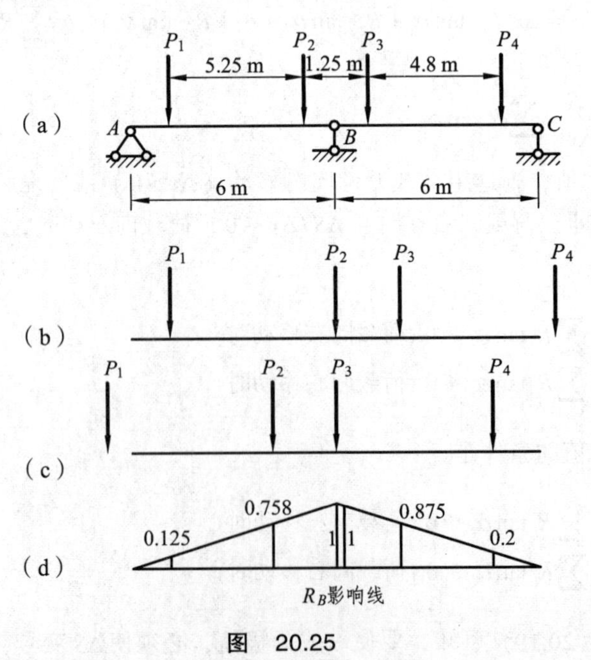


图 20.25

**解**：（1）考虑 $P_2$ 在 $B$ 点的情况（图 20.25（b））：

$$\begin{cases}\dfrac{\sum P_{左}+P_{cr}}{a}=\dfrac{478.5+478.5}{6}=159.5\geqslant\dfrac{\sum P_{右}}{b}=\dfrac{324.5}{6}=54.08\\ \dfrac{\sum P_{左}}{a}=\dfrac{478.5}{6}=79.75\leqslant\dfrac{P_{cr}+\sum P_{右}}{b}=\dfrac{478.5+324.5}{6}=133.83\end{cases}$$

经检验，$P_2$ 为临界荷载：

$$R_B=478.5\times(1+0.125)+324.5\times0.875=822.25\ \text{kN}$$

（2）考虑 $P_3$ 在 $B$ 点的情况（图 20.25（c））：

$$\begin{cases}\dfrac{\sum P_{左}+P_{cr}}{a}=\dfrac{478.5+324.5}{6}=133.83\geqslant\dfrac{\sum P_{右}}{b}=\dfrac{324.5}{6}=54.08\\ \dfrac{\sum P_{左}}{a}=\dfrac{478.5}{6}=79.75\leqslant\dfrac{P_{cr}+\sum P_{右}}{b}=\dfrac{324.5+324.5}{6}=108.17\end{cases}$$

经检验，$P_2$ 为临界荷载：

$$R_B=478.5\times0.758+324.5\times(1+0.2)=752.10\ \text{kN}$$

结论：比较情况（1）、（2），$P_2$ 在 $B$ 点最不利，$R_{B\max}=822.25\ \text{kN}$。

# 第八节　简支梁的绝对最大弯矩及内力包络图

## 一、简支梁的绝对最大弯矩

### 1. 定　义

发生在简支梁的某一截面，而比其他任意截面的最大弯矩都大的弯矩。

### 2. 如何确定绝对最大弯矩

（1）绝对最大弯矩必是该截面的最大弯矩；

（2）绝对最大弯矩必然发生在某一荷载之下；

（3）集中荷载是有限的。

取某一集中荷载作为产生绝对最大弯矩的临界荷载，计算该荷载移动过程中的最大弯矩，类似地，求出其他荷载下的最大弯矩并加以比较，其中最大者即为绝对最大弯矩。

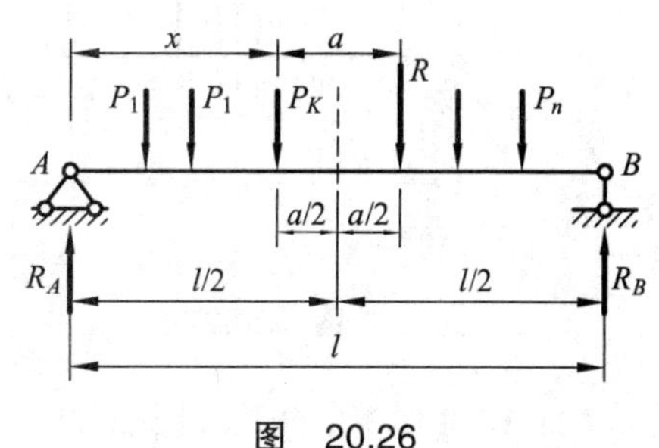

图　20.26

### 3. $P_K$ 位置的确定（图 20.26）

$P_K$ 所在截面的弯矩：

$$M_K(x)=R_Ax-M_{K左}\qquad(20.22)$$

式中　$M_{K左}$——$P_K$ 以左所有荷载对 $k$ 截面的弯矩。

$$\sum M_B = 0: \quad R_A \cdot l = R(l - x - a) = 0$$

$$\Rightarrow R_A = \frac{R}{l}(l - x - a) \qquad (20.23)$$

代式（20.23）入式（20.22）： $M_K(x) = R_A x - M_{K左} = \frac{R}{l}(l - x - a) - M_{K左}$

求 $M_K(x)$ 的极值： $\frac{\mathrm{d}M_K(x)}{\mathrm{d}x} = \frac{R}{l}(l - x - a) = 0$

$$\Rightarrow x = \frac{l - a}{2}$$

或 $l - x - a = 0$

结论：$P_K$ 与梁上所有荷载的合力对称于中截面。

4. 计算步骤

（1）先找出可能使跨中产生最大弯矩的临界荷载；

（2）使上述荷载与梁上所有荷载的合力对称于中截面，计算此时临界荷载所在截面的最大弯矩；

（3）类似地，计算出其他截面的最大弯矩并加以比较，其中最大者即为绝对最大弯矩。

**【例 20.13】** 求图 20.27 所示简支梁在吊车荷载作用下的绝对最大弯矩。已知：$P_1 = P_2 = P_3 = P_4 = 280$ kN。

**解**：1. 考虑 $P_2$ 为临界荷载的情况

（1）梁上有 4 个荷载（图 20.27）。

$$R = 280 \times 4 = 1\,120 \text{ kN}$$

$$a = 1.44/2 = 0.72 \text{ m}$$

$$\sum M_B = 0: \quad R_A \times 12 - 1\,120 \times (6 - 0.36) = 0$$

$$\Rightarrow R_A = 526.4 \text{ kN}$$

$$(M)_{X=5.64} = R_A \times 5.64 - 280 \times 4.8 = 1\,624.9 \text{ kN} \cdot \text{m}$$

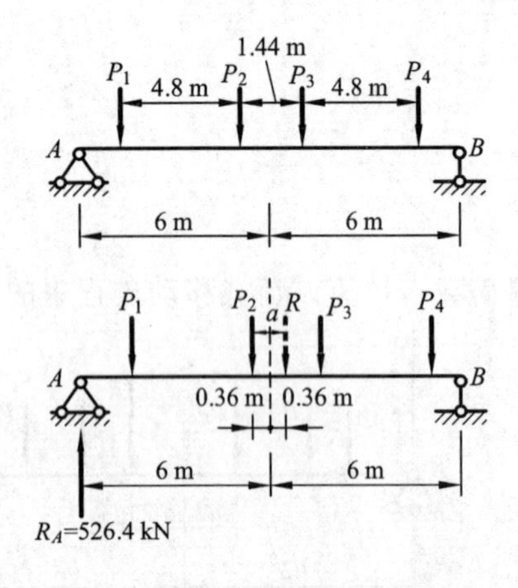


图 20.27

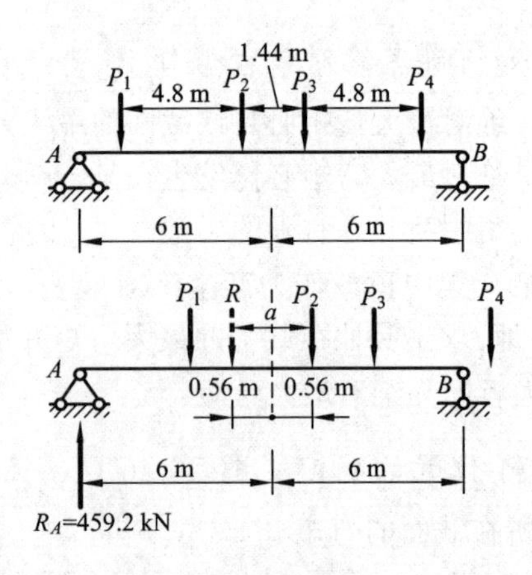


图 20.28

（2）梁上有 3 个荷载（图 20.28）。

$$R = 280 \times 3 = 840\ \text{kN}$$

依合力矩定理： $R \times a = P_1 \times 4.8 - P_3 \times 1.44$

$$a = 280 \times (4.8 - 1.44) / 840 = 1.12\ \text{m}$$

$$\sum M_B = 0：\ R_A \times 12 - 840 \times (6 + 0.56) = 0$$

$$\Rightarrow R_A = 459.2\ \text{kN}$$

$$(M)_{X=6.56} = R_A \times 6.56 - 280 \times 4.8 = 1\ 668.4\ \text{kN} \cdot \text{m}$$

比较情况（1）、（2），绝对最大弯矩为：

$$(M)_{X=6.56} = 1\ 668.4\ \text{kN} \cdot \text{m}$$

2. 考虑 $P_3$ 为临界荷载的情况

通过与前面类似的分析，可知另一绝对最大弯矩为：

$$(M)_{X=5.44} = 1\ 668.4\ \text{kN} \cdot \text{m}$$

## 二、简支梁的内力包络图

1. 定　义

把梁上各截面内力的最大值和最小值按同一比例标在图上，连成曲线，这一曲线即为内力包络图。

2. 绘制方法

一般将梁分为十等份，先求出各截面的最大弯矩值，再求出绝对最大弯矩值，最后将这些值按比例以竖标标出并连成光滑曲线。

# 第九节　用机动法作超静定梁的影响线

## 一、用静力法绘制超静定梁影响线的工作十分繁杂

**【例 20.14】** 试绘制图 20.29 所示超静定梁 $M_A$ 影响线。

**解：** $\delta_{11} x_2 + \varDelta_{1p} = 0$

$$\begin{cases} \delta_{11} = \dfrac{1}{3EI} \\ \varDelta_{1p} = \dfrac{1}{6EI} = -\dfrac{x(l-x)(2l-x)}{l} \end{cases}$$

$$\Rightarrow M_A = x_1 = -\frac{x(l-x)(2l-x)}{2l^2}$$

由上式可知：$M_A$ 是 $x$ 的三次函数。依上式绘出影响线如图 20.29 所示。

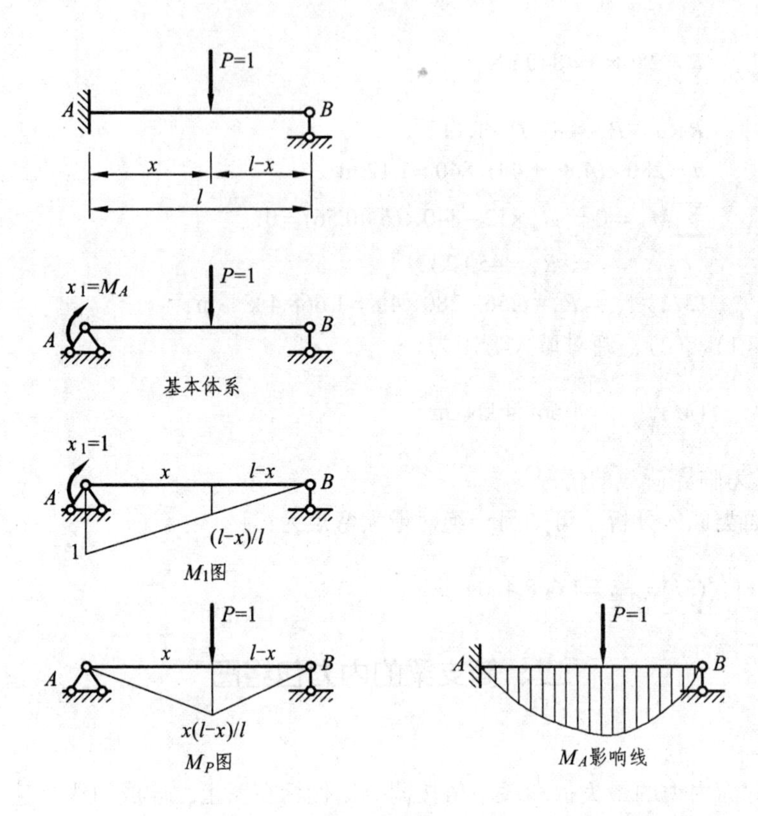


图　20.29

## 二、用机动法绘制超静定梁影响线

【例 20.15】　用机动法绘制图 20.30 所示梁的影响线。

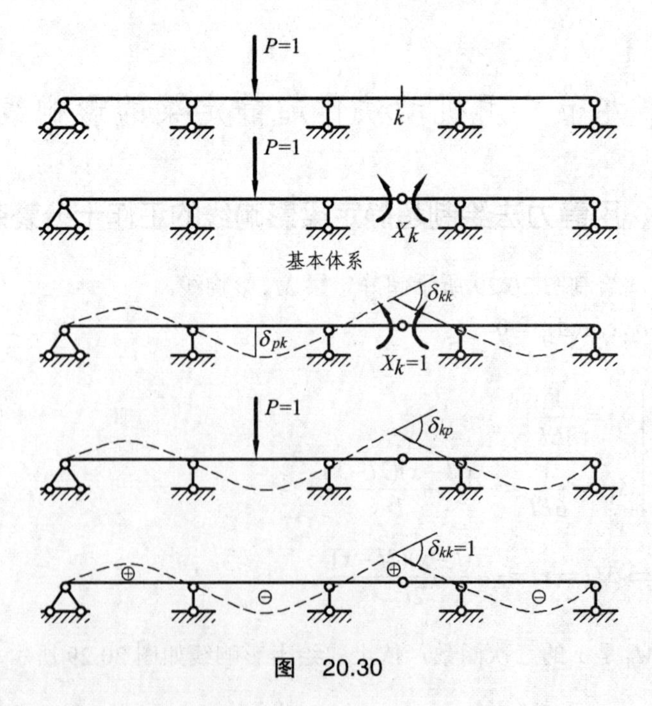


图　20.30

**解**：由基本体系得方程

$$\delta_{kk}X_k+\Delta_{kp}=0$$

因为 $\Delta_{kp}=\delta_{kp}$（外荷载是单位力）

又 $\delta_{kp}=\delta_{pk}$（位移互等定理）

所以 $X_k=-\dfrac{1}{\delta_{kk}}\delta_{pk}$

结论：为作某量值 $X_k$ 的影响线，只要去掉与 $X_k$ 相应的约束，并使所得的基本结构沿 $X_k$ 的正方向发生单位位移，则由此而得的位移图即为 $X_k$ 影响线。

### 三、影响线的绘制及最不利荷载位置的确定

**【例 20.16】** 试绘制图 20.31 所示连续梁 $M_k$、$Q_k$、$R_D$、$M_B$ 影响线并求 $M_{k\max}$、$M_{k\min}$。

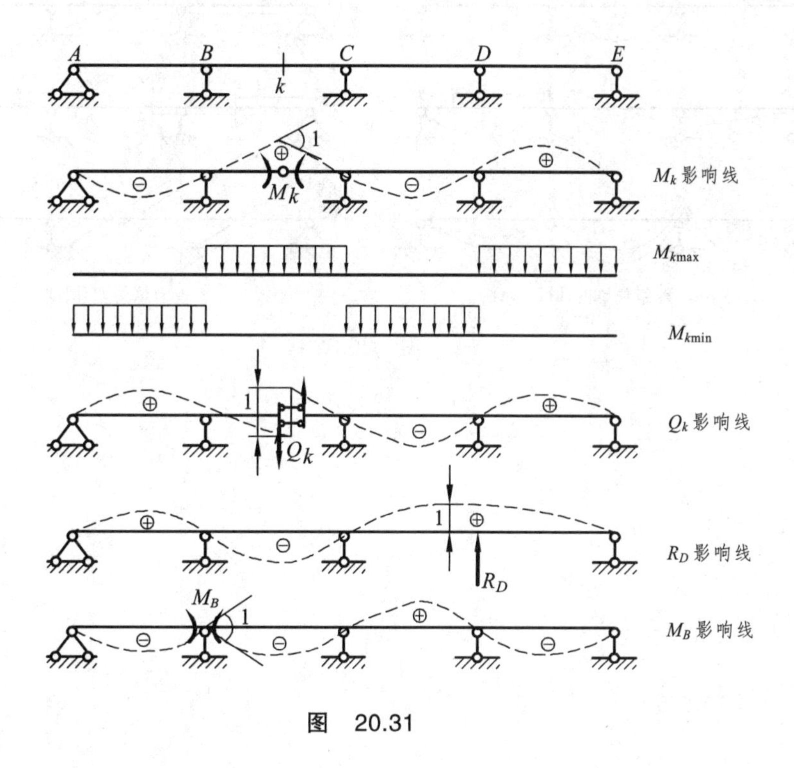


**图 20.31**

## 第十节 连续梁的内力包络图

### 一、内力包络图的概念

将各截面在恒载和活载共同作用下的最大内力和最小内力，按一定比例用竖标表示出来，并分别连成两条光滑曲线，这个图形称为连续梁的内力包络图。

## 二、内力包络图的绘制

【例 20.17】 试绘制图 20.32 所示三跨连续梁的弯矩、剪力包络图。已知梁上承受恒载 $q=20$ kN/m，活载 $p=37.5$ kN/m。

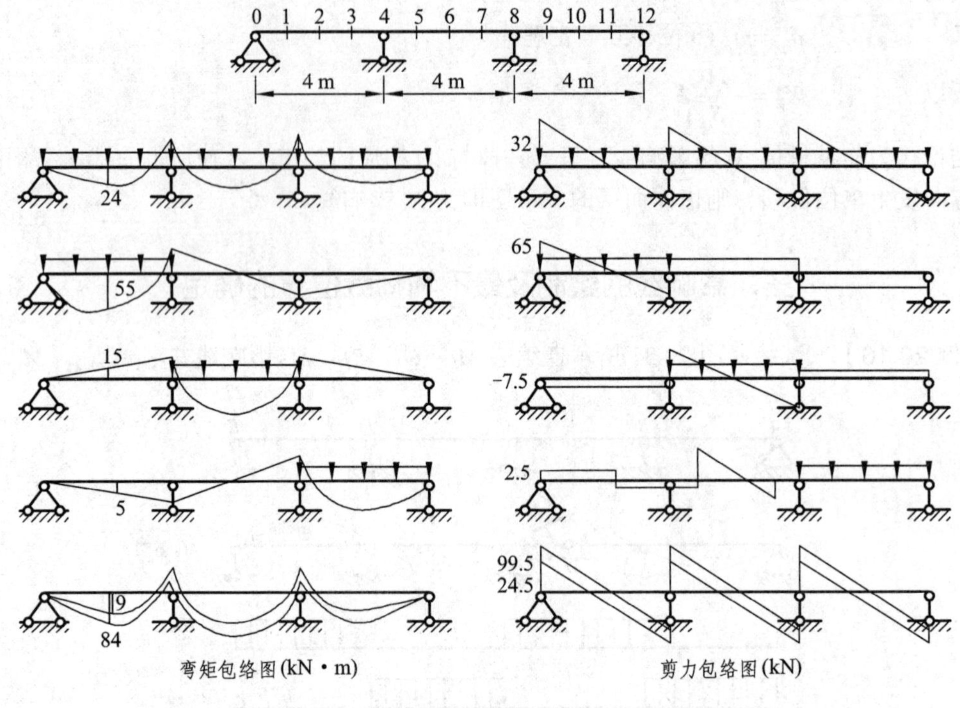


图 20.32

# 第四部分
# 结构设计原理

## 第二十一章
## 概　　述

### 第一节　结构与结构设计

#### 一、结构的分类、特点及适用范围

（1）混凝土结构：包括素混凝土结构、钢筋混凝土结构及预应力混凝土结构，是应用非常普遍的结构。

（2）钢结构：适于大跨径结构，应用很普遍的结构。

（3）圬工结构：主要用于基础工程。

（4）木结构：应用较少。我国木材资源较紧缺。

#### 二、学习本部分应注意的问题

（1）“结构设计原理”课程是一门重要的专业技术基础课，其主要先修课程有“材料力学”“结构力学”和“建筑材料”，并为学习“桥梁工程”“基础工程”课程奠定基础。

（2）“结构设计原理”中构件的某些计算公式是根据试验研究及理论分析得到的半经验半理论公式。在学习和运用这些公式时，要正确理解公式的本质，特别注意公式的使用条件及适用范围。

（3）“结构设计原理”课程的重要内容是结构构件设计。结构设计应遵循适用、经济、安全和美观的原则。

（4）在学习本部分内容时中要学会应用设计规范。我国交通部（现交通运输部）颁布的公路桥涵设计规范有：《公路桥涵通用规范》（JTG D60—2004）、《公路钢筋混凝土及预应力混凝土桥涵设计规范》（JTG D62—2004）。

# 第二节　钢筋混凝土结构

## 一、钢筋混凝土结构的基本概念

钢筋混凝土是由两种力学性能不同的材料——钢筋和混凝土结合成整体，共同发挥作用的一种建筑材料。

混凝土是一种人造石料，其抗压强度很高，而抗拉强度很低（一般为抗压强度的 1/18～1/8）。若在梁的受拉区配置适量的抗拉强度高的纵向钢筋，就构成钢筋混凝土梁。试验表明，和素混凝土梁有相同截面尺寸的钢筋混凝土梁承受竖向荷载作用时，荷载略大于 $P_c$ 时梁的受拉区仍会出现裂缝。

由于混凝土的抗拉强度较低，受弯构件在承受荷载较小时，受拉区即会出现裂缝，为了提高构件的抗裂性，可对混凝土梁施加预压应力，形成预应力混凝土梁。受拉区混凝土储备一定的压应力，用以抵消或减小外荷载产生的拉应力。

## 二、钢筋和混凝土共同工作的原理

（1）混凝土和钢筋之间有着良好的黏结力（也称握裹力），使钢筋和混凝土能可靠地结合成一个整体，在荷载作用下能够很好地共同变形，完成其结构功能。

（2）钢筋和混凝土的温度线膨胀系数也较为接近（钢筋为 $1.2\times10^{-5}$，混凝土为 $1.0\times10^{-5}\sim1.5\times10^{-5}$），因此，当温度变化时，不致产生较大的温度应力而破坏两者之间的黏结。

（3）混凝土包围在钢筋的外围，起着保护钢筋免遭锈蚀的作用，保证了钢筋与混凝土的共同作用。

## 三、钢筋混凝土结构的优、缺点

钢筋混凝土除了能合理地利用钢筋和混凝土两种材料的特性外，还有下述一些优点。

### 1. 经济性

钢筋混凝土结构所用的原材料中，砂、石所占的比重较大，而砂、石易于就地取材，可以降低建筑成本。

### 2. 耐久性

在钢筋混凝土结构中，混凝土的强度是随时间而不断增长的，同时，钢筋被混凝土所包裹而不致锈蚀，所以，钢筋混凝土结构的耐久性是较好的。钢筋混凝土结构的刚度较大，在使用荷载作用下的变形很小，故可有效地用于对变形要求较严格的建筑物中。

### 3. 整体性

钢筋混凝土结构，特别是整体浇筑的结构，构件之间是通过钢筋和混凝土的一次性浇筑联结为整体的，其整体性好，对于结构的空间受力，抵抗风荷载、地震及强烈冲击作用都具有较好的工作性能。

4. 可模性

钢筋混凝土结构既可以整体现浇也可以预制装配，并且可以根据需要浇制成各种构件形状和截面尺寸。特别适用于形状复杂或对建筑造型有较高要求的建筑物。

5. 耐火性

混凝土热惰性大，传热慢，对包围在其中的钢筋具有保护作用。实践表明，具有足够厚度混凝土保护层的钢筋混凝土结构，火灾持续时间不长时，不致因钢筋受热软化而造成结构的整体坍塌破坏。

同时应看到，钢筋混凝土结构也存在下述一些缺点。

1. 自重大

钢筋混凝土结构的截面尺寸一般较相应的钢结构大，因而自重较大，这对于大跨度结构是不利的。

2. 抗裂性差

混凝土的抗拉强度低，钢筋混凝土结构容易出现裂缝，在正常使用时往往是带裂缝工作的。

3. 施工受季节影响大

在冬季和雨季现场就地浇筑混凝土时，须采取必要的防护措施，增加了施工费用。

## 第三节　混凝土的强度

混凝土的强度是混凝土的重要力学性能，是设计钢筋混凝土结构的重要依据，它直接影响结构的安全和耐久性。

### 一、混凝土单轴向强度指标

1. 混凝土的立方体抗压强度 $f_{cu,k}$

“公路桥规”规定以边长为 150 mm 的立方体试件，在 20 °C±3 °C 的温度和相对湿度在 90%以上的潮湿空气中养护 28 天，依照标准制作方法和试验方法测得的具有 95%保证率的抗压强度值（以 MPa 计），作为混凝土的立方体抗压强度，用符号 $f_{cu,k}$ 表示。按这样的规定，就可以排除不同制作方法、养护环境等因素对混凝土立方体强度的影响。

试件尺寸越大，实测强度越低，这种现象称为尺寸效应。因此，如果采用边长为 200 mm 的立方体试件，实测的强度应乘以尺寸修正系数 1.05 作为立方体抗压强度标准值；如果采用边长为 100 mm 的立方体试件，实测的强度应乘以尺寸修正系数 0.95 作为立方体抗压强度标准值。

“公路桥规”中规定用于公路桥梁承重部分的混凝土可采用 C20～C80，中间以 5 MPa 晋级。C50 以下为普通混凝土，C50 及以上为高强度混凝土。

公路桥涵混凝土强度等级的选择可按下列规定采用：

钢筋混凝土构件不宜低于 C20；当采用 HRB400、KL400 级钢筋时，不宜低于 C25；在预应力混凝土构件中，不宜低于 C40。

2. 混凝土轴心抗压强度（柱体强度 $f_{ck}$）

通常钢筋混凝土构件的长度比它的截面边长要大得多，因此棱柱体试件（高度大于截面边长的试件）的受力状态更接近于实际构件的受力情况。按照与立方体试件相同条件下制作和试验方法测得的棱柱体试件的极限抗压强度值，称为混凝土轴心抗压强度，用符号 $f_{ck}$ 表示。我国采用 150 mm×150 mm×450 mm 的试件为标准试件。

试验结果表明，混凝土轴心抗压强度 $f_{ck}$ 与立方体抗压强度 $f_{cu,k}$ 之间有如下近似关系：

$$f_{ck} = 0.88\alpha f_{cu,k} \tag{21.1}$$

式中　$\alpha$——与混凝土强度等级有关的系数，C50 及以下混凝土取 $\alpha = 0.76$，C55～C80 混凝土取 $\alpha = 0.77 \sim 0.82$。

另外，考虑到 C40 以上混凝土具有脆性，因此，按公式（21.1）计算的柱体抗压强度标准值应乘以混凝土脆性折减系数 $\beta$，C40 及以下混凝土取 $\beta = 1.0$，C40～C80 混凝土取 $\beta = 1.0 \sim 0.87$，中间值按线性插入求得。

3. 混凝土抗拉强度（$f_{tk}$）

混凝土抗拉强度（用符号 $f_{tk}$ 表示）和抗压强度一样，都是混凝土的基本强度指标。但是混凝土的抗拉强度比抗压强度低得多，它与同龄期混凝土抗压强度的比值一般为 1/18～1/8。这项比值随混凝土强度等级的增大而减少，即混凝土抗拉强度的增加慢于抗压强度的增加。

混凝土轴心受拉试验的试件可采用在两端预埋钢筋的混凝土棱柱体。试验时用试验机的夹具夹紧试件两端外伸的钢筋施加拉力，破坏时试件在没有钢筋的中部截面被拉断，其平均拉应力即为混凝土的轴心抗拉强度，用符号 $f_{tk}$ 表示。

劈裂试验是在卧置的立方体（或圆柱体）试件与压力机压板之间放置钢垫条及三合板（或纤维板）垫层，用压力机通过垫条对试件中心面施加均匀的条形分布荷载。这样，除垫条附近外，在试件中间垂直面上就产生了拉应力，它的方向与加载方向垂直，并且基本上是均匀的。当拉应力达到混凝土的抗拉强度时，试件即被劈裂成两半。

混凝土劈裂抗拉强度 $f_t^s$ 可按下式计算：

$$f_t^s = \frac{2P}{\pi d L} \tag{21.2}$$

式中　$P$——劈裂破坏时的荷载值；

$d$——圆柱体试件的直径或立方体试件的边长；

$L$——试件的长度。

我国的实验结果表明，混凝土的轴心抗拉强度略高于劈裂强度，鉴于我国还未建立混凝土劈裂试验的统一标准，通常认为混凝土的轴心抗拉强度与劈裂强度基本相同。

## 二、复合应力状态下的混凝土强度

在钢筋混凝土结构中，构件通常受到轴力、弯矩、剪力及扭矩等不同组合情况的作用，因此，混凝土更多的是处于双向或三向受力状态。在复合应力状态下，混凝土的强度有明显变化。

1. 双向应力状态

(1) 当双向受压时，一向的混凝土强度随着另一向压应力的增加而增加。当 $\sigma_1/\sigma_2$ 约等于 2 或 0.5 时，其强度比单向抗压强度增加 25% 左右，而在 $\sigma_1/\sigma_2=1$ 时，其强度增加仅为 16% 左右。

(2) 当双向受拉时，无论应力比值 $\sigma_1/\sigma_2$ 如何，实测破坏强度基本不变，双向受拉强度均接近于单向抗拉强度。

(3) 当一向受拉、一向受压时，混凝土的强度均低于单向受力（压或拉）的强度。

2. 法向应力（拉或压）和剪应力形成压剪或拉剪复合应力状态

混凝土的抗压强度由于剪应力的存在而降低。当 $\sigma/f_c<0.5\sim0.7$ 时，抗剪强度随压应力的增大而增大；当 $\sigma/f_c>0.5\sim0.7$ 时，抗剪强度随压应力的增大而减小。

3. 三向受压状态

混凝土的轴向抗压强度随另外两向压应力的增加而增加，通过对大量试验结果分析，混凝土圆柱体三向受压的轴心抗压强度 $f_{cc}$ 与侧压应力 $\sigma_r$ 之间的关系，可以用下列线性经验公式表达：

$$f_{cc}=f_c+K\sigma_r \tag{21.3}$$

式中 $f_{cc}$ ——三向受压时混凝土轴心抗压强度；

$f_c$ ——单向受压时混凝土柱体抗压强度；

$\sigma_r$ ——侧向压应力值；

$K$ ——侧向应力系数，侧向压力较低时其数值较大，通常取 $K=4.5\sim7.0$。

# 第二十二章
# 钢筋混凝土结构及其力学性能

## 第一节 混凝土结构

### 一、混凝土结构的一般概念

混凝土结构（concrete structure）包括素混凝土（plain concrete structure）结构、钢筋混凝土（reinforced concrete structure）结构和预应力混凝土（prestressed concrete structure ）结构。混凝土是土木建筑工程中广泛应用的一种建筑材料。混凝土材料的抗压强度较高，而抗拉强度却很低（它的抗拉强度仅是其抗压强度的 1/12～1/8）。因此，素混凝土构件的应用范围非常有限，主要用于受压构件，如柱墩、基础墙等。如图 22.1 所示的混凝土梁。

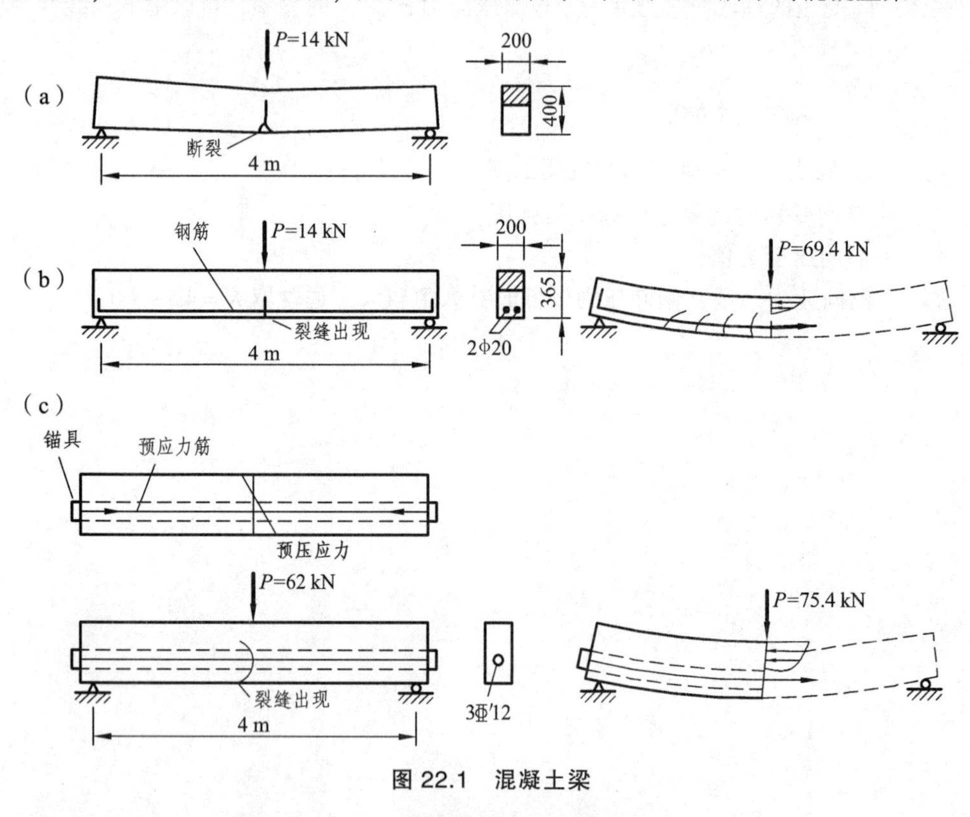


图 22.1 混凝土梁

### 二、钢筋混凝土的特点

如前所述，钢筋混凝土结构的特点包括以下几方面。

1. 钢筋和混凝土共同工作的基础

(1) 钢筋（reinforcement）和混凝土（concrete）之间有着可靠的黏结力，能相互牢固地结成整体。在外荷载作用下，钢筋与相邻混凝土能够协调变形，共同受力。

(2) 钢筋与混凝土的温度线膨胀系数（linear expansion coefficient）相近，钢筋为 $1.2\times10^{-5}\,^{\circ}\mathrm{C}^{-1}$，混凝土为 $(1.0\sim1.5)\times10^{-5}\,^{\circ}\mathrm{C}^{-1}$。

(3) 钢筋被混凝土包裹，从而防止了钢筋的锈蚀，保证了结构的耐久性（durability）。

**2. 钢筋混凝土结构的优点**

(1) 具有较高强度；

(2) 耐久性较好；

(3) 可模性好；

(4) 抗地震性较好；

(5) 可就地取材。

**3. 钢筋混凝土结构的缺点**

(1) 自重大；

(2) 抗裂性差；

(3) 浇筑时需要模板（forms）；

(4) 施工受季节限制。

# 第二节　钢筋的力学性能

## 一、钢筋的分类

钢材按直径粗细分钢筋和钢丝两类。

钢筋根据生产工艺和加工条件分热轧钢筋、冷拉钢筋和热处理钢筋三种。将钢筋在高于再结晶温度状态下，用机械方法轧制成的不同外形的钢筋，称为热轧钢筋（hot rolled steel bars）。热轧钢筋按照外形特征可分为光圆钢筋（hot rolled plain steel bars）和变形钢筋

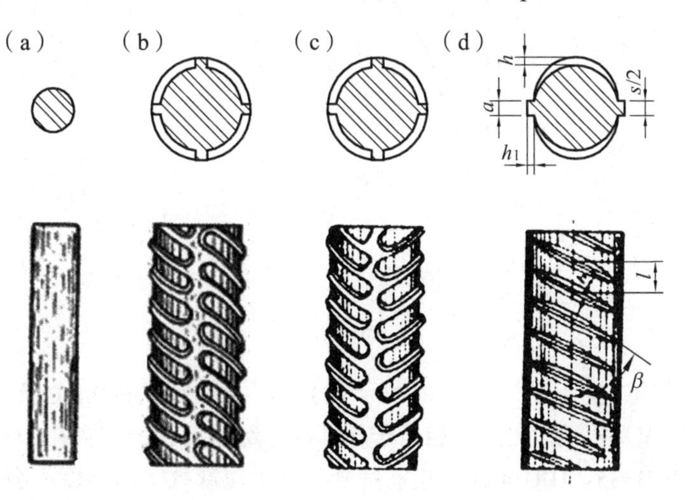


图　22.2

(deformed bars)。其中：横肋斜向一个方向而成螺纹形的称为螺纹钢筋；横肋斜向不同方向而成“人”字形的称为人字形钢筋；纵肋与横肋不相交且横肋为月牙形状的称为月牙纹钢筋。

钢丝根据加工方法和组成形式分碳素钢丝、刻痕钢丝、钢绞线和冷拔低碳钢丝四种。

按照钢材的化学成分，分碳素钢（carbon steel）和普通低合金钢（low alloy-steel）两大类。

## 二、钢筋的力学性能

### 1. 钢筋的应力-应变关系

钢筋的拉伸应力-应变关系曲线可分为两大类，即有明显流幅的曲线（图 22.3）和无明显流幅的曲线（图 22.4）。

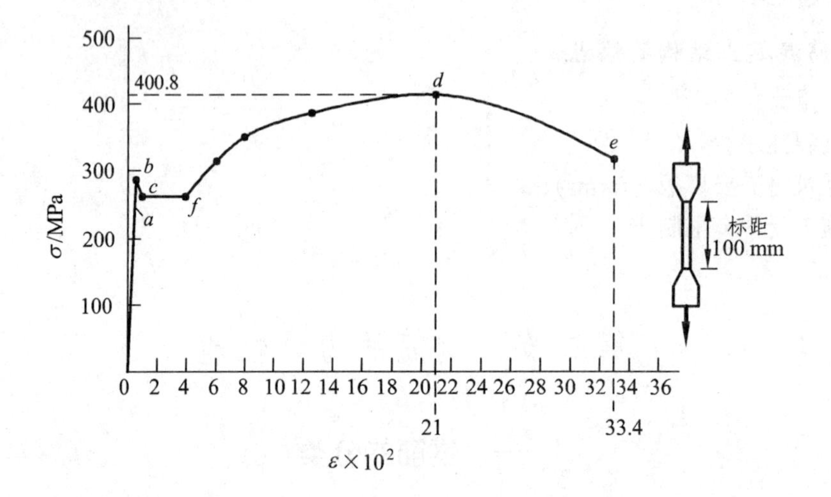


图 22.3

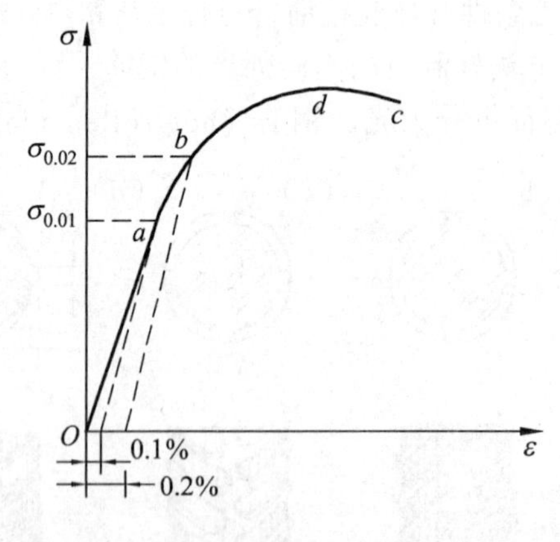


图 22.4

钢筋混凝土结构纵向钢筋一般为 R235（Q235）、HRB335、HRB400 及 KL400 钢筋。R235 为光圆钢筋强度，其牌号为 Q235，相当于原标准 Ⅰ 级钢筋，公称直径 $d=8\sim20$ mm，以偶数 2 mm 递增。HRB335、HRB400 为钢筋牌号，其中尾部数字为强度等级。HRB335 相当于原标准 Ⅱ 级钢筋；HRB400 相当于原标准 Ⅲ 级钢筋，该钢筋公称直径 $d=6\sim50$ mm，其中

$d=22$ mm 以下以 2 mm 递减，$d=22$ mm 以上为 25、28、32、36、40、50 mm。KL400 为余热处理钢筋的强度等级代号，钢筋级别相当于原标准的Ⅳ级钢筋，公称直径 $d=8\sim40$ mm，尺寸晋级情况与 HRB 相同。

2. 钢筋的强度指标

（1）屈服强度。

（2）极限强度。钢材的极限强度包括抗拉强度（tensile strength）、抗压强度（compressive strength）和抗剪强度（shear resistance strength）。

3. 钢筋的塑性指标

（1）伸长率（ductility rate）。可以按照下式计算：

$$\delta=\frac{l_1-l_0}{l_0}\times100\% \qquad (22.1)$$

（2）断面收缩率（percentage reduction of area）。可以按下式计算：

$$\psi=\frac{A_0-A_1}{A_0}\times100\% \qquad (22.2)$$

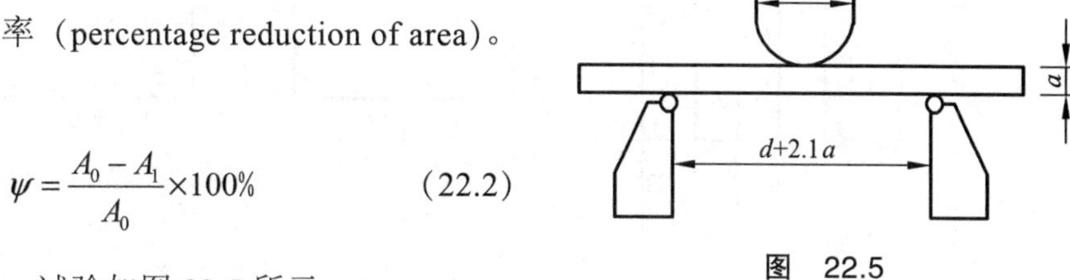


图 22.5

（3）冷弯性能。试验如图 22.5 所示。

# 第三节　混凝土的力学性能

## 一、混凝土的强度

如前所述，混凝土强度分为以下几种。

1. 立方体抗压强度

立方体抗压强度是指边长为 150 mm 的立方体试块，在 20 °C±3 °C 的温度和相对湿度在 90% 以上的潮湿空气中养护 28 d 后，用标准的试验方法测得的抗压强度。

混凝土强度等级是按照边长为 150 mm 的立方体抗压强度标准值确定的。混凝土立方体抗压强度标准值是按照上述立方体抗压强度试验方法得到的具有 95% 保证率的抗压强度值。“公路桥规”按照混凝土立方体抗压强度标准值，把混凝土结构中混凝土的强度等级分为 14 级，以“C＋立方体抗压强度标准值”的形式表示，即 C15，C20，…，C70，C80。公路桥涵钢筋混凝土构件的混凝土强度等级可采用 C20～C80。

2. 轴心抗压强度

混凝土的抗压强度不仅与试件的尺寸有关，也与它的形状有关。在实际工程结构中，受压构件不是立方体而是棱柱体，所以，采用棱柱体试件（高度大于边长的试件称为棱柱体）比采用立方体试件能更好地反映混凝土的实际抗压能力。用棱柱体试件测得的抗压强度称为棱柱体抗压强度，或者称为轴心抗压强度。

棱柱体试件是在与立方体试件相同的条件下制作的，试件表面不涂润滑剂，实测所得的棱柱体抗压强度比立方体抗压强度低。混凝土轴心抗压强度随着混凝土强度等级的提高而增加，总的趋势是混凝土轴心抗压强度与混凝土强度等级成正比。

3. 轴心抗拉强度

轴心受拉试件如图 22.6 所示。

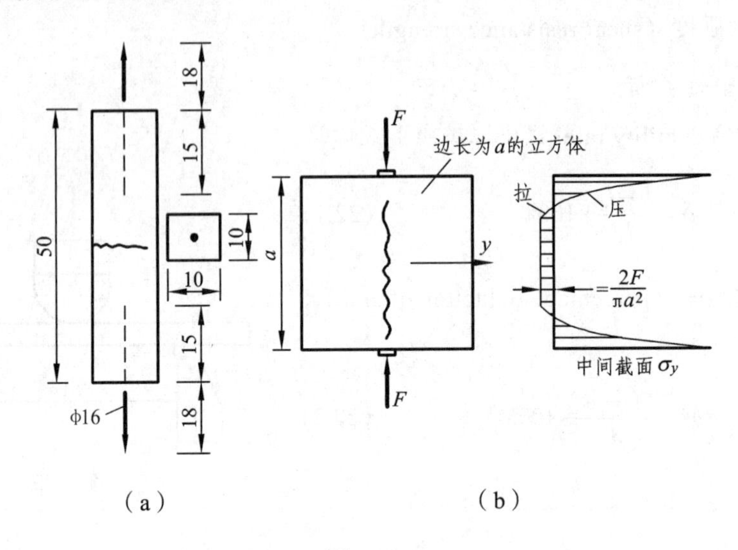


图 22.6

混凝土试件在轴心拉伸下的极限抗拉强度，在结构设计中是确定混凝土抗裂度的重要指标，有时还可以混凝土轴心抗拉强度间接地作为衡量混凝土其他力学性能的指标，例如混凝土与钢筋之间的黏结强度等。

测定方法如下所述。

我国交通部（现交通运输部）颁布的标准《公路工程水泥混凝土试验规程》规定，采用 150 mm 立方体作为标准试件进行混凝土劈裂抗拉强度测定，按照规定的试验方法操作，则混凝土劈裂抗拉强度为：

$$f_{L}^{p}=\frac{2F}{\pi a^{2}} \tag{22.3}$$

## 二、混凝土的变形性能

1. 在单调、短期荷载作用下的变形性能（图 22.7）

(1) 当$\sigma\leqslant0.3f_{cd}$时，$\sigma$-$\varepsilon$关系接近一条直线。

(2) 随着应力的增大，当$\sigma\approx0.5f_{cd}$时，曲线明显地呈弯曲状上升，$\varepsilon$增量大于$\sigma$增量，材料出现明显的塑性。

(3) 当$\sigma=\sigma_{max}$时，$\varepsilon_0$随混凝土强度的不同可在（1.5～2.5）$\times10^{-3}$范围波动，构件破坏，$\sigma_{max}$称为混凝土的棱柱体抗压强度，下降段末端的相应应变即为混凝土的极限应变值$\varepsilon_{max}$。

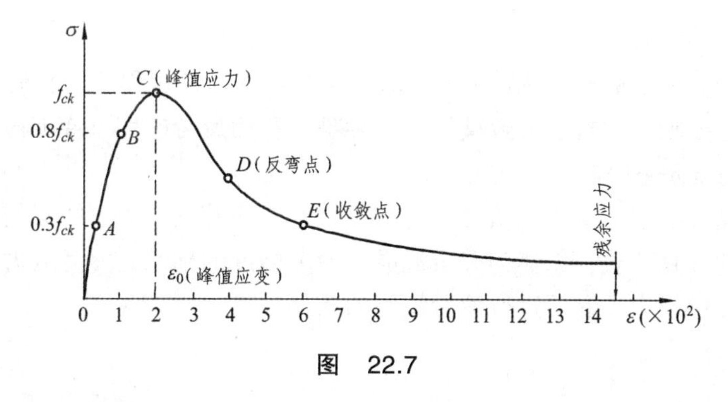


图 22.7

2. 混凝土的变形模量

由混凝土的$\sigma$-$\varepsilon$呈曲线关系（图 22.8），当混凝土的应力达到时，混凝土的总应变由弹性应变和塑性应变两部分组成，即：

$$\varepsilon_c = \varepsilon_e + \varepsilon_p \tag{22.4}$$

变形模量：

$$E_c = \frac{d\sigma}{d\varepsilon} = \tan\alpha$$

因此在钢筋混凝土结构中，通常近似地取压应力

$$\sigma_c = 0.5 f_{ck}$$

时的变形模量作为混凝土的弹性模量。

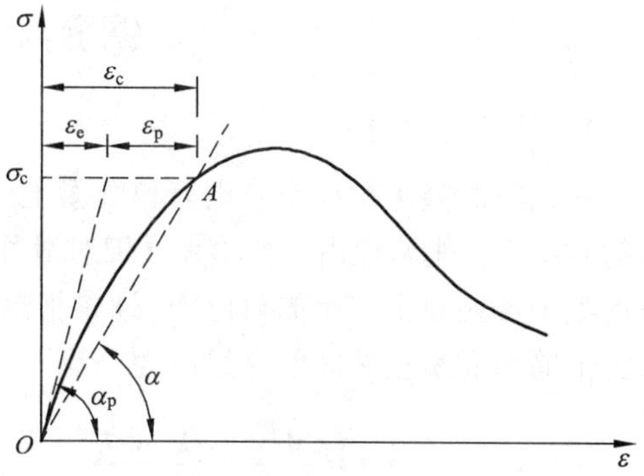

图 22.8

经验公式：

$$E_c = \frac{10^5}{2.2 + \dfrac{34.7}{f_{cu,k}}} \text{ (MPa)} \tag{22.5}$$

混凝土受剪弹性模量按下式计算：

$$G_c = \frac{E_c}{2(1+\mu_c)} \tag{22.6}$$

3. 混凝土在重复荷载作用下的变形性能（图 22.9、22.10）

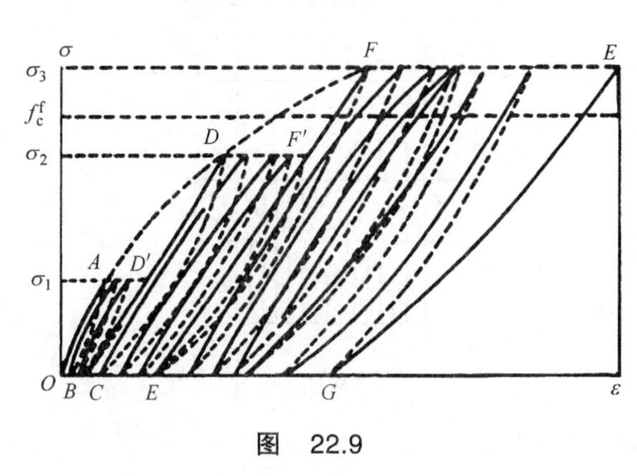


图 22.9

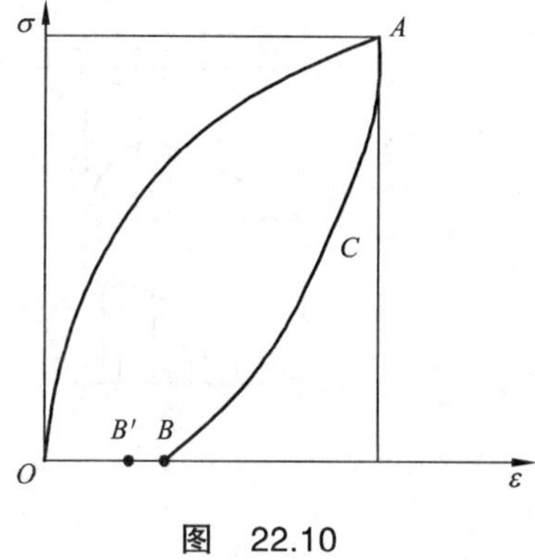


图 22.10

(1) 当加载应力$\sigma$较小时，经过几次加卸载变成一条直线。

(2) 当加载较大时$\sigma > \sigma_c$，则经过多次重复加荷、卸荷的过程后，将使$\sigma$-$\varepsilon$曲线由凸向应力轴转为凸向应变轴，并最后导致破坏，这种破坏称为疲劳破坏，疲劳破坏时的应力称为疲劳强度（fatigue strength）。

疲劳强度与循环次数、应力正负号、混凝土强度等级有关。对于桥梁结构，要求能够承受200万次以上的反复荷载，以作为确定混凝土疲劳强度的标准。疲劳应力比值一般较大，所以“公路桥规”中规定了专门进行疲劳试验的条件。

# 第四节 钢筋与混凝土的黏结

## 一、钢筋与混凝土黏结的作用

### 1. 黏结力的定义

在钢筋混凝土结构中，钢筋和混凝土这两种材料之所以能共同工作的基本前提是具有足够的黏结力，能承担由于变形差（相对滑移）沿钢筋与混凝土接触面上产生的剪应力，通常把这种剪应力称为钢筋和混凝土之间的黏结应力，见图22.11。

$$\tau = \frac{dT}{\pi d dx} = \frac{A_s}{\pi d} \cdot \frac{d\sigma_s}{dx} \qquad (22.7)$$

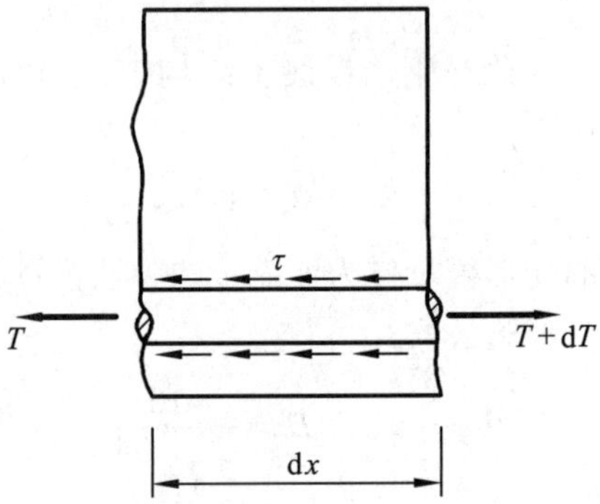

图 22.11

### 2. 黏结力的作用

钢筋与混凝土之间黏结的作用主要体现在下述两个方面：

(1) 钢筋端部的锚固；

(2) 裂缝间应力的传递。

见图22.12。

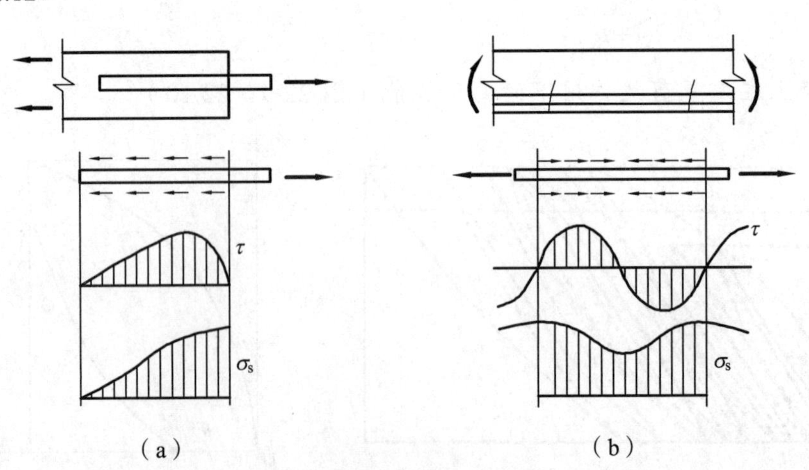


图 22.12

## 二、黏结力的组成

(1) 钢筋与混凝土接触面上的化学吸附作用，钢筋和混凝土之间的化学吸附作用也称胶结力。

(2) 混凝土收缩，将钢筋紧紧握裹而产生的摩擦力。

(3) 钢筋与混凝土之间的机械咬合作用力。

(4) 附加咬合作用。见图 22.13。

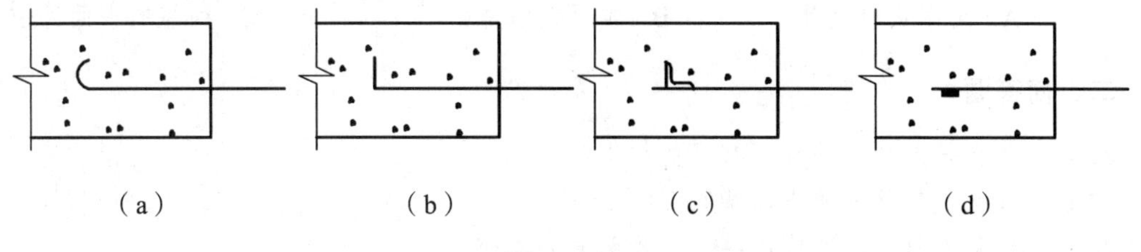


图 22.13

## 三、影响黏结能力的主要因素

(1) 钢筋表面形状;

(2) 混凝土强度等级;

(3) 浇注混凝土时钢筋的位置;

(4) 保护层厚度和钢筋间距;

(5) 横向钢筋及侧向压力等。

## 习 题

### 一、选择题

22.1 用普通钢筋作为配筋的普通混凝土结构，称为（　　）。

A. 素混凝土结构　　B. 钢筋混凝土结构　　C. 预应力混凝土结构

22.2 混凝土材料的性能是（　　）。

A. 抗压强度高　　B. 抗拉强度高

22.3 钢筋材料的性能是（　　）。

A. 抗压强度高　　B. 抗拉强度高

22.4 衡量钢筋拉伸时的塑性指标是（　　）。

A. 屈服强度　　B. 抗拉极限强度　　C. 伸长率

22.5 判别钢材塑性变形能力和质量的一个综合标准是（　　）。

A. 伸长率　　B. 断面收缩率　　C. 冷弯性能

22.6 混凝土的强度等级是通过（　　）来确定的。

A. 立方体抗压强度

B. 混凝土的轴心抗压强度

C. 混凝土的轴心抗拉强度

22.7 测定混凝土的轴心抗压强度时，试件涂油和不涂油相比，(　　)。

A. 涂油的测定值大　　B. 不涂油的测定值大　　C. 测定值一样大

22.8 钢筋混凝土构件的混凝土强度等级不应低于(　　)。

A. C20　　B. C25　　C. C30

22.9 预应力混凝土构件所采用的混凝土的强度等级不应低于(　　)。

A. C20　　B. C30　　C. C40

22.10 钢筋混凝土构件中最大的黏结力出现在(　　)。

A. 离端头较近处　　B. 靠近钢筋尾部　　C. 钢筋的中间部位

## 二、简答题

22.11 什么是混凝土结构？有哪些结构？

22.12 什么是钢筋混凝土结构？

22.13 钢筋混凝土之所以能一起工作的原因有哪些？

22.14 钢筋和混凝土之间的黏结力是怎样产生的？

22.15 影响钢筋和混凝土之间黏结力的因素有哪些？

# 第二十三章
# 钢筋混凝土结构的基本计算原则

## 第一节　概　　述

### 一、结构上的作用

#### （一）作用及作用效应（effect of action）

结构在施工和使用期间，将受到其自身和外加的各种因素作用，这些作用在结构中产生不同的效应——内力和变形。这些引起结构的内力和变形的一切原因统称为结构上的作用。

作用在结构上产生的内力（弯矩、剪力、扭矩、压力和拉力等）和变形（挠度、扭转、转角、弯曲、拉伸、压缩、裂缝等）称为作用效应。由第一类作用，即荷载引起的效应，称为荷载效应。

#### （二）作用的分类

1. 按照时间的变异性和出现的可能性分类

按时间的变异性和出现的可能性分类，结构上的作用可以分为三类：

（1）永久作用（permanent action）。

永久作用在结构上的作用值，在设计基准期（design reference period）内不随时间变化，或其变化值与平均值相比可以忽略不计。

（2）可变作用（variable action）。

在设计基准期内作用值随时间变化，且其变化值与平均值相比不可忽略。

（3）偶然作用（accidental action）。

偶然作用在设计基准期内出现的概率很小。一旦出现，其持续时间很短，但其量值很大，如罕遇地震、车辆或船舶撞击力。

2. 按照空间位置的变异性分类

（1）固定作用。

在结构空间位置上具有固定位置的作用，但其量值是随机的，如恒荷载（dead load）、固定的设备等。

（2）自由作用。

在结构空间一定范围内可以改变位置的作用，如车辆荷载、人群荷载等。

3. 按照结构的反应分类

（1）静态作用。

在结构上不产生加速度或产生加速度可忽略不计的作用，如结构自重。

（2）动态作用。

在结构上产生不可忽略加速度的作用，如汽车荷载、地震等。

## （三）作用代表值（representative value of an action）

### 1. 作用的标准值（characteristic value of an action）

如图 23.1 所示：

对于永久作用，由于其变异性不大，标准值是以其平均值即 0.5 分位值确定的，可以按照结构设计尺寸和材料确定，或按照结构构件的平均重力密度确定。

对于可变作用，桥涵结构的可变作用的标准值可从《公路桥涵设计通用规范》（JTGD 60—2003）中查得；对某些特殊情况下的作用，也可以通过调查统计按照同类工程经验取值。

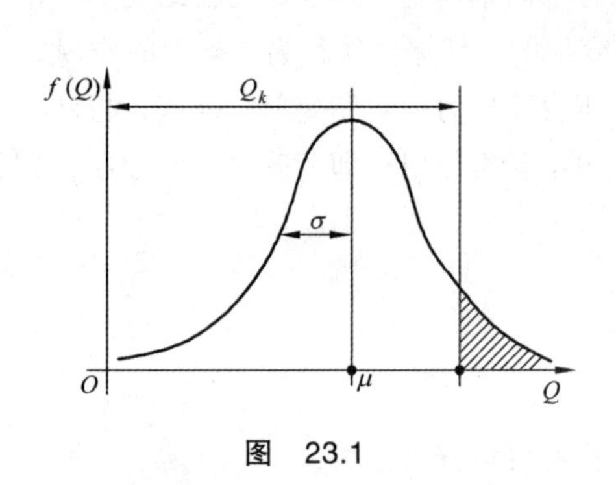


图 23.1

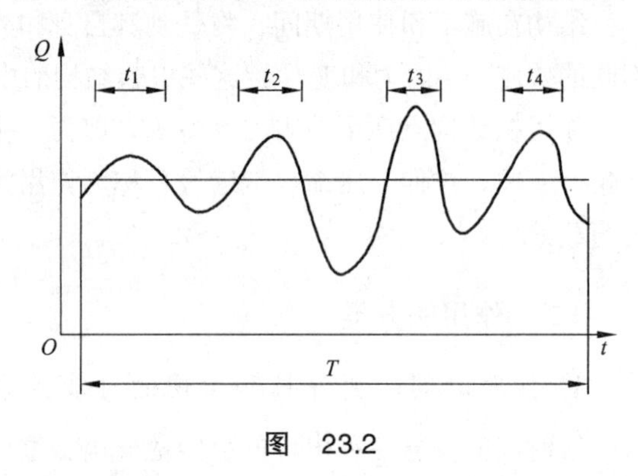


图 23.2

### 2. 作用的准永久值（quasi-permanent value of an action）

如图 23.2 所示：

作用的准永久值一般是依据作用出现的累计持续时间（考虑到出现的频率程度和每次出现持续时间）而定。

### 3. 作用的频遇值（frequent value of an action）

“公路桥规”规定，可变作用的频遇值为可变作用标准值乘以频遇值系数 $\psi_1$。频遇值系数 $\psi_1$，汽车荷载(不计冲击力) $\psi_1 = 0.7$，人群荷载 $\psi_1 = 1.0$，风荷载 $\psi_1 = 0.75$，温度梯度 $\psi_1 = 0.8$，其他作用 $\psi_1 = 1.0$。

### 4. 作用代表值的选用

永久作用应采用标准值作为代表值。

可变作用应根据不同的极限状态分别采用标准值、频遇值或准永久值作为其代表值。承载能力极限状态设计及按弹性阶段计算结构强度时，应采用标准值为可变作用的代表值。正常使用极限状态按短期效应组合设计时，应采用频遇值为可变作用的代表值；按长期效应（准永久）组合设计时，应采用准永久值为可变作用的代表值。

偶然作用取其标准值为代表值。

### 5. 作用设计值（design value of an action）

作用设计值是作用标准值乘以作用分项系数后的值。永久作用分项系数见表 23.1。

表 23.1　永久作用分项系数表

| 编号 | 作用类别 | | 永久作用效应分项系数 | |
|---|---|---|---|---|
| | | | 对结构的承载能力不利时 | 对结构的承载能力有利时 |
| 1 | 混凝土和圬工结构重力（包括结构附加重力） | | 1.2 | 1.0 |
| | 钢结构重力（包括结构附加重力） | | 1.1～1.2 | |
| 2 | 预加力 | | 1.2 | 1.0 |
| 3 | 土的重力 | | 1.2 | 1.0 |
| 4 | 混凝土的收缩及徐变作用 | | 1.0 | 1.0 |
| 5 | 土侧压力 | | 1.4 | 1.0 |
| 6 | 水的浮力 | | 1.0 | 1.0 |
| 7 | 基础变位作用 | 混凝土和圬工结构 | 0.5 | 0.5 |
| | | 钢结构 | 1.0 | 1.0 |

## 二、结构的抗力及其不定因素

抗力是结构构件抵抗作用效应的能力，即承载能力和抗变形能力。承载能力包括受弯、受压、受剪、受扭承载力等各种抵抗外力的能力；抗变形能力包括抗裂能力、刚度等。

引起抗力不定性的主要因素有：

（1）材料性能的不定性；

（2）几何参数（geometrical parameter）的不定性；

（3）计算模式的不定性。

## 三、结构的功能要求

结构的功能是由其使用要求决定的，具体有以下四个方面：

（1）结构应能承受在正常施工和正常使用期间可能出现的各种荷载、外加变形、约束变形等的作用。

（2）结构在正常使用条件下具有良好的工作性能。

（3）结构在正常使用和正常维护的条件下，在规定的时间内，具有足够的耐久性。

（4）在偶然荷载（如地震、强风）作用下或偶然事件（如爆炸）发生时和发生后，结构仍能保持整体稳定性，不发生倒塌。

结构可靠度（degree of reliability）的定义：结构在规定的时间内，在规定的条件下，完成预定功能的概率。

## 四、结构的极限状态（limit state）

当整个结构或结构的一部分超过某一特定状态而不能满足设计规定的某一功能要求时，此特定状态称为该功能的极限状态。

1. 承载能力极限状态（ultimate limit state）

这种极限状态对应于结构或构件达到最大承载能力或出现不适于继续承载的变形或变位的状态。当结构或构件出现下列状态之一时，即认为超过了承载能力极限状态：

(1) 整个结构或结构的一部分作为刚体失去平衡（如滑动、倾覆等）；

(2) 结构构件或连接处因超过材料强度而破坏或因过度的塑性变形而不能继续承载（包括疲劳破坏）；

(3) 结构转变成机动体系；

(4) 结构或结构构件丧失稳定（如柱的压屈失稳等）。

2. 正常使用极限状态（service ability limit state）

这种极限状态对应于结构或结构构件达到正常使用或耐久性的某项限定值的状态。当结构或结构构件出现下列状态之一时，即认为超过了正常使用极限状态：

(1) 影响正常使用或外观的变形；

(2) 影响正常使用或耐久性能的局部损坏，如过大的裂缝宽度（crack width）；

(3) 影响正常使用的振动；

(4) 影响正常使用的其他特定状态。

3. 破坏安全极限状态

这种极限状态是指偶然事件造成结构局部破坏后，其余部分不至于发生连续倒塌的状态。

我国现行“公路桥规”规定公路桥涵应进行以下两类极限状态设计。

(1) 承载能力极限状态：对应于桥涵及其构件达到最大承载能力或出现不适于继续承载的变形或变位的状态。

(2) 正常使用极限状态：对应于桥涵及其构件达到正常使用或耐久性的某项限定值的状态。

## 五、结构安全等级（safety class）

桥涵安全等级及其分类分别见表 23.2、23.3。

表 23.2　桥涵类型及其安全等级

| 安全等级 | 桥涵类型 |
|---|---|
| 一　级 | 特大桥、重要大桥 |
| 二　级 | 大桥、中桥、重要小桥 |
| 三　级 | 小桥、涵洞 |

表 23.3　桥涵分类

| 桥涵分类 | 多孔跨径总长 / m | 单孔跨径 $L_k$ / m |
|---|---|---|
| 特大桥 | $L>1\,000$ | $L_k>150$ |
| 大　桥 | $100<L<1\,000$ | $40<L_k<150$ |
| 中　桥 | $30<L<100$ | $20<L_k<40$ |
| 小　桥 | $8<L<30$ | $5<L_k<20$ |
| 涵　洞 | — | $L_k<5$ |

# 第二节　作用效应组合

## 一、作用效应组合原则

（1）只有在结构上可能同时出现的作用，才进行其效应的组合。当结构或结构构件需作不同受力方向的验算时，则应以不同方向的最不利的作用效应进行组合。

（2）可变作用当它的出现反而对结构或结构构件产生有利影响时，该作用不应参与组合。实际不可能同时出现的作用或不同时参与组合的作用，按相关规定不考虑其作用效应的组合。

（3）施工阶段作用效应的组合，应按计算需要及结构所处条件而定。

（4）多个偶然作用不能同时组合。

## 二、作用效应组合（combination for action effects）分类

### （一）按承载能力极限状态设计

1. 作用效应基本组合（fundamental combination of action effects）

效应组合表达式为:

$$\gamma_0 S_{ud} = \gamma_0 \left(\sum_{i=1}^{m} \gamma_{Gi} S_{GiK} + \gamma_{Q1} S_{Q1K} + \psi_c \sum_{j=2}^{n} \gamma_{Qj} S_{Qjk}\right) \tag{23.1}$$

$$\gamma_0 S_{ud} = \gamma_0 \left(\sum_{i=1}^{m} S_{Gid} + S_{Q1d} + \psi_c \sum_{j=2}^{n} S_{Qjd}\right) \tag{23.2}$$

2. 作用效应偶然组合（accidental combination of action effects）

承载能力极限状态设计时，永久作用标准值效应与可变作用某种代表值效应、一种偶然作用标准值效应相组合。偶然作用的效应分项系数取 1.0；与偶然作用同时出现的可变作用，可根据观测资料和工程经验取用适当的代表值。地震作用标准值及其表达式按《公路工程抗震设计规范》（JTJ 004）规定采用。

### （二）按正常使用极限状态设计

1. 作用短期效应组合（combination for short-term action effects）

$$S_{sd} = \sum_{i=1}^{m} S_{Gik} + \sum_{j=1}^{n} \psi_{1j} S_{Qjk} \tag{23.3}$$

2. 作用长期效应组合（combination for long-term action effects）

正常使用极限状态设计时，永久作用标准值效应与可变作用准永久值效应相组合，其效应组合表达式为:

$$S_{ld} = \sum_{i=1}^{m} S_{Gik} + \sum_{j=1}^{n} \psi_{2j} S_{Qjk} \tag{23.4}$$

# 第三节　极限状态设计原则

## 一、承载能力极限状态计算原则

桥梁构件的承载能力极限状态计算，应采用下列表达式：

$$\gamma_0 S \leqslant R \tag{23.5}$$

$$R = R(f_d, a_d) \tag{23.6}$$

## 二、持久状况正常使用极限状态计算

公路桥涵的持久状况设计应按正常使用极限状态的要求，采用作用（或荷载）的短期效应组合、长期效应组合或短期效应组合并考虑长期效应组合的影响，对构件的抗裂、裂缝宽度和挠度进行验算，并使各项计算值不超过规范规定的各相应限值。在上述各种组合中，汽车荷载效应不计冲击系数。

# 第四节　材料强度的标准值与设计值

## 一、材料强度标准值（characteristic value of material strength）

### （一）钢筋强度标准值

普通钢筋抗拉强度标准值见表23.4。

**表23.4　普通钢筋抗拉强度标准值**　　N/mm²

| 钢筋种类 | 符　号 | 抗拉强度标准值 |
| --- | --- | --- |
| Ⅰ级钢筋 | ϕ | 235 |
| Ⅱ级钢筋 | Φ | 335 |
| Ⅲ级钢筋 | Φ | 400 |
| Ⅳ级钢筋 | Φ | 400 |

预应力钢筋抗拉强度标准值见表23.5。

**表23.5　预应力钢筋抗拉强度标准值**　　N/mm²

| 钢筋种类 | | | 符　号 | 抗拉强度标准值 |
| --- | --- | --- | --- | --- |
| 钢绞线 | 1×2（二股） | $d$＝8.0，10.0 | $\phi^s$ | 1 470，1 570，1 720，1 860 |
| | | $d$＝12.0 | | 1 470，1 570，1 720 |
| | 1×3（三股） | $d$＝8.6，10.8 | | 1 470，1 570，1 720，1 860 |
| | | $d$＝12.9 | | 1 470，1 570，1 720 |
| | 1×7（七股） | $d$＝9.5，11.1，12.7 | | 1 860 |
| | | $d$＝15.2 | | 1 720，1 860 |

续表　23.5

| 钢筋种类 | | | 符　号 | 抗拉强度标准值 |
|---|---|---|---|---|
| 消除应力钢丝 | 光　面<br>螺旋肋 | $d=4,\ 5$<br>$d=6$<br>$d=7,\ 8,\ 9$ | $\phi^{P}$<br>$\phi^{H}$ | 1 470，1 570，1 670，1 770<br>1 570，1 670<br>1 470，1 570 |
| | 刻　痕 | $d=5,\ 7$ | $\phi^{I}$ | 1 470，1 570 |
| 精轧螺纹钢筋 | | $d=40$<br>$d=18,\ 25,\ 32$ | JL | 540<br>540，785，930 |

## （二）混凝土强度标准值

### 1. 混凝土轴心抗压强度标准值

轴心抗压强度（棱柱体强度）标准值与立方体抗压强度标准值之间存在着以下折算关系：

$$f_{ck}=0.88\alpha_1\alpha_2 f_{cu,k} \tag{23.7}$$

### 2. 混凝土轴心抗拉强度标准值

抗拉强度标准值与立方体抗压强度标准值之间的折算关系如下：

$$f_{tk}=0.88\alpha_2 0.395 f_{cu,k}^{0.55}(1-1.645\delta)^{0.45} \tag{23.8}$$

混凝土的强度标准值和设计值见表 23.6。

表 23.6　混凝土的强度标准值和设计值　　N/mm$^2$

| 强度种类 / 强度等级 | 强度标准值 | | 设计值 | |
|---|---|---|---|---|
| | 轴心抗压 $f_{ck}$ | 轴心抗拉 $f_{tk}$ | 轴心抗压 $f_{cd}$ | 轴心抗拉 $f_{td}$ |
| C15 | 10.0 | 1.27 | 6.9 | 0.88 |
| C20 | 13.4 | 1.54 | 9.2 | 1.06 |
| C25 | 16.7 | 1.78 | 11.5 | 1.23 |
| C30 | 20.1 | 2.01 | 13.8 | 1.39 |
| C35 | 23.4 | 2.20 | 16.1 | 1.52 |
| C40 | 26.8 | 2.40 | 18.4 | 1.65 |
| C45 | 29.6 | 2.51 | 20.5 | 1.74 |
| C50 | 32.4 | 2.65 | 22.4 | 1.83 |
| C55 | 35.5 | 2.74 | 24.4 | 1.89 |
| C60 | 38.5 | 2.85 | 26.5 | 1.96 |
| C65 | 41.5 | 2.93 | 28.5 | 2.02 |
| C70 | 44.5 | 3.00 | 30.5 | 2.07 |
| C75 | 47.4 | 3.05 | 32.4 | 2.10 |
| C80 | 50.2 | 3.10 | 34.6 | 2.14 |

## 二、材料强度设计值

“公路桥规”规定，钢筋抗压强度设计值 $f'_{sd}$ 或 $f'_{pd}$ 按以下两个条件确定:

(1) 钢筋的受压应变 $\varepsilon'_s$（或 $\varepsilon'_p$）$=0.002$;

(2) 钢筋的抗压强度设计值 $f'_{sd}$（或 $f'_{pd}$）$=\varepsilon'_s E_s$（或 $\varepsilon'_p E_p$）必须不大于钢筋的抗拉强度设计值 $f_{sd}$（或 $f_{pd}$）。

各级普通钢筋强度设计值见表 23.7。

**表 23.7 普通钢筋强度设计值** N/mm$^2$

| 钢筋种类 | 符 号 | $f_{sk}$ | $f_{sd}$ | $f'_{sd}$ |
|---|---|---|---|---|
| R235（$d=8\sim20$） | ϕ | 235 | 195 | 195 |
| HRB335（$d=6\sim50$） | Φ | 335 | 280 | 280 |
| HRB400（$d=6\sim50$） | Φ | 400 | 330 | 330 |
| KL400（$d=8\sim40$） | Φ | 400 | 330 | 330 |

预应力钢筋抗拉强度、抗压强度设计值见表 23.8 所示。

**表 23.8 预应力钢筋强度设计值** N/mm$^2$

| 钢筋种类 | | $f_{pd}$ | $f'_{pd}$ |
|---|---|---|---|
| 钢绞线 | $f_{pk}$ | 1 000 | 390 |
| 1×2（二股） | $f_{pk}$ | 1 070 | |
| 1×3（三股） | $f_{pk}$ | 1 070 | |
| 1×7（七股） | $f_{pk}$ | 1 260 | |
| 消除应力光面钢丝和螺旋肋钢丝 | $f_{pk}$ | 1 000 | 410 |
| | $f_{pk}$ | 1 070 | |
| | $f_{pk}$ | 1 140 | |
| | $f_{pk}$ | 1 200 | |
| 消除应力刻痕钢丝 | $f_{pk}$ | 1 000 | 410 |
| | $f_{pk}$ | 1 070 | |
| 精轧螺纹钢筋 | $f_{pk}$ | 450 | 400 |
| | $f_{pk}$ | 650 | |
| | $f_{pk}$ | 770 | |

# 习　题

## 一、选择题

23.1　作用在结构中产生不同的效应，包括（　　）。

A. 内力　　B. 变形　　C. 内力和变形

23.2　下面是直接作用的有（　　）。

A. 结构自重　　B. 温度变化　　C. 材料的收缩和膨胀变形

23.3　下面结构上的作用，是永久作用的有（　　）。

A. 车辆荷载　　B. 温度变化　　C. 预加应力

23.4　永久作用采用（　　）作为代表值。

A. 作用标准值　　B. 作用准永久值　　C. 作用频遇值

23.5　这种极限状态对应于结构或构件达到最大承载能力或出现不适于继续承载的变形或变位的状态，称为（　　）。

A. 承载能力极限状态

B. 正常使用极限状态

C. 破坏安全极限状态

23.6　大桥、中桥、重要小桥，属于结构安全等级（　　）。

A. 一级　　B. 二级　　C. 三级

23.7　用于正常使用极限状态的验算材料强度取（　　）。

A. 标准值　　B. 设计值

23.8　承载能力极限状态计算应采用材料强度取（　　）。

A. 标准值　　B. 设计值

23.9　多孔跨径总长 $L$ 在 100～1 000 m 范围内的，通常称为（　　）。

A. 大桥　　B. 中桥　　C. 特大桥

23.10　下列情况下桥梁设计仅作承载能力极限状态设计的是（　　）。

A. 偶然状况　　B. 短暂状况　　C. 持久状况

## 二、简答题

23.11　什么是作用，作用有哪些类型？

23.12　什么是作用效应？

23.13　为什么作用要采用代表值？作用的代表值有哪些？

23.14　结构的功能要求包括哪些？如何满足这些要求？

23.15　结构有哪些极限状态？

# 第二十四章
# 钢筋混凝土受弯构件正截面强度计算

## 第一节　钢筋混凝土受弯构件的构造

### 一、钢筋混凝土板（reinforced concretes labs）的构造

#### （一）钢筋混凝土板的分类

一般分为整体现浇板、预制装配式板（图 24.1）。

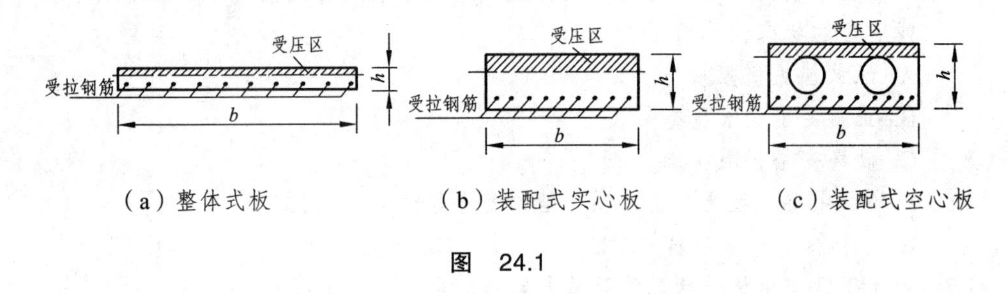


（a）整体式板　　（b）装配式实心板　　（c）装配式空心板

图　24.1

#### （二）截面形式

小跨径一般为实心矩形截面。跨径较大时常做成空心板。

#### （三）板的厚度

根据跨径（span）内最大弯矩和构造要求确定，其最小厚度应有所限制：行车道板一般不小于 100 mm；人行道板不宜小于 60 mm（预制板）和 80 mm（现浇筑整体板）。

#### （四）板的钢筋

板的钢筋由主钢筋（即受力钢筋）和分布钢筋组成，如图 24.2 所示。图 24.3 为钢筋混凝土板桥构造。

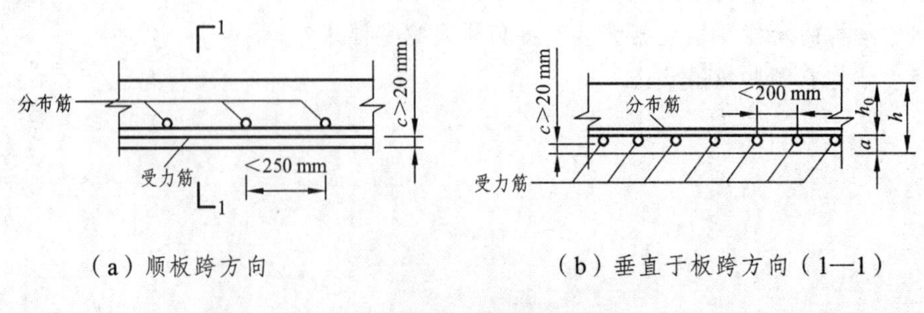


（a）顺板跨方向　　（b）垂直于板跨方向（1—1）

图　24.2

（a）

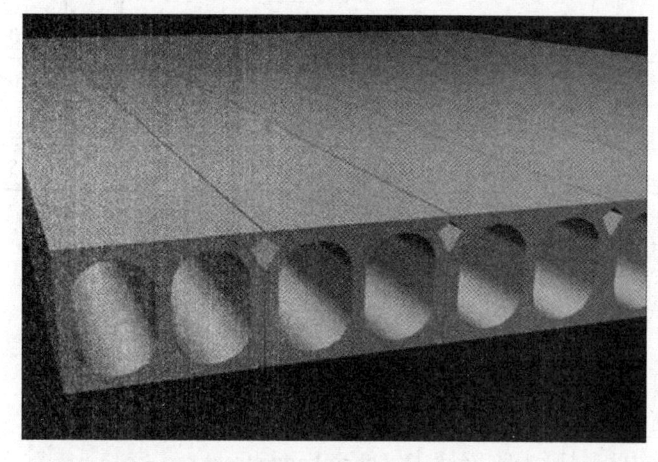

（b）

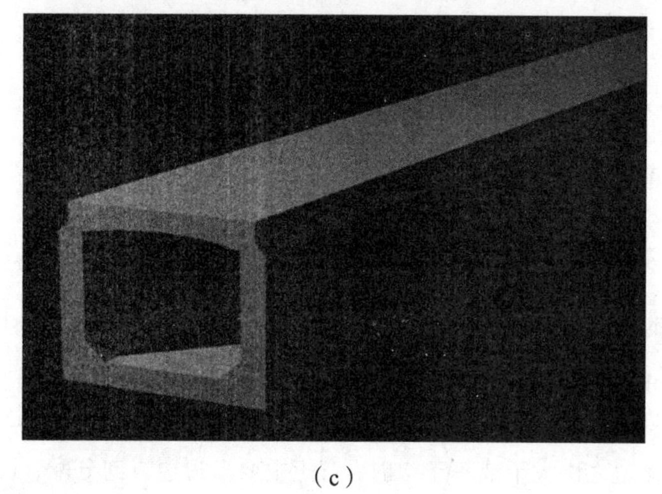

（c）

图 24.3

1. 主　筋

(1) 布置：布置在板的受拉区。

(2) 直径：行车道板的不小于 10 mm；人行道板的不小于 8 mm。

(3) 间距：不应大于 200 mm。主钢筋间横向净距和层与层之间的竖向净距：当钢筋为 3 层及以下时，不应小于 30 mm，并不小于钢筋直径；当钢筋为 3 层以上时，不应小于 40 mm，并不小于钢筋直径的 1.25 倍。

(4) 净保护层：厚度应符合表 24.1 的规定。

**表 24.1　净保护层厚度**　　mm

| 序号 | 构件类别 | 环境条件 | | |
|---|---|---|---|---|
| | | Ⅰ | Ⅱ | Ⅲ，Ⅳ |
| 1 | 基础、桩基承台：(1) 基坑底面有垫层或侧面有模板（受力钢筋）； | 40 | 50 | 60 |
| | (2) 基坑底面无垫层或侧面无模板 | 60 | 75 | 85 |
| 2 | 墩台身、挡土结构、涵洞、梁、板、拱圈、拱上建筑（受力主筋） | 30 | 40 | 45 |
| 3 | 人行道构件、栏杆（受力主筋） | 20 | 25 | 30 |
| 4 | 箍筋 | 20 | 25 | 30 |
| 5 | 缘石、中央分隔带、护栏等行车道构件 | 30 | 40 | 45 |
| 6 | 收缩、温度、分布、防裂等表层钢筋 | 15 | 20 | 25 |

2. 分布钢筋（distribution steel bars）

垂直于板内主钢筋方向上布置的构造钢筋称为分布钢筋。

(1) 作用：

① 将板面上荷载更均匀地传递给主钢筋；

② 固定主钢筋的位置；

③ 抵抗温度应力和混凝土收缩应力（shrinkage stress）。

(2) 布置：

① 在所有主钢筋的弯折处，均应设置分布钢筋；

② 与主筋垂直；

③ 设在主筋的内侧。

(3) 数量：截面面积不小于板截面面积的 0.1%。

(4) 直径：不小于 6 mm。

(5) 间距：应不大于 200 mm。

### （五）各类板的具体造构

1. 单向板（one-way slabs）和双向板（two-way slabs）

周边支承的板，如图 24.4 所示，视其长短边的比例，可分为两种情况：

(1) 当长边与短边之比大于或等于 2 时，弯矩主要沿短边方向分配，长边方向受力很小，其受力情况与两边支承板基本相同，故称单向板。

在单向板中，主钢筋沿短边方向布置，在长边方向只布置分布钢筋，如图 24.5 (a) 所示。

(2) 当长边与短边之比小于 2 时，两个方向同时承受弯矩，故称双向板。

在双向板中，两个方向都应设置受力主钢筋，如图 24.5（b）所示。

单边固接的板称为悬臂板（cantilever slabs），主钢筋应布置在截面上部。

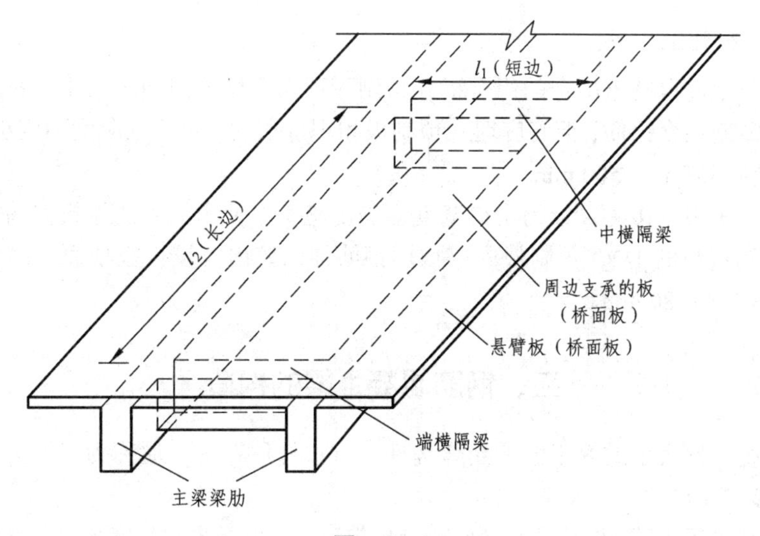


图 24.4

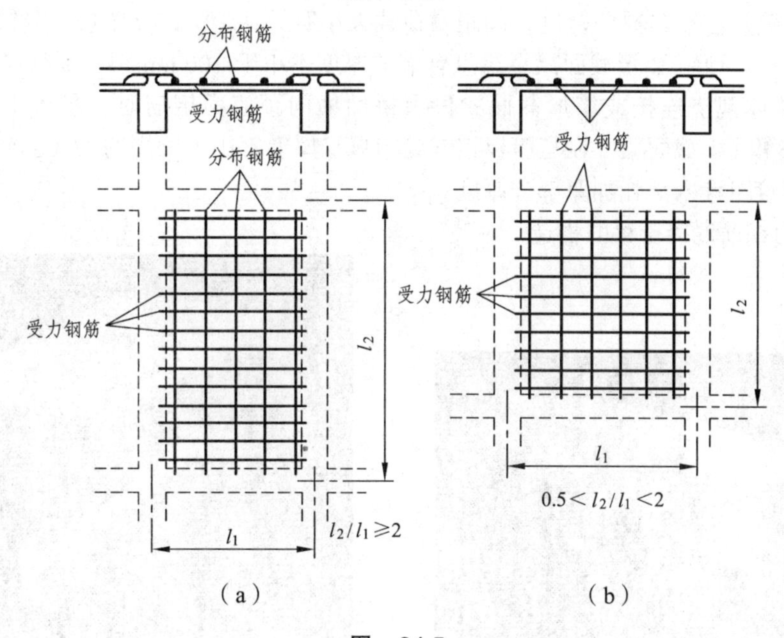


图 24.5

2. 斜　板

斜板的钢筋布置如图 24.6 所示。

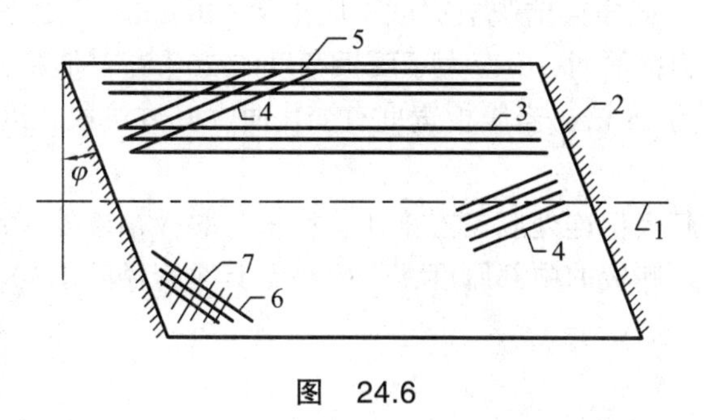


图 24.6

3. 组合板和装配式板

由预制板与现浇混凝土结合的组合板，预制板顶面应做成凹凸不小于 6 mm 的粗糙面。如接合面配置竖向接合钢筋，钢筋应埋入预制板和现浇层内，其埋置深度不应小于 10 倍钢筋直径，钢筋间距不应大于 500 mm。

装配式板当采用铰接时，铰的上口宽度应满足施工时使用插入式振捣器的需要，铰的深度不应小于预制板高的 1/2，预制板内应预埋钢筋伸入铰内。铰接板顶面应铺设现浇混凝土层，其厚度不易小于 80 mm。

## 二、钢筋混凝土梁的构造

长度与高度之比大于或等于 5 的受弯构件，可按杆件考虑，通称为“梁”。

1）截面形式和尺寸

梁的截面常采用矩形、T形、工字形和箱形等形式。矩形梁的高宽比一般为 $h/b\approx2.5\sim3$。T形截面梁的高度主要与梁的跨度、间距及荷载大小有关。T形简支梁桥，其梁高与跨径之比为 1/16～1/11。预制 T 形截面梁翼缘悬臂端的厚度不小于 100 mm；当预制 T 形截面梁之间采用横向整体现浇连接或箱形截面梁设有桥面横向预应力钢筋时，悬臂端厚度不小于 140 mm。T 形和 I 形截面梁，在与腹板相连处的翼缘厚度不小于梁高的 1/10，当该处设有承托时，翼缘厚度可计入承托加厚部分厚度。

图 24.7 为钢筋混凝土梁的构造。

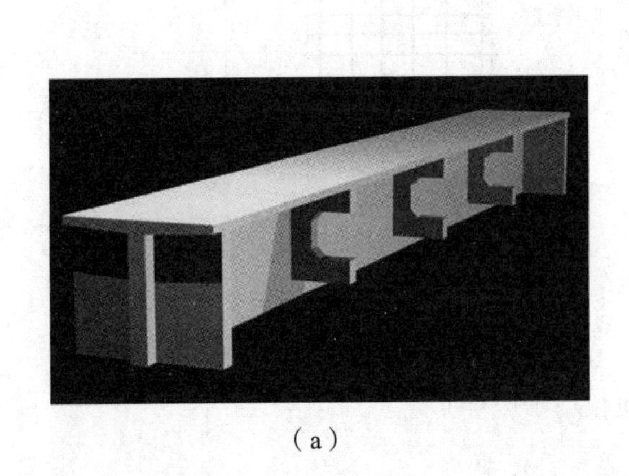

（a）

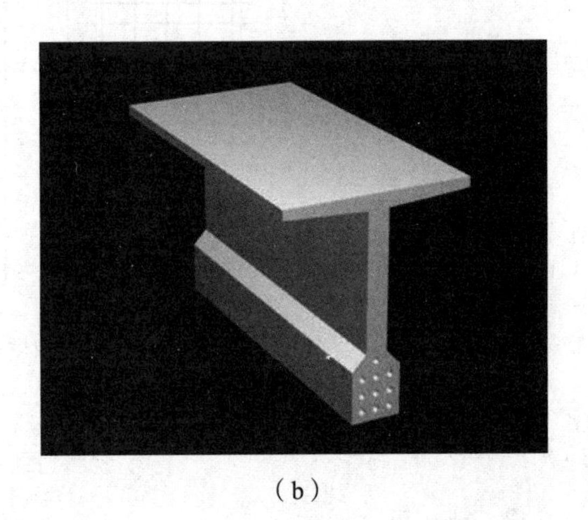

（b）

图 24.7

T 形、I 形截面或箱形截面梁的腹板宽度不应小于 140 mm。其上下承托之间的腹板高度：当腹板内设有竖向预应力钢筋时，不应大于腹板宽度的 20 倍；当腹板内不设竖向预应力钢筋时，不应大于腹板宽度的 15 倍。当腹板宽度有变化时，其过渡段长度不宜小于 12 倍腹板宽度差。

箱形截面梁顶板与腹板相连处应设置承托；底板与腹板相连处应设倒角，必要时也可设置承托。箱形截面梁顶、底板的中部厚度，不应小于其净跨径的 1/30，且不小于 140 mm。

2）钢筋构造

如图 24.8 所示。

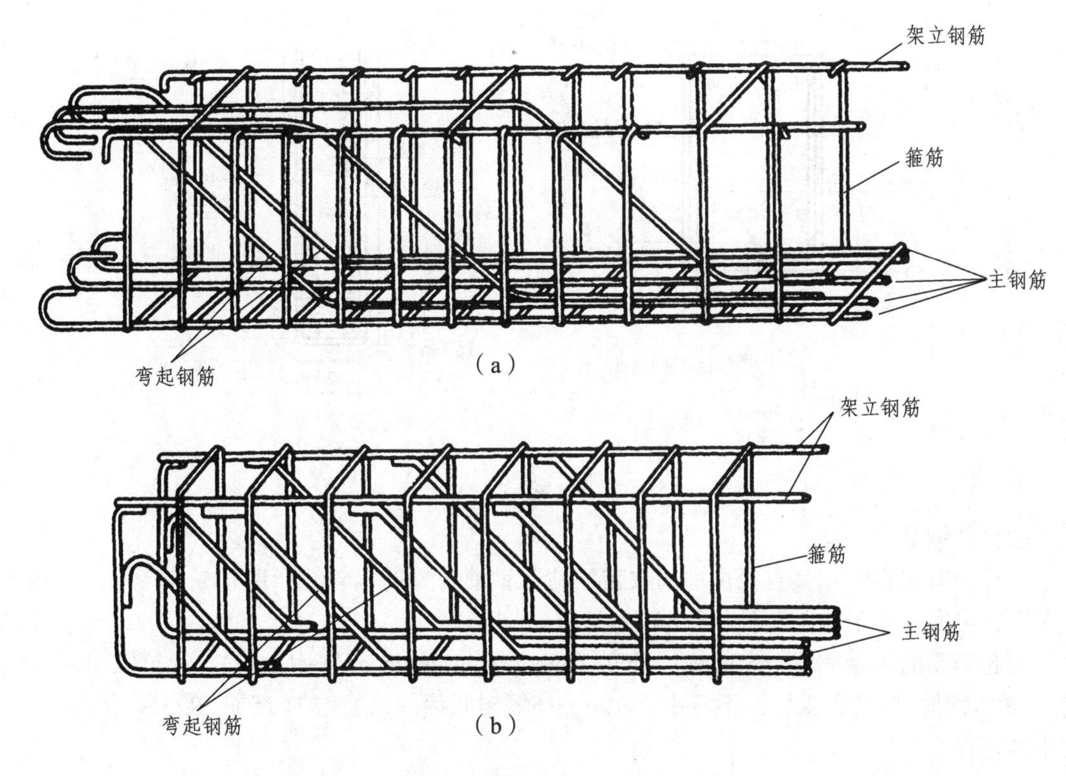


图 24.8

受力钢筋：布置在梁的受拉区的纵向受力钢筋是梁内的主要受力钢筋，一般又称为主钢筋。当梁的高度受到限制时，也可在受压区布置纵向受力钢筋。

弯起钢筋：承受剪力，保证斜截面抗剪强度。

箍筋：除满足斜截面抗剪强度外，它还起到联结受拉主钢筋和受压区混凝土使其共同工作的作用，在构造上还起着固定钢筋位置，使梁内各种钢筋构成钢筋骨架的作用。

架立钢筋：固定箍筋与主钢筋等连成钢筋骨架。

纵向水平钢筋：抵抗温度应力和混凝土收缩应力产生的裂缝。

具体而言：

(1) 纵向受力筋。

直径：14～32 mm，不得超过 40 mm。采用两种不同直径的主钢筋，但直径相差不应小于 2 mm，以便施工识别。

根数：梁端应至少有 2 根并不少于总数 1/5 的下层的受拉主钢筋通过。

排列：梁内的纵向受力钢筋可以单根或 2～3 根成束的布置采用单根配筋时，主钢筋的层数不宜多于 3 层。

间距：绑扎骨架，3 层及以下时净距不应小于 30 mm 并不小于钢筋直径，3 层以上时净距不小于 40 mm 或钢筋直径的 1.25 倍。焊接骨架，叠高一般不超过（0.15～0.20）$h$，$h$ 为梁高。

保护层：主钢筋至梁底面的净距不小于 30 mm，也不大于 50 mm；边上的主钢筋与梁侧面的净距应不小于 25 mm；钢筋与梁侧面的净距应不小于 25 mm。如图 24.9 所示。

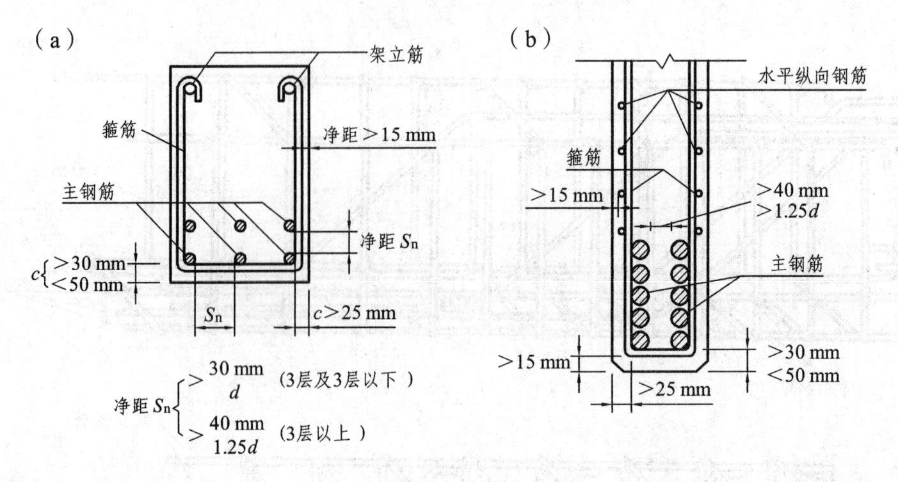


图 24.9

(2) 斜钢筋。

又称为弯起钢筋。其直径由剪力决定，弯起钢筋与梁的纵轴线一般宜成 45° 角，在特殊情况下，可取不小于 30° 或不大于 60° 角弯起。

弯起钢筋的末端应留一定的锚固长度（anchorage length of steel bars）：受拉区不应小于 $20d$（$d$ 为钢筋直径），受压区不应小于 $10d$，环氧树脂涂层钢筋增加 25%，R235 钢筋上应设置半圆弯钩。

靠近支点的第一排弯起钢筋顶部的弯折点，简支梁或连续梁（continuous beam）边支点应位于支座中心截面处，悬臂梁或连续梁中间支点应位于横隔梁（板）(diaphragm) 靠跨径一侧的边缘处，以后各排（跨中方向）弯起钢筋的梁顶部弯折点，应落在前一排（支点方向）弯起钢筋的梁底部弯折点以内。

(3) 箍筋（stirrups）。

直径：不小于 6 mm，不小于主筋直径的 1/4。

间距：箍筋间距不应大于梁高的 1/2 且不大于 500 mm；当所箍钢筋为纵向受压钢筋时，不应大于所箍钢筋直径的 15 倍且不应大于 400 mm。在钢筋绑扎搭接接头范围内的箍筋间距：当绑扎搭接钢筋受拉时不应大于主钢筋直径的 5 倍且不大 100 mm；当搭接钢筋受压时不应大于主钢筋直径的 10 倍且不大于 200 mm。在支座中心向跨径方向长度相当于不小于 1 倍梁高范围内，箍筋间距不宜大于 100 m。

布置：近梁端第一根箍筋应设置在距端面一个混凝土保护层距离处。梁与梁或梁与柱的交接范围内可不设箍筋；靠近交接面的一根箍筋，其与交接面的距离不宜大于 50 mm。

形式：开口、闭口，单肢、双肢。

(4) 架立钢筋。

直径：10～22 mm，一般采用大值。

布置：梁上部两角。

(5) 纵向水平钢筋。

直径：6～8 mm。

间距：在受拉区不大于腹板宽度，且不大于 200 mm，在受压区不大于 300 mm。在支点附近和预应力锚固区段，纵向钢筋间距宜为 100～150 mm。

布置：骨架的侧面，下密上疏。

数量：每腹板内钢筋截面面积为（0.001～0.002）$bh$，其中 $b$ 为腹板宽度，$h$ 为梁的高度。

# 第二节　受弯构件的受力分析

## 一、受弯构件（bending members）正截面的工作阶段

如图 24.10 所示。

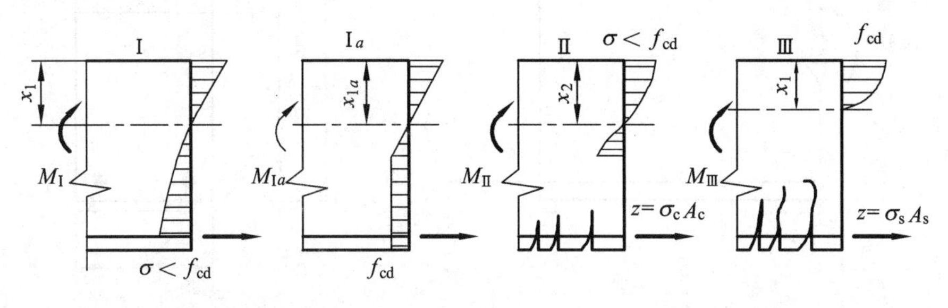


图　24.10

受弯构件正截面的工作阶段如下所述。

阶段Ⅰ（初期）：基本上处于弹性阶段。

阶段Ⅰ（末期）：受拉区混凝土表现出塑性。

阶段Ⅱ：构件开裂，受拉区混凝土退出工作，拉力全部由钢筋承担，随着受拉钢筋应力的增大，受压区混凝土也出现一定的塑性特征。

阶段Ⅲ：中性轴（neutral axis）上升，混凝土压力分布图变成高次抛物线，当混凝土压应力达到抗压极限强度时，混凝土被压碎，整个截面破坏。

## 二、受弯构件正截面的破坏形态

（1）适筋梁（balanced-reinforced beam）——塑性破坏。

（2）超筋梁（over-reinforced beam）——脆性破坏。

（3）少筋梁（under-reinforced beam）——脆性破坏。

界限破坏：当钢筋和混凝土的强度等级确定后，一根梁总会有一个特定的配筋率，使得受拉钢筋达到屈服强度的同时受压区混凝土也同时被压碎，此种破坏被称为界限破坏。

# 第三节　单筋矩形截面受弯构件正截面强度计算

## 一、基本假定及计算简图

（1）构件变形符合平面假设，即混凝土和钢筋的应变沿截面高度符合线性分布。

（2）在极限状态下，受压区混凝土的应力达到混凝土抗压设计强度$f_{cd}$，并取矩形应力图（图 24.11）计算。

（3）不考虑受拉区混凝土的作用，拉力全部由钢筋承担。

（4）钢筋应力等于钢筋应变与其弹性模量的乘积，但不大于其强度设计值。受拉钢筋的极限拉应变取 0.01。在极限状态时，受拉钢筋应力取其抗拉强度设计值$f_{sd}$，受压区取其抗压强度设计值$f'_{sd}$。

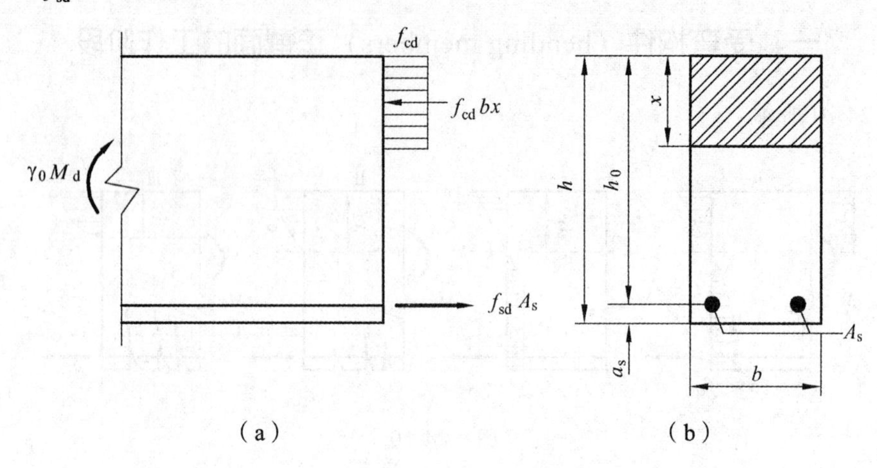


图　24.11

## 二、基本公式

基本公式如下：

$$f_{cd}bx = f_{sd}A_s \tag{24.1}$$

$$\gamma_0 M_d \leqslant f_{cd}bx\left(h_0 - \frac{x}{2}\right) \tag{24.2}$$

$$\gamma_0 M_d \leqslant f_{sd}A_s\left(h_0 - \frac{x}{2}\right) \tag{24.3}$$

## 三、适用条件

1．不是超筋梁

$$\rho \leqslant \rho_{max} \quad 或 \quad x \leqslant \xi_b h_0 \tag{24.4}$$

式中：$\rho = A_s / bh_0$，称为截面配筋率（reinforcement ratio）；$\xi_b = x_b / h_0$，称为界限相对受压区高度。

2．不是少筋梁

$$\rho \geqslant \rho_{min} \tag{24.5}$$

“公路桥规”规定的混凝土结构中的纵向受拉钢筋（包括偏心受拉构件、受弯构件及偏心受压构件中受拉一侧的钢筋）的最小配筋百分率 $\rho_{min}$ 取为：$\rho_{min}=45f_{td}/f_{sd}$ 且不小于 0.20（$f_{td}$ 为混凝土轴心抗拉强度设计值）。

$\xi_b$ 的取值规定见表 24.2。

**表 24.2　$\xi_b$ 的取值**

| 钢筋类型 | $\xi_b$ | | | |
|---|---|---|---|---|
| | C50 及以下 | C55，C60 | C65，C70 | C75，C80 |
| R235（Q235） | 0.62 | 0.60 | 0.58 | — |
| HRB335 | 0.56 | 0.54 | 0.52 | — |
| HRB400，KL400 | 0.53 | 0.51 | 0.49 | — |
| 钢绞线、钢丝 | 0.40 | 0.38 | 0.36 | 0.35 |
| 精轧螺纹钢筋 | 0.40 | 0.38 | 0.36 | — |

## 四、计算方法

### 1. 截面设计

(1) 已知 $M_d$、$b$、$h$、$f_{cd}$、$f_{sd}$，求 $A_s$。

**解**：① 假设 $a_s$；

② $h_0=h-a_s$；

③ $x=h_0-\sqrt{h_0^2-\dfrac{2\gamma_0 M_d}{f_{cd}b}}$；

④ 验证 $x\leqslant\xi_b h_0$，若 $x>\xi_b h_0$ 则为超筋梁，应修改设计，增大 $bh$、提高 $f_{cd}$ 或改为双筋截面；

⑤ $A_s=f_{cd}bx/f_{sd}$；

⑥ 选筋，布置；

⑦ 实际配筋率 $\rho_{min}=45f_{td}/f_{sd}$；

⑧ 验证 $\rho\geqslant\rho_{min}$。

(2) 已知 $M_d$、$f_{cd}$、$f_{sd}$、$\xi_b$，求 $b$、$h$、$A_s$。

**解**：① 假定 $b$、$\rho$（配筋率，矩形梁取 $\rho=0.006\sim0.015$，板取 $\rho=0.003\sim0.008$）；

② $\xi=\rho f_{cd}/f_{sd}$，求出 $\xi$ 并验证 $\xi\leqslant\xi_b$；

③ $x=\xi h_0$；

④ $h_0=\sqrt{\dfrac{\gamma_0 M_d}{\xi(1-0.5\xi)f_{cd}b}}$；

⑤ $h=h_0+a_s$；

⑥ 然后按照 (1) 型题的步骤计算。

### 2. 强度复核

已知 $M_d$、$f_{cd}$、$f_{sd}$、$b$、$h$、$A_s$，求 $M_d'$。

**解**：① 计算 $a_s$；

② $x=\dfrac{f_{sd}A_s}{f_{cd}b}$；

③ $M'_{\mathrm{d}} = f_{\mathrm{cd}} bx\left(h_0 - \dfrac{x}{2}\right)$；$M'_{\mathrm{d}} = f_{\mathrm{sd}} A_{\mathrm{s}}\left(h_0 - \dfrac{x}{2}\right)$。

# 第四节　双筋矩形梁正截面强度计算

## 一、概　　述

受压和受拉区都布置钢筋的截面称为双筋截面，适用于：

(1) 当 $M_{\mathrm{d}}$ 过大且 $f_{\mathrm{cd}}$、$b$、$h$ 又不能提高，若用单筋则 $x > \xi_{\mathrm{b}} h_0$；

(2) 当构件截面承受变化弯矩时；

(3) 由于构件的构造要求，某些截面自然为双筋，如悬臂梁 (cantilever beam)、连续梁 (continuous beam)。

## 二、基本公式

计算简图如图 24.12 所示。

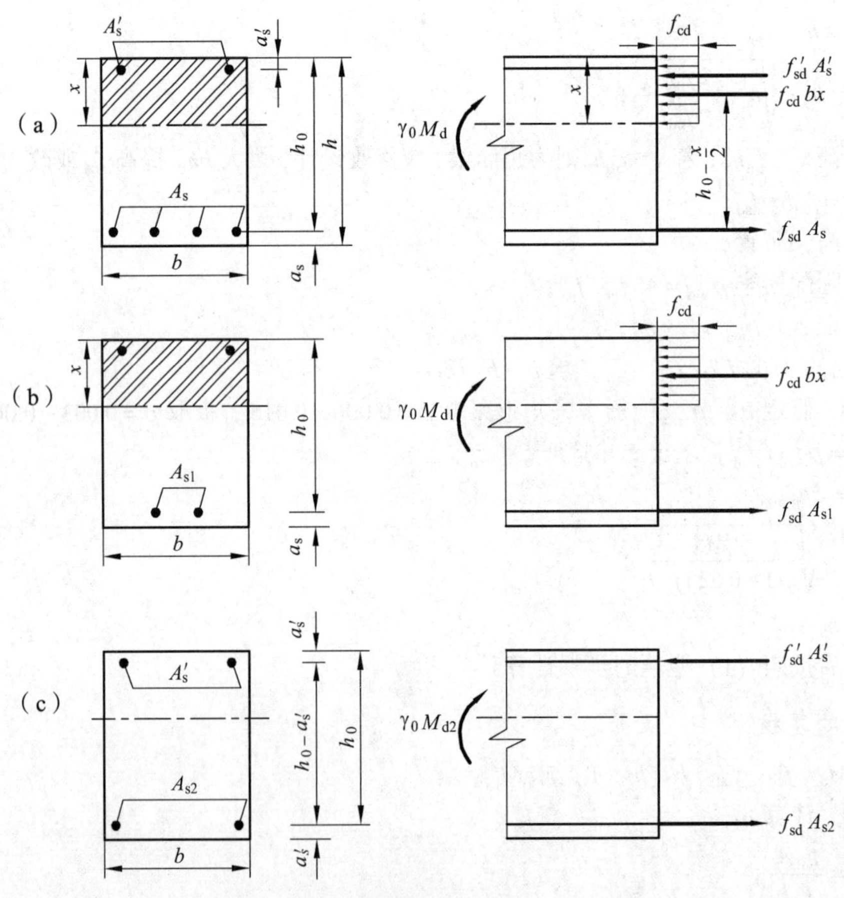


图　24.12

1. 基本假定

（1）受压区混凝土应力图取等效矩形，应力为 $f_{cd}$；

（2）如果 $x \leqslant \xi_b h_0$，$A_s$ 的应力达到 $f_{sd}$；

（3）如果 $a_s'$ 不太大且 $x \geqslant 2a_s'$，$A_s'$ 的应力可以达到 $f_{sd}'$。

2. 计算公式

$$f_{cd}bx + f_{sd}'A_s' = f_{sd}A_s \tag{24.6}$$

$$\gamma_0 M_d = f_{cd}bx\left(h_0 - \frac{x}{2}\right) + f_{sd}'A_s'(h_0 - a_s') \tag{24.7}$$

$$\gamma_0 M_d = -f_{cd}bx\left(\frac{x}{2} - a_s'\right) + f_{sd}A_s(h_0 - a_s') \tag{24.8}$$

3. 适用条件

（1）$x \leqslant \xi_b h_0$；

（2）$x \geqslant 2a_s'$。

## 三、计算方法

1. 截面设计

已知 $M_d$、$f_{cd}$、$f_{sd}$、$b$、$h$、$f_{sd}'$、$\gamma_0$，求 $A_s$、$A_s'$。

**解**：从充分利用混凝土的抗压强度出发，使 $(A_s + A_s')$ 比较经济。

设 $x = \xi_b h_0$，则：

$$A_s' = \frac{\gamma_0 M_d - \xi_b f_{cd} b h_0^2 (1 - 0.5\xi_b)}{f_{sd}'(h_0 - a_s')} \tag{24.9}$$

$$A_s = \frac{f_{cd} b \xi_b h_0}{f_{sd}} + \frac{f_{sd}' A_s'}{f_{sd}} \tag{24.10}$$

2. 强度复核

已知 $M_d$、$f_{cd}$、$f_{sd}$、$A_s$、$f_{sd}'$、$A_s'$、$b$、$h$、$\gamma_0$，求 $M_d'$。

**解**：按下式计算 $x$。

$$x = \frac{f_{sd}A_s - f_{sd}'A_s'}{f_{cd}b} \tag{24.11}$$

（1）若 $2a_s' \leqslant x \leqslant \xi_b h_0$，则：

$$\gamma_0 M_d' = f_{cd}bx\left(h_0 - \frac{x}{2}\right) + f_{sd}'A_s'(h_0 - a_s') \tag{24.12}$$

（2）若 $x > \xi_b h_0$，取 $x = \xi_b h_0$，代入上式计算 $M_d'$。

（3）若 $x < 2a_s'$，则在①、②中取大值：

① 令 $x = f_{sd}A_s / f_{cd}b$，然后按单筋计算。

② $\gamma_0 M_d' = f_{sd}A_s(h_0 - a_s')$。

# 第五节 T形截面梁强度计算

## 一、概　述

(1) T形梁的优点：节省材料，减轻自重。如图24.13所示。

(2) T形梁翼缘上的压应力分布：如图24.14所示。

(3) 翼缘的计算宽度取下列三者之最小者（图24.15、24.16）。

① 简支梁，取计算跨径的1/3。对连续梁，各中间跨和边跨正弯矩区段分别取该跨计算跨径的0.2倍和0.27倍，各中间支点负弯矩区段取该支点相邻两跨计算跨径之和的0.07倍。

图 24.13

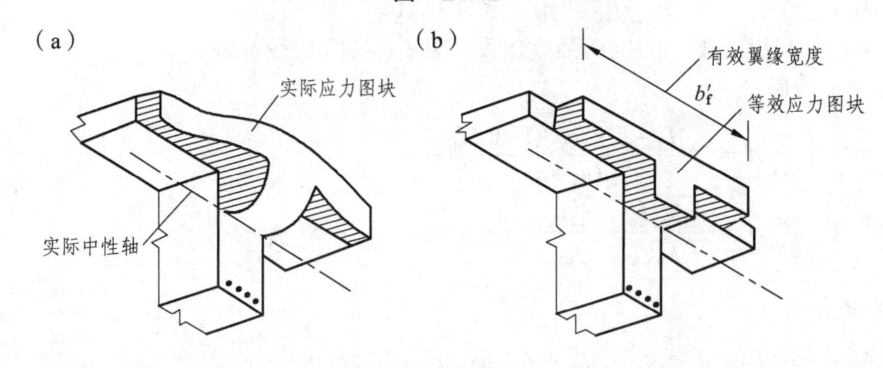


图 24.14

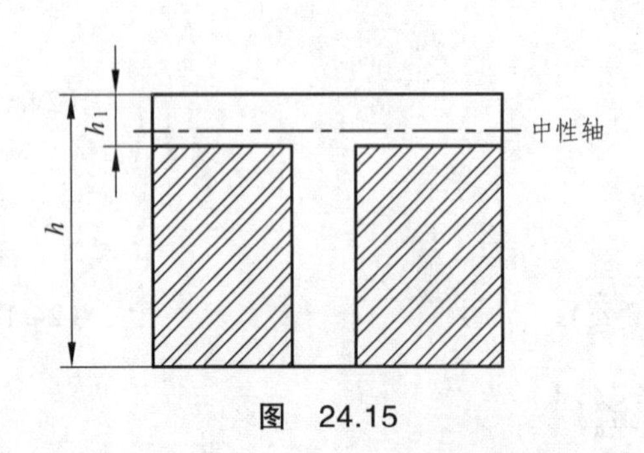


图 24.15

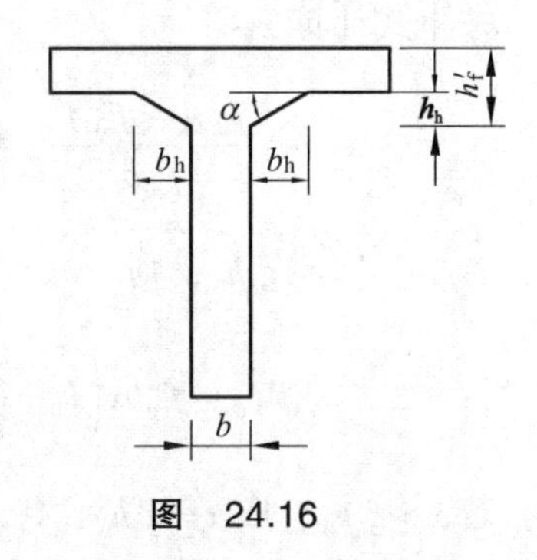


图 24.16

② 当承托底坡 $h_h/b_h \geqslant 1/3$ 时，取 $b+2b_h+12h_f'$；当 $h_h/b_h \leqslant 1/3$ 时，取 $b+12h_{f,m}'$。

③ 中梁为两腹板间中距，边梁为腹板与相邻中梁腹板间中距的一半加边梁腹板宽度的一半再加6倍悬臂板平均厚度，但不大于边梁翼缘全宽。

## 二、两种截面类型

1. 第一种类型 T 形截面

中性轴（neutral axis）位于翼缘（flange）内，即受压区高度 $x \leqslant h_f'$，受压区为矩形，如图 24.17（a）所示。

因中性轴以下部分的受拉混凝土不起作用，故与正截面强度计算是无关的。因此，这种截面虽其外形为 T 形，但其受力机理却与宽度为 $b_f'$、高度为 $h$ 的矩形截面相同，仍可按矩形截面进行正截面强度计算。

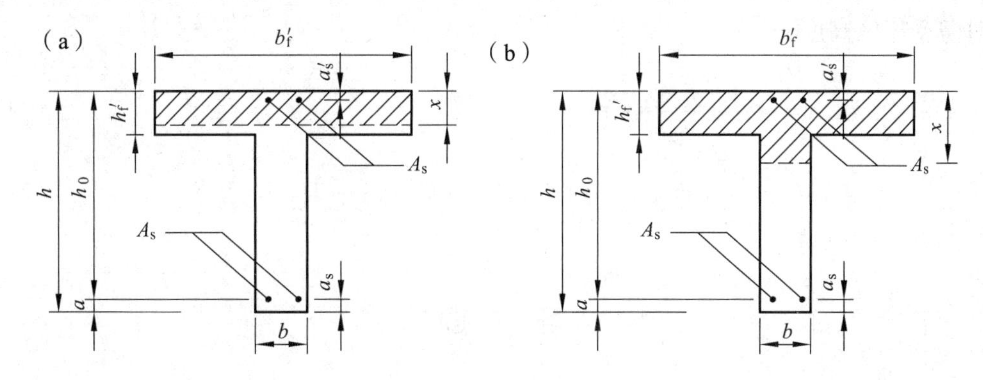


图 24.17

2. 第二种类型 T 形截面

中性轴位于梁肋内，即受压区高度 $x > h_f'$，如图 24.17（b）所示，计算公式为:

$$f_{cd}bx + f_{cd}(b_f' - b)h_f' = f_{sd}A_s \tag{24.13}$$

$$\gamma_0 M_d = f_{cd}bx\left(h_0 - \frac{x}{2}\right) + f_{cd}(b_f' - b)h_f'\left(h_0 - \frac{h_f'}{2}\right) \tag{24.14}$$

公式应满足条件:

$$x \leqslant \xi_b h_0$$
$$\rho \geqslant \rho_{min}$$

## 三、计算方法

1. 截面设计

已知 $b$、$h$、$M_d$、$f_{cd}$、$f_{sd}$，求 $A_s$。

**解**:（1）判断 T 梁类型，设 $a_s$，如果

$$\gamma_0 M_d \leqslant f_{cd}b_f'h_f'\left(h_0 - \frac{h_f'}{2}\right) \tag{24.15}$$

则为第一类型，否则为第二类型。

（2）求 $x$。

（3）判断 $x$ 是否小于或等于 $\xi_b h_0$。

(4) 计算 $A_s$。

(5) 选筋，布置。

2. 强度复核

判断截面类型，计算 $x$。若

$$x=\frac{f_{sd}A_s}{f_{cd}b_f'}\leqslant h_f' \tag{24.16}$$

则为第一类型截面，可按矩形截面的计算方法进行强度复核；否则为第二类型，按下列公式重新计算受压区高度 $x$:

$$x=\frac{f_{sd}A_s-f_{cd}(b_f'-b)h_f'}{f_{cd}b} \tag{24.17}$$

$$M_d'=\frac{1}{\gamma_0}\left[f_{cd}bx\left(h_0-\frac{x}{2}\right)+f_{cd}(b_f'-b)h_f'\left(h_0-\frac{h_f'}{2}\right)\right] \tag{24.18}$$

## 习　题

### 一、选择题

24.1 截面上通常有弯矩和剪力共同作用而轴力可以忽略不计的构件，通常称为(　　)。

A. 受弯构件　　B. 受剪构件　　C. 受扭构件

24.2 单边固接的板称为(　　)。

A. 简支板　　B. 悬臂板　　C. 连续板

24.3 有一种构造钢筋，作用主要是承受斜截面抗剪承载力，它还起到联结受拉主钢筋和受压区混凝土使其共同工作的作用，在构造上还起着固定钢筋位置使梁内各种钢筋构成钢筋骨架，这种钢筋是(　　)。

A. 箍筋　　B. 弯起钢筋　　C. 架立钢筋

24.4 通常发生在弯矩最大的截面，或者发生在抗弯能力较小的截面。这种截面破坏称为(　　)。

A. 正截面破坏　　B. 斜截面破坏

24.5 其主要特点是受拉钢筋的应力首先达到屈服强度，裂缝开展很大，然后受压区混凝土应力随之增大而达到抗压极限强度，梁即告破坏，这种破坏称为(　　)。

A. 适筋梁——塑性破坏

B. 超筋梁——脆性破坏

C. 少筋梁——脆性破坏

24.6 从受拉区混凝土开裂到受拉钢筋应力达到屈服强度为止，这一阶段称为(　　)。

A. 阶段Ⅰ——整体工作阶段

B. 阶段Ⅱ——带裂缝工作阶段

C. 阶段Ⅲ——破坏阶段

24.7　T形截面中性轴位于翼缘内，即受压区高度 ，这中T形截面属于（　　）。

A. 第一类T形截面　　　　B. 第二类T形截面

24.8　长度与高度之比大于或等于5的受弯构件，可按杆件考虑，通称为（　　）。

A. 板　　　　B. 梁

24.9　每根箍筋所箍的受拉钢筋，每排不多于（　　）根。

A. 3　　　　B. 4　　　　C. 5

24.10　下列钢筋主要承受截面抗剪要求的是（　　）。

A. 箍筋　　　　B. 架立钢筋　　　　C. 纵向水平钢筋

## 二、简答题

24.11　受弯构件中的适筋梁从加载到破坏要经历哪几个阶段？

24.12　受弯构件正截面承载力计算有哪些基本假定？

24.13　钢筋混凝土梁正截面有几种破坏形式？各有何特点？

24.14　在什么情况下可采用双筋梁？在双筋截面中受压钢筋起什么作用？

24.15　什么是截面界限相对受压区高度$\xi_b$？

# 第二十五章
# 钢筋混凝土受弯构件斜截面强度计算

## 第一节　概　　述

### 一、斜截面强度计算原因

在弯曲正应力和剪应力（shearing stress）的共同作用下，受弯构件中会产生与纵轴斜交的主拉应力（tensile principal stress）与主压应力（compressive principal stress）。因为混凝土材料的抗压强度高而抗拉强度较低，当主拉应力达到其抗拉极限强度时，就会出现垂直于主拉应力方向的斜向裂缝，并导致沿斜截面发生破坏。因此，钢筋混凝土受弯构件除应进行正截面强度计算外，尚须对弯矩和剪力同时作用的区段进行斜截面强度计算。

### 二、措施——在梁内设置箍筋和弯起钢筋

箍筋（stirrups）、弯起钢筋统称为腹筋（web reinforcement）或剪力钢筋。

### 三、斜截面承载力计算内容

包括斜截面抗剪承载力计算与斜截面抗弯承载力计算。

## 第二节　受力分析

### 一、影响斜截面抗剪强度（shearing strength）的主要因素

（1）剪跨比（shear span to effective depth ratio）；

（2）混凝土强度等级；

（3）箍筋及纵向钢筋（longitudinal reinforcement）的配筋率（reinforcement ratio）。

剪跨比 $m$ 是指梁承受集中荷载作用时，集中力的作用点到支点的距离与梁的有效高度之比。剪跨比的数值，实际上反映了该截面的弯矩和剪力的数值比例关系。按下式计算：

$$m = M_{\mathrm{d}} / V_{\mathrm{d}} h_0 \tag{25.1}$$

试验研究表明：剪跨比越大，抗剪能力越小；当剪跨比 $m>3$ 以后，抗剪能力基本上不再变化。

## 二、受剪破坏的主要形态

### （一）斜拉破坏

1. 发生场合

无腹筋梁或腹筋配得很少的梁且 $m>3$。

2. 破坏情况

斜裂缝一出现，很快形成临界斜裂缝，并迅速伸展到受压区边缘，使构件沿斜向被拉断成两部分而破坏，如图 25.1（a）所示。破坏突然发生，是脆性破坏。

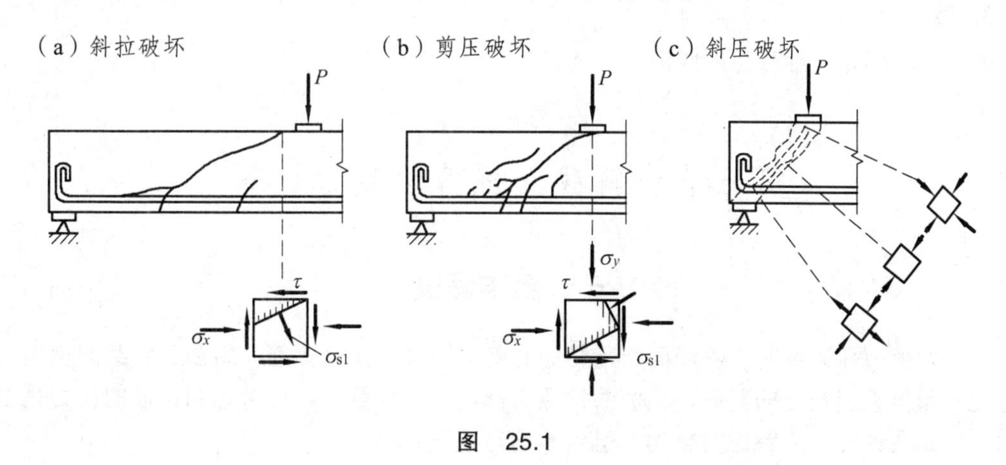


图 25.1

3. 防止措施

设置一定数量的箍筋，且箍筋面积不大，箍筋配筋率大于最小配箍率。

### （二）斜压破坏

1. 发生场合

当剪跨比较小（$m<1$），或者腹筋配置过多，腹板（web plate）很薄时，都会由于主压应力过大而造成腹板斜向压坏，如图 25.1（c）所示。

2. 破坏情况

随着荷载的增加，梁腹板被一系列平行的斜裂缝分割成许多倾斜的受压短柱。最后，因混凝土在弯矩和剪力的复合作用下被压碎而破坏。斜压破坏一般发生在剪力大、弯矩小的区段内，破坏时腹筋的应力尚未达到屈服强度（yielding strength）。

3. 防止措施

梁的截面尺寸不要太小，腹筋不要太多。

### （三）剪压破坏

1. 发生场合

当腹筋配置适当时或无腹筋梁，剪跨比大致在 1～3 的情况下。

2. 破坏情况

随着荷载的增加，首先出现了一些垂直裂缝和微细的倾斜裂缝。随着荷载的进一步增加，斜裂缝向集中荷载的作用点处伸展，这种斜裂缝可能不止一条。当荷载增加到一定程度时，在众多斜裂缝中形成一条延伸较长、扩展较宽的主要斜裂缝，即临界斜裂缝。临界斜裂缝出现后，梁还能继续增加荷载，斜裂缝向上伸展，与斜裂缝相交的腹筋应力迅速增长而达到屈服强度，进而混凝土也达到极限强度而破坏，如图 25.1（b）所示。所以，当剪压破坏时所施加的荷载明显地大于斜裂缝出现时的荷载。剪压破坏具有明显的破坏征兆，属于塑性破坏，是设计中普遍要求的情况。

3. 防止措施

通过计算确定足够数量的腹筋。

## 第三节　斜截面抗剪承载力计算

### 一、基本假设

（1）发生剪压破坏时，斜截面所承受的总剪力由混凝土、箍筋、斜筋三者共同承担。

（2）和斜裂缝相交的斜筋、箍筋的拉应力都达到屈服强度。但考虑到钢筋的拉力是不均匀的，因此在计算时应考虑其影响，引入不均匀系数 0.8。

（3）为了偏安全，混凝土抗剪强度采用无腹筋梁试验资料作为设计依据。

（4）在有翼缘板梁中不计翼缘板混凝土抗剪能力。

### 二、计算公式

计算图式如图 25.2 所示，计算得：

$$\gamma_0 V_d \leqslant V_c + V_{sb} + V_s = V_{cs} + V_{sb} \tag{25.2}$$

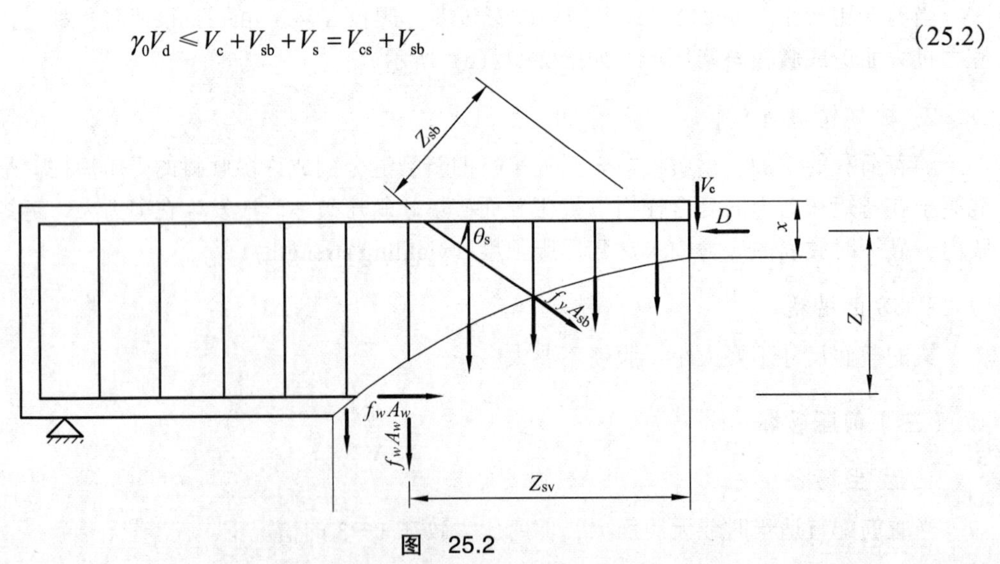


图 25.2

1. 混凝土和箍筋的抗剪能力

一般认为,剪跨比、混凝土强度等级和纵向钢筋配筋率是影响混凝土抗剪强度的主要因素。“公路桥规”采用的计算混凝土和箍筋共同抗剪能力的公式为:

$$V_{cs}=\alpha_1\alpha_2\alpha_3 0.45\times10^{-3}bh_0\sqrt{(2-0.6p)\sqrt{f_{cu,k}}\rho_{sv}f_{sv}} \quad (25.3)$$

式中 $\alpha_1$——异号弯矩影响系数。计算简支梁和连续梁近边支点梁段的抗剪承载力时 $\alpha_1=1.0$;计算连续梁和悬臂梁近中间支点梁段的抗剪承载力时,$\alpha_1=0.9$。

$\alpha_2$——预应力提高系数。对钢筋混凝土受弯构件,$\alpha_2=1.0$;对预应力混凝土受弯构件,$\alpha_2=1.25$,但当由钢筋合力引起的截面弯矩与外弯矩的方向相同时,或允许出现裂缝的预应力混凝土受弯构件,取 $\alpha_2=1.0$。

$\alpha_3$——受压翼缘的影响系数,取 1.1。

$h_0$——斜截面受压端正截面处,矩形截面宽度(mm),或 T 形和 I 形截面腹板宽度(mm)。

$p$——斜截面受压端正截面的有效高度,自纵向受拉钢筋合力点至受压边缘的距离(mm):

$$p=100\rho,\quad \rho=(A_p+A_{pb}+A_s)/bh_0$$

当 $p>2.5$ 时,取 $p=2.5$。

$f_{cu,k}$——边长为 150 mm 的混凝土立方体抗压强度标准值(MPa),即为混凝土强度等级。

$\rho_{sv}$——斜截面内箍筋配筋率,$\rho_{sv}=A_{sv}/S_vb$(图 25.3)。

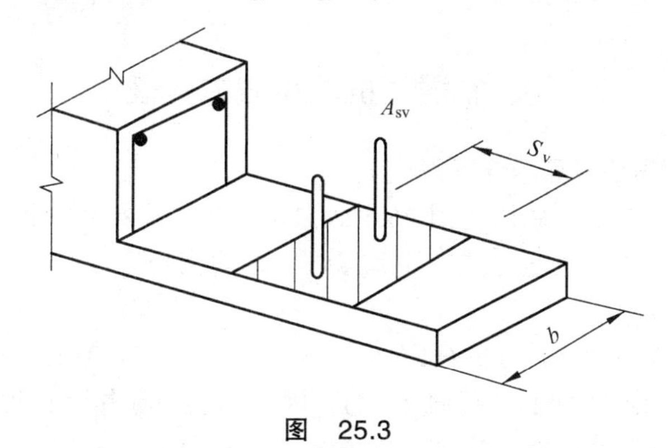


图 25.3

其中 $A_{sv}$——斜截面内配置在同一截面的箍筋各肢总截面面积($mm^2$)。

$S_v$——斜截面内箍筋的间距(mm)。

$f_{sv}$——箍筋抗拉强度设计值,取值不宜大于 280 MPa。

2. 弯起钢筋的抗剪能力

弯起钢筋对斜截面的抗剪作用,应为弯起钢筋抗拉承载能力在竖直方向的分量,再乘以应力不均匀系数(non-uniformly distributed strain coefficient)0.75,其数值为:

$$V_{sb}=0.75\times10^{-3}f_{sd}\sum A_{sb}\sin\theta_s \quad (25.4)$$

于是，配有箍筋和弯起钢筋的受弯构件，其斜截面抗剪强度计算公式为：

$$\gamma_0 V_d \leqslant V_{cs} + V_{sb} \tag{25.5}$$

## 三、公式的适用范围

### 1. 上限值——防止斜压破坏

$$\gamma_0 V_d \leqslant 0.51\times10^{-3}\sqrt{f_{cu,k}}bh_0 \tag{25.6}$$

若不满足则应加大截面尺寸。

### 2. 下限值与最小配筋率

“公路桥规”规定，矩形、T形和工字形截面的受弯构件，若符合下列公式要求时，不需要进行斜截面抗剪强度计算，仅按构造要求配置箍筋。

$$\gamma_0 V_d \leqslant 0.50\times10^{-3}\alpha_2 f_{td}bh_0 \tag{25.7}$$

当受弯构件的设计剪力符合上式的条件时，按构造要求配置箍筋，并应满足最小配箍率的要求。

“公路桥规”规定的最小配箍率为：

R235（Q235）　　$\rho_{sv} \geqslant 0.001\,8$

HRB335　　$\rho_{sv} \geqslant 0.001\,2$

## 四、斜截面抗剪承载力复核

“公路桥规”规定需要验算的位置为：

（1）距支座中心 $h/2$ 处的截面（图 25.4 截面 1—1）。因为越靠近支座，直接支承的压力影响也越大，混凝土的抗力也越高，不致破坏，而距支座中心 $h/2$ 以外，混凝土抗力急剧降低。

（2）受拉区弯起钢筋弯起点处的截面（图 25.4 截面 2—2、3—3）以及锚于受拉区纵向主筋开始不受力处的截面（图 25.4 截面 4—4），因为这里主筋中断，应力集中。

（3）箍筋数量或间距改变处的截面（图 25.4 截面 5—5）。

（4）腹板宽度改变处的截面（图 25.4 截面 6—6、7—7），这里与箍筋数量或间距改变一样，都受到应力剧变、应力集中的影响，都有可能形成构件的薄弱环节，首先出现裂缝。

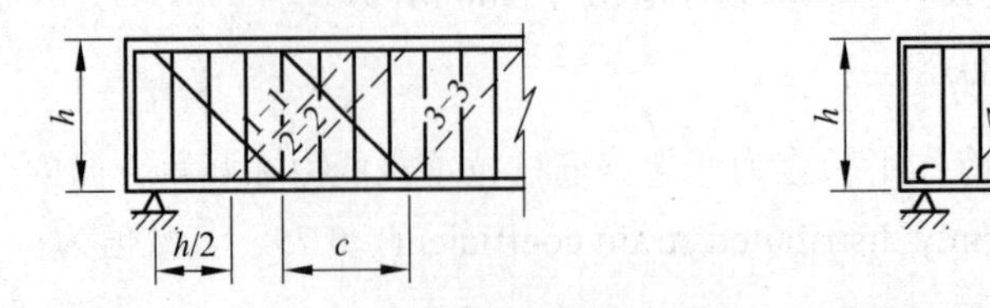


（a）简支梁和连续梁近边支点梁段

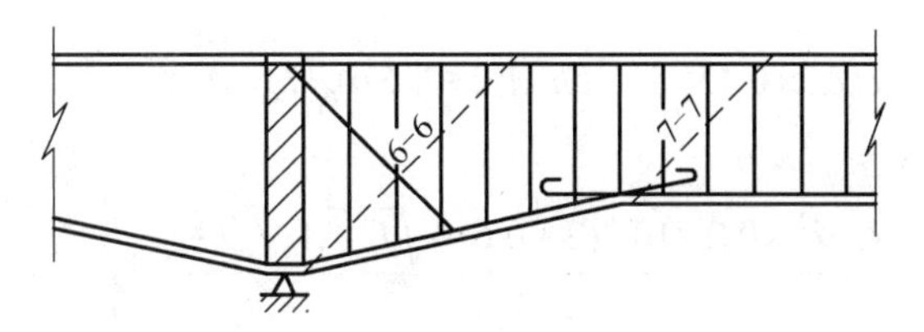


（b）连续梁和悬臂梁近中间支点梁段

图 25.4

## 五、抗剪配筋设计

“公路桥规”规定，在不能只按构造配筋的梁段进行斜截面抗剪配筋计算时，计算剪力值可按下列规定采用（图 25.5）：

（1）最大计算剪力值取用距支座中心 $h/2$（梁高度一半）处截面的数值，其中混凝土与箍筋共同承担 60%，弯起钢筋（按 45° 弯起）承担 40%。

（2）计算第一排（从支座向跨中计算）弯起钢筋时，取用距支座中心 $h/2$ 处由弯起钢筋承担的那部分计算剪力值。

（3）计算以后每一排弯起钢筋时，取用前一排弯起点处由弯起钢筋承担的那部分计算剪力值。

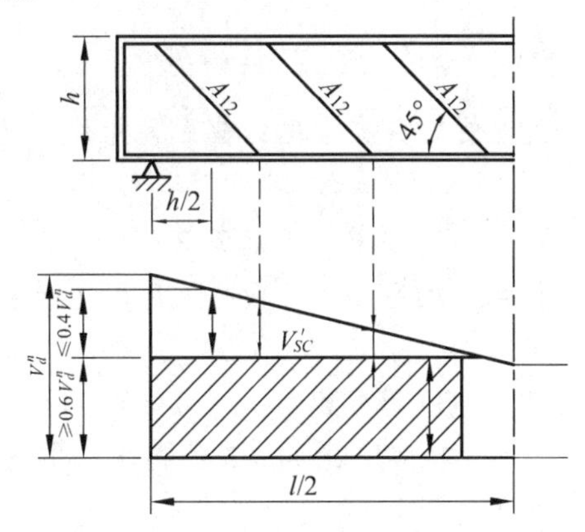


（a）简支梁和连续梁近边支点梁段

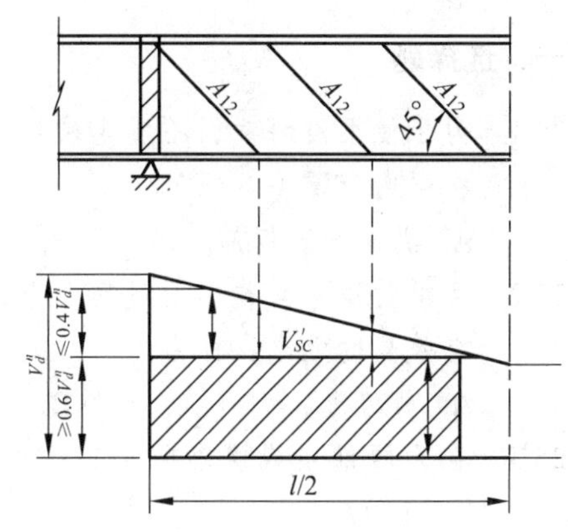


（b）等高度连续梁和悬臂梁近中间支点梁段

图 25.5

（4）计算变高度（承托）的连续梁和悬臂梁跨越变高段与等高段交接处的弯起钢筋 $A_{sbf}$ 时，取用交接截面剪力峰值由弯起钢筋承担的那部分剪力 $V_{sbf}$；计算等高度梁段各排弯起钢筋 $A'_{sb1}$、$A'_{sb2}$、$A'_{sbi}$ 时，取用各该排弯起钢筋上面弯点处由弯起钢筋承担的那部分剪力 $V'_{sb1}$、$V'_{sb2}$、$V'_{sbi}$。

（5）每排弯起钢筋的截面面积按下列公式计算：

$$A_{sb}=\frac{\gamma_0 V_{sb}}{0.75\times10^{-3}f_{sd}\sin\theta_s} \tag{25.8}$$

具体而言：

（1）箍筋设计。

$$V_{cs}=\alpha_1\alpha_3\times0.45\times10^{-3}bh_0\sqrt{(2+0.6p)\sqrt{f_{cu,k}}\rho_{sv}f_{sv}} \tag{25.9}$$

$$\rho_{sv}=A_{sv}/S_v b \tag{25.10}$$

$$S_v=\frac{\alpha_1^2\alpha_3^2\times0.2\times10^{-6}(2+0.6p)\sqrt{f_{cu,k}}A_{sv}f_{sv}bh_0^2}{(\xi\gamma_0V_d)^2} \tag{25.11}$$

（2）弯起钢筋设计。

第 $i$ 个弯起钢筋平面内的弯起钢筋截面面积可按下式计算：

$$A_{sb}=\frac{\gamma_0V_{sb}}{0.75\times10^{-3}f_{sd}\sin\theta_s}\ (\mathrm{mm}^2) \tag{25.12}$$

式中，对于第一排弯起钢筋的荷载效应为：

$$V_{sb}=V_d'-0.6\times V_d'=0.4\times V_d' \tag{25.13}$$

式中　$V_d'$——距支座中心 $h/2$ 处的计算剪力。

## 习　题

### 一、选择题

25.1　为了使梁沿斜截面不发生破坏，除了在构造上使梁具有合理的截面尺寸外，通常在梁内设置（　　）。

A. 纵向受力钢筋　　B. 架立钢筋　　C. 箍筋和弯起钢筋

25.2　梁承受集中荷载作用时集中力的作用点到支点的距离 $a$（一般称为剪跨）与梁的有效高度之比，称为（　　）。

A. 剪跨比　　B. 弯跨比　　C. 剪弯比

25.3　在无腹筋梁或腹筋配得很少的有腹筋梁中，一般剪跨比 $m>3$ 的情况，易出现（　　）。

A. 斜拉破坏　　B. 剪压破坏　　C. 斜压破坏

25.4　当腹筋配置适当时或无腹筋梁剪跨比大致为 1～3 的情况下，易出现（　　）。

A. 斜拉破坏　　B. 剪压破坏　　C. 斜压破坏

25.5　当剪跨比较小（$m\leqslant1$）或者腹筋配置过多，腹板很薄时，易出现（　　）。

A. 斜拉破坏　　B. 剪压破坏　　C. 斜压破坏

25.6　配有箍筋和弯起钢筋的简支梁，当发生剪压破坏时，斜截面所承受的总剪力由（　　）承担。

A. 剪压区混凝土、箍筋和弯起钢筋三者

B. 纵向受力主钢筋

C. 箍筋

25.7　计算剪力值的取值原则是“（　　）承担计算剪力的 40%”。

A. 箍筋　　B. 混凝土　　C. 弯起钢筋

25.8 影响斜截面抗剪承载力的主要因素，其中最重要的是（　　）的影响。

A. 剪跨比　　B. 混凝土强度等级　　C. 箍筋

25.9 梁的抗剪承载力取决于混凝土的抗压强度等级及梁的截面尺寸，且其相关破坏属于突发性的脆性破坏。为了防止此类破坏，“公路桥规”规定了截面尺寸的限制条件，即（　　）。

A. 上限值　　B. 下限值

25.10 “公路桥规”规定，矩形、T形和I字形截面的受弯构件，若符合（　　）要求时，则不需要进行斜截面抗剪强度计算，而仅按构造要求配置箍筋。

A. 上限值　　B. 下限值

## 二、简答题

25.11 简述钢筋混凝土梁的斜截面破坏形式及发生原因。

25.12 受弯构件沿斜截面破坏的形态有几种？各在什么情况下发生？应分别如何防止？

25.13 何谓剪跨比？为什么其大小会引起沿斜截面破坏形态的改变？

25.14 影响梁斜截面承载力的主要因素是什么？

25.15 斜截面抗剪承载力计算公式的适用范围是什么？其意义何在？

# 第二十六章
# 钢筋混凝土受压构件承载能力计算

## 第一节　轴心受压构件的强度计算

以承受轴向压力为主的构件称为受压构件。

凡荷载的合力通过截面形心的受压构件称之为轴心受压构件（compression members with axial load at zero eccentricity）。

若纵向荷载的合力作用线偏离构件形心的构件称之为偏心受压构件。

受压构件（柱）往往在结构中具有重要作用，一旦产生破坏，往往导致整个结构的损坏，甚至倒塌。

按箍筋作用的不同，钢筋混凝土轴心受压构件可分为两种基本类型：一种为配有纵向钢筋及普通箍筋的构件，称为普通箍筋柱（tied columns），如图 26.1（a）所示；另一种为配有纵向钢筋及螺旋箍筋或焊环形箍筋的螺旋箍筋柱（spirally reinforced columns），如图 26.1（b）所示。

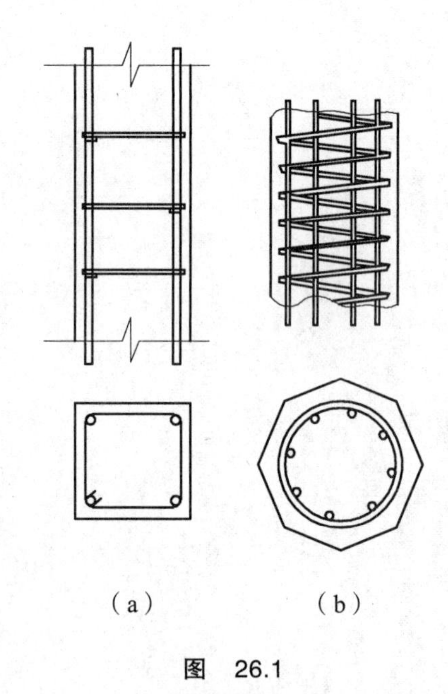


图　26.1

### 一、普通箍筋柱

#### （一）构造要点

1. 截面形式

一般有正方形、矩形、工字形、圆形等截面形式。

2. 截面尺寸

根据正压力、柱身弯矩来确定，截面最小边长不宜小于 250 mm。

3. 纵　筋

（1）纵向受力钢筋的直径不应小于 12 mm，其净距不应小于 50 mm，也不应大于 350 mm，根数不少于 4 根。

（2）构件的全部纵向钢筋配筋率不宜超过 5%。构件的最小配筋率不应小于 0.5%，当混凝土强度等级为 C50 及以上时不应小于 0.6%；同时，一侧钢筋的配筋率不应小于 0.2%。

（3）纵向受力钢筋应伸入基础（foundations）和盖梁（caps），伸入长度不应小于规定的锚固长度。

4. 箍　筋

（1）箍筋应做成封闭式，以保证钢筋骨架的整体刚度。

（2）箍筋间距应不大于纵向受力钢筋直径的 15 倍并不大于构件横截面的较小尺寸（圆形截面采用 0.8 倍直径），且不大于 400 mm。纵向受力钢筋搭接范围的箍筋间距：当绑扎搭接钢筋受拉时不大于主钢筋直径的 5 倍且不大 100 mm；当搭接钢筋受压时不大于主钢筋直径的 10 倍且不大于 200 mm。纵向钢筋截面面积大于混凝土截面面积 3%时，箍筋间距不应大于纵向钢筋直径的 10 倍且不大于 200 mm。

（3）箍筋直径不小于 8 mm 且不小于纵向钢筋直径的 1/4。

（4）构件内纵向受力钢筋应设置于离角筋，间距 $s$ 不大于 150 mm 或 15 倍箍筋直径（取较大者）范围内，如超出此范围设置纵向受力钢筋，应设复合箍筋（compound stirrup）。各根箍筋的弯钩接头，在纵向其位置应错开。

箍筋构造见图 26.2。当遇到柱截面内折角的构造时，箍筋应按照如图 26.3 所示的方式布置。

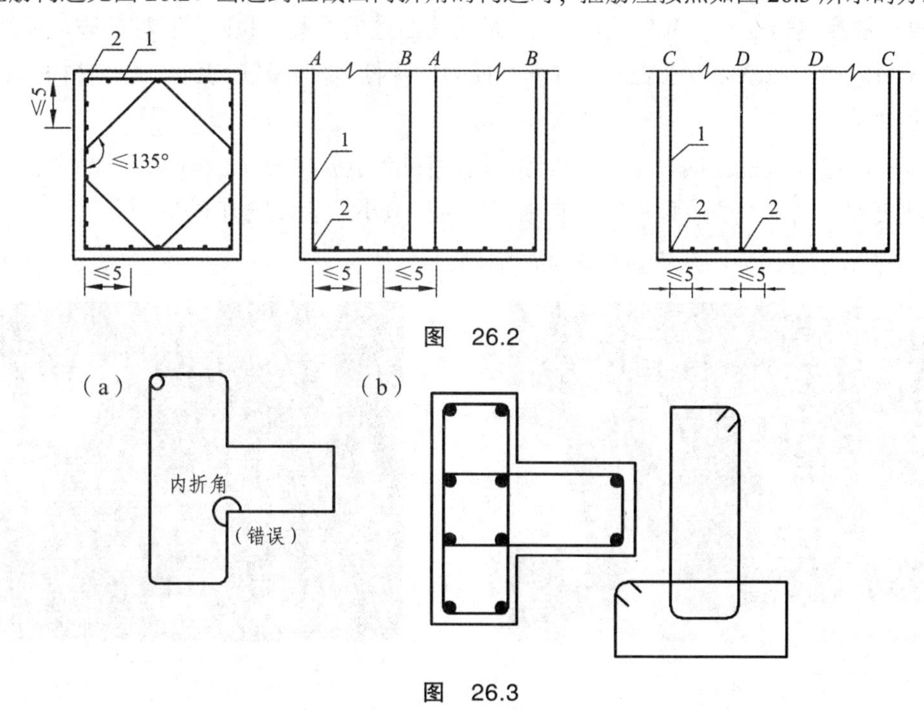


图　26.2

图　26.3

## （二）破坏状态分析

1. 短柱（short columns）破坏（图 26.4（a））

在开始加载时，混凝土和钢筋都处于弹性工作阶段，钢筋和混凝土的应力基本上按其弹性模量（elastic modulus）的比值来分配。当外荷载稍大后，随着荷载的增加，混凝土应力的增加愈来愈慢，而钢筋的应力基本上与其应变成正比增加，柱子变形增加的速度就快于外荷载增加的速度。随着荷载的继续增加，柱中开始出现微小的纵向裂缝。在临近破坏荷载时，柱身出现很多明显的纵向裂缝，混凝土保护层开始剥落，箍筋间的纵筋被压曲向外鼓出，混凝土被压碎。柱子发生破坏时，混凝土的应力达到轴心抗压极限强度 $f_{ck}$，相应的应变达到其抗压极限应变（一般取 $\varepsilon_c = 0.002$），而钢筋的应力为 $\sigma_s = \varepsilon_s \times E_s = 400\ \text{MPa}$，但应小于其屈服强度，此值即为钢筋的抗压设计强度。

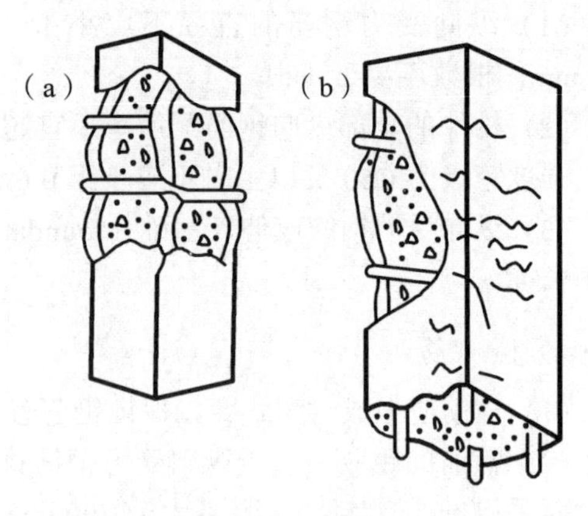

图 26.4

2. 长柱（long columns）破坏（图 26.4（b））

其破坏是由于丧失稳定导致的。由于初始偏心距的存在，构件受荷后产生附加弯矩，伴之发生横向挠度，加速了构件的失稳破坏。在构件破坏时，首先在靠近凹边出现大致平行于纵轴方向的纵向裂缝，而在凸边发生水平的横向裂缝，随后受压区混凝土被压溃，纵筋向外鼓出，横向挠度迅速发展，构件失去平衡，最后将凸边的混凝土拉断。长柱的破坏荷载较小，一般是采用纵向弯曲系数 $\varphi$ 来表示长柱承载能力的降低程度。试验表明，纵向弯曲系数 $\varphi$ 与构件的长细比有关。

所谓长细比（slenderness ratio），对矩形截面可用 $l_0/b$ 表示（$l_0$ 为柱的计算长度，$b$ 为截面的短边尺寸），$l_0/b$ 愈大，即柱子愈长细，则 $\varphi$ 值愈小，承载能力愈低。

图 26.5 所示各图为一些箍筋柱破坏的实例。

（a）

（b）

（c）

（d）

（e）

（f）

（g）

（h）

（i）

图 26.5

### （三）强度计算

1. 基本公式

$$\gamma_0 N_d \leqslant 0.9\varphi(f_{cd}A + f'_{sd}A'_s) \tag{26.1}$$

2. 截面设计

当截面尺寸已知时，可由下式计算所需钢筋截面面积：

$$A'_s = \frac{\gamma_0 N_d - 0.9\varphi f_{cd} A}{0.9\varphi f'_{sd}} \tag{26.2}$$

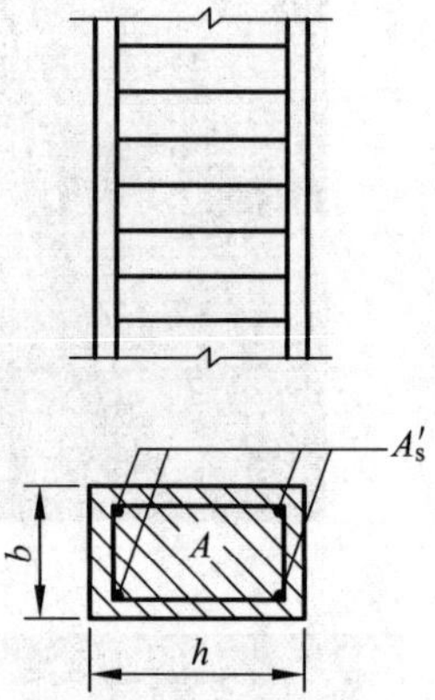

当截面尺寸未知时，可在适宜配筋率（$\rho = 0.5\% \sim 1.5\%$）范围内选取一个 $\rho$ 值，并暂设 $\varphi = 1$，这时基本公式可写成：

$$\gamma_0 N_d \leqslant 0.9A(f_{cd} + f'_{sd}\rho) \tag{26.3}$$

$$A \geqslant \frac{\gamma_0 N_d}{0.9(f_{cd} + f'_{sd}\rho)} \tag{26.4}$$

图 26.6

若柱为正方形，边长 $b = \sqrt{A}$，求出的边长 $b$ 根据构造要求要调整为整数（图 26.6）。然后按实际的 $l_0/b$ 查出 $\varphi$，再由公式 $A'_s = \dfrac{\gamma_0 N_d - 0.9\varphi f_{cd} A}{0.9\varphi f'_{sd}}$ 计算所需的钢筋截面面积。

3. 强度复核

首先应根据 $l_0/b$ 查出 $\varphi$ 值，由基本公式求得截面所能承受的纵向力：

$$\gamma_0 N'_d = 0.9\varphi(f_{cd}A + f'_{sd}A'_s) \tag{26.5}$$

所求得的截面承载能力 $N'_d$ 应大于计算纵向力。

## 二、螺旋箍筋柱

### （一）构造要点

1. 截面形式

多为圆形或多边形，如图 26.7 所示。

2. 纵向受力筋

$\rho$ 不小于箍筋圈内核心混凝土截面面积的 0.5%，构件的核心截面面积不小于构件整个截面面积的 2/3。配筋率也不宜大于 3%，一般为核心面积的 0.8%～1.2%。纵筋至少要采用 6 根，通常为 6～8 根。

3. 箍筋（图 26.7）

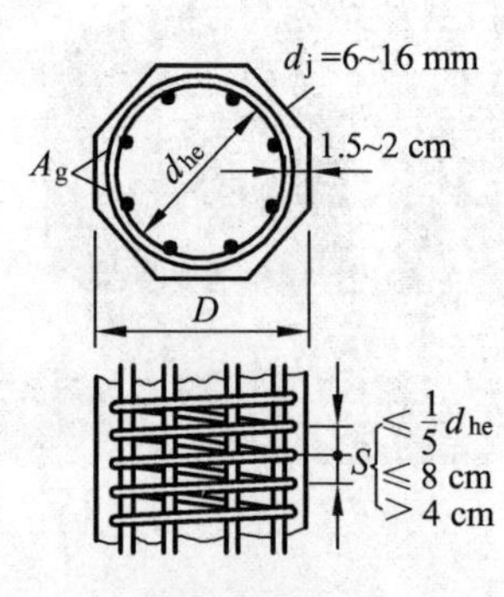


图 26.7

螺距 $S$（或间距）应不大于核心直径的 1/5；且不大于 80 mm。其间距也不宜小于 40 mm。螺旋箍筋或焊环的最小换算面积应不小于纵筋面积的 25%。螺旋钢筋配筋率不小于 1%，而且也不宜大于 3%。

4. 规　定

螺旋筋外侧保护层应不小于 15 mm。此外，长细比 $l_0/d>12$ 的尺寸也不宜选用。

### （二）试验研究

螺旋箍筋柱与普通箍筋柱的主要区别，在于所配置的横向箍筋能有效地约束混凝土的横向变形，使核心混凝土处于三向受压的工作状态，大大提高了核心部分混凝土的轴心抗压强度。螺旋箍筋柱在混凝土的应力较小（$\sigma_c<0.7f_{cd}$）时，其受力情况和普通箍筋柱一样，当纵向压力增加到一定数值时，混凝土保护层开始剥落。最后，由于螺旋箍筋的应力达到屈服强度（yielding strength），失去对混凝土的约束作用，使混凝土被压碎而破坏。由此可见，螺旋箍筋的作用是间接地提高了核心混凝土的轴心抗压强度，从而提高了构件的承载力（bearing capacity）。

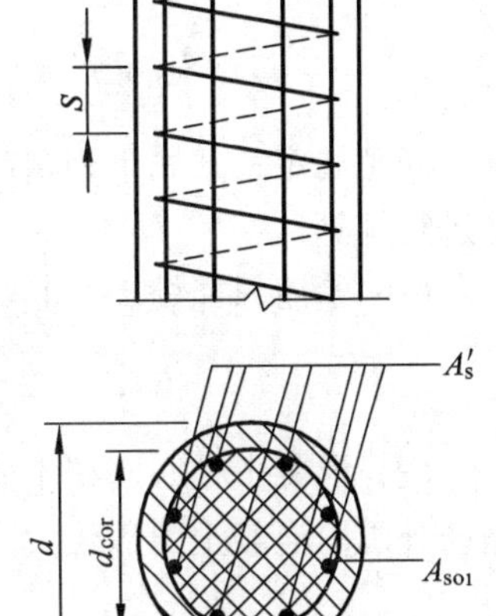


图　26.8

螺旋箍筋的面积，以换算截面面积 $A_{so}$ 表示（图 26.8）：

$$A_{so}=\frac{\pi\times d_{cor}\times A_{sol}}{S} \tag{26.6}$$

试验和理论计算表明，螺旋箍筋所提高的承载能力一般为同体积纵向钢筋承载能力的 2～2.5 倍。这种增大的承载能力是由箍筋的横向约束作用引起的，它使核心混凝土处于三向压应力作用下工作，此时混凝土的轴心抗压强度提高了，其大小按下式决定：

$$f_c=f_{cd}+4\sigma_r \tag{26.7}$$

将圆形箍筋沿直线切开，根据平衡条件得：

$$\int_0^{\frac{\pi}{2}}\sigma_r s\frac{d_{cor}}{2}\cdot\sin\alpha d\alpha=f_{sd}\cdot A_{sol}$$

当螺旋箍筋达到受拉屈服强度时，上式可写为：

$$d_{cor}\cdot s\sigma_r=2f_{sd}A_{sol}$$

$$f_c=f_{cd}+\frac{8f_{sd}\cdot A_{sol}}{d_{cor}\cdot S}$$

则

$$\sigma_r=\frac{2f_{sd}\cdot A_{sol}}{d_{cor}\cdot S} \tag{26.8}$$

### （三）强度计算

强度计算图式如图 26.9 所示。

$$\gamma_0 N_d\leqslant 0.9(f_{cd}A_{cor}+f_{sd}'A_s'+kf_{sd}A_{so}) \tag{26.9}$$

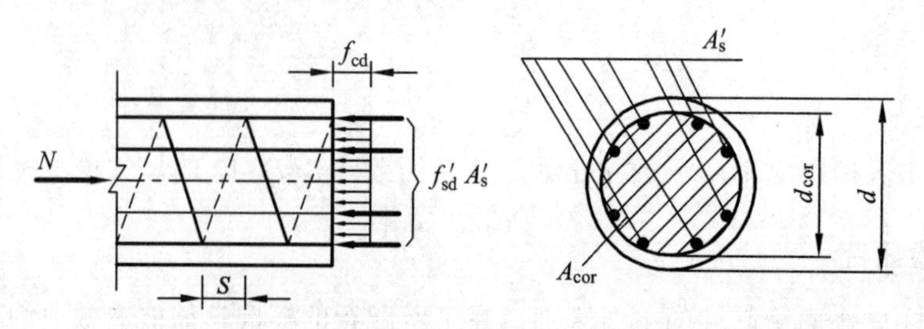


图 26.9

"公路桥规"规定，按上式计算的螺旋箍筋柱抗压承载力设计值不应大于由普通箍筋柱抗压承载能力设计公式计算值的 1.5 倍，用以保证混凝土保护层在使用荷载作用下不致过早剥落，即：

$$0.9(f_{cd}A_{cor}+f'_{sd}A'_s+Kf_{sd}A_{so})\leqslant 1.5[0.9\varphi(f_{cd}A+f'_{sd}A'_s)] \tag{26.10}$$

规范规定，凡属下列情况之一者，不考虑间接钢筋（螺旋箍筋）的影响，而按普通箍筋柱进行计算：

（1）箍筋只能提高核心混凝土的抗压强度，而不能增加柱的稳定性。

$$l_0/d\leqslant 12$$

（2）混凝土核心面积不能太小，否则计算承载能力反而小了。这种情况通常发生在间接钢筋外围的混凝土面积较大时。

$$0.9(f_{cd}A_{cor}+f'_{cd}A'_s+kf_{sd}A_{so})\geqslant 0.9\varphi(f_{cd}A+f'_{cd}A+f'_{sd}A'_s)$$

（3）间接钢筋的换算面积太小，会失去间接钢筋的侧限作用。

$$A_{so}\leqslant 0.25A'_s$$

以上条件若有一条不满足则按普通箍筋柱计算。

**（四）计算方法**

（1）已知：轴向力组合设计值，构件长度，支承约束条件，构件截面尺寸，混凝土和钢筋等级。求：间接钢筋和纵向钢筋截面面积。

**解**：① 验算是否满足要求。

② 选定间接钢筋直径 $d$ 和间距 $S$。

③ 计算间接钢筋截面面积：

$$A_{so}=\frac{\pi\times d_{cor}\times A_{sol}}{S} \tag{26.11}$$

④ 计算纵向钢筋截面面积：

$$\gamma_0 N_d\leqslant 0.9(f_{cd}A_{cor}+f'_{sd}A'_s+kf_{sd}A_{so}) \tag{26.12}$$

⑤ 验算是否满足要求。

（2）在截面设计时，当构件截面尺寸未知，则：

$$\gamma_0 N_d \leqslant 0.9 A_{cor}(f_{cd} + k\rho_j f_{sd} + \rho f'_{sd}) \tag{26.13}$$

$$A_{cor} \geqslant \frac{\gamma_0 N_d}{0.9(f_{cd} + k\rho_j f_{sd} + \rho f'_{sd})} \tag{26.14}$$

在经济配筋范围内，选取 $\rho$ 和 $\rho_j$ 值，代入上式求得 $A_{cor}$，可以求得构件截面核心混凝土面积的直径：

$$d_{cor} = \sqrt{\frac{4 \times A_{cor}}{\pi}} = 1.128 \times \sqrt{A_{cor}} \tag{26.15}$$

按实际的混凝土核心截面面积，求得纵向钢筋截面面积：

$$A'_s = \rho \times A_{cor} \tag{26.16}$$

$$A_{so} = \rho_j \times A_{cor} \tag{26.17}$$

$$S = \frac{A_{sol} \times \pi \times d_{cor}}{A_{so}} \tag{26.18}$$

# 第二节　偏心受压构件的构造及受力特点

## 一、概　　述

偏心受压构件是指轴向力的作用点位于截面形心之外的构件。轴向力 $N$ 对截面形心偏离的距离 $e_0$，如图 26.10 所示，称为偏心距。偏心受压构件不论其具体的受力情况如何，对任一截面而言，既受有轴向压力，又承受弯矩。偏心受压构件应用很广，例如钢筋混凝土拱桥的主拱圈（archring）、刚架桥的支柱、桥墩（piers）、桥台（abutments）等。

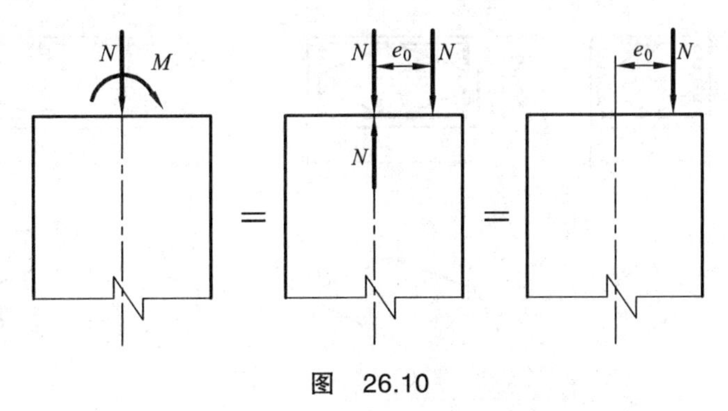


图　26.10

## 二、偏心受压构件的构造

1. 截　面

现浇的偏心受压构件一般多采用矩形截面，应将长边布置在弯矩作用的方向，长短边比值一般为 1.5～3.0，为了模板尺寸模数化，边长宜采用 5 cm 的倍数。

预制的装配式结构（prefabricated members）中，常采用 T 形、工字形和箱形截面。柱式桥墩、钻孔灌注桩等是圆形截面。

2. 材　料

常用的混凝土强度等级为C20、C25、C30或更高级别。宜尽可能地采用强度等级较高的混凝土。

不宜采用高强钢筋，以免因不能发挥其高强作用而造成浪费。

3. 配　筋

纵向受力钢筋的直径、净距及保护层厚度等规定，均与轴心受压相同。截面每侧的纵向钢筋的最小配筋率不宜小于0.2%，纵向受力钢筋大多按对称布置。

箍筋的间距 $S$ 和直径 $d$ 必须满足下列规定：

$S\leqslant 15d$（纵向受力钢筋直径）或 $S\leqslant b$ 或 $S\leqslant 400$ mm，$d_{\mathrm{k}}\geqslant\frac{1}{4}d$。

当被箍筋固定的纵向受力钢筋的配筋率大于3%时，箍筋间距 $S\leqslant 10d$，且不大于200 mm。

当构件截面宽度 $b\leqslant 400$ mm及每侧钢筋不多于4根时，形式如图26.11（a）所示；当构件截面宽度 $b>400$ mm时，则可采用如图26.11（b）所示形式。图中单位为cm。

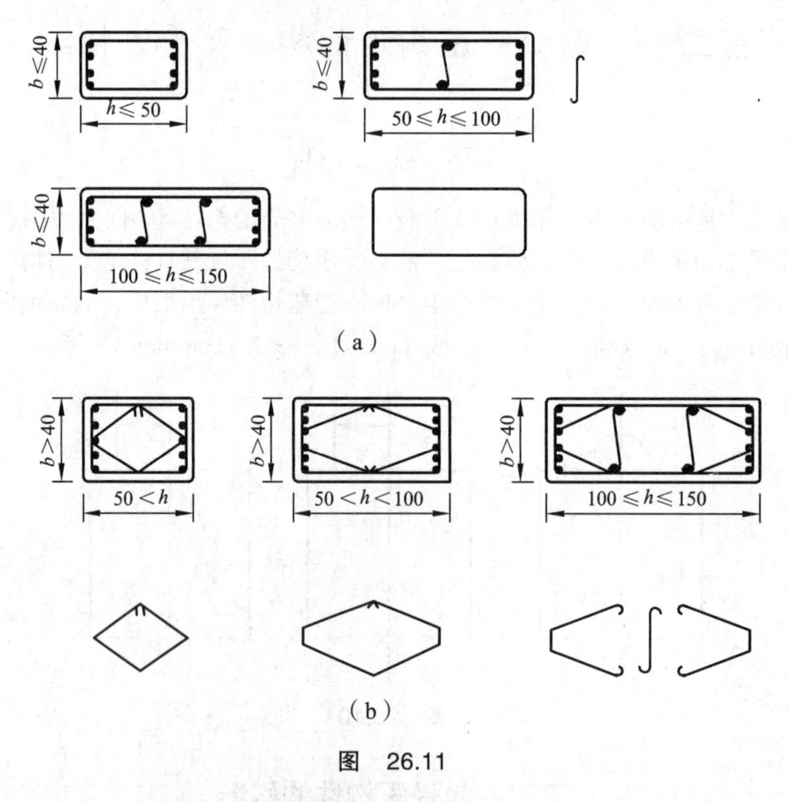


图　26.11

## 三、偏心受压构件的破坏形态

1. 脆性破坏——小偏心受压构件（图26.12（a））

(1) 发生场合：当偏心距 $e_0$ 很小时；或当偏心距较小时或虽然偏心距较大，但此时配置了较多受拉钢筋。

(2) 破坏形态：顶边混凝土应力达到抗压强度极限值而压碎，相应的受压钢筋应力能达到屈服强度，受拉边或压应力较小边的钢筋应力一般达不到钢筋的屈服强度。这是一种无明显预兆的破坏，其破坏性质属于脆性破坏。

2. 塑性破坏——大偏心受压构件（图 26.12（b））

(1) 发生场合：当偏心距 $e_0$ 较大时。

(2) 破坏形态：破坏时，受拉钢筋应力先达到屈服强度，这时中性轴上升，受压区面积减小，压应力增加，最后使受压区混凝土应力达到弯曲抗压强度而破坏。此时受压区的钢筋一般也能达到屈服强度。破坏前有明显的预兆，弯曲变形显著，裂缝开展甚宽，这种破坏称为塑性破坏。

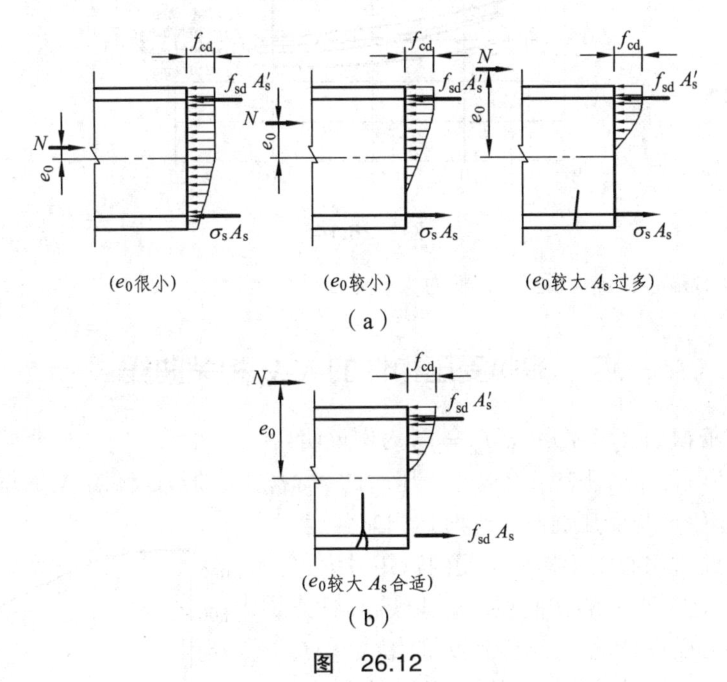


图　26.12

3. 界限破坏（大、小偏心界限）

界于以上两种破坏状态之间的破坏状态称为界限破坏。用界限系数来表示，即：

当 $\xi \leqslant \xi_b$ 时，为大偏心受压；当 $\xi > \xi_b$ 时，为小偏心受压。

如用偏心距 $e_0$ 来鉴别，必须确定相应于界限状态时的偏心距 $e_b$，参照双筋受弯构件计算简图和公式，偏心受压界限状态的计算简图如图 26.13 所示。

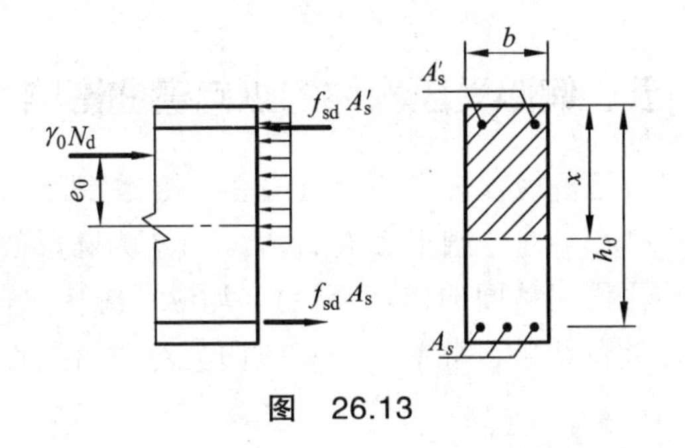


图　26.13

$$\gamma_0 N_d = f_{cd}\xi_b b h_0 + f'_{sd}A'_s - f_{sd}A_s$$

$$\gamma_0 N_d e_{0b} = f_{cd} b \xi_b h_0 \left(\frac{h}{2} - \frac{\xi_b h_0}{2}\right) + f'_{sd}A'_s\left(\frac{h}{2} - a'_s\right) + f_{sd}A_s\left(\frac{h}{2} - a_s\right)$$

$$\frac{e_{0b}}{h_0} = \frac{f_{cd}\xi_b\left(\frac{h}{h_0} - \xi_b\right) + (\rho f_{sd} + \rho' f'_{sd})\left(\frac{h}{h_0} - \frac{2a'_s}{h_0}\right)}{2\times(f_{cd}\xi_b + \rho' f'_{sd} - f_{sd}\rho)}$$

界限状态偏心距的变化如图 26.14 所示。

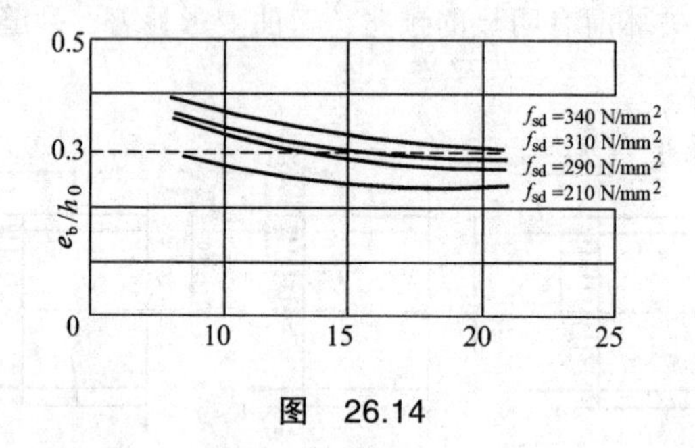


图　26.14

$e_0 < 0.3$，为小偏心；$e_0 \geqslant 0.3$，一般为大偏心。

## 四、偏心受压构件的 $N$-$M$ 相关曲线

现以对称配筋截面 $A_s = A'_s a_s = a'_s f_{sd} = f'_{sd}$ 为例说明。

如图 26.15 所示：$ab$ 段表示大偏心受压时的 $N$-$M$ 相关曲线。随着 $N$ 的增大，$M$ 也相应提高。$b$ 点为受拉钢筋与受压混凝土同时达到其强度值的界限状态。此时偏心受压构件承受的弯矩最大。$be$ 段表示小偏心受压时的 $N$-$M$ 曲线。由曲线趋向可以看出，在小偏心受压情况下，随着 $N$ 的增大，$M$ 反而降低。图中 $a$ 点表示受弯构件的情况，$c$ 点代表轴心受压构件的情况。曲线上任一点 $d$ 的坐标代表截面承载力的一种和的组合。如任意点 $e$ 位于图中曲线的内侧，说明截面在该点坐标给出的内力组合下未达到承载能力极限状态，是安全的；若 $e$ 点位于图中曲线的外侧，则表明截面的承载力不足。

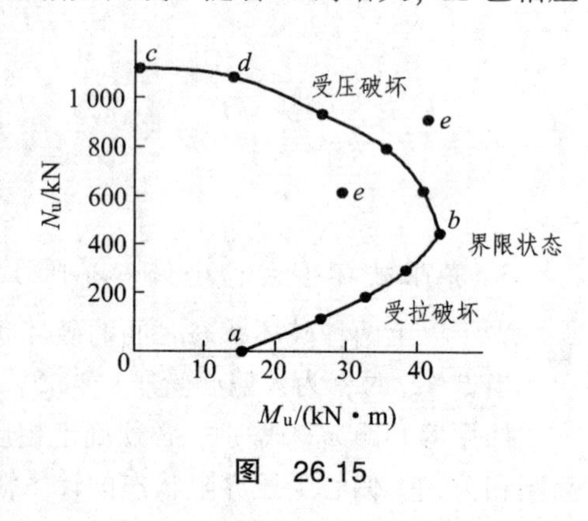


图　26.15

## 五、偏心受压构件的纵向弯曲影响

偏心距增大系数$\eta$："公路桥规"规定，计算偏心受压构件时，对于矩形截面 $l_0/h > 5$（$h$ 为弯矩作用平面内的截面高度），对于圆形截面 $l_0/d_1 > 5$（$d_1$ 为圆形截面直径），对于任意截面 $l_0/r_i > 17.5$（$r_i$ 为弯矩作用平面内截面的回转半径），均应考虑构件在弯矩作用平面内的挠度（deflection）对纵向力偏心距的影响。此时，应将纵向力对截面重心轴的偏心距 $e_0$ 乘以偏心距增大系数$\eta$，即：

$$e_0' = e_0 + f = e_0(1 + f / e_0) = \eta e_0$$

如图 26.16 所示，两端铰结的偏心受压构件弹性曲线方程为：

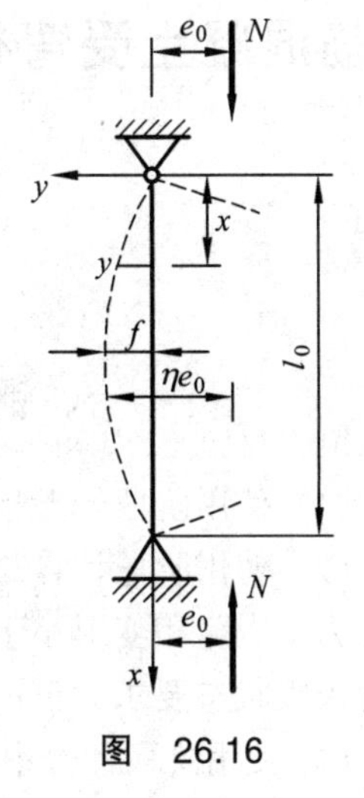

图 26.16

$$y = f\sin\left(\frac{\pi}{l_0}x\right)$$

$$y'' = \frac{1}{r_c} = \frac{\pi^2}{l_0^2}f\sin\left(\frac{\pi}{l_0}x\right)$$

当 $x = \frac{l_0}{2}$ 时，$y = f$，$y'' = \frac{1}{r_c} = \frac{\pi^2}{l_0^2}f$，则：

$$f = \frac{1}{r_c}\cdot\frac{l_0^2}{\pi^2} \approx \frac{1}{r_c}\cdot\frac{l_0^2}{10}$$

因此，偏心距增大系数 $\eta$ 为：

$$\eta = 1 + \frac{1}{e_0}\left(\frac{1}{r_c}\cdot\frac{l_0^2}{10}\right) \tag{26.19}$$

引入偏心距影响系数 $\zeta_1$，同时考虑构件长细比对曲率的影响，引入修正系数 $\zeta_2$，则：

$$\frac{1}{r_c} = \frac{\varepsilon_{cu} + \varepsilon_s}{h_0}\zeta_1\zeta_2$$

式中：$\varepsilon_{cu}$ 为受压边缘混凝土极限压应变，取 $\varepsilon_{cu} = 0.003\,3$；$\varepsilon_s$ 为钢筋屈服时的应变值，取 $\varepsilon_s = 0.001\,7$。在长期荷载作用下，考虑到混凝土徐变影响，混凝土极限压应变再乘以系数 1.25：

$$\frac{1}{r_c} = \frac{0.003\,3\times1.25 + 0.001\,7}{h_0}\zeta_1\zeta_2 = \frac{0.005\,83}{h_0}\zeta_1\zeta_2 \tag{26.20}$$

$$\eta = 1 + \frac{1}{1\,400 e_0 / h_0}\left(\frac{l_0}{h}\right)^2\zeta_1\zeta_2 \tag{26.21}$$

$$\zeta_1 = 0.2 + 2.7\frac{e_0}{h_0} \leqslant 1.0 \tag{26.22}$$

$$\zeta_2 = 1.15 - 0.01\frac{l_0}{h} \leqslant 1.0 \tag{26.23}$$

引入 $\zeta_2 = 1.15 - 0.01 l_0 / h$ 进行修正。该公式的适用范围为 $15 \leqslant l_0 / h \leqslant 30$。当 $l_0 / h < 15$ 时，影响不显著，无需修正，取 $\zeta_2 = 1$；当 $l_0 / h > 30$ 时，构件已由材料破坏变为失稳破坏，不在考虑范围之内，$l_0 / h > 30$ 时，最小值 $\zeta_2 = 0.82$。

# 第二十七章
# 钢筋混凝土受弯构件裂缝和变形验算

## 第一节　概　　述

### 一、钢筋混凝土受弯构件在使用阶段的计算特点

(1) 使用阶段一般指梁带裂缝工作阶段。

(2) 使用阶段计算是按照构件使用条件对已设计的构件进行计算，以保证在使用情况下的应力、裂缝和变形小于正常使用极限状态的限值。当构件验算不满足要求时，必须按承载能力极限状态要求对已设计好的构件进行修正、调整，直至满足两种极限状态的设计要求。

(3) 使用阶段计算中涉及的内力，是各种使用荷载在构件截面上各自产生的同类型内力，按荷载组合原则简单叠加，不带任何荷载系数。

### 二、结构按正常使用极限状态设计采用的两种效应组合

1. 作用短期效应组合

永久作用标准值效应与可变作用频遇值效应相组合，其效应组合表达式为：

$$S_{sd}=\sum_{i=1}^{m}S_{Gik}+\sum_{j=1}^{n}\psi_{1j}S_{Qjk} \tag{27.1}$$

2. 作用长期效应组合

永久作用标准值效应与可变作用准永久值效应相组合，其效应组合表达式为：

$$S_{ld}=\sum_{i=1}^{m}S_{Gik}+\sum_{j=1}^{n}\psi_{2j}S_{Qjk} \tag{27.2}$$

## 第二节　换算截面

### 一、基本假定

(1) 平截面假定。

(2) 弹性体假定。

(3) 受拉区出现裂缝后，受拉区的混凝土不参加工作，拉应力全部由钢筋承担。

(4) 同一强度等级的混凝土，其拉、压弹性模量视为同一常值，不随应力大小而变，从而钢筋的弹性模量 $E_s$ 和混凝土的弹性模量 $E_c$ 之比值为一常数值 $\alpha_{ES}$，即 $\alpha_{ES}=E_c/E_s$。$\alpha_{ES}$ 与混凝土的强度等级有关。“公路桥规”规定了钢筋混凝土构件的截面换算系数 $\alpha_{ES}$ 取值。

## 二、截面变换

将截面受拉区纵向受拉钢筋的截面面积换算成假想的能承受拉应力的混凝土截面面积，如图 27.1 所示。

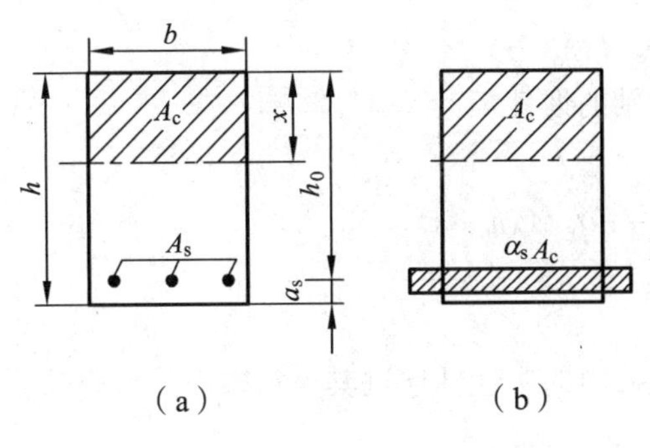


图 27.1

同时应满足下列要求。

(1) 虚拟混凝土块仍居于钢筋的重心处且应变相同，即：

$$\varepsilon_{ct}=\varepsilon_s \tag{27.3}$$

(2) 虚拟混凝土块与钢筋承担的内力相同，即：

$$\sigma_s A_s=\sigma_{ct}A_{ct} \tag{27.4}$$

由胡克定律（Hooke law）得：

$$\sigma_{ct}=\varepsilon_{ct}E_c$$

$$\varepsilon_s=\frac{\sigma_s}{E_s}$$

$$\sigma_{ct}=\frac{\sigma_s}{E_s}E_c=\frac{1}{\alpha_{ES}}\sigma_s \tag{27.5}$$

根据换算截面面积承受拉力的作用应与原钢筋的作用相同的原则，可得：

$$A_s\sigma_s=A_{ct}\sigma_{ct}$$

所以

$$A_{ct}=\alpha_{ES}A_s \tag{27.6}$$

上式表明，截面面积为 $A_s$ 的纵向受拉钢筋的作用相当于截面面积为 $\alpha_{ES}A_s$ 的受拉混凝土的作用，$\alpha_{ES}A_s$ 即称为钢筋 $A_s$ 的换算截面面积。

## 三、换算截面的几何特性表达式

1. 单筋矩形截面

(1) 换算截面面积：

$$A_0 = bx + \alpha_{ES} A_s \tag{27.7}$$

（2）换算截面对中性轴的静矩：

受压区 $$S_{0p} = \frac{1}{2} bx^2 \tag{27.8}$$

受拉区 $$S_{0t} = \alpha_{ES} A_s (h_0 - x) \tag{27.9}$$

（3）换算截面对中性轴的惯性矩：

$$I_0 = \frac{bx^3}{3} + \alpha_{ES} A_s (h_0 - x)^2 \tag{27.10}$$

（4）受压区高度 $x$。

对于受弯构件，开裂截面的中性轴通过其换算截面的形心轴，即：

$$\frac{1}{2} bx^2 = \alpha_{ES} A_s (h_0 - x)$$

$$x = \frac{\alpha_{ES} A_s}{b} \left( \sqrt{1 + \frac{2bh_0}{\alpha_{ES} A_s}} - 1 \right) \tag{27.11}$$

若将式 $\alpha = x / h_0$（受压区相对高度）及 $\rho = A_s / bh_0$（配筋率）代入上式，则可得到：

$$\alpha = \sqrt{(\alpha_{ES}\rho)^2 + 2\alpha_{ES}\rho} - \alpha_{ES}\rho$$

$$x = \alpha h_0 = \left[ \sqrt{(\alpha_{ES}\rho)^2 + 2\alpha_{ES}\rho} - \alpha_{ES}\rho \right] h_0 \tag{27.12}$$

（5）受压区边缘混凝土应力：

$$\sigma_c = \frac{M}{I_0} x \tag{27.13}$$

（6）受拉钢筋应力：

$$\sigma_s = \alpha_{ES} \frac{M}{I_0} (h_0 - x) \tag{27.14}$$

### 2. 双筋矩形截面

对于双筋矩形截面，截面换算的方法就是将受拉钢筋的截面和受压钢筋的截面分别用两个虚拟的混凝土块代替，形成换算截面。

### 3. 单筋 T 形截面

确定受压区高度 $x$，先假定中性轴位于翼缘板内，即：

$$\frac{1}{2} b_f' x^2 = \alpha_{ES} A_s (h_0 - x) \tag{27.15}$$

若计算结果 $x \leqslant h_f'$，则表明中性轴在翼缘板内，因此，应按宽度为 $b_f'$ 的矩形截面计算。

若计算结果 $x > h_f'$，则换算截面的静矩应按下式计算：

$$\frac{1}{2}b_f'x^2-\frac{1}{2}(b_f'-b)(x-h_f')^2=\alpha_{ES}A_s(h_0-x)$$

$$x^2+\frac{2[\alpha_{ES}A_s+h_f'(b_f'-b)]}{b}x-\frac{h_f'^2(b_f'-b)+2\alpha_{ES}h_0}{b}=0 \tag{27.16}$$

换算截面对其中性轴的惯性矩为：

$$I_0=\frac{b_f'x^3}{3}-\frac{(b_f'-b)(x-h_f')^3}{3}+\alpha_{ES}A_s(h_0-x)^2 \tag{27.17}$$

# 第三节　最大裂缝宽度验算

## 一、矩形、T形和I形截面受弯构件

矩形、T形和I形截面受弯构件最大裂缝宽度的公式为：

$$W_{fk}=C_1C_2C_3\frac{\sigma_{ss}}{E_s}\left(\frac{30+d}{0.28+10\rho}\right) \tag{27.18}$$

$$\rho=\frac{A_s+A_p}{bh_0+(b_f-b)h_f} \tag{27.19}$$

钢筋混凝土构件和预应力混凝土B类构件在正常使用极限状态下的裂缝宽度，应按作用（或荷载）短期效应组合并考虑长期效应影响进行验算，且不得超过表27.1的限值。

**表27.1　相应构件及其裂缝宽度限值**

| 构件类别及环境情况 | | 裂缝宽度限值/mm |
|---|---|---|
| 钢筋混凝土构件 | Ⅰ类和Ⅱ类环境 | 0.20 |
| | Ⅲ类和Ⅳ类环境 | 0.15 |
| 采用精轧螺纹钢筋的预应力混凝土构件 | Ⅰ类和Ⅱ类环境 | 0.20 |
| | Ⅲ类和Ⅳ类环境 | 0.15 |
| 采用钢丝或钢绞线的预应力混凝土构件 | Ⅰ类和Ⅱ类环境 | 0.10 |
| | Ⅲ类和Ⅳ类环境 | 不得进行带裂缝的B类构件设计 |

## 二、圆形截面偏心受压构件

对于圆形截面钢筋混凝土偏心受压构件，其特征裂缝宽度（保证率为95%）可按下列公式计算：

$$W_{fk}=C_1C_2\left[0.03+\frac{\sigma_{ss}}{E_s}\left(0.004\frac{d}{\rho}+1.52C\right)\right]\ (\text{mm}) \tag{27.20}$$

$$\sigma_{ss}=\left[59.42\frac{N_s}{\pi r^2 f_{cu,k}}\left(2.80\frac{\eta_s e_0}{r}-1.0\right)-1.65\right]\cdot\rho^{-\frac{2}{3}}\ (\text{MPa}) \tag{27.21}$$

# 第四节　受弯构件的变形验算

## 一、变形验算的目的与要求

桥梁上部结构在荷载作用下将产生挠曲变形，使桥面成凹形或凸形，多孔桥梁甚至呈波浪形。因此设计钢筋混凝土受弯构件时，应使其具有足够的刚度（rigidity），以避免产生过大的变形而影响结构的正常使用。

钢筋混凝土桥梁的挠度（deflection）由两部分组成：一部分是由恒载（结构重力）产生的挠度；另一部分则是由静活载（mobile load）（不计冲击力的活载）产生的挠度。“公路桥规”对最大竖向挠度的限值规定见表 27.2。

**表 27.2　构件及其允许挠度值**

| 构件种类 | 允许的挠度值 |
| --- | --- |
| 梁式桥主梁跨中 | $\frac{1}{600}L$ |
| 梁式桥主梁悬臂端 | $\frac{1}{300}L_1$ |
| 桁架、拱 | $\frac{1}{800}L$ |

## 二、变形特性

如图 27.2（a）所示简支梁（free beam），跨中最大挠度为：

$$f=\frac{5}{384}\cdot\frac{ql^4}{EI}=\frac{5}{48}\cdot\frac{Ml^2}{EI}=\frac{5}{48}\cdot\frac{Ml^2}{B} \tag{27.22}$$

式中：弹性模量 $E$、惯性矩 $I$、跨度 $L$、刚度 $B$（$=EI$）为常数。

挠度与荷载 $q$（或弯矩 $M$）成正比，其变形发展成线性关系，如图 27.2（b）中线 1 所示。

钢筋混凝土变形发展过程如图 27.2（b）中线 2 所示。

由于混凝土的弹塑性变形、裂缝出现和展开以及钢筋混凝土各截面配筋率不一样等原因，钢筋混凝土受弯构件的截面刚度沿梁长是一个变量。对某一个截面来说，它随截面弯矩 $M$ 的增加而减小。当弯矩小时，截面可能不出现裂缝，其刚度要较弯矩大、截面开裂时大很多。对一个构件来说，截面刚度随各截面内力不同而不同。例如，承受均布荷载 $q$ 的简支梁如图 27.3 所示，在靠近支座附近的截面刚度就比中间截面的大。总之，钢筋混凝土构件在使用阶段是变刚度的受弯构件。

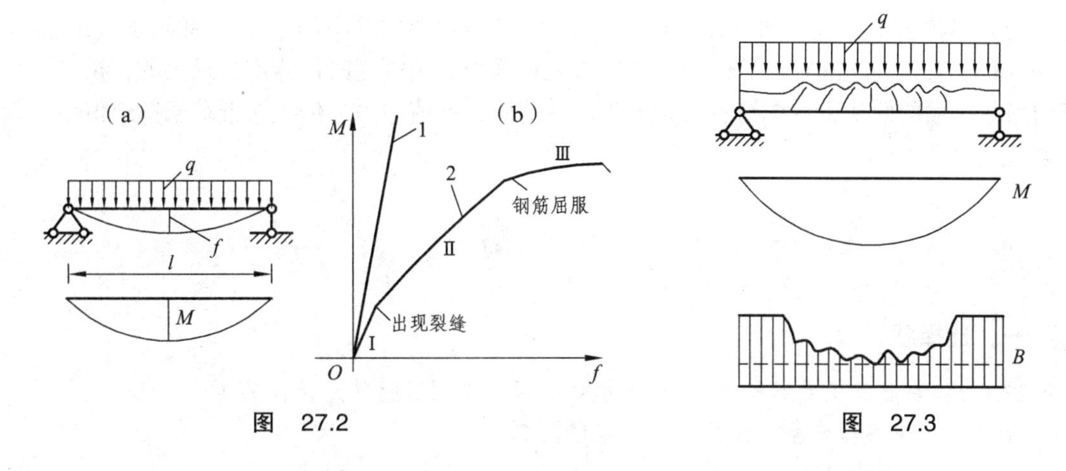

图 27.2　　　　图 27.3

## 三、刚度（rigidity）和挠度（deflection）计算

钢筋混凝土受弯构件的刚度可按下列公式计算：

$$B=\frac{B_0}{\left(\frac{M_{cr}}{M_s}\right)^2+\left[1-\left(\frac{M_{cr}}{M_s}\right)^2\right]\frac{B_0}{B_{cr}}} \tag{27.23}$$

$$M_{cr}=\gamma f_{tk}W_0 \tag{27.24}$$

$$\gamma=\frac{2S_0}{W_0} \tag{27.25}$$

## 四、长期荷载作用下受弯构件的挠度及预拱度

1. 挠　度

长期荷载作用下的受弯构件挠度增长的原因有：

(1) 受压混凝土发生徐变。同时，由于受压混凝土塑性发展，应力图形变曲，使内力臂减小，从而引起受拉钢筋应力的某些增加。

(2) 受拉混凝土和受拉钢筋间的黏结滑移徐变、受拉混凝土的应力松弛以及裂缝的向上发展，导致受拉混凝土不断退出工作，从而使受拉钢筋平均应变随时间增大。

(3) 混凝土的收缩。

“公路桥规”对长期荷载作用下的挠度计算规定为：

当采用 C40 以下混凝土时，$\eta_\theta=1.60$；

当采用 C40～C80 混凝土时，$\eta_\theta=1.45\sim1.35$；

中间强度等级可按直线内插取用。

2. 预拱度

钢筋混凝土受弯构件预拱度可按下列规定设置：

(1) 荷载短期效应组合并考虑荷载长期效应影响产生的长期挠度不超过 $L/1\,600$（$L$ 为计算跨径）时，可不设预拱度。

（2）不符合上述规定则应设预拱度，预拱度值按结构自重和可变荷载频遇值（frequent value of variable action）计算的长期挠度值之和采用。预拱度的设置应按最大的预拱值沿顺桥向做成平顺的曲线。汽车荷载频遇值为汽车荷载标准值的 0.7 倍，人群荷载频遇值等于其标准值。

## 习　题

### 一、选择题

27.1　钢筋混凝土受弯构件，“公路桥规”规定必须进行使用阶段的（　　）。

A. 变形和弯曲裂缝最大裂缝宽度验算

B. 变形验算

C. 弯曲裂缝最大裂缝宽度验算

27.2　钢筋混凝土受弯构件的承载力计算必须满足（　　）。

A. 作用效应 $M_d \leqslant$ 截面承载能力 $M_d'$

B. 作用效应 $M_d \geqslant$ 截面承载能力 $M_d'$

27.3　使用阶段计算中涉及的内力（　　）。

A. 荷载组合原则简单叠加，不带任何荷载系数

B. 荷载组合原则简单叠加，乘以相应荷载系数

27.4　是由于荷载（如恒载、活载等）所引起的裂缝，称为（　　）。

A. 正常裂缝　　　　B. 非正常裂缝

### 二、简答题

27.5　什么是换算截面？在进行截面换算时有哪些基本假定？

27.6　在钢筋混凝土构件中的裂缝对结构有哪些不利的影响？

27.7　钢筋混凝土结构裂缝特性、裂缝间距和宽度具有哪些特点？

27.8　结构的变形验算的目的是什么？钢筋混凝土桥梁在进行变形验算时有哪些要求？

27.9　对钢筋混凝土受弯构件预拱度的设置有哪些要求和规定？

# 第二十八章
# 预应力混凝土构件

**主要内容：**

(1) 预应力混凝土的概念及其与普通钢筋混凝土的区别；

(2) 预应力混凝土构件（包括轴心受拉、受弯构件）设计；

(3) 构造要求。

**重点：**

(1) 预应力混凝土的基本概念，各项预应力损失的意义、计算方法、减小措施；

(2) 预应力混凝土轴心受拉构件各阶段的应力状态、设计计算方法。

## 一、一般概念

预应力混凝土（prestressed concrete）是在混凝土构件承受外荷载之前，对其受拉区预先施加压应力。这种预压应力可以部分或全部抵消外荷载产生的拉应力，因而可减少甚至避免裂缝的出现（图 28.1）。

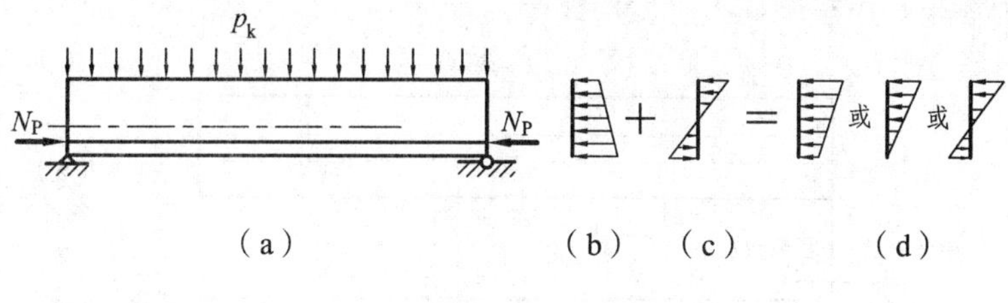


图 28.1

通过人为控制预压力 $N_p$ 的大小，可使梁截面受拉边缘混凝土产生压应力、零应力或很小的拉应力，以满足不同的裂缝控制要求，从而改变普通钢筋混凝土构件原有的裂缝状态，成为预应力混凝土受弯构件。

美国混凝土协会（ACI）对预应力混凝土下的定义是："预应力混凝土是根据需要人为地引入某一数值与分布的内应力，用以全部或部分抵消外荷载应力的一种加筋混凝土。"

## 二、施加预应力的方法

通常通过机械张拉钢筋给混凝土施加预应力。按照施工工艺的不同，可分为先张法和后张法两种。

### （一）先张法

在浇灌混凝土之前张拉预应力钢筋，故称为先张法（pretensioning type）。可采用台座长线张拉或钢模短线张拉（图 28.2）。

先张法构件是通过预应力钢筋与混凝土之间的黏结力传递预应力的。此方法适用于在预制厂大批制作中、小型构件，如预应力混凝土楼板、屋面板、梁等。

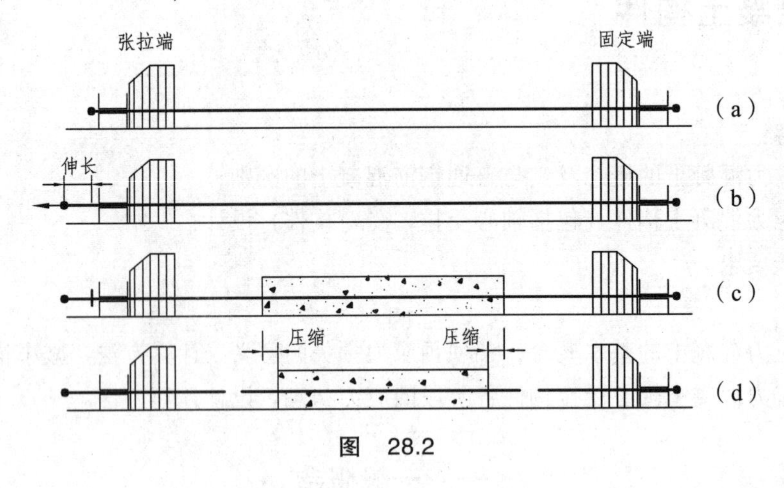

图 28.2

### （二）后张法

在浇灌混凝土并结硬之后张拉预应力钢筋，故称为后张法（post-tensioning type）。

后张法构件是依靠其两端的锚具锚住预应力钢筋并传递预应力的（图 28.3）。因此，这样的锚具是构件的一部分，是永久性的，不能重复使用。此方法适用于在施工现场制作大型构件，如预应力屋架、吊车梁、大跨度桥梁等。

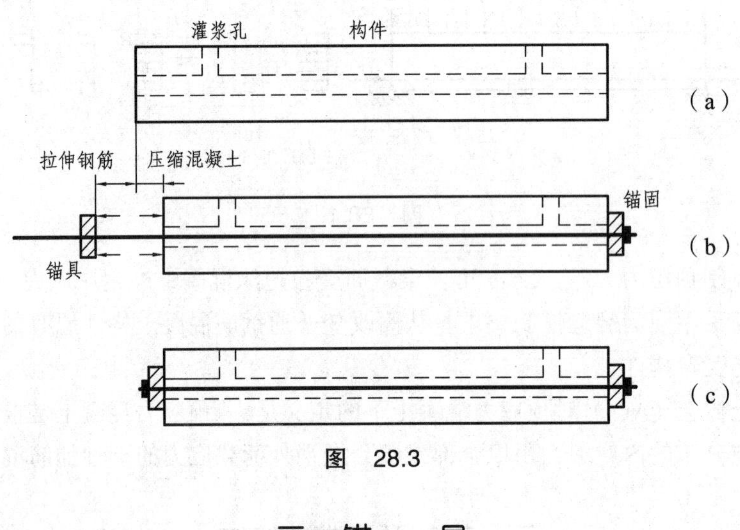

图 28.3

## 三、锚　具

锚具是锚固预应力筋的装置，它对在构件中建立有效预应力起着至关重要的作用。先张法构件中的锚具可重复使用，也称夹具或工作锚；后张法构件依靠锚具传递预应力，锚具也是构件的组成部分，不能重复使用。

对锚具的要求是：安全可靠，使用有效，节约钢材，制作简单。

锚具按其构造形式及锚固原理，可以分为三种基本类型：锚块锚塞型锚具、螺杆螺帽型锚具、镦头型锚具。

## 四、预应力混凝土的材料

### （一）钢　筋

预应力混凝土结构中的钢筋包括预应力钢筋（prestressing tendon）和非预应力钢筋（ordinary steel bar）。

非预应力钢筋宜采用 HRB400 级和 HRB335 级钢筋，也可采用 RRB400 级钢筋。

由于通过张拉预应力钢筋给混凝土施加预压应力，因此预应力钢筋首先必须具有很高的强度，才能有效提高构件的抗裂能力。规范规定，预应力钢筋宜采用预应力钢绞线、消除应力钢丝及热处理钢筋。

### （二）混凝土

规范规定，预应力混凝土结构（prestressed concrete structure）的混凝土强度等级不应低于 C30；当采用钢绞线、钢丝、热处理钢筋作预应力钢筋时，混凝土强度等级不宜低于 C40。

## 五、预应力混凝土的特点

预应力混凝土与普通钢筋混凝土相比，有以下特点：

（1）提高了构件的抗裂能力；

（2）增大了构件的刚度；

（3）充分利用高强度材料；

（4）扩大了构件的应用范围。

预应力混凝土具有施工工序多，对施工技术要求高，需要张拉设备、锚夹具以及劳动力费用高等特点，因此特别适用于普通钢筋混凝土构件力不能及的情形（如有防水、抗渗要求者或大跨度及重荷载结构）。

## 六、张拉控制应力 $\sigma_{con}$

张拉控制应力（controlling stress）是指张拉预应力钢筋时，张拉设备的测力仪表所指示的总张拉力除以预应力钢筋截面面积得出的拉应力值。

$\sigma_{con}$ 是施工时张拉预应力钢筋的依据，其取值应适当。若过大，则会产生以下问题：① 个别钢筋可能被拉断；② 施工阶段可能会引起构件某些部位（称为预拉区）受到拉力甚至开裂，还可能使后张法构件端部混凝土产生局部受压破坏；③ 使开裂荷载与破坏荷载相近，一旦产生裂缝，将很快破坏，即可能产生无预兆的脆性破坏。另外，还会增大预应力钢筋的松弛损失。因而对张拉控制应力应规定上限值。

同时，为了保证构件中建立必要的有效预应力，张拉控制应力取值也不能过小，即也应有下限值。

混凝土规范规定预应力钢筋的张拉控制应力值不宜超过表 28.1 规定的张拉控制应力限值，且不应小于 $0.4f_{ptk}$。

**表 28.1　张拉控制应力限值**

| 钢筋种类 | 张拉方法 | |
|---|---|---|
| | 先张法 | 后张法 |
| 消除应力钢丝、钢绞线 | 0.75 | 0.75 |
| 热处理钢筋 | 0.70 | 0.65 |

## 七、预应力损失

将预应力钢筋张拉到控制应力后，由于种种原因，其拉应力值将逐渐下降到一定程度，即存在预应力损失（loss of prestress）。经损失后预应力钢筋的应力才会在混凝土中建立相应的有效预应力（effective prestress）。

下面分项讨论引起预应力损失的原因、损失值的计算以及减少预应力损失的措施。

### 1. 张拉端锚具变形和钢筋内缩引起的预应力损失

无论先张法临时固定预应力钢筋还是后张法张拉完毕锚固预应力钢筋时，在张拉端由于锚具的压缩变形，锚具与垫板之间、垫板与垫板之间、垫板与构件之间的所有缝隙被挤紧，或由于钢筋、钢丝、钢绞线在锚具内的滑移，使得被拉紧的预应力钢筋松动缩短，从而引起预应力损失。

预应力直线钢筋锚具变形损失应按下列公式计算：

$$\sigma_{l1}=\frac{a}{l}E_{\mathrm{s}} \tag{28.1}$$

为了减小锚具变形和钢筋内缩引起的预应力损失，应尽量少用垫板，先张法采用长线台座张拉时损失较小，而后张法中构件长度越大则损失越小。

### 2. 预应力钢筋与孔道壁之间的摩擦引起的预应力损失

后张法由于孔道的制作偏差、孔道壁粗糙以及钢筋与孔壁的挤压等原因，张拉预应力筋时，钢筋将与孔壁发生摩擦（friction）。距离张拉端越远，摩擦阻力的累积值越大，从而使构件每一截面上预应力钢筋的拉应力值逐渐减小，这种预应力值差额称为摩擦损失。摩擦损失计算简图如图 28.4 所示。

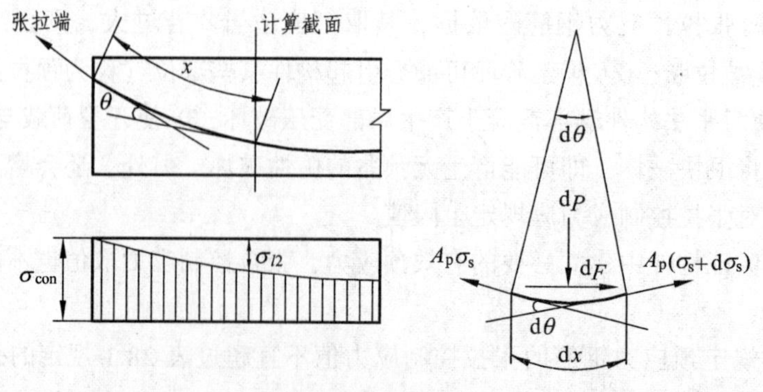


图　28.4

预应力钢筋与孔道壁之间的摩擦引起的预应力损失的计算公式如下：

$$\sigma_{l2}=\sigma_{\text{con}}\left(1-\frac{1}{e^{\kappa x+\mu\theta}}\right) \tag{28.2}$$

为了减小摩擦损失，对于较长的构件可采用一端张拉、另一端补拉，或两端同时张拉，也可采用超张拉。

超张拉程序为：

$$0\rightarrow1.1\sigma_{\text{con}}\xrightarrow{2\ \text{min}}0.85\sigma_{\text{con}}\rightarrow\sigma_{\text{con}}$$

### 3. 混凝土加热养护时，受张拉的钢筋与承受拉力的设备之间的温差引起的预应力损失

制作先张法构件时，为了缩短生产周期，常采用蒸汽养护，促使混凝土快硬。由于预应力钢筋与台座间形成温差，产生了预应力损失，按下式计算：

$$\sigma_{l3}=2\Delta t \tag{28.3}$$

式中：$\sigma_{l3}$以$\text{N/mm}^2$计；$\Delta t$为预应力钢筋与台座间的温差，以°C 计。

通常采用两阶段升温养护来减小温差损失：先升温 20～25 °C，待混凝土强度达到 7.5～10 $\text{N/mm}^2$后，混凝土与预应力钢筋之间已具有足够的黏结力而结成整体；当再次升温时，二者可共同变形，不再引起预应力损失。因此，计算时取温度 25～30 °C。

### 4. 预应力钢筋的应力松弛引起的预应力损失

应力松弛（stress relaxation）是指钢筋受力后，在长度不变的条件下，钢筋应力随时间的增长而降低的现象。

（1）预应力钢丝、钢绞线：

普通松弛

$$\sigma_{l4}=0.4\psi\left(\frac{\sigma_{\text{con}}}{f_{\text{ptk}}}-0.5\right)\sigma_{\text{con}},\quad \psi=\begin{cases}1 & \text{（一次张拉）}\\ 0.9 & \text{（超张拉）}\end{cases} \tag{28.4}$$

低松弛

$$\text{当}\ \sigma_{\text{con}}\leqslant0.7f_{\text{ptk}}\ \text{时},\quad \sigma_{l4}=0.125\left(\frac{\sigma_{\text{con}}}{f_{\text{ptk}}}-0.5\right)\sigma_{\text{con}} \tag{28.5}$$

$$\text{当}\ 0.7f_{\text{ptk}}<\sigma_{\text{con}}\leqslant0.8f_{\text{ptk}}\ \text{时},\quad \sigma_{l4}=0.2\left(\frac{\sigma_{\text{con}}}{f_{\text{ptk}}}-0.575\right)\sigma_{\text{con}} \tag{28.6}$$

（2）热处理钢筋：

$$\sigma_{l4}=\begin{cases}0.05\sigma_{\text{con}} & \text{（一次张拉）}\\ 0.035\sigma_{\text{con}} & \text{（超张拉）}\end{cases} \tag{28.7}$$

可以采用超张拉的方法减小松弛损失。

### 5. 混凝土的收缩和徐变引起的预应力损失

混凝土在空气中结硬时体积收缩（shrinkage），而在预压力作用下，混凝土沿压力方向又

发生徐变（creep)。收缩、徐变都导致预应力混凝土构件的长度缩短，预应力钢筋也随之回缩，产生预应力损失。

混凝土收缩、徐变引起受拉区和受压区纵向预应力钢筋的预应力损失值（$N/mm^2$）可按下列方法确定：

先张法

$$\sigma_{l5}=\frac{45+280\dfrac{\sigma_{pc}}{f'_{cu}}}{1+15\rho}\text{，}\ \sigma'_{l5}=\frac{45+280\dfrac{\sigma'_{pc}}{f'_{cu}}}{1+15\rho'} \tag{28.8}$$

后张法

$$\sigma_{l5}=\frac{35+280\dfrac{\sigma_{pc}}{f'_{cu}}}{1+15\rho}\text{，}\ \sigma'_{l5}=\frac{35+280\dfrac{\sigma'_{pc}}{f'_{cu}}}{1+15\rho'} \tag{28.9}$$

所有能减少混凝土收缩徐变的措施，相应的都将减少。

**6. 用螺旋式预应力钢筋作配筋的环形构件，由于混凝土的局部挤压引起的预应力损失**

对水管、蓄水池等圆形结构物，可采用后张法施加预应力。把钢筋张拉完毕锚固后，由于张紧的预应力钢筋挤压混凝土，钢筋处构件的直径减小，一圈内钢筋的周长减小，预拉应力下降，即产生了预应力损失。

规范规定：当构件直径 $d\leqslant 3$ m 时，$\sigma_{l6}=30$ $N/mm^2$；当构件直径 $d>3$ m 时，$\sigma_{l6}=0$。

## 八、预应力损失的分阶段组合

不同的施加预应力方法，产生的预应力损失也不相同。一般地，先张法构件的预应力损失有 $\sigma_{l1}$、$\sigma_{l3}$、$\sigma_{l4}$、$\sigma_{l5}$，而后张法构件有 $\sigma_{l1}$、$\sigma_{l2}$、$\sigma_{l4}$、$\sigma_{l5}$（当为环形构件时还有 $\sigma_{l6}$）。

在实际计算中，以“预压”为界，把预应力损失分成两批。各阶段预应力损失值的组合见表 28.2。

**表 28.2 预应力损失值的组合**

| 阶段 \ 构件类型 | 先张法构件 | 后张法构件 |
| --- | --- | --- |
| 混凝土预压前（第一批）的损失 | $\sigma_{l1}+\sigma_{l3}+\sigma_{l4}$ | $\sigma_{l1}+\sigma_{l2}$ |
| 混凝土预压后（第二批）的损失 | $\sigma_{l5}$ | $\sigma_{l4}+\sigma_{l5}+\sigma_{l6}$ |

考虑到预应力损失计算值与实际值的差异，并为了保证预应力混凝土构件具有足够的抗裂度，应对预应力总损失值做最低限值的规定。规范规定，当计算求得的预应力总损失值小于下列数值时，应按下列数值取用：先张法构件，100 $N/mm^2$；后张法构件，80 $N/mm^2$。

## 九、相关要求

### （一）先张法构件

多根相同直径钢丝并筋配筋：并筋的等效直径，对双并筋应取为单筋直径的 1.4 倍，对三并筋应取为单筋直径的 1.7 倍。并筋的保护层厚度、锚固长度、预应力传递长度及正常使用极限状态验算均应按等效直径考虑。当预应力钢绞线、热处理钢筋采用并筋方式时，应有可靠的构造措施。

先张法预应力钢筋之间的净间距，不应小于其公称直径或等效直径的 1.5 倍，且应符合下列规定：对热处理钢筋及钢丝，不应小于 15 mm；对三股钢绞线，不应小于 20 mm；对七股钢绞线，不应小于 25 mm。

对先张法预应力钢筋端部周围的混凝土应采取加强措施，以防止放松预应力钢筋时，端部产生劈裂缝：

（1）对单根配置的预应力钢筋，其端部宜设置长度不小于 150 mm 且不少于 4 圈的螺旋筋；当有可靠经验时，也可利用支座垫板上的插筋代替螺旋筋，但插筋数量不应少于 4 根，其长度不宜小于 120 mm。

（2）对分散布置的多根预应力钢筋，在构件端部 $l_0$（预应力钢筋的公称直径）范围内应设置 3～5 片与预应力钢筋垂直的钢筋网。

（3）对采用预应力钢丝配筋的薄板，在板端 100 mm 范围内应适当加密横向钢筋。

槽形板类构件，应在构件端部 100 mm 范围内沿构件板面设置附加横向钢筋，其数量不应少于 2 根。

预制肋形板，宜设置加强其整体性和横向刚度的横肋。端横肋的受力钢筋应弯入纵肋内。当采用先张长线法生产有端横肋的预应力混凝土肋形板时，应在设计和制作上采取防止放张预应力时端横肋产生裂缝的有效措施。

直线配筋的先张法构件，当构件端部与下部支承结构焊接时，应考虑混凝土收缩、徐变及温度变化所产生的不利影响，宜在构件端部可能产生裂缝的部位设置足够的非预应力纵向构造钢筋。

### （二）后张法构件

后张法预应力钢丝束、钢绞线束的预留孔道（图 28.5）应符合下列规定：对预制构件，孔道之间的水平净间距不宜小于 50 mm；孔道至构件边缘的净间距不宜小于 30 mm，且不宜小于孔道直径的一半。在框架梁中，预留孔道在竖直方向的净间距不应小于孔道外径，水平方向的净间距不应小于 1.5 倍孔道外径；从孔壁算起的混凝土保护层厚度，梁底不宜小于 50 mm，梁侧不宜小于 40 mm。预留孔道的内径应比预应力钢丝束或钢绞线束外径及需穿过孔道的连接器外径大 10～15 mm。在构件两端及跨中应设置灌浆孔或排气孔，其孔距不宜大于 12 m。凡制作时需要预先起拱的构件，预留孔道宜随构件同时起拱。

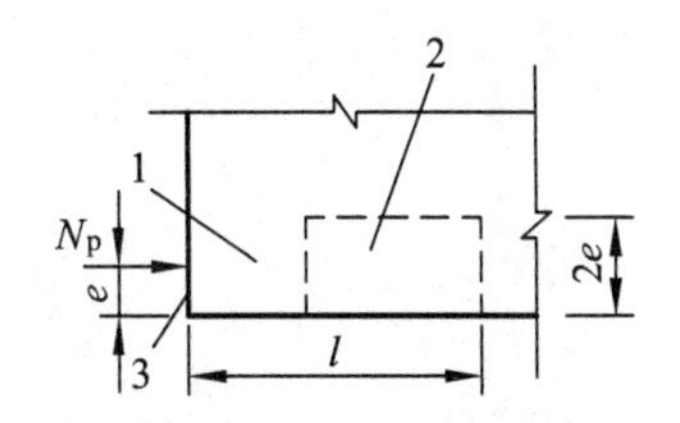

**图 28.5　防止沿孔道劈裂的配筋范围**

1—局部受压间接钢筋配置区；
2—附加配筋区；3—构件端面

后张法预应力混凝土构件的端部锚固区应配

置间接钢筋，除进行局部受压承载力计算外，其体积配筋率不应小于 0.5%。为了防止沿孔道产生劈裂，在局部受压间接钢筋配置区以外，在构件端部长度不小于 $3e$ 但不大于 $1.2h$、高度为 $2e$ 的附加配筋区范围内，应均匀配置附加箍筋或网片，其体积配筋率不应小于 0.5%。

后张法预应力混凝土构件端部钢筋布置规定（图 28.6）：

（1）宜将一部分预应力钢筋在靠近支座处弯起，弯起的预应力钢筋宜沿构件端部均匀布置。

（2）当构件端部预应力钢筋需集中布置在截面下部或集中布置在上部和下部时，应在构件端部 $0.2h$ 范围内设置附加竖向焊接钢筋网、封闭式箍筋或其他形式的构造钢筋。

（3）附加竖向钢筋宜采用带肋钢筋。

当端部截面上部和下部均有预应力钢筋时，附加竖向钢筋的总截面面积应按上部和下部的预应力合力分别计算的数值叠加后采用。

构件端部尺寸应考虑锚具的布置、张拉设备的尺寸和局部受压的要求，必要时应适当加大。

当构件在端部有局部凹进时，应增设折线构造钢筋或其他有效的构造钢筋。

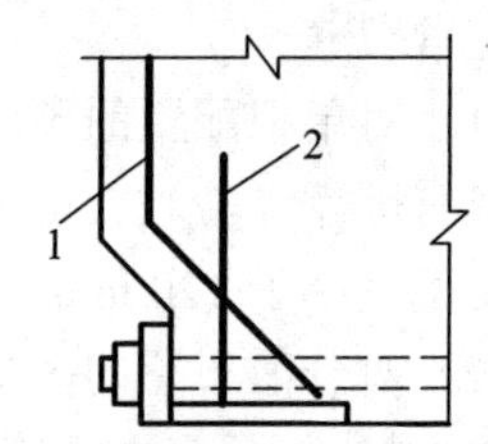

**图 28.6　端部凹进处构造配筋**

1—折线构造钢筋；2—竖向构造钢筋

在后张法预应力混凝土构件中，曲线预应力钢丝束、钢绞线束的曲率半径不宜小于 4 m；对折线配筋的构件，在预应力钢筋弯折处的曲率半径可适当减小。

在后张法预应力混凝土构件的预拉区和预压区中，应设置纵向非预应力构造钢筋；在预应力钢筋弯折处，应加密箍筋或沿弯折处内侧设置钢筋网片。

对外露金属锚具，应采取可靠的防锈措施。

# 参 考 文 献

[1] 蒋桐，郭光林. 工程力学. 北京：知识产权出版社，2004.
[2] 蒋秀根. 工程力学. 北京：中国建筑工业出版社，2009.
[3] 朱慈勉. 结构力学. 北京：高等教育出版社，2007.
[4] 叶黔，周志云，李惠平. 结构力学. 北京：科学出版社，2006.
[5] 王焕定，祁皑. 结构力学. 北京：清华大学出版社，2006.
[6] 蓝宗建. 结构设计原理. 南京：东南大学出版社，2002.
[7] 徐占发. 混凝土结构设计原理. 北京：中国建材工业出版社，2006.